"十四五"普通高等教育本科部委级规划教材

U0216820

天然高分子材料

马建华　主　编

田光明　杨　东　副主编

中国纺织出版社有限公司

内 容 提 要

本书以材料的结构、性能、改性和应用作为主线，详细介绍了常见天然高分子材料的基本概念、基本理论、来源、材料改性、应用领域及发展趋势，内容涉及纤维素、木质素、淀粉、甲壳素和壳聚糖、其他天然多糖材料、蛋白质及聚羟基脂肪酸酯等，涵盖了该领域的理论和开发应用的前沿研究。

本书可作为高分子材料与工程、纺织工程、轻化工程等专业的教材，也可供从事天然高分子材料相关领域研究的科研人员及教师参考阅读。

图书在版编目（CIP）数据

天然高分子材料 / 马建华主编；田光明，杨东副主编. -- 北京：中国纺织出版社有限公司，2025．1.
（"十四五"普通高等教育本科部委级规划教材）.
ISBN 978-7-5229-2146-4

Ⅰ. TB324

中国国家版本馆 CIP 数据核字第 2024W9K526 号

责任编辑：孔会云　朱利锋　　责任校对：高　涵
责任印制：王艳丽

中国纺织出版社有限公司出版发行
地址：北京市朝阳区百子湾东里A407号楼　邮政编码：100124
销售电话：010—67004422　传真：010—87155801
http://www.c-textilep.com
中国纺织出版社天猫旗舰店
官方微博 http://weibo.com/2119887771
三河市宏盛印务有限公司印刷　各地新华书店经销
2025年1月第1版第1次印刷
开本：787×1092　1/16　印张：18.5
字数：430千字　定价：68.00元

凡购本书，如有缺页、倒页、脱页，由本社图书营销中心调换

前言

从人类诞生时起，天然高分子材料就一直为我们的衣、食、住、行等方面慷慨地提供着各种保障。这种不依赖石油资源、绿色环保、来源广泛的材料，在能源危机和环境压力突显的今天，更加彰显出其无可比拟的优势和特色。而针对具有可再生、低污染、分布广泛和资源丰富等特点的生物质材料的开发应用，正是解决当前资源与环境问题，实现人类社会生态文明的有效途径之一。近年来，科学界和工业界正在积极关注建立环境友好的技术和方法，以及基于天然高分子的"绿色"产品和材料的研究与开发，尤其瞄准天然高分子基新材料在生物医药、纺织、包装、运输、建筑、日用品、光电子器件等诸多领域的应用前景。我国于2016年正式加入《巴黎气候变化协定》，并承诺在2060年前实现碳中和的目标，而针对生物质能源、生物质化学品及生物质材料的技术开发将为我国实现碳中和目标提供重要支撑。

为适应天然高分子材料的技术发展，我们组织编写了《天然高分子材料》一书。本书概括介绍了常见天然高分子材料的基本概念、基本理论、来源、材料改性、应用领域及发展趋势，内容涉及纤维素、木质素、淀粉、甲壳素和壳聚糖、其他天然多糖材料、蛋白质及聚羟基脂肪酸酯等，涵盖了该领域的理论和开发应用的前沿研究。

全书共九章，西安工程大学马建华编写第一章、第二章和第五章，西安工程大学田光明编写第三章、第四章和第六章，西安工程大学杨东编写第七至第九章。全书由马建华审定。

在本书编写过程中，我们参考了大量的文献资料及部分同类教材，在此向原作者表示衷心的感谢！

在本书编写过程中，尽管各位编者尽力做到认真严谨，但由于水平所限，难免存在不足之处，敬请读者批评指正。

编者

2024年5月

目录

第一章　绪论

高分子材料（macromolecular material）是由碳、氢、氧、硅、硫等元素组成的分子量足够高并由共价键连接的一类有机化合物。高分子化合物一般具有长链结构，长链大分子的紧密缠结赋予了高分子化合物较高的机械强度。根据合成来源分类，可将高分子材料分为天然高分子材料和合成高分子材料。

人类社会早期就已经开始利用天然高分子材料作为生活资料和生产资料，并掌握了其加工技术，如用棉、麻、丝、毛加工纺织品，用木材造纸，调制糅革和生漆等。19世纪30年代末期，天然高分子材料的发展进入化学改性阶段，出现了半合成高分子材料。1839年，人类首次对天然橡胶进行硫化加工；1868年，赛璐珞（硝化纤维素）问世；1898年，黏胶纤维问世。20世纪20~40年代是高分子材料科学建立和发展的时期，30~50年代是高分子材料工业蓬勃发展的时期，60年代以来，合成高分子材料进入了高速发展期，迎来了功能化、特种化、高性能化、大规模工业化新阶段。形形色色的合成高分子材料（聚乙烯、聚丙烯、聚苯乙烯、聚氯乙烯、聚酰胺）开辟了材料学的新窗口。合成高分子材料具有许多优良性能，适合现代化生产，经济效益显著，且不受地域、气候的限制，因此得到了突飞猛进的发展。然而，合成高分子材料的出现也为人类的生活带来了烦恼。合成高分子大多为不可降解材料，且很多合成材料难以回收和再次利用，其废弃后对环境造成了严重的负面影响。再者，合成高分子的原料多为石油等不可再生资源，原材料的有限性也会影响到下游材料的可持续生产。在实现"双碳"目标和节能减排的国家战略下，大力开发可再生、可持续发展的天然高分子材料，成了材料研究领域的热门话题，而天然高分子的功能化改性及高性能化开发也必将为社会实现绿色发展提供强有力的支撑。

第一节　天然高分子材料的定义及特性

一、天然高分子材料的定义

天然高分子材料是指没有经过人工合成，天然存在于动植物和微生物体内的大分子有机化合物。天然高分子都处于完整而严谨的超分子体系内，一般由许多天然高分子的分子链以高度有序的结构排列起来。

二、天然高分子材料的特性

（一）资源丰富性

天然高分子材料来源于自然界的动物、植物和微生物。只要有空气、阳光和水，就有生命存在，而只要有生命存在，就有天然高分子材料。天然高分子材料种类丰富，为实现不同的功能而具有多种多样的性质。例如，绿色植物利用叶绿素进行光合作用，把CO_2和H_2O转化为葡萄糖，并把光能储存在其中，再进一步把葡萄糖聚合成为淀粉、纤维素、半纤维素、木质素等，构成植物本身的物质。据统计，作为植物类天然高分子的主要成分，木质素和纤维素每年以约1640亿吨的速度再生，如以能量为单位换算，相当于石油年产量的15～20倍。很多天然高分子材料具有很高的强度，这些特性直接或间接地为天然高分子材料在多方面的应用提供了可能。例如，迄今为止，蜘蛛丝依旧是最强韧的材料，其比强度远远高于钢材。如果能对这部分天然高分子资源进行有效利用，人类就拥有了取之不尽的资源宝库。

（二）可再生性

天然高分子是由各种生物产生的，这里的各种生物包括所有的植物、微生物及以植物或微生物为食的动物。只要整个地球环境有生命存在，这种自然生长过程就会不断地延续下去。现代社会发展所需要的能源、有机化学品和高分子材料均以碳元素为核心，而天然高分子与石油、煤炭、矿物质不同，是一种可再生碳源，可以被永久利用。天然高分子材料可再生，取之不尽、用之不竭，符合可持续发展的需要，这是合成高分子材料无法比拟的优异特性。

（三）易于改性

许多天然高分子含有多种功能基团，可通过化学、物理、生物等多种手段进行改性，从而获得种类繁多的衍生物及性能各异的新材料。天然高分子材料的应用涉及材料工业、医药工业、农业、水处理工业、能源工业、食品工业、电子工业、日化工业等领域。天然高分子材料比合成高分子材料具有更好的生物相容性，在生物医用方面具有独特优势。

（四）环境友好性

气候变化是人类面临的全球性问题，随着各国CO_2的排放，大气中的温室气体含量猛增，对生态系统造成威胁。在这一背景下，世界各国以全球契约的方式减排温室气体。2016年中国正式加入《巴黎气候变化协定》，该协定将推动全球应对气候变化行动，并积极向绿色可持续的增长方式转型，避免过去几十年严重依赖石化产品的增长模式继续对自然生态系统构成威胁，其核心就是控制温室气体（主要是CO_2）的排放，并在未来确定的时间内实现碳中和。我国提出到2030年实现"碳达峰"，2060年实现"碳中和"的目标。天然高分子材料可在自然环境中降解为水、CO_2和其他小分子，不改变或基本不改变大气中CO_2的总量，不污染环境，形成良性循环的生态体系，符合可持续发展的需要。

第二节　天然高分子材料的来源与分类

一、天然高分子材料的来源

天然高分子材料是指自然界生物体内存在的高分子化合物（表1.1）。天然存在的高分子材料很多，包括作为生命基础的蛋白质，生物细胞中的核酸，植物细胞壁中的纤维素、木质素、淀粉，橡胶植物中的天然橡胶，凝结的桐油，某些昆虫分泌的虫胶，针叶树埋于地下数万年后形成的琥珀，漆树中的生漆，以及存在于海洋中的甲壳素、藻类植物等。

表1.1 主要天然高分子材料来源

天然高分子材料	来源		
	植物	动物	微生物
多糖类	瓜尔胶、卡拉胶、果胶、海藻酸盐、淀粉、纤维素	肝素、硫酸软骨素、透明质酸、壳聚糖	裂褶菌多糖、香菇多糖、黄原胶、葡聚糖
蛋白质类	玉米醇溶蛋白、大豆蛋白	血清蛋白、干酪素	胶原蛋白

二、天然高分子材料的分类

天然高分子材料主要分为：多聚糖类，主要包含淀粉、纤维素、木质素、甲壳素等；多聚肽类，主要包含蛋白质、酶、激素、蚕丝等；遗传信息物质类，主要包含DNA、RNA；动植物分泌物类，主要包含生漆、天然橡胶、虫胶等。

1. 多聚糖类

（1）纤维素（cellulose）是植物细胞壁的主要结构成分，通常与半纤维素、果胶和木质素结合在一起，不溶于水及一般的有机溶剂。纤维素的基本单位是葡萄糖，它是由300~2500个葡萄糖残基通过β-1,4糖苷链连接而成。纤维素是自然界中分布最广、含量最多的一种多糖，占植物界碳含量的50%以上。棉纤维的纤维素含量接近100%，为最纯的天然纤维素来源。一般木材中的纤维素占40%~50%，还有10%~30%的半纤维素和20%~30%的木质素。纤维素是分子量最大的糖类，人的消化系统不能将它分解，因此它不能为人体提供能量。但研究发现，纤维素（主要是膳食纤维）有利于肠内有益细菌的生存，能促进肠胃的蠕动，对人体健康有利。自然界中有的细菌能够将它分解成简单的葡萄糖。

（2）淀粉（starch）是高等植物中储存能量的高分子，其结构比纤维素简单。淀粉是高分子碳水化合物，是由葡萄糖分子聚合而成的多糖。其基本构成单位为α-D-吡喃葡萄糖，分子式为$(C_6H_{10}O_5)_n$。淀粉有直链淀粉和支链淀粉两类，前者为无分支的螺旋结构，后者由24~30个葡萄糖残基以α-1,4-糖苷键首尾相连而成，在支链处为α-1,6-糖苷键。淀粉是人类重要的食物和工业原材料，可分解为简单的葡萄糖供人体吸收利用。淀粉能被唾液淀粉酶分解为麦芽糖，因此人在咀嚼米饭时，能够感觉到甜味。

（3）甲壳素（chitin）又称甲壳质、几丁质、蟹壳素等，是自然界中唯一带正电荷的天然高分子聚合物，化学名为β-（1,4）-2-乙酰氨基-2-脱氧-D-葡萄糖，分子式为$(C_8H_{13}O_5N)_n$，1811年由法国学者布拉克诺（Braconno）发现。自然界中，甲壳素广泛存在于低等植物菌类，虾、蟹、昆虫等甲壳动物的外壳，真菌的细胞壁中。甲壳素的化学结构与植物纤维素非常相似，都是六碳糖的多聚体，分子量都在100万以上。甲壳素溶于浓盐酸、磷酸、硫酸和乙酸，不溶于碱及其他有机溶剂，也不溶于水。甲壳素的脱乙酰基衍生物壳聚糖（chitosan）不溶于水，可溶于部分稀酸。甲壳素的应用范围广泛，在工业上可用于生产纺织品、染料、纸张和水处理等方面；在农业上可做杀虫剂、植物抗病毒剂；渔业上可做养鱼饲料；还可做化妆品、毛发保护剂、保湿剂等；医疗用品上可做隐形眼镜、人工皮肤、缝合线、人工透析膜和人工血管等。

2. 多聚肽类

（1）蛋白质（protein）存在于一切动植物细胞中，是由多种氨基酸组成的天然高分子化合物，其分子量为30000~300000。蛋白质是生命的物质基础，是有机大分子，是构成细胞的基本有机物，是生命活动的主要承担者。在材料领域中，正在研究与开发的蛋白质主要包括胶原蛋白、大豆蛋白、玉米醇溶蛋白、菜豆蛋白、面筋蛋白、角蛋白和丝蛋白等，多用于黏结剂、生物可降解塑料、纺织纤维和各种包装材料。

（2）胶原蛋白（collagen）又称胶原，是由三条肽链拧成的螺旋形纤维状蛋白质，胶原蛋白是动物结缔组织的重要成分，结缔组织除含60%~70%的水分外，胶原蛋白的含量达20%~30%。由于高含量胶原蛋白的存在，结缔组织具有一定的结构与力学性质，以达到支持、保护肌体的作用。胶原蛋白是生物科技产业最关键性的原材料之一，也是需求量十分庞大的优良生物医用材料，其应用领域包括医用材料、化妆品、食品工业等。

（3）丝素蛋白（silk fibroin）是一种从蚕丝中提取的天然高分子蛋白。蚕丝是熟蚕结茧时分泌的丝液凝固而成的连续长纤维，也称天然丝，是一种天然纤维，也是人类利用最早的动物纤维之一。蚕丝是古代中国文明产物之一，相传黄帝之妃嫘祖始教民育蚕。据考古发现，约4700年前我国已利用蚕丝制作丝线、编织丝带和简单的丝织品；商周时期，人们用蚕丝织制罗、绫、纨、纱、绉、绮、锦、绣等丝织品。蚕有桑蚕、柞蚕、蓖麻蚕、木薯蚕、柳蚕和天蚕等。蚕丝主要由内层的丝素蛋白和外层的丝胶蛋白两部分构成，丝素蛋白占70%~80%，丝胶蛋白占20%~30%。丝素蛋白由特殊氨基酸组成，其中甘氨酸约占43%，丙氨酸约占30%，丝氨酸约占12%。丝素蛋白提纯工艺简单，广泛用于服装、手术缝合线、食品发酵、食品添加剂、化妆品、生物制药、环境保护、能源利用等领域。

3. 动植物分泌物类

（1）天然橡胶（NR）是一种以顺-1,4-聚异戊二烯为主要成分的天然高分子化合物，顺-1,4-聚异戊二烯的含量为91%~94%，其余为蛋白质、脂肪酸、灰分、糖类等非橡胶物质。橡胶与钢铁、石油和煤炭并称为四大工业原料。天然橡胶应用非常广泛，在工业、农业及日用品行业得到了广泛使用。1492年，远在哥伦布发现美洲大陆以前，中美洲和南美洲的当地居民已开始利用天然橡胶；1888年，英国人邓录普（Dunlop）发明了充气轮胎，促使汽车轮胎工业飞速发展；2019年，全球天然橡胶产量达1376万吨。

（2）聚羟基脂肪酸酯（polyhydroxyalkanoates，PHA）是一种完全由微生物合成的天然高分子基材料。自然条件下，微生物通过相关酶的作用，将羟基脂肪酸聚合成线状的PHA，作为碳源和能源储备物质。目前已发现的PHA侧链单体有150多种，材料学性质和应用前景也各不相同。PHA具有材料多变性、非线性光学性能、压电性能、气体阻隔性能、热塑性、生物可降解性、良好的生物相容性等特点，使其在生物降解材料、日用化工、医药、农业、生物能源、食品加工等诸多领域都具有很好的应用前景。

第三节　天然高分子材料的发展历史与应用现状

一、天然高分子材料的发展历史

人类利用天然高分子的历史可以追溯到久远的古代，特别是纤维、皮革和橡胶。例如，商朝时我国蚕丝业就已极为发达，汉唐时期丝绸已行销国外，战国时期纺织业也很发达。公元105年（东汉时期）造纸术已被发明。至于用皮革、毛裘作为服装和利用淀粉发酵的历史就更为久远了。

随着工业的发展，原生的天然高分子材料已远远不能满足需求。19世纪初，人们发明了加工和改性天然高分子材料的方法，开始把天然高分子材料制成最早的塑料和化学纤维，例如用天然橡胶经过硫化制成橡皮和硬质橡胶，用化学方法使纤维素改性为硝酸纤维等。1845年，舍恩拜因用硝酸和硫酸的混合物硝化纤维素制成的高分子材料，即是硝酸纤维素。1851年，硝酸纤维素被作为照相胶片使用。1869年，海厄特用樟脑与硝酸纤维素混合制成赛璐珞，这是第一种用作增塑剂的塑料制品。1865年，许岑贝格尔把纤维素乙酰化制成醋酸纤维素，这种纤维素在1919年被用作塑料。它们还先后被制成人造丝，硝酸人造丝和醋酸人造丝先后于1889年和1921年问世。这些以天然高分子材料为基础的塑料在19世纪末已经具有一定的工业价值。20世纪初，醋酸纤维开始生产，而合成纤维工业就是在天然纤维改性的基础上建立和发展起来的。

20世纪70年代出现了"可再生资源"一词，它的定义为"来源于动物、植物且用于工业上的产物，也包括非营养食物以及食品加工中的废弃物和副产物"。植物能利用光合作用合成植物生物质（纤维素、淀粉、蛋白质、多糖等），人们利用植物生物质生产燃料乙醇、生物柴油、生物降解性塑料等化工产品，这些化工产品可以被微生物降解成水和二氧化碳，从而形成生态良性循环，符合可持续发展的要求。天然高分子材料分子结构中具有多种功能基团，可以通过化学、物理方法改性成为新材料，也可以通过化学、物理及生物技术降解成单体或低聚物用作能源及化工原料，因此，天然高分子的高值化应用将发展成为一个新兴的工业。早在十数年以前，可再生资源的研究已被列为国际24个前沿领域之一，而且各国都已投入大量资金对它们进行研究与开发。美国能源部（DOE）预计到2050年，来自植物可再生资源的基本化学结构材料达到50%。地球上存在各种结构、形态和功能的天然高分子，它们是自然界赋予人类的宝贵资源和财富，也将是高分子材料领域未来绿色发展的重要基石。

二、天然高分子材料的应用现状

（一）天然高分子材料目前的主要应用领域

天然高分子材料属于环境友好型材料，由于具有多种功能基团，可以通过改性成为功能材料。然而，天然高分子材料加工性能都很差，难以通过常用塑料的加工方法成型，并且存在力学性能、耐环境性能不良，应用范围较窄等问题。为了拓展天然高分子材料的应用范围，提高其使用性能，天然高分子材料的改性研究成为近年来的研究热点。目前，天然高分子材料主要在以下领域具有实际应用或应用潜力。

1. 薄膜

薄膜（film）是指薄而软的高分子材料制品，厚度在0.25μm以下，一般由高分子熔体吹塑或挤塑以及高分子浓溶液流延成型。它主要用于包装、地膜及电子工业等领域。高分子薄膜的应用主要取决于它的力学性能，如抗张强度（σ_b，MPa）和断裂伸长率（ε_b，%）。分离膜（membrane）则是能使溶剂和部分溶质通过而其他溶质不能通过的材料，它具有传质功能，主要用于透析、超滤、分离领域。因此，分离膜的孔径尺寸和水流通量是衡量其实际应用的主要指标。

长期以来，再生纤维素膜的生产主要采用黏胶法和铜氨法，由此制得的再生纤维素膜商品名分别为玻璃纸（cellophane）和铜纺玢（cuprophane）。再生纤维素膜对蛋白质和血球吸附少，具有亲水性，以及优良的耐γ射线及耐热性、稳定性、安全性等特点，且废弃后可在微生物的作用下分解，不会造成环境污染，因此，它已成为有前途的高分子膜材料。其中孔径在10nm以下的再生纤维素膜可用作包装材料和透析膜，纤维素透析膜可以通过溶质扩散作用而除去混合溶液中的中低分子量物质。再生纤维素中空纤维的主要用途是制备人工肾，其中铜氨再生纤维素中空纤维用于血液透析的人工肾已工业化。再生纤维素透析膜可用于蛋白质溶液透析、细菌培养液透析，以及高分子水溶液透析、脱盐等。采用微相分离法制备的铜氨再生纤维素微孔膜（bemberg microporous membrane，BMM），其微孔尺寸为20～50nm，通过筛分分离可以滤除丙型肝炎（HBV）、脑炎（JEV）及艾滋病（HIV）病毒。此外，纤维素薄膜是制备肠衣的理想材料。由于再生纤维素膜具有良好的气体透过性，可用作食品保鲜膜及食品、药品、垃圾的包装材料。纤维素硝酸酯和乙酸酯可用于各种分离技术，其应用包括供水、食品和饮料加工、医药和生物科学领域，覆盖了微过滤、超滤、反渗透膜的所有领域。

日本早在20世纪80年代末就用微细纤维与壳聚糖分散在乙酸水溶液中，混合后在平板上流延成膜，然后处理得到高强度的透明薄膜，此膜埋在土壤中两个月可完全降解。此外，可利用甲壳素和纤维素共混制备包装袋和农用薄膜等，其组成为：纤维素/甲壳素/明胶（100：10：40）。这种甲壳素、壳聚糖与纤维素的共混材料在农业上用于育苗、包装等。用热糊化的土豆淀粉与壳聚糖的乙酸溶液和甘油混合后用流延法成膜，并经热处理制备出薄膜，可用于食品包装等领域。利用壳聚糖可制成超滤膜、反渗透膜、渗透蒸发和渗透汽化膜、气体分离膜等，它们可以用于有机溶液中有机物的分离和浓缩、超纯水制备、废水处理、海水淡化等。用壳聚糖制成的反渗透膜对金属离子具有很高的截留率，尤其对二价离子的截留效果更佳。这种膜废弃后可生物降解，不会造成环境污染。

淀粉本身存在很强的分子内和分子间氢键，导致其玻璃化温度和熔融温度都高于它的分解温度（225～250℃），因此不能直接像合成塑料那样进行加工。然而，加入一定量的增塑剂可以削弱淀粉分子间的氢键作用，使其玻璃化温度和熔融温度大大降低，由此实现淀粉的热塑加工。全淀粉塑料由于具有完全生物降解性，是目前国内外公认最有发展前途的淀粉塑料。日本住友商事公司、美国Warner-Lambert公司和意大利的Ferruzzi公司等宣称研制成功含90%～100%淀粉的全淀粉塑料。这些淀粉塑料产品能在一年内完全生物降解而不留任何痕迹，无污染，可制造各种容器、薄膜和垃圾袋等。一些具有良好耐水性和生物可降解性的脂肪族聚酯（如聚己内酯、聚乳酸等）已用于与淀粉共混制备新材料。用于淀粉共混体系的生物基聚酯主要有聚乳酸（PLA）、聚己内酯（PCL）、聚羟烷基聚酯（PHA）、聚丁二酸和己二酸共聚丁二醇酯（PBSA）、聚酯酰胺（PEA）、聚羟基酯醚（PHEE）等。目前，研究较多的是PCL与淀粉的共混体系。通常以水和甘油为增塑剂，采用挤出注塑的方法制备淀粉/PCL共混材料，PCL的加入使淀粉性能明显提高，既可以明显改善淀粉塑料的韧性、耐水性，又能保持其生物可降解性。

2. 纤维

纤维（fiber）是指细而长的具有一定柔韧性的物质。高分子纤维的直径一般为几微米，而长径比为1000：1以上。由天然高分子为原料得到的纤维包括天然纤维（棉花、羊毛、蚕丝、麻等）和人造纤维（黏胶丝、铜氨丝、天丝、蛋白质纤维、醋酸纤维素纤维等）。人造纤维一般由天然高分子或其衍生物溶液由湿法纺丝生产得到。纤维的主要性能指标包括线密度（linear density，tex）、旦尼尔（denier，旦）、拉伸强度（tensile strength，N/tex）、断裂伸长率（elongation at break，%）和弹性模量（young modulus，N/tex）。

再生纤维素纤维具有独特的光泽、良好的舒适感和悬垂感、天然透气性、抗静电性，从而深受青睐，成为世界第一大纤维素丝。目前，它的生产工艺主要是传统的黏胶法和铜氨法，其产品主要有黏胶丝（viscose rayon）、莫代尔（Modal）纤维、铜氨丝（bemberg silk）及强力丝等。新近发展起来的新型溶剂法生产纤维素丝的工艺主要有N-甲基吗啉-N-氧化物（NMMO）溶剂法、$ZnCl_2$法及纤维素氨基甲酸酯法。其中已商业化的是以$NMMO/H_2O$为溶剂，用干喷湿纺制成的再生纤维素丝。纤维素氨基甲酸酯纤维是指以纤维素经尿素处理转化为氨基甲酸酯后，以它作为原料生产的纤维素纤维。醋酸纤维是世界第二大纤维素纤维，由纤维素用乙酸酐和乙酸乙酰化制得纤维素三乙酸酯以及二乙酸酯，然后溶解于有机溶剂，并通过湿法纺丝制得。醋酸纤维素长丝断面结构类似于棉、蚕丝（无序结构），具有与棉及真丝类似的吸湿性、穿着舒适性、柔软滑爽的悬垂性、优良的尺寸稳定性及污染易洗涤等优点。

20世纪40年代，美国首先研制出壳聚糖纤维。由于壳聚糖纤维具有抗菌性能，各国都重视其研发。日本富士纺织株式会社已生产出壳聚糖纤维工业产品，称为"Chitopoly"，并用于纺织及其他工业领域。壳聚糖溶于乙酸水溶液制备纺丝液，然后经喷丝、室温凝固（NaOH/乙醇）、水洗和卷取得到壳聚糖纤维。此外，为了降低成本，改善纤维性能，可将壳聚糖与其他的高分子纺丝液共混纺丝。具有抗菌防臭功能的Chitopoly纤维是用壳聚糖与纤维素黏胶溶液共混后纺出的纤维，其纤度为1.22旦、干丝强度达4.27g/旦，伸长率为12.0%。

大豆蛋白质可用于生产大豆蛋白纤维。我国已经开始用大豆蛋白质与聚乙烯醇共混生产合成纤维。大豆蛋白纤维是利用生物技术，将脱脂大豆粕中的球蛋白提纯，并加入助剂、生物酶改变球蛋白的空间结构，然后添加聚乙烯醇（PVA）共混制成纺丝原料。通过引发剂引发接枝反应得到接枝蛋白质产物，然后用水配制成一定浓度的蛋白纺丝液。大豆蛋白纤维具有天然纤维和化学纤维的综合优点，而且具有优良的吸湿、导湿、保暖性能，亲肤性好，抑菌功能明显，特别是抗紫外线性能优于棉、蚕丝等天然纤维。同时，通过改变计量泵的轮速度和纺丝溶液的浓度，可以控制纤维中蛋白质和PVA的相对量。在大豆蛋白质浓溶液加入甘油、Zn^{2+}、Ca^{2+}、乙酸酐、乙二醛、戊二醛、碱、尿素等添加剂也可制备大豆蛋白纤维。在挤出得到的纤维中加入甘油，以及在湿法制得的纤维中加入Zn^{2+}和Ca^{2+}都能增强纤维的韧性。

3. 塑料

塑料（plastic）是指以高分子材料为基本成分的非弹性的柔韧性或刚性材料，能在室温下保持形状不变。塑料的使用温度范围在其脆化温度和玻璃化温度之间。塑料一般由高分子材料与增塑剂和其他助剂通过热塑化和挤压加工成型。塑料的使用性能主要取决于抗张强度、断裂伸长率和抗弯曲强度。

自从赛璐珞商品问世以来，纤维素酯的主要应用是作为热塑性材料。目前，它已迅速发展成一种基于可再生资源的高性能材料，主要包括长链纤维素酯的产品及其与其他聚合物的共混产品，并已广泛应用于复合物材料和薄片制品。纤维素酯因为其良好的力学性能、光学性质和易加工的特点，已成为生产胶卷和液晶显示器的优良材料。

木质素与聚合物材料复合可以提高流动性和加工性能，这种热塑性塑料与工程塑料极为相似且抗冲强度高，耐热性优良。利用木质素分子上大量的功能基团反应可制备聚合物材料，其中比较成熟的是替代苯酚制备酚醛树脂和作为多元醇制备聚氨酯。但是，这些基于木质素反应得到的材料中，木质素的加入量都不能太高，否则得到的材料比较硬且脆。木质素含有大量羟基，可作为多元醇与异氰酸酯反应制备泡沫塑料。为了改善木质素的反应性能，一般利用液化试剂（PEG400）、辅助液化试剂和催化剂的混合物使木质纤维素液化变为植物多元醇，然后将它与二苯甲烷二异氰酸酯（MDI）在催化剂存在下反应制备出泡沫塑料。

壳聚糖和淀粉通过热膨胀后热压成型制备的发泡材料可以作为食品的包装容器。这种泡沫塑料具有较高强度且可生物降解，将来有望取代聚苯乙烯泡沫塑料。壳聚糖也可分别与明胶、海藻酸钠、聚乙烯醇共混并通过化学交联处理制备海绵，其在医用材料领域有应用前景。

近年来，采用纯淀粉制备生物可降解材料十分引人注目，因为它废弃后可用作饲料并可完全降解。为了改善淀粉塑料的性能，可以用马来酸酐（meleic anhydride）增容PLA和淀粉共混体系。马来酸酐的添加大大降低了PLA和淀粉两相之间的界面张力，使材料的力学性能接近纯PLA（拉伸强度为52.4MPa，断裂伸长率为4.1%）。淀粉基泡沫塑料是很重要的一种可生物降解的包装和减震材料。淀粉的发泡成型方法很多，主要有挤出膨胀成型、模压成型、烘焙成型等，其中挤出膨胀成型最先应用于制备淀粉基泡沫材料，做法是将乙酸淀粉（取代度为1.78）与己二酸—对苯二甲酸共聚物（EBC）混合反应并挤出，制备泡沫塑料。

将大豆分离蛋白（SPI）、大豆粉（SF）等分别与表面活性剂、扩链剂、聚多元醇、甲苯二异氰酸酯（TDI）或MDI和水混合，在模具中发泡成型可以制备蛋白质/聚氨酯泡沫塑料。利用TDI或MDI的—NCO基团与大豆蛋白质中的—NH$_2$、—OH等活泼基团反应，形成脲键或氨酯键，可以提高材料的耐热性能和防水性。SPI制备的塑料在干态下具有高于双酚A型环氧树脂和聚碳酸酯的杨氏模量和韧性，因而可应用于工程材料领域。SPI中加入增塑剂交联后，经过一定工艺流程可以制备出生物可降解性塑料，它们适用于各种一次性用品，如盒、杯、瓶、勺子、容器、片材及玩具等日用品，育苗盆、花盆等农林业用品，以及各种功能材料、旅游和体育用品等。

4. 弹性材料

弹性材料（elastomer）主要包括天然橡胶和合成橡胶，在室温下呈现高弹性，具有很大的形变量（伸长率为100%～1000%）和低模量。硫化天然橡胶是指在胶乳和干胶中加入少量的硫化剂（常用硫黄），经化学—物理方法处理使生胶分子从线形结构变为具有三维交联的网状结构。天然橡胶具有优良的弹性、较高的机械强度、较好的耐屈挠和疲劳性能，滞后损失小，还具有良好的气密性、防水性和弹性回复性，是广泛使用的一种通用橡胶。天然橡胶大量用于制造各种轮胎及工业橡胶制品（如胶管、胶带、密封垫）、日常生活制品（如胶鞋、雨衣）及医疗卫生用品（如乳胶手套、乳胶管）等。

木质素是一种优良的填充增强材料，已广泛地用于橡胶、聚烯烃等材料的增强改性。木质素填充橡胶可以实现高含量填充，填充后橡胶具有密度小、光泽度好、耐磨性和耐屈挠性增强、耐溶剂性提高等优点。利用木质素较强的化学反应功能，以醛和二胺作为交联剂，进行化学交联和协同效应，可使橡胶网络与木质素网络相互贯穿，从而改善橡胶的力学性能、耐磨和耐撕裂性能，同时赋予材料优良的耐油和耐老化性能。此外，由于木质素紫丁香基结构中苯环上的甲氧基对羟基形成了空间位阻，该受阻酚结构可以捕获热氧老化过程中生成的自由基而终止链反应，进而提高材料的热氧稳定性。改性木质素与橡胶共混可制备出限氧指数超过30%的难燃弹性材料，发烟量显著下降。

5. 药物及医用材料

有机天然高分子来自动物、植物和微生物，大多数有机天然高分子在生物体的新陈代谢中起重要作用。因此，不少有机天然高分子具有生理活性，可以调节或控制生命体的各种代谢活动，从而具有药用价值。天然高分子制备的药物和医用材料一般具有安全性、生物相容性及在体内可降解和可吸收的特点。因此，天然高分子在药物及医用材料领域具有广阔的应用前景。天然高分子是人类最早使用的医用材料之一，表1.2汇集了部分天然高分子在医用材料领域的应用。

表1.2 天然高分子在医用材料领域的应用

天然高分子	医用材料领域的应用
纤维素及其衍生物	促进伤口愈合和细胞黏附性，用于伤口缝合；具有骨传导性，用于骨组织工程支架
壳聚糖及其衍生物	能激活多形核白细胞，且具有生物黏附性和骨传导性，用于骨修复、药物控释载体和组织工程支架
胶原质	具有止血和细胞黏附性，用作吸收性缝合线、伤口敷料、药物释放微球；可与糖胺聚糖复合构造人造皮肤；可与羟基磷灰石复合用作仿生修复材料
明胶	无抗原性
琼脂糖	用作临床分析支架材料及固定化基质
海藻酸盐	在Ca^{2+}存在下可凝胶化，用于软骨细胞培养
白蛋白	用于细胞与药物微胶囊
葡聚糖及其衍生物	流变性能优异，可用于血浆增溶剂
肝素及其类似糖胺聚糖	具有抗血栓和抗凝血性，用于外科及离子凝胶形成的微包囊

多糖来自高等植物、动物细胞膜和微生物细胞壁，是构成生命的四大基本物质之一，因此多糖是分子生物学和药学不可缺少的组成部分。多糖类药物主要有动物多糖（肝素等）、植物多糖（魔芋葡甘聚糖等）、真菌多糖（香菇多糖、灵芝多糖、人参多糖等）、海洋生物多糖（海藻酸钠等）等。科学家预言："在生化及药物领域中，今后数十年将是多糖时代。"有些多糖具有抗凝血、抗溃疡、抗氧化、降血糖、降血脂、降血压、抗血栓、抗辐射、抗溃疡、抗疲劳、抗突变等多种生物活性。

在医用材料领域，烷基、羧基和羟基纤维素衍生物是安全、无毒的生物材料。甲基纤维素、羧甲基纤维素及乙基纤维素可用作药物载体、药片黏合剂、药用薄膜、包衣及微胶囊材料。羟乙基纤维素和羟丙基纤维素主要用于药物辅料和增稠剂及药片的黏合剂等。细菌纤维素由于良好的生物相容性、湿态时高的力学强度、优良的液体和气体透过性及能抑制皮肤感染的特性，可作为人造皮肤用于伤口的临时包扎。

甲壳素具有消炎抗菌作用，是理想的医用材料。胶原蛋白与甲壳素共混，在特制纺丝机上纺制出外科缝合线。其优点是手术后组织反应轻、无毒副作用、可完全吸收，伤口愈合后缝线针脚处无疤痕，打结强度尤其是湿打结强度优异。壳聚糖具有促进皮肤损伤的创面愈合、抑制微生物生长、创面止痛等作用，用壳聚糖制作的人造皮肤柔软、舒适，创伤面的贴合性好，既透气又有吸水性，而且具有抑制疼痛、止血及抑菌消炎作用。在自身皮肤生长后，壳聚糖能自行降解并被机体吸收，同时促进皮肤再生。国内外技术人员用壳聚糖制备的各种复合材料作为人造皮肤、非织造布、膜、壳聚糖涂层纱布等多种医用敷料已用于临床，其中用壳聚糖乙酸溶液制成的壳聚糖非织造布，用于大面积烧伤、烫伤，效果良好。

魔芋葡甘聚糖（KGM）可用作医用材料中的膜和凝胶。它的水溶液经冷冻干燥制成干态的凝胶，经过灭菌后，可以用作伤口包裹材料，能明显地提高伤口的愈合速度。用KGM、海藻酸钠和其他助剂制成的膜材料，以及KGM和半乳甘露聚糖共混制备的凝胶材料可用于药物控制释放领域，其中KGM凝胶具有更好的硬度及分离药物与包衣的功能。

海藻酸钠是很好的制备医用材料的原料。在海藻酸钠水溶液中加入Ca^{2+}、Sr^{2+}、Ba^{2+}等阳离子后，G单元❶上的Na^+与二价离子发生离子交换反应，堆积形成交联网络结构，从而变成水凝胶。它作为组织工程材料使用时，通常选用Ca^{2+}作为海藻酸的离子交联剂，采用辐射降解的方法降低高G海藻酸钠的分子量后，可提高所包埋细胞的活性，从而通过提高海藻酸钠溶液的浓度，进一步提高凝胶的力学强度。由于离子交联的海藻酸钠水凝胶可以在冰水、热水及室温条件下形成，反应条件温和，简单易行，且可注射、原位凝胶化，因此可用作组织工程材料。

6. 离子交换材料

不少天然高分子带有功能基团对有机污染物质、重金属及染料等有吸附功能，且对离子化合物有交换功能，因此它们是自然界可利用的理想吸附材料。这些天然高分子不仅来源丰富、可再生，而且在废弃后可生物降解，对环境不造成污染。面对日益严重的水污染问题，利用天然高分子研究与开发的新一代离子交换与吸附材料有广阔的应用前景。

甲壳素和壳聚糖能通过它们的酰胺基、氨基、羟基与重金属离子形成稳定的螯合物，而不会与碱金属和碱土金属反应，这样可以吸附水中有害的无机重金属离子。尤其，甲壳素和壳聚糖材料废弃后可生物降解成水、二氧化碳及低分子物质。甲壳素本身虽然能吸附金属离子，但效果并不理想，因此必须通过改性制备出有使用价值的吸附材料。此外，甲壳素衍生物对蛋白质、淀粉等有机物的絮凝作用也很强，可用于回收蛋白质、淀粉。壳聚糖吸附剂对印染废水中的具有酸性基团的染料分子和活性染料表现出优异的吸附能力，因此可以用于吸附废水中的有机颜料。

海藻酸钠是一种很好的离子交换与吸附材料，然而它的耐水性和强度较差，因此一般将海藻酸钠与其他天然高分子共混、交联后再使用。海藻酸钠通常与纤维素共混后制备成离子交换或吸附材料使用，也可与其他带正电荷的天然高分子及其衍生物通过钙交联或静电作用

---

❶ 海藻酸钠分子由β-D-甘露糖醛酸（β-D-mannuronic，M）和α-L-古洛糖醛酸（α-L-guluronic，G）按（1→4）键连接而成，是一种天然多糖。G单元即α-L-古洛糖醛酸。

制备新的吸附材料。

（二）天然高分子材料的未来应用领域

进入21世纪，随着资源、环境问题日益突出，特别是由于化石资源日益枯竭，工业革命以来长期依赖石油和煤等化石资源的能源和化学工业面临着严峻挑战。据估计，地球上已探明储量可开采的煤、石油和天然气等化石资源将分别在未来200年、40年和60年内消耗殆尽。因此，开发和利用可再生资源已成为世界各国寻求可持续发展的主要方向。在众多的自然资源中，天然高分子材料以其资源丰富、可持续再生、清洁环保、价格低廉等特点而被认为是目前唯一可替代石化资源的天然资源。因此，基于天然高分子资源的能源、化学品和材料等方面的研究和开发，是解决资源和环境问题、实现人类可持续发展和生态文明的有效途径，已受到各国政府、科研机构和产业界的高度重视，并已成为许多国家优先发展的战略领域。天然高分子的主要利用途径是能源、化学品和天然高分子材料，是未来实现碳中和的关键。

1. 能源

源自天然高分子的生物质能源是目前世界上应用最广泛的可循环和可再生能源，其消费总量仅次于煤炭、石油、天然气，位居第四。从化学组成来看，天然高分子是包含C、H、O等元素的化合物，与常规的矿物能源（如石油、煤等）属于同一类，因此其特性和利用方式与矿物燃料具有一定的相似性。人们可充分利用目前已建立起来的常规能源技术开发利用生物质能源，这也是开发利用生物质能源的优势之一。利用生物质能源可以实现二氧化碳的近零排放，从根本上解决能源消耗带来的气候变化问题。

生物质能源产品包括燃料乙醇、生物柴油、生物丁醇等。乙醇是其中的一种非常重要的产品，这是因为乙醇可以直接用作燃料，同时又是合成其他化学品的前体或原料。生物质能源也是各国生物质开发优先发展的方向之一。据专家预测，到2050年利用农、林、工业残余物及能源作物等生产的生物质能源，可能以相当于或低于化石燃料的价格供应世界60%的电力和40%的燃料，使全球CO_2的排放量减少54亿吨。

2. 化学品

源自天然高分子的生物质化学品可以分为中间化学品、专用化学品和酶制剂三大类。中间化学品在经济发展中起着集成链接作用，生物质化学品可有效降低化学品对石油的依赖，是天然高分子产品的一个重要目标市场；专用化学品是高价值产品，2007年的市场销售额达到3800亿美元，且每年以10%~20%的速度增加，专用化学品包括除草剂、用于食品的膨松剂和增稠剂、药物、植物生长调节剂等，同样是高价值产品；酶制剂基本是以生物质为原料通过发酵法生产，主要用于生物催化剂、食品添加剂、洗涤剂、药物、诊断试剂等。2004年9月，经济合作与发展组织（OCED）的研究报告指出，各国政府应大力支持和鼓励高附加值的生物质化学品生产领域的技术创新，减小其与传统化石原料的价格差距，最终达到替代的目的。欧盟提出了到2030年，要实现生物质原料替代6%~12%的化工原料，30%~60%的精细化学品由生物质制造的目标。理论上，90%的传统石油化工产品都可由生物质制造获得。

3. 天然高分子结构功能材料

天然高分子材料是以天然高分子资源为原材料，通过物理、化学和生物学手段，加工制造出性能优良、环境友好、用途广泛、可再生并能替代石化资源的新型材料。天然高分子材料在民用、军用、农用、医用工程领域有着大规模的需求，是未来材料研究开发的重要领域。例如，可生物降解的热塑性塑料（如淀粉酯、乙酸纤维素混合物、聚交酯、热塑性蛋白和聚羟基丁酸酯），显示了巨大的可替代来源于石化原料的相关材料的前景，是当前各国竞相发展的绿色产业。生物医用材料是生命科学和材料科学交叉的产物，目前已成为各国研发的热点。开发环境友好、可持续循环利用的生物质材料（如高强度纤维材料、膜材料、天然高分子复合材料和功能材料等），可最大限度地替代塑料、钢材、水泥等不可再生材料，是国际新材料产业发展的重要方向和我国战略性新兴产业。许多国家都在积极资助和鼓励天然高分子材料资源的利用和开发，美国能源部预计到2050年，以植物等可再生资源为基本化学结构的材料比例要达到50%。以天然高分子及其衍生物合成的高分子材料通常具有较好的可生物降解性，符合人类可持续发展战略，也是未来实现碳中和的重要支撑。

课程思政

生态文明建设是"五位一体"总体布局中的重要一环，绿色发展作为"五大发展理念"之一，是落实生态文明建设的重要行动指南。保护生态环境，关系最广大人民的根本利益，关系中华民族发展的长远利益，是功在当代、利在千秋的事业。高分子材料进入人们生产生活方方面面的同时，也造成了大量生态环境问题，制约了其未来发展。当今社会，人们逐渐认识到，只有充分利用自然界生成的、可循环再生的动植物资源，才是实现经济可持续发展的可靠出路。可再生天然高分子材料存在于自然界的动物、植物及微生物中，来源丰富且无毒，可以完全生物降解，能再生循环利用，在减少污染、保护环境、节约资源与能源方面产生了巨大的经济效益和环境效益，在化工、医疗、农业等领域的重要性愈发凸显。通过对现有生态问题与高分子材料发展的对立统一关系、高分子材料回收利用的技术发展等进行研讨，鼓励学生从专业角度出发，以专业知识和专业思考探索"资源—材料—环境"可持续发展之路，为"建设美丽中国"贡献力量。通过对环境问题与社会发展的关系进行研讨，引导学生树立良好的生态文明意识和环境保护意识，让"绿水青山就是金山银山"的理念深入学生内心，使青年学子能够放眼"绿水青山"，同时建造"金山银山"。

参考文献

[1] 廖学品. 天然高分子材料 [M]. 成都：四川大学出版社，2022.

[2] 高振华，邸明伟. 生物质材料及应用 [M]. 北京：化学工业出版社，2008.

[3] 胡玉洁，何春菊，张瑞军，等. 天然高分子材料 [M]. 北京：化学工业出版社，2012.

[4] 张俐娜，陈国强，蔡杰，等. 基于生物质的环境友好材料 [M]. 北京：化学工业出版社，2011.

[5] 贾冬玲，王梦亚，李顺，等. 天然纤维素物质模板制备功能纳米材料研究进展 [J]. 科学通报，2014，59（15）：1369-1381.

[6] 李伟，刘守新，李坚. 纳米纤维素的制备与功能化应用基础 [M]. 北京：科学出版社，2016.

[7] 孙东平，杨加志. 细菌纤维素功能材料及其工业应用 [M]. 北京：科学出版社，2010.

[8] 何乃普，宋鹏飞，王荣民，等. 甲壳素 / 壳聚糖及其衍生物抗菌、抗肿瘤活性研究进展

[J]. 高分子通报，2004（3）：14-18.

[9] 戈进杰. 生物降解高分子材料及其应用 [M]. 北京：化学工业出版社，2002.

[10] HWANG H S, LEE S H, BAEK Y M, et al. Production of extracellular polysaccharides by submerged mycelial culture of Laetiporus sulphureus var. miniatus and their insulinotropic properties [J]. Applied Microbiology and Biotechnology, 2008, 78（3）：419-429.

[11] LU R, YOSHIDA T, NAKASHIMA H, et al. Specific biological activities of Chinese lacquer polysaccharides [J]. Carbohydrate Polymers, 2000, 43（1）：47-54.

[12] KAMOUN A, JELIDI A, CHAABOUNI M. Evaluation of the performance of sulfonated esparto grass lignin as a plasticizer‐water reducer for cement [J]. Cement and Concrete Research, 2003, 33（7）：995-1003.

[13] 甘景镐，甘纯机. 天然高分子化学 [M]. 北京：高等教育出版社，1993.

第二章　纤维素

第一节　纤维素概述

纤维素（cellulose）的分子组成为（$C_6H_{10}O_5$）$_n$，是由许多葡萄糖分子通过β–1,4–糖苷键连接而成的多糖。含1500～5000个葡萄糖单元或更多，分子量为25000～1000000或更高。纤维素是地球上存在量最大的一类有机资源，按其来源可分为植物纤维素、动物纤维素和细菌纤维素，纤维素还可由化学方法人工合成。

工业中应用最多的是植物纤维素，植物纤维素广泛存在于树干、棉花、麻类植物、草秆、甘蔗渣等中，为植物细胞壁的主要成分，对植物体有支持和保护的作用。纤维素是木材和植物纤维的主要成分，木材中纤维素含量为40%～50%，亚麻中纤维素含量约为80%，棉花几乎是纯的纤维素，其含量高达95%～99%。另外，在海洋生物的外膜中也含有动物纤维素，如海洋中生长的部分绿藻和某些海洋低等动物体。某些细菌也能合成纤维素，细菌纤维素具有很多优异的特性，被认为是21世纪理想的生物材料。纤维素还可由化学方法人工合成。化学方法人工合成纤维素有两种路线：酶催化和葡萄糖衍生物的开环聚合。纤维素是自然界主要由植物通过光合作用合成的取之不尽、用之不竭的天然高分子材料，主要用于纺织、造纸、精细化工等生产领域。除了传统的工业应用外，如何交叉结合纳米科学、化学、物理学、材料学、生物学及仿生学等学科进一步有效地利用纤维素资源，开拓纤维素的新应用，也是国内外研究者开展的重要课题。

第二节　纤维素的结构与性质

1838年，法国科学家佩因（Payen）从木材提取某种化合物时分离出一种物质，由于这种物质是在破坏细胞组织后得到的，所以Payen把它称为cell（细胞）和lose（破坏）组成的一个新名词"cellulose"，元素分析证明，这种纤维状固体的分子式为（$C_6H_{10}O_5$）$_n$。次年，法国科学院在报道这种纤维状固体时称之为"纤维素"，这一名称也一直沿用至今。1920年，施陶丁格（Staudinger）发现纤维素不是D-葡萄糖单元的简单聚集，而是由D-葡萄糖重复单元通过1,4-糖苷键组成的大分子多糖，重复单元称为纤维二糖。纤维二糖及纤维素的分子结构式如图2.1所示。纤维素分子中的每个葡萄糖残基上均有3个羟基，其中1个是伯羟基，位于C_6上；2个是仲羟基，分别位于C_2和C_3上。3个羟基可发生一系列化学反应，如酸化、酯化、氧化等，因此很容易通过化学改性制备纤维素衍生物，赋予纤维素新的功能，扩大纤维素的应用范围。不同来源的纤维素的分子量差异较大，棉纤维素的聚合度约为7000，大麻约为

8000，苎麻约为6500。

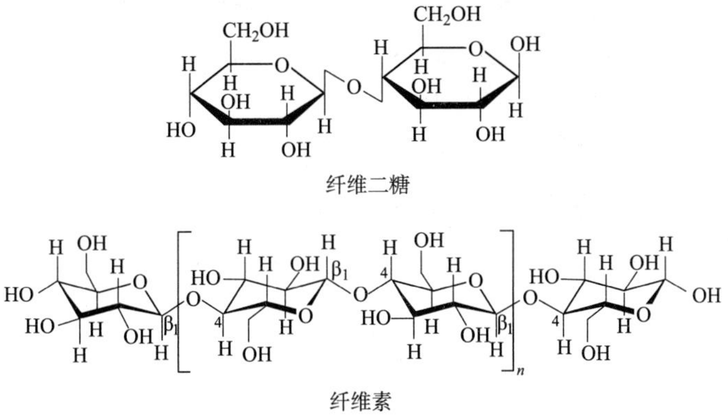

图2.1　纤维二糖及纤维素的分子结构式

　　纤维素大分子为无支链直线分子，分子链之间以及分子内存在大量的氢键，使大分子牢固结合，在结构上具有高度的规整性（间同立构）。聚合物的敛集密度较高，因此不溶于水和有机溶剂，只能溶于铜氨等特殊溶液，比淀粉难水解，一般需在加热条件下的浓酸或稀酸环境中进行。在水解过程中可以得到纤维四糖、纤维三糖、纤维二糖，最终水解产物为葡萄糖。在实验室中可用下述方法检验纤维素是否发生水解。取少量反应液，滴加几滴$CuSO_4$溶液，再加入过量NaOH溶液中和作催化剂的硫酸，直到出现$Cu(OH)_2$沉淀，最后加热煮沸，观察现象。如果出现红色沉淀，表明纤维素已经开始水解。

一、纤维素的超分子结构

　　不同来源和种类的植物纤维素，其分子量相差很大。纤维素的分子量和分子量分布明显影响材料的力学性能（强度、模量、耐屈挠度等）、纤维素溶液性质（溶解度、黏度、流变性等），以及材料的降解、老化及各种化学反应。

　　纤维素大分子为无支链的线形分子。使用X射线和电子显微镜观察可知，纤维素呈绳索状长链排列，每束由100～200条彼此平行的纤维素大分子链聚集在一起，形成直径10～30nm的微纤维（microfibril）。若干根微纤维聚集成束，形成纤维束（fibril）。纤维素分子由排列规则的微小结晶区域（约占分子组成的85%）和排列不规则的无定形区域（约占分子组成的15%）组成。去除纤维素的无定形区域就得到白色微晶纤维。在植物细胞壁中，纤维素一般与木质素、半纤维素、淀粉类物质、蛋白质和油脂等物质共存，如图2.2所示。纤维素链中每个残基相对于前一个残基翻转180°，使整链处于完全伸展的构象。相邻、平行的（极性一致的）伸展链在残基环面的水平向通过链内和链间的氢键网形成片层结构，片层之间即环面垂直向的结构稳定靠其余氢键和环的疏水内核间的范德瓦耳斯力维系。

　　天然植物纤维具有复杂的多级结构，一根天然植物纤维由若干根纤维素微纤维组成，一根纤维素微纤维又由若干根纤维素分子链组成。纤维素中分布着纳米级晶体和无定形的部分，依靠分子内及分子间数量众多的氢键和范德瓦耳斯力维持着自组装的大分子结构和原纤的形态。用强酸、碱或酶处理天然纤维，或加以机械力作用，可使纤维原纤化，即纤维被拆

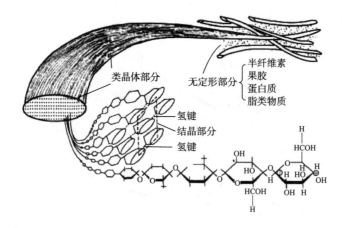

图2.2 纤维素的结构示意图

分为更细小的微纤维。调节酸或酶的浓度、处理时间及机械力的大小和作用时间，可去除微纤维中的无定形部分，得到纤维素晶须或纳米微晶。分子链上含有大量的羟基，几乎所有的羟基都能形成氢键，纤维素的分子链之间以及分子内存在大量的氢键，使纤维素大分子牢固地结合着，其分子链为刚性，并且在结构上具有高度的规整性（间同立构）。其分子内和分子间的氢键如图2.3所示。氢键把链中的O_6（6位上的氧）与O_2以及O_3与O_5连接起来，使整个高分子链成为带状，从而具有较高的刚性。在纤维素大分子砌入晶格以后，一个高分子链的O_6与相邻高分子的O_3之间也能生成链间氢键。虽然氢键是一种次级键，其键能远不如共价键大，但是纤维素中的氢键数量众多，完全破坏这些氢键需要很大的能量。氢键在分子中起到物理交联点的作用，使纤维素分子形成三维网状结构，形成结构很稳定的纤维素分子链。除了分子内和分子间能形成氢键外，纤维素上众多的羟基使得纤维素也能与水分子形成氢键，

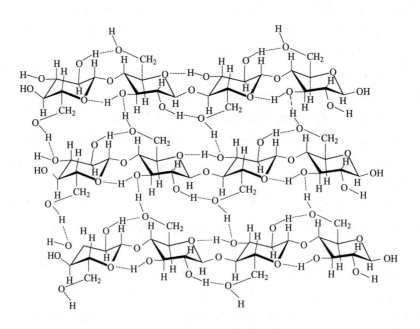

图2.3 纤维素的分子内和分子间氢键示意图

如图2.4所示。水分子和纤维素形成的氢键，不仅涉及纤维素的羟基，还涉及纤维二糖的连接氧桥O4和葡萄糖残基吡喃环的氧O5。

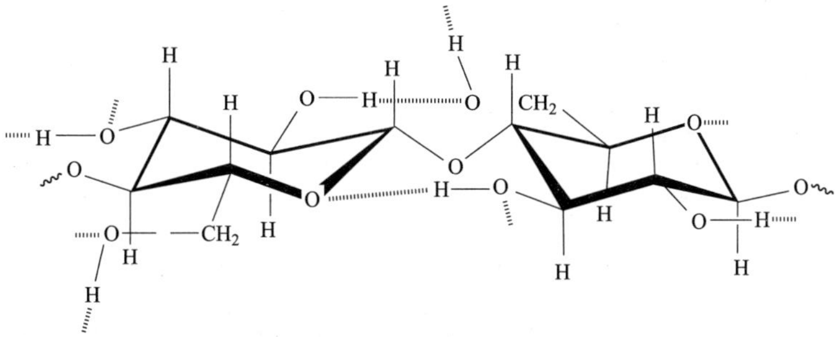

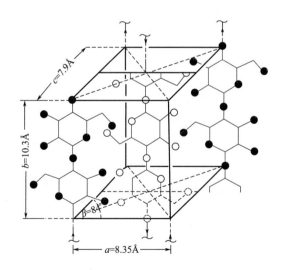

图2.4 纤维素与水分子形成的氢键示意图

二、纤维素的结晶结构

由于分子链高度规整，纤维素分子易于结晶。排列规则的微小结晶区域约占分子组成的85%。排列不规则、结构较疏松的无定形区域约占15%，含有较多的空隙，密度较低。天然的纤维（I型纤维素）晶体为单斜（monoclinic structure），分子链沿纤维方向取向，其结构与参数如图2.5所示。来源不同的纤维素的晶胞参数不同，见表2.1。一些大分子表面的基团距离较大，结合力较弱，易与化学试剂发生反应。纤维素的一个大分子可能穿越几个晶区和非晶区，靠结晶体中分子间的结合力把大分子相互连接在一起，又靠穿越几个结晶区的大分子把各个晶区连接起来，并由组织结构较为疏松和混乱的非晶区把各个晶区间隔开，使纤维素形成疏密相间的有机整体。

图2.5 天然纤维素I晶体的结构与晶胞参数（1Å=0.1nm）

定形区和无定形区的纤维素大分子依靠其分子内和分子间的氢键及弱的范德瓦耳斯力维持着自组装的大分子结构和原纤的形态。利用弱酸在一定的条件下的水解反应或者利用纤维素酶选择性地酶解掉无定形的纤维素就可以得到纤维素晶体。将这些纤维素晶体通过超声波

表2.1 不同类型纤维素的晶胞参数

类型	尺寸/nm			$\beta l/(°)$
	a	b	c	
纤维素 I	0.821	1.030	0.790	83.3
纤维素 II	0.802	1.036	0.903	62.8
	0.801	1.036	0.904	62.9
纤维素 III	0.774	1.030	0.990	58.0
纤维素 IV	0.812	1.030	0.799	90.0

分散或其他物理的分散方法可以得到纳米级纤维素晶体。由于具有巨大的比表面积，纳米纤维素微晶具有很多特殊的性能，广泛应用于医疗、食品、日用化学品、涂料、建筑等领域。如，纳米纤维素晶须的杨氏模量和抗张强度相比普通纤维素有指数级的增长，因此可被用于复合材料、电极的高性能的纳米增强剂。纤维素晶体表面还可以通过化学和生物的方法活化。采用化学接枝的方法，在纳米级纤维素晶体表面上引入硅、醚、酯、氟等基团，可以促进纳米级纤维素晶体的稳定性，同时赋予纳米级纤维素晶体新功能和新特性。纳米纤维素的研究已经成为纤维素科学中新的研究热点之一。如何高效率地制备和分离纳米纤维素晶体、拓展纳米纤维素在高分子复合材料中的应用、纳米纤维素表面选择性化学改性以及纳米纤维素化学衍生物的合成等都是纳米纤维素领域的前沿课题。

用X射线衍射等手段对纤维素结晶体进行分析可以发现，纤维素是一种同质多晶物质，具有4种结晶体形态，分别称为纤维素I、II、III和IV。图2.6是纤维素I的晶胞截面和高分子链在晶胞中的堆砌情况，这种晶胞为单斜晶系，每个晶胞中含有两个重复单元。晶格中心的高分子相对于四角的高分子在c轴方向有c/4轴长度的位移。纤维素高分子是有方向性的，通常认为在纤维素I中，高分子的指向是平行的；在其他结晶变体中，相邻高分子是逆平行的。

天然纤维素，无论是植物纤维素还是细菌纤维素，均属于纤维素I型，其分子链在晶胞内是平行堆砌的。纤维素I由三斜晶体I_α和单斜晶体I_β混合组成，是一种亚稳态的结构。纤维素I_α和I_β具有相同的重复距离，从二聚体内部到晶体的距离为1.043nm，到表面的距离为1.029nm。纤维素I_α和I_β在微纤维形成过程中可以相互转变，通过退火处理可将处于亚稳态的I_α转变为I_β。不同来源的天然纤维素的I_α/I_β比值是不相同的。植物纤维素的晶体以I_β为主，例如，棉、麻等植物的纤维素晶体70%为I_β型，仅30%为I_α型。细菌纤维素约60%为I_α型，40%为I_β型。海藻Velinia的纤维素晶体有65%为I_α型，35%为I_β型。

将纤维素I溶解在适当的溶剂（如铜氨溶液、N-甲基吗啉-N-氧化物等）中，再经过凝固浴使其再生，得到的再生纤维素为纤维素II。纤维素II的晶体结构是由堆积在单斜晶胞内的构象几乎相同的两条反平行链组

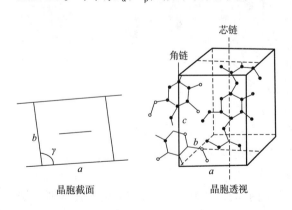

图2.6 纤维素I的晶胞截面和高分子链在纤维素I晶胞中的堆砌

成，具有最低能量，因而在热力学上最稳定。纤维素Ⅱ一旦形成就难以再转变为纤维素Ⅰ。纤维素Ⅱ是工业上使用最多的纤维素形式。

将纤维素Ⅰ或纤维素Ⅱ分别用液氨或甲胺、乙胺、丙胺或乙二胺等有机胺处理，然后使液氨挥发，得到的低温变体分别为纤维素Ⅲ₁和纤维素Ⅲ₁₁，二者在X射线衍射图谱和红外光谱图上具有明显差别。用热水或稀酸处理纤维素Ⅲ₁和纤维素Ⅲ₁₁，可以得到原来的纤维素Ⅰ和纤维素Ⅱ。说明纤维素Ⅲ₁是类似于纤维素Ⅰ的平行链结构，而纤维素Ⅲ₁₁相似于纤维素Ⅱ的反平行链结构。将纤维素Ⅲ₁和Ⅲ₁₁在250℃的甘油中加热，就得到纤维素Ⅳ₁和Ⅳ₁₁，其中纤维素Ⅳ₁为平行链结构，Ⅳ₁₁为反平行链结构。

通常可将纤维素的这几种结晶形式归为两大类，纤维素Ⅰ簇和纤维素Ⅱ簇。纤维素Ⅰ簇包括纤维素Ⅰ、纤维素Ⅲ₁和纤维素Ⅳ₁，而纤维素Ⅱ簇包括纤维素Ⅱ、纤维素Ⅲ₁₁和纤维素Ⅳ₁₁。纤维素Ⅰ簇可以转变为纤维素Ⅱ簇，而纤维素Ⅱ簇一旦形成就难以再转变为纤维素Ⅰ簇。芬克（Fink）等将各研究中关于纤维素弹性模量的数据加以总结，比较了不同Ⅰ型和Ⅱ型纤维素的弹性模量，见表2.2。可以看出，大多数Ⅰ型纤维素的弹性模量高于Ⅱ型纤维素。

表2.2 纤维素的弹性模量

方法	纤维素的弹性模量/GPa		材料
	Ⅰ型纤维素	Ⅱ型纤维素	
X射线		70～90	经拉伸和皂化后的醋酯长丝
X射线	74～83		亚麻、大麻
X射线	110		亚麻
X射线	130	90	苎麻
X射线	120～135	106～112	苎麻
计算值	136	89	
计算值	168	162	

三、纤维素的液晶结构

由于纤维素的主链结构呈半刚性，理论上纤维素及其衍生物在适当的溶剂中可以形成液晶相。三氟乙酸和氯代烷烃的混合溶液是纤维素的良溶剂，纤维素分子在这些溶剂中为螺旋结构，可以观察到胆甾型液晶。纤维素液氨/NH₄SCN体系中表现出不同的液晶行为，包括胆甾型和向列型。格雷（Gray）等用硫酸对黑云杉和桉树纤维素进行水解，经超声分散后得到棒状的长约140nm、直径约5nm的纤维素晶体，这种棒状晶体的悬浮液体在浓度很低的情况下可以形成向列型液晶相，如图2.7所示。

纤维素葡萄糖单元上的3个羟基都可以通过化

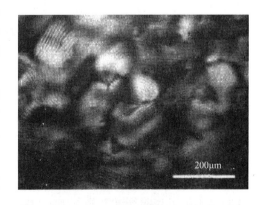

图2.7 质量分数为10%的桉树纤维素纳米微晶悬浮液的偏光显微向列型液晶的指纹织态结构（图中标尺为200μm，螺距p=17μm）

学反应引入取代基。取代基的数目、大小和特性都能改变氢键的模式和体积排斥效应，但不会改变刚性主链导致的直链构象，因此可以通过改变取代基得到不同性质的纤维素液晶。羟丙基纤维素以及多种纤维素衍生物的本体和溶液都显示液晶行为。溶致纤维素衍生物液晶的临界浓度受多种因素的影响，如取代基和溶剂的类型、取代度的大小和分布。利用纤维素液晶溶液在挤出或流延时易发生高取向的特点，可制备超高强度、超高模量的纤维。用NMMO制备再生纤维素纤维（Lyocell纤维）的原理就是纺丝原液呈现液晶态而具有很高的力学强度。然而迄今为止，纤维素的液晶纺丝纤维虽然在其模量和强度性能上有明显提高，但比不上液晶纺的合成纤维的强度，部分原因是纤维素在非溶剂中再生时，不能很好地保持其有序排列结构。

第三节　纤维素的溶解

纤维素的溶剂及其溶解在纤维素工业和基础理论研究中都是重要的科学问题。20世纪50年代以前，铜氨溶液是普遍使用的纤维素溶剂，铜乙二胺络合物水溶液和氢氧化四乙胺水溶液也偶尔用于纤维素的结构分析。到了20世纪60～70年代，过渡金属络合物水溶液被用于溶解纤维素，其中酒石酸络铁酸钠溶液和镉乙二胺溶液的开发促进了纤维素研究的发展。接下来的几十年里，以日本、美国和德国科学家为代表的研究人员，将有机溶剂如二甲基乙酰胺（DMAc）/LiCl、NMMO和离子液体取代过渡金属络合物水溶液，成为纤维素研究和开发的主要溶剂。2003年，中国科学家开发出低温快速溶解纤维素的碱/尿素水溶液新溶剂体系，开启了纤维素技术史上又一个新的里程碑。

按照纤维素有机化学的观点，纤维素溶剂可以分为非衍生化溶剂和衍生化溶剂。非衍生化溶剂指的是仅通过分子间作用力来溶解纤维素的一类溶剂，尽管过渡金属络合物水溶液与纤维素具有很强的相互作用，但由于没有形成共价键，因此，也被归为非衍生化溶剂；衍生化溶剂则包含所有的通过共价键与纤维素形成醚、酯以及缩醛来溶解纤维素的一类溶剂。其区分标准是，衍生化溶剂体系中生成的纤维素衍生物能够通过改变体系的组成或者pH重新分解为再生纤维素。这两类溶剂体系都包括水溶液和非水溶液。

纤维素的非衍生化溶解一般可以理解为纤维素与溶剂之间产生酸碱相互作用。纤维素的非衍生化有机溶剂体系由活化剂与有机溶剂组成，其中的有机溶剂既可作为活化剂，也可作为活化剂的溶剂，使溶液具有较大的极性，从而促进纤维素的溶解，提高纤维素溶液的稳定性。酸碱理论适用于水溶剂体系，但对极性和电离度较低的有机溶剂体系却不太适用。通常认为，纤维素在有机溶剂中溶解的驱动力是纤维素在溶剂中形成电子给体—受体（electron donor-acceptor，EDA）相互作用的结果，并且纤维素羟基的氧原子和氢原子同时参与溶剂中相同和不同组分化合物之间的相互作用，如图2.8所示。该模型的优点在于它广泛的适用性，缺点是对于寻找新溶剂体系缺少启发性。也有研究者认为，单靠溶剂与纤维素之间相互作用的能量不足以克服纤维素分子链之间的结合力，还必须强调熵变所起的作用，也就是溶剂分子会渗透进入纤维素内部，导致链段移动，以此增加体系的熵。纤维素与溶剂分子会形成致密的氢键，因此还需要考虑纤维素分子链之间以及纤维素分子链与溶剂之间的相互作用。该模型对于寻找新纤维素溶剂具有指导作用，但主要用于偶极非质子溶剂体系。

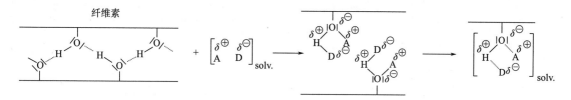

图2.8 纤维素和非衍生化溶剂间的电子给体—受体相互作用示意图
D—溶剂中的电子给体 A—溶剂中的电子受体

根据溶剂种类的不同，纤维素在衍生化和非衍生化溶剂中的溶解速率和效果有较大的差异。对于衍生化非水溶液，纤维素在其中的溶解速率差别较大，如在四氧化二氮（N_2O_4）/二甲基甲酰胺（DMF）中仅需数分钟，而在99%（质量分数）的甲酸溶液中需要数周才能溶解。对于非衍生化体系，纤维素在非水溶液和水溶液中的溶解速率并无太大差别，在NMMO/二甲基亚砜（DMSO）或镉乙二胺溶液中较快，而在酒石酸络铁酸钠溶液和DMAc/LiCl中较慢。

纤维素聚集态结构对其在衍生化或非衍生化溶剂中的溶解速率和效果也有明显影响。通常，纤维素聚集态结构对溶解的影响随着溶剂溶解能力的下降而提高。在N_2O_4/DMF或镉乙二胺溶液这类具有高溶解能力的溶剂中，纤维素聚集态结构的影响可以忽略。但是，在溶解能力较弱的溶剂（如甲胺/DMSO）中，纤维素的聚集态结构则决定其是否能够溶解。另外，降低纤维素的聚合度能够加快溶解速率，但在常用纤维素的聚合度范围内，这种方法带来的影响对大部分纤维素溶剂并不明显，因此纤维素聚集态结构对溶解的影响明显要大于聚合度。纤维素Ⅰ和纤维素Ⅱ的溶解速率在一些非水溶剂中也明显不同。在NMMO和DMSO的混合溶剂中，活性组分NMMO的含量（摩尔分数）在15%时已经足够将非晶纤维素完全溶解，然而溶解高结晶度的纤维素则需要活性组分为50%（摩尔分数）的NMMO溶液。此外，纤维素的形态也对溶解的影响很大，特别是在非衍生化偶极非质子溶剂如DMAc/LiCl中，纤维素在DMAc中进行适当的预溶胀，使纤维结构变得更为疏松是使其完全溶解的必要条件。

一、纤维素的衍生化溶剂

纤维素与大多数衍生化溶剂之间的相互作用在分子水平上非常明确，这些体系中纤维素的衍生化和溶解同时发生。若考虑到脱水葡萄糖单元上已取代和未取代基团的溶剂化作用，则仍然存在一个问题，就是在这一过程中纤维素分子链内和分子链间的氢键是否参与衍生化或者溶解的过程。表2.3汇集了部分衍生化溶剂体系及其对应的衍生物取代基。

纤维素本质上是一种多元醇，作为路易斯碱可以向路易斯酸及无机酸提供电子实现溶解。磷酸是相当独特的三元酸，具有形成二聚体或者多聚体的能力。磷酸的成分一般用五氧化二磷的浓度来计算，当五氧化二磷的浓度（质量分数）超过74%时可以认为溶液为非水溶液（超磷酸），不同成分的磷酸混合溶解纤维素的能力会大大提高，纤维素溶解的过程中会逐渐产生纤维素磷酸酯等衍生物。浓度（质量分数）为85%的磷酸溶液曾用于溶解纤维素并应用于各种分析目的，同时也作为纤维素均相氧化的介质。

表2.3　纤维素衍生化溶剂体系及其对应的衍生物取代基

溶剂	衍生物取代基	溶剂	衍生物取代基
H_3PO_4水溶液（>85%）	$-PO_3H_2$	$HCOOH/ZnCl_2$	$\overset{O}{\overset{\|}{-CH}}$
$CF_3COOH/CF_3(CO)_2O$	$-COCF_3$	N_2O_4/DMF	$-ON=O$
$Me_3SiCl/$吡啶	$-SiMe_3$	$(CH_2O)_x/DMSO$	$-CH_2OH$
$CCl_3CHO/DMSO/TEA$	$-CH(OH)CCl_3$	$CS_2/NaOH/$水	$-C(S)SNa$
$NaOH/$尿素	$-CONH_2$		

　　羧酸酸性较弱，不能直接溶解纤维素，但是可以与纤维素反应形成纤维素衍生物。能够溶解纤维素的羧酸包括三氟乙酸、二氯乙酸和甲酸，额外添加硫酸能使纤维素的溶解速率加快。三氟乙酸是可以同时进行纤维素溶解和水解的有效溶剂，这一过程中纤维素的酯化速率较慢，并优先在C6位羟基上进行，随后是C2和C3位羟基，水解时不稳定的三氟乙酸酯基团会发生分解，因此很少用于纤维素的衍生化反应。此外，由于羧酸对纤维素的溶解能力有限，溶解过程中纤维素会发生严重降解，对设备要求很高，因此难以推广。

　　纤维素在N_2O_4/DMF中溶解时，可快速形成纤维素亚硝酸盐，因而能够在数分钟内将未经预处理的高聚合度纤维素完全溶解，在绝对无水的条件下还会生成纤维素三亚硝酸盐。在含有痕量水的水解过程中，纤维素C6位上的亚硝酸基团比C2和C3位上的稳定。大部分的纤维素衍生化和部分非衍生化有机体系对水十分敏感，因此在使用时应该严格控制溶剂中的含水量，其中N_2O_4/DMF体系要求最严格，其含水量（质量分数）必须保持在0.01%以下，当含水量（质量分数）增至0.1%时，纤维素就不能完全溶解，且降解明显增加。此外，由于亚硝化的二甲胺会生成亚硝酸胺并从DMF中逸出，因此具有明显的毒性。

　　若以三甲基氯硅烷作为活化剂，纤维素可以通过形成不稳定的纤维素甲硅烷基酸来实现其溶解和衍生化反应。纤维素与三甲基氯化硅反应时，在低极性介质中加入碱性的吡啶，可以除去反应中产生的HCl并得到取代度为2.5的三甲基纤维素硅醚，在DMF/氨体系中反应则得到取代度为1.5的三甲基纤维素硅醚。纤维素在甲基氯硅烷体系中的溶解和衍生化反应的速率比在DMF/N_2O_4中慢，但纤维素降解程度较小。纤维素在多聚甲醛/DMSO和三氯乙醛/偶极非质子溶剂中发生乙酰化形成有机可溶性产物。经过适当的预活化后，在较高温度下纤维素的溶解过程十分迅速。乙酰化一般优先发生在C6位羟基上，同时形成支链结构。

　　在水溶液体系中通过形成共价衍生化作用来溶解纤维素最主要的方法是黏胶法（NaOH/CS_2）和氨基甲酸酯法（NaOH/尿素）。黏胶法通过CS_2与碱纤维素反应溶解纤维素并生成水溶性的纤维素黄原酸酯，它可溶于NaOH水溶液并能在酸性水溶液中分解用于制备黏胶纤维。新制黏胶溶液中纤维素黄原酸酯的取代度为0.5，进一步的均相衍生化反应仅能发生在碱水溶液中，并且只能进行部分酯化反应。氨基甲酸酯法通过使纤维素与尿素在高温下发生衍生化反应，将纤维素转变为取代度为0.3～0.4的水溶性纤维素氨基甲酸酯，氨基甲酸酯化优先在纤维素的C2位羟基上发生。

二、纤维素的非衍生化有机溶剂体系

1. 含氮或硫的无机化合物/有机胺混合物

有机溶剂与含氮或硫的某些简单无机化合物组合，如SO_2、NH_3、N_2H_4和一些合适的有机胺混合物，是纤维素非衍生化溶剂体系的两大类起源。第一类纤维素非衍生化有机溶剂体系由SO_2/脂肪胺/极性有机溶剂组成，可采用$SOCl_2$代替SO_2。对于胺组分，大部分采用乙二胺，极性有机溶剂有二甲基甲酰胺（DMF）、二甲基亚砜（DMSO）、二甲基乙酰胺（DMAc）或甲酰胺等。它们与纤维素的相互作用可以理解为电子给体—受体相互作用，但其中也可能存在共价键相互作用，如图2.9所示。由于SO_2的腐蚀性强，过量的SO_2会造成污染，因此这类溶剂体系没有实际意义。但该体系对于均相条件下纤维素的衍生化具有特殊用途，如纤维素的苄基化反应。

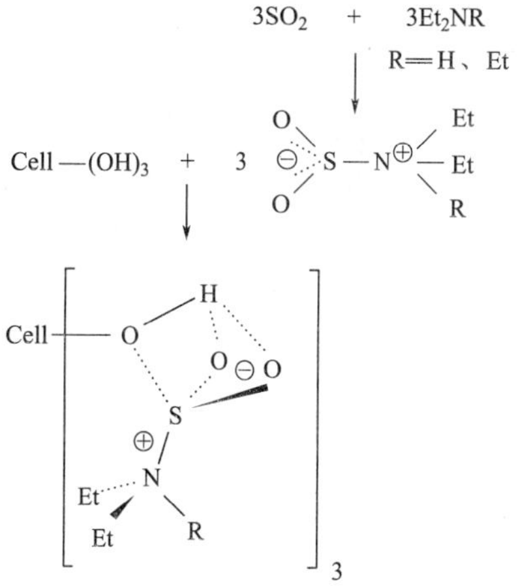

第二类纤维素溶剂由含氨基的活性化合物/极性有机溶剂组成，加入乙醇胺或者合适的无机盐（如NaBr）可

图2.9 纤维素与SO_2/胺/有机溶剂的相互作用示意图

以促进纤维素的溶解。这类溶剂具有非常广泛的化学组成，到目前为止它们与纤维素之间的相互作用还没有一个明确和系统的解释。比较典型的是DMSO/甲胺混合溶液，它对纤维素的溶解能力十分有限，仅能溶解低聚合度或者中等聚合度的天然纤维素，通常认为这种溶解的驱动力也是电子给体—受体相互作用（图2.10）。

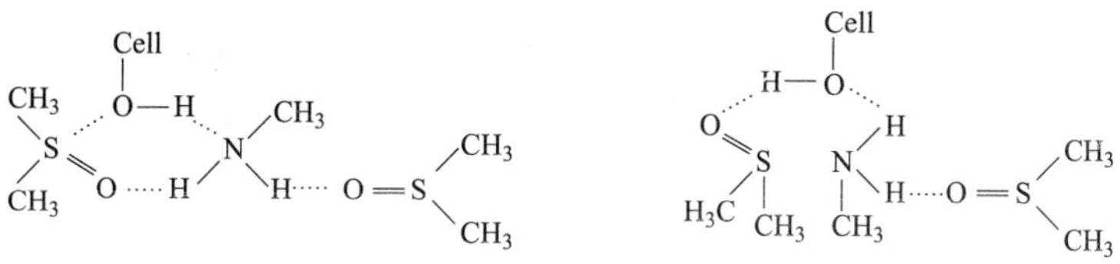

图2.10 纤维素与DMSO/甲胺的相互作用示意图

2. 胺氧化物体系

在所有的纤维素非衍生化溶剂中，最成功的是N-甲基吗啉-N-氧化物（N-methylmorpholine-N-oxide，NMMO）。自从1939年查尔斯·格雷纳赫（Charles Graenacher）等首次发现三甲基氧化胺、三乙基氧化胺和二甲基环己基氧化胺等叔胺氧化物可以溶解纤维素，人们发现该类溶剂体系中NMMO和NMMO·H_2O表现出对纤维素很好的溶解能力，现已用于规模化生产再生纤维素纤维。NMMO是一种脂肪族环状叔胺氧化物，它由二甘醇与氨反应生成吗啉，再经甲基化和H_2O_2氧化后得到（图2.11）。

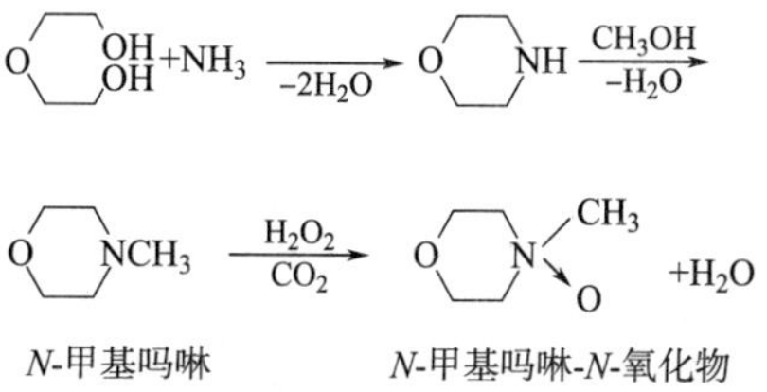

NMMO有两种稳定的水合物形式：NMMO·H_2O（含水13.3%，质量分数）和NMMO·2.5H_2O（含水28%，

N-甲基吗啉 N-甲基吗啉-N-氧化物

图2.11 NMMO的合成及其结构式

质量分数）。NMMO具有很强的偶极N→O键，该基团的氧原子可以与一些含羟基的物质如水和醇类形成氢键。NMMO·H_2O中的N→O键通过氢键与H_2O结合，NMMO的N→O键作为电子给体，H_2O的OH^-作为电子受体。纤维素和NMMO之间的相互作用是形成一种具有叠加离子相互作用的氢键络合物，如图2.12所示。此外，作为溶剂的活性组分，水分子与纤维素上的羟基形成氢键并参与纤维素和NMMO之间的电子给体—受体相互作用。在温度为85℃时，NMMO·H_2O能够很快破坏纤维素的分子间氢键，同时NMMO的偶极N→O与纤维素的羟基作用形成氢键络合物，从而能够溶解高聚合度的纤维素。

但是，由于在溶解过程中水分子和纤维素都可以与NMMO形成氢键，而NMMO更易与水分子形成氢键，使得N→O偶极上可形成氢键的位置被水分子所占据，不可能同时与纤维素分子链上同一个脱水葡萄糖单元的两个羟基形成氢键。因此，纤维素在NMMO/H_2O体系中仅能在一个很狭窄的范围和有限条件下发生溶解，如图2.13所示。在这个相对有限的区域中，纤维素与水的比例存在一个极值。在一定温度下减压蒸发除去过量的水，NMMO/水/纤维素混合体系达到特定的相图区域而发生溶解。当NMMO/H_2O中的含水量（质量分数）小于16%时，纤维素很容易溶解，在含水量（质量分数）为13.3%的NMMO（即NMMO/H_2O）中可迅速溶解形成均匀的溶液，几乎观察不到纤维素的溶胀过程。当溶剂含水量较低时则需要更高的溶解温度，但是更高溶解温度会导致NMMO的分解和纤维素的降解。NMMO分解释放出胺类化合物，纤维素的降解导致溶液黏度下降、颜色变深。当含水量（质量分数）低于4%时，能使纤维素发生溶解的温度接近NMMO的分解温度。此外，当NMMO水溶液中的含水量（质量分数）为18%～20%时，纤维素在NMMO水溶液中的溶胀度可达到7左右；当NMMO水溶液中的含水量（质量分数）高于20%时，纤维素在NMMO水溶液中的溶胀度只能达到3左右；当NMMO水溶液中的含水量（质量分数）大于28%时，NMMO水溶液对纤维素基本没有溶胀作用。因此，可以溶解纤维素的NMMO水溶液含水量（质量分数）应当在4%～17%，实际应用中一般采用含水量（质量分数）为7%～15%的NMMO水溶液作为纤维素溶剂。

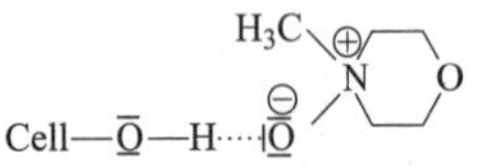

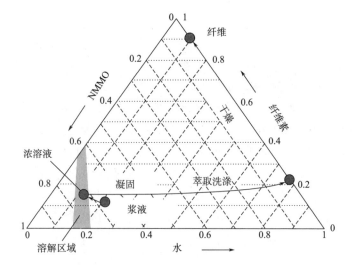

图2.12　纤维素与NMMO
的相互作用示意图

图2.13　纤维素—NMMO—H_2O混合物相图

3. 二甲基乙酰胺/LiCl

纤维素可以溶解在LiCl或LiBr等锂盐与合适的极性非质子液体中，如*N*,*N*-二甲基乙酰胺（DMAc）/LiCl、*N*-甲基吡咯烷酮（NMP）/LiCl和*N*,*N*-二甲基乙酰胺（DMAc）/LiBr等。由于溶解过程不能有水参与，因此需要对纤维素进行溶剂置换，同时对溶剂进行干燥。表2.4汇集了几种比较典型的含LiCl或LiBr的极性非质子溶剂及纤维素的活化方法。其中DMAc/LiCl十分特殊，DMAc与其他锂盐和氯盐，以及DMF/LiCl都不能起到与DMAc/LiCl类似的作用。

表2.4 纤维素的锂盐/极性非质子溶剂

溶剂组成	纤维素活化方法	典型的溶液组成（纤维素/盐/溶剂，质量份数）
DMAc/LiCl	所有已知方法	范围广
NMP/LiCl	所有已知方法	6/8.5/85.5
DMF/LiCl	液氨中溶胀后溶剂置换	3/10/87
DMEU/LiCl	溶剂中加热，水中溶胀后溶剂置换	2/5.5/92.5或5/5/90
DMPU/LiCl	水中溶胀后溶剂置换	3.5/5/91.5
DMAc/LiBr	溶剂中加热	3/20/77
NMP/LiBr	溶剂中加热	1/18/81
DMEU/LiCl	溶剂中加热	5/11/84
DMSO/LiCl	溶剂置换	3/8/89

注 DMAc（dimethylacetamide），*N*,*N*-二甲基乙酰胺；NMP（N-methylpyrrolidinone），*N*-甲基吡咯烷酮；DMEU（dimethylethylene urea），二羟甲基乙撑脲；DMPU（dimethylpropylene urea），1,3-二甲基丙撑脲；HMPT（hexamethylphosphoric acid triamide），六甲基磷酰三胺。

DMAc/LiCl和DMF/LiCl溶剂络合物的结构示意图如图2.14所示。LiCl与DMAc或DMF形成氢键络合物，Li^+和Cl^-紧密连接形成强的溶剂化阳离子和弱的溶剂化阴离子偶极离子，并且LiCl和DMAc的相互作用比和DMF的更强。聚合度为1120的纤维素溶解在DMAc/LiCl中可得到浓度（质量分数）为15%的纤维素溶液，溶剂中LiCl的含量（质量分数）为3%~18%，以5%~9%为佳。为了完全溶解纤维素，往往预先用水、甲醇和DMAc等对纤维素进行溶剂置换使其活化。溶剂活化不会改变纤维素的晶体结构，但能明显改变纤维素微纤的聚集状态，从而使溶剂分子更易于接近纤维素。预活化后，即使是高分子量的纤维素也能够溶解在溶剂中，并且没有明显的分子链降解。将混合物加热到150℃然后缓慢冷却，可缩短纤维素的溶解时间。溶解纤维素的最好方法是先将一定量的DMAc加到干燥的纤维素中，在氮气气氛中165℃下处理20~30min，然后冷却至100℃并加入预先称量的LiCl，接着在80℃下连续搅拌10~40min以确保纤维素完全溶解。纤维素的溶解速率随聚合度的降低而加快，在溶剂中通入干燥的氮气可以避免因溶解过程中温度升高而导致纤维素的氧化降解。DMAc/LiCl溶剂不仅适用于纤维素产品的分析，而且是纤维素均相衍生化反应的良好介质。

麦考密克（McCormick）等提出了纤维素在DMAc/LiCl中的溶解机理，并建立了相应的模型，如图2.15所示。它们的共同之处在于，溶液中Li^+与DMAc的羰基氧缔合形成离子—偶极络合物，同时Li^+与纤维素羟基之间存在相互作用，Cl^-与纤维素羟基形成氢键。纤维素的每一个羟基仅与一个LiCl分子产生络合，Cl^-纤维素之间的相互作用贡献了DMAc与纤维素之间80%

的偶极—偶极相互作用，而溶剂化阳离子[Li–DMAc]⁺对DMAc与纤维素相互作用的贡献仅为10%。因此，氢键络合物配体交换是纤维素溶解的驱动力。在Li⁺的配位层周围，这种配体交换需要调节锂盐和偶极非质子液体络合物的介质强度，而且需要Cl⁻来辅助减弱纤维素中氢键的作用。Cl⁻与纤维素羟基质子的相互作用导致竞争氢键的形成和纤维素分子间氢键的破坏，并且在纤维素分子链周围Cl⁻与溶剂化阳离子[Li–DMAc]⁺达到平衡状态，纤维素分子链受电荷排斥和膨胀效应的影响而分开。随着溶剂分子的不断进入，纤维素分子链间的氢键作用被逐步破坏，直至发生完全溶剂化而溶解。

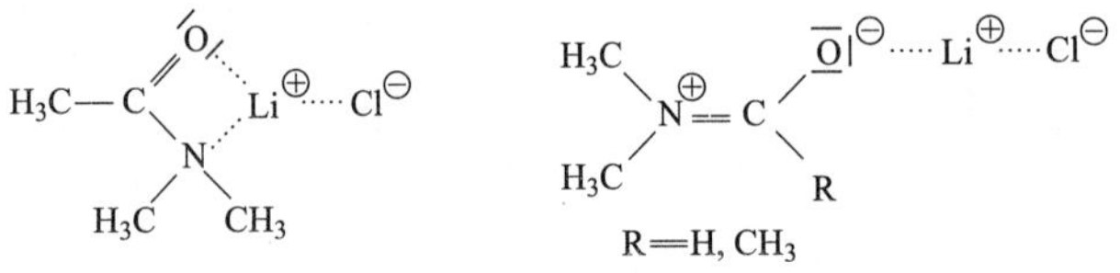

图2.14　DMAc/LiCl和DMF/LiCl溶剂络合物的结构示意图

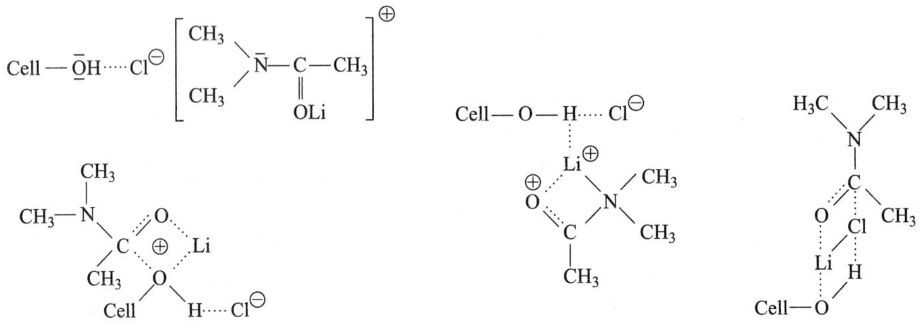

图2.15　纤维素与DMAc/LiCl相互作用示意图

4. 离子液体

离子液体是由阴、阳离子组成的有机液体，因其特有的良溶剂性、强极性、不挥发、不易燃、对大多数无机与有机化合物有良好的溶解性和对绝大部分试剂稳定等优点而受到关注。离子液体在组成上与熔盐化合物相近，但有本质上的区别，如离子液体的熔点通常远远低于熔盐化合物，甚至低于室温，所以也被称为室温熔盐。离子液体溶解纤维素最早始于1934年，查尔斯·格雷纳赫（Charles Graenacher）发现N-乙基吡啶氯盐能够溶解纤维素，并可以作为纤维素的均相衍生化反应介质，但这项发现当时没有引起人们足够的重视。直到2002年，罗杰斯（Rogers）等发现二烷基咪唑卤盐型离子液体可以溶解纤维素，并且1-丁基-3-甲基咪唑氯盐（1-butyl-3-methylimidazolium chloride，[Bmim]Cl）对纤维素表现出优异的溶解能力。此后，张军等发现1-烯丙基-3-甲基咪唑氯盐（1-allyl-3-methylimidazolium chloride，[Amim]Cl）也能溶解纤维素，并可用于纤维素的均相乙酰化反应。离子液体在纤维素的溶解和再生、均相衍生化以及生物质加工等方面引起广泛关注。目前已经发现能够溶解纤维素的离子液体包括几种阳离子和大多数阴离子，常见的阳离子有咪唑盐、吡啶盐、铵盐以及季盐衍生物等，常见的阴离子包括X⁻、SCN⁻、BF₄⁻、PF₆⁻等。在这些离子液体中，[Bmim]Cl、[Amim]Cl和1-乙基-3-甲基咪唑醋酸盐（1-ethyl-3-methylimidazolium acetate，[Emim]Ac）

是目前最常用的三种离子液体。其中，[Emim]Ac溶解纤维素最为有效，而[Amim]Cl对木材的溶解能力最强。

离子液体溶解纤维素的能力与阴离子的氢键接受能力有关。在阳离子相同的情况下，下面8种离子液体对纤维素的溶解能力依次为：$CH_3COO^- > HSCH_2COO^- > HCOO^- > (C_6H_5)COO^- > H_2NCH_2COO^- > HOCH_2COO^- > CH_3CHOHCOO^-$。并且，由于$F^-$离子具有更强的氢键受体能力，含$F^-$的离子液体比含$Cl^-$的离子液体更能有效地溶解纤维素，但是含配位型阴离子（如BF_4^-、PF_6^-）的离子液体不能溶解纤维素。此外，若阴离子不变，仅改变阳离子时，随着咪唑环上取代基链长或取代基数目的增加，离子液体溶解纤维素的能力下降，甚至不能溶解纤维素。通过对咪唑类离子液体的比较，发现不同烷基链取代的氯化咪唑离子液体$[C_nmim]Cl$溶解纤维素时存在明显的奇偶效应，n为偶数的离子液体更容易溶解纤维素。当咪唑环上的2位氢被甲基取代后，离子液体溶解纤维素的能力就会明显下降。锂盐（如LiCl、LiBr、LiAc、$LiNO_3$、$LiClO_4$）的加入可以增大[Bmim]$OOCCH_3$溶解纤维素的能力。

目前，离子液体的阴、阳离子在溶解过程中所起的作用并不明确。目前的普遍认知为，加热条件下离子液体中缔合的离子对发生解离，形成游离的阴离子和阳离子，Cl^-易与纤维素分子链中羟基上的氢原子形成氢键作用，使纤维素分子间或分子内的氢键作用减弱，阳离子与纤维素分子链中羟基上的氧原子作用，进一步降低纤维素分子内或分子间氢键作用，在Cl^-、阳离子和纤维素羟基的共同作用下，纤维素在离子液体中发生溶解（图2.16）。通过对纤维素的模型化合物葡萄糖在1,3-二甲基咪唑氯盐（1,3-dimethylimidazolium chloride，[Dmim]Cl）和1-乙基-3-甲基咪唑氯盐（1-ethyl-3-methylimidazolium chloride，[Emim]Cl）中进行的分子模拟研究表明，葡萄糖与阳离子间存在弱的氢键、范德瓦耳斯力或疏水相互作用，而葡萄糖分子的羟基与阴离子间能形成强氢键相互作用。水的存在明显降低了纤维素在离子液体中的溶解性，这可能是由于水分子参与纤维素羟基的氢键竞争，从而阻碍了纤维素的溶解。当溶剂中水的质量分数大于1%时，离子液体的溶解能力明显减弱，甚至不能溶解纤维素。分段离子液体为纤维素的有效利用和转化研究提供了一个新的途径，但目前对离子液体在纤维素化学中的应用研究仍然处于初始阶段，离子液体的规模化合成、纯化和回收技术、生物相容性、毒性和稳定性评价等基础理论问题和技术问题亟待解决。

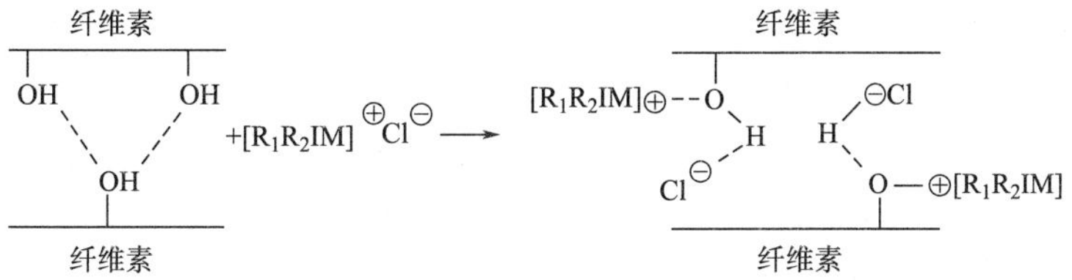

图2.16　纤维素在离子液体中的溶解机理示意图

5. 二甲基亚砜/四丁基氟化铵三水合物

二甲基亚砜（DMSO）和四丁基氟化铵三水合物（tetra-n-butylammonium fluoridetrihydrate，TBAF·$3H_2O$）的混合物是一种新的纤维素溶剂，温度为室温时可在15~30min内溶解微晶纤维素和聚合度达600的木浆纤维素，温度为60℃时可在1h内溶解聚合度为1200

左右的纤维素。进一步升高温度能够提高纤维素的溶解性，但会促进纤维素的降解。水的含量在DMSO/TBAF/纤维素溶液中起到十分关键的作用。TBAF是一种极易潮解的盐，无水TBAF是不稳定的，但TBAF·$3H_2O$是极好的纤维素溶剂，更高的含水量则不能使纤维素发生溶解。其他的氟化铵，如苄基三甲基氟化铵一水合物（benzyltrimethylammonium fluoride monohydrate，BTMAF·H_2O）与DMSO的混合溶液也能溶解纤维素。但是四甲基氟化铵（tetramethylammonium fluoride，TMAF）几乎不溶于DMSO，因而也无法使纤维素溶解。

纤维素在DMSO/TBAF·$3H_2O$体系中的溶解机理仍不明确。研究表明，氟离子与水的相互作用强于它与四正丁基季铵盐抗衡离子及DMSO的相互作用，加入纤维素后氟离子作为氢键受体与水分子和纤维素的羟基之间形成相互作用，并且破坏纤维素分子链间的氢键作用，进而促使纤维素溶解，少量的水能够促进溶解并且减少纤维素分子链的聚集。目前，DMSO/TBAF·$3H_2O$溶剂体系主要用于纤维素的结构分析，以及均相条件下纤维素的酯化和醚化。

6. 液氨/NH_4SCN体系

1931年，菲利普·C.谢勒（Philip C. Scherer）等最早提出用液氨—无机盐溶解纤维素，并且发现如果盐和液氨中含有少量水时，诸如NH_4SCN、$NaNO_3$、NaI和NaSCN等无机盐和液氨的混合溶液都可以溶解纤维素，但是$NaNO_3$和NaI与液氨的混合溶液只能缓慢溶解再生纤维素而不能溶解天然纤维素。1983年，库库洛（Cuculo）等进一步研究了纤维素在液氨/NH_4SCN体系中的溶解，发现水对纤维素的溶解有很大影响，溶液的组成（质量分数）为72.1% NH_4SCN、26.5% NH_3和1.4% H_2O的混合溶液对纤维素有最大的溶解能力。溶解纤维素时先将NH_4SCN溶解在一定体积的液氨中，然后将干燥纤维素加入NH_3/NH_4SCN中，将混合物置于干冰中冷冻24h后解冻。可根据需要重复进行冷冻和解冻过程，直到纤维素完全溶解，溶解时纤维素几乎没有降解，并且纤维素也没有发生衍生化反应。天然纤维素在NH_3/NH_4SCN中溶解时，由纤维素I转化为纤维素Ⅱ，然后转化为纤维素Ⅲ，最终成为完全溶解的无定形状态。由于在溶解纤维素前需要将NH_3浓缩得到液氨，且溶剂在使用和存储过程中必须特别注意液氨的挥发以及NH_4SCN结晶，因此在使用上受到一定的限制。NH_3可用高沸点的N_2H_4代替，溶剂组成（质量分数）为52% N_2H_4/48% NaSCN的体系对纤维素具有最大溶解能力。但是N_2H_4具有高毒性和致癌性，因此也难以实际应用。

三、纤维素的非衍生化水溶剂体系

早在数十年前，科学家们已经熟知利用无机酸、强碱以及特定浓度的无机盐来溶解纤维素的方法。但是这些溶剂的溶解能力有限，而且在酸以及无机盐溶液中高温溶解纤维素时会伴随纤维素分子链的剧烈降解，因此这类溶剂的实际应用受到限制。除此之外，纤维素非衍生化水溶剂体系主要有过渡金属/胺（或氨）络合物水溶液、过渡金属/酒石酸络合物水溶液、四烷基氢氧化铵水溶液和碱金属氢氧化物/尿素（或硫脲）水溶液等。在早期研究中，过渡金属/胺（或氨）络合物水溶液、过渡金属/酒石酸络合物水溶液和四烷基氢氧化铵水溶液使用较多。

1. 无机盐水合物体系

纯的无机盐水合物及其混合物和一定浓度的无机盐溶液都可以使纤维素发生溶胀或者溶解，并且可以作为纤维素的衍生化反应介质。能够作为纤维素溶剂的无机盐中，阳离子包括

Li^+、Ca^{2+}和Zn^{2+}等，阴离子包括SCN^-、Cl^-、I^-、ClO_4^-等。所有这些具有溶剂活性的无机盐共同特点是都由强亲水、强极性的阳离子以及弱亲水、易极化的阴离子组成。聚合度为1500的纤维素在100℃的熔融$LiClO_4 \cdot 3H_2O$中能够在数分钟内溶解，得到最高浓度（质量分数）为3%的纤维素溶液，如果纤维素的聚合度为756，则可得到浓度为5%（质量分数）的纤维素溶液。但是，纤维素在高温下溶解常常伴随着剧烈的分子链降解。天然纤维素在熔盐体系中经过溶解、再生得到的纤维素为Ⅱ型晶体结构，聚合度为40~70。纤维素在不同的硫氰酸盐中加热到100~200℃可发生溶解，LiSCN是这类化合物中的典型代表。纤维素在LiSCN中的溶解可认为是纤维素中的羟基参与Li^+的溶剂化作用，而大体积的阴离子则使纤维素链发生分离，将纤维素分散在59%（质量分数）的$Ca(SCN)_2 \cdot 3H_2O$水溶液中加热到120~140℃并持续10~20min，纤维素会与异氰酸离子发生络合作用并形成复合物使纤维素溶溶网。在NaSCN和KSCN组成的混合熔盐体系中加入少量的$Ca(SCN)_2 \cdot 3H_2O$，可在体系温度为100~200℃时溶解高聚合度的纤维素，加入LiSCN则能够达到最好的溶解效果。

2. 过渡金属/胺（或氨）络合物水溶液

过渡金属络合物水溶液主要用于纤维素分析，包括铜氨（Cuoxam）、铜乙二胺（Cuen）、镉乙二胺和酒石酸络铁酸钠（FeTNa）溶液。这四种络合物体系都能完全溶解高聚合度的纤维素，且含氮络合物具有相对快的溶解速率，FeTNa溶液溶解纤维素速率较慢。早在1857年，施韦泽（Schweizer）就发现纤维素能够溶解在氢氧化铜和氨水溶液中。纤维素铜氨溶液是所有纤维素—金属络合物体系中最常用的一种，主要用于生产铜氨纤维素纤维、无纺布和中空纤维。铜氨络合物是深蓝色液体，是由氢氧化铜溶解于浓氨水中制得。铜氨络合物以$Cu(NH_3)_4(OH)_2$的形式存在于溶液中，络合物的浓度随溶剂温度升高而增加，但纤维素的溶解度随溶剂温度降低而升高。同时，溶液中还形成氨二聚体（$NH_3–NH_3$），其浓度随氨浓度的升高而增加。当溶液中含有6mol/L NH_4OH时，$Cu(NH_3)_4(OH)_2$的浓度达到最大。但是$Cu(NH_3)_4(OH)_2$对光特别敏感，容易发生快速光降解产生CuO，因此必须避光储存。$Cu(OH)_2$通过以下方法制得：直接方法是将NaOH加入$CuSO_4$水溶液中，直到pH>8~9时产生$Cu(OH)_2$，通过这种方法得到的$Cu(OH)_2$易被空气氧化；间接方法是将Na_2CO_3水溶液（55℃，20%，质量分数）加入$CuSO_4$水溶液（90℃，2%~3%，质量分数）中得到稳定的碱性硫酸铜$CuSO_4 \cdot 3Cu(OH)_2$沉淀，反应式如下：

$$4CuSO_4 + 3Na_2CO_3 + 3H_2O = CuSO_4 \cdot 3Cu(OH)_2 + 3Na_2SO_4 + 3CO_2$$

将沉淀溶解于氨水溶液中，未反应完的$CuSO_4$与NaOH反应生成$Cu(OH)_2$，$Cu(OH)_2$与过量氨反应生成$Cu(NH_3)_4(OH)_2$，反应式如下：

$$CuSO_4 \cdot 3Cu(OH)_2 + 2NaOH = 4Cu(OH)_2 + Na_2SO_4$$

$$Cu(OH)_2 + 4NH_4OH = Cu(NH_3)_4(OH)_2 + 4H_2O$$

铜氨溶液中除了$Cu(NH_3)_4^{2+}$以外，还含有$Cu(NH_3)^{2+}$、$Cu(NH_3)_2^{2+}$、$Cu(NH_3)_3^{2+}$和$Cu(NH_3)_5^{2+}$等多种络合物。$Cu(OH)_2$在氨水中的溶解度最高为10g/L。硫酸盐会降低纤维素的溶解度，因此碱性硫酸铜中的硫酸盐含量应尽可能低。由于氨比NaOH更便宜，通常在pH=8时将氨水溶液与硫酸铜水溶液快速搅拌制备出含大量$Cu(OH)_2$的碱性硫酸铜，产物过滤后与NaOH进一步反应得到纯的$Cu(OH)_2$。

早期研究的结果认为，铜氨溶液中的$Cu(NH_3)_4(OH)_2$是活性中心，且能与纤维素C_2和C_3

位的羟基发生强相互作用。少量的碱可促进纤维素的溶解和络合物的形成，过量的碱会导致纤维素形成结构为$Na_x[Cu(C_6H_8O_5)_2]$（$x=2$）的溶胀物沉淀而不溶解，这种沉淀也称为纽曼（Normann）化合物。若增加溶剂中铜的含量，纤维素首先发生有限溶胀，然后部分溶解，最后完全溶解形成溶液。纤维素在铜氨溶液中的溶解和分散状态取决于NH_3的浓度、温度、固液比及纤维素的聚合度。当溶剂中铜的含量为15~30g/L，氨浓度（质量分数）不低于15%时，即使是高聚合度的纤维素也能在铜氨溶液中完全溶解。在纤维素—铜氨络合物中，铜原子同时与纤维素C_2和C_3位的两个羟基及两个NH_3分子配位。研究者们通过旋光测量、透析、电解及离子交换等方法研究纤维素—铜氨络合物的结构，但是在纤维素—铜氨络合物到底具有阳离子性质还是阴离子性质上存在争议。此后，对纤维素—铜氨络合物的研究不断深入。鲍（Baugh）等利用电子自旋共振（ESR）研究铜离子在纤维素分子链上的空间位置。宫本（Miyamoto）等利用圆二色谱发现铜原子的结合状态存在两个科顿效应（Cotton effect），也就是光学活性物质在其吸收最大值附近表现出特征的旋光色散和圆二色性现象。他们假设在纤维素—铜氨水溶液中存在铜—取代脱水葡萄糖单元、未取代脱水葡萄糖单元和四氨合铜阳离子的平衡，铜与脱水葡萄糖单元的平均比值为0.6~0.8。

近代无机络合物化学的技术和理论的发展促进了人们对纤维素—铜氨络合物结构的理解。伯查特（Burchardt）等利用静态和动态光散射研究纤维素—铜氨溶液体系，同时以低分子多元醇为模型化合物得到以下结论。

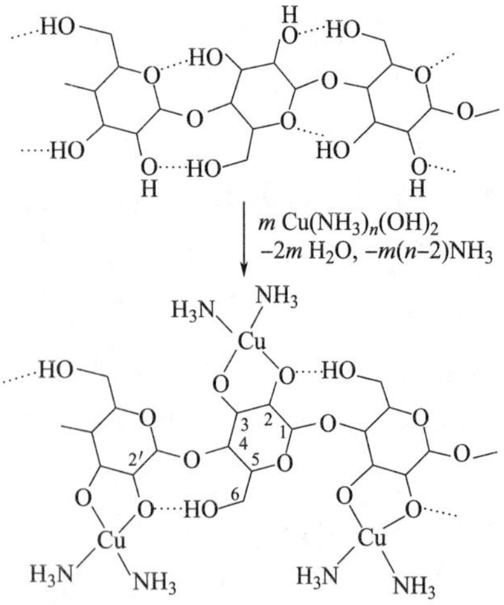

图2.17　纤维素—铜氨络合物的结构示意图

纤维素与$Cu(NH_3)_4(OH)_2$通过相互作用形成稳定的多羟基络合物，铜原子的两个配位点被纤维素脱水葡萄糖单元中的C_2和C_3羟基去质子化氧原子占据，另外两个配位点与两个NH_3分子配位，通过降低体系中二醇的浓度，脱水葡萄糖单元的络合度能接近100%。

即使在高浓度的铜和NH_3中，仍存在少量的铜二醇络合物形成分子内和分子间交联，在OH^-浓度高时更加明显，并且会导致纽曼化合物的沉淀（图2.17）。

尽管纤维素中大部分氢键被破坏，但在络合和溶解过程中，C_6位的伯羟基和邻近脱水葡萄糖单元上去质子化的O_2羟基能够形成强的$OH\cdots O^-$氢键。

由于每个铜原子和两个NH_3配体与二醇单元络合，脱水葡萄糖单元的摩尔质量从162增加到258，络合物的库恩（Kuhn）链段长度为25.6nm（相当于50个聚苯乙烯链的单体单元），虽然不会引起纤维素链构象的变化，但是纤维素链刚性明显增加。在稀的纤维素—铜氨溶液中，纤维素链容易形成分子内双二醇（铜酸盐）交联而导致纤维素链发生部分背卷曲（back-coiling），其均方根旋转半径和流体力学半径随纤维素聚合度增加而减小。高浓度的纤维素—铜氨溶液长时间放置后形成凝胶，也可能是由分子内双二醇交联引起。此外，由于氨形成的亚硝酸根能够充当氧传递的活性介质，纤维素在铜氨溶液中溶解形成的络合物很容易发生纤维素链的氧化降解。

以乙二胺或1,3-丙二胺为中心铜原子配体的络合物也可作为纤维素溶剂，它们与铜氨溶液相似，都是与纤维素C_2和C_3位的羟基形成铜二醇络合物。但是，纤维素—乙二胺络合物和纤维素—丙二胺络合物的结构和键合强度存在一定差异。铜乙二胺溶液是通过将氢氧化铜溶解于足量的乙二胺水溶液中得到，以$[Cu(H_2N(CH_2)_2NH_2)_2](OH)_2$作为活性中心；而铜氨溶液中含有过量的氨，以$Cu(NH_3)_4(OH)_2$为活性中心。由于乙二胺这种二齿配体与中心原子形成更稳定的五元环结构会阻碍配体交换，而脱水葡萄糖单元上C_2和C_3位上的二醇结构是使纤维素溶解和配位的必需条件，因此铜乙二胺对纤维素的络合能力低于铜氨，每个脱水葡萄糖单元通常需要较高数量的铜才能使纤维素溶解。因此，纤维素溶解的驱动力来自铜原子与二齿二醇配体以及二齿乙二胺配体配位形成的杂配基铜络合物。同时，作为配体的乙二胺的消除以及交联双二醇结构（铜酸盐）的形成也促进了纤维素的溶解。但是，纤维素在铜乙二胺溶液中氧化降解的程度明显低于铜氨溶液。

3. 酒石酸络铁酸钠溶液

酒石酸络铁酸钠（ferric sodium tartrate，FeTNa）溶液由$Fe(OH)_3$、酒石酸钠和氢氧化钠水溶液混合形成，是一种绿色络合物。这种强碱性化合物在水中极易水解，但是在过量NaOH存在的条件下可稳定保存。图2.18为纤维素在FeTNa络合物中溶解的相图，其中带网格线部分为能溶解纤维素的有效组成。虽然纤维素与FeTNa络合物存在强的化学相互作用，但是FeTNa络合物仅在很狭窄的特定组成范围内能够溶解高聚合度的纤维素。通常，溶剂中含有190g/L的FeTNa络合物、5g/L过量的酒石酸钠及1.5mol/L的过量NaOH作为稳定剂。当溶液中FeTNa络合物的浓度高于480g/L，

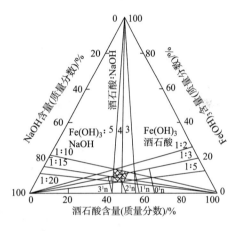

图2.18 纤维素在FeTNa络合物中溶解的相图

并且NaOH足够过量时，可以直接通过酒石酸和铁盐制备得到FeTNa溶剂。酒石酸盐和铁离子的摩尔比在1:1至4.5:1，溶解纤维素的最佳配比则是3:1，摩尔比最高时溶解能力会明显下降。如果以硝酸铁为原料，硝酸根离子的存在会降低溶解能力，溶解纤维素所需时间会延长，同时纤维素更易被氧化降解。$Fe(OH)_3$:酒石酸:NaOH摩尔比为1:3:6时FeTNa络合物的结构示意图如图2.19所示。通过比较酒石酸钠、FeTNa络合物和纤维素/FeTNa络合物溶液的^{13}C化学位移发现，无论溶液中是否有纤维素，FeTNa络合物中酒石酸盐的^{13}C NMR化学位移都向低场移动15ppm（1ppm=10^{-6}），证明酒石酸盐与铁离子之间存在络合作用。纤维素的加入虽然没有改变酒石酸盐^{13}C NMR共振峰的形状和位置，但是纤维素与FeTNa络合物之间存在强的相互作用。若将Na替换为K，溶剂的溶解能力会降低，纤维素仍然能在酒石酸络铁酸钾（ferric potassium tartrate，FeTK）络合物中发生溶解，但是将酒石酸盐配体换为草酸、乳酸、柠檬酸、水杨酸或乙二醇，都不能使纤维素

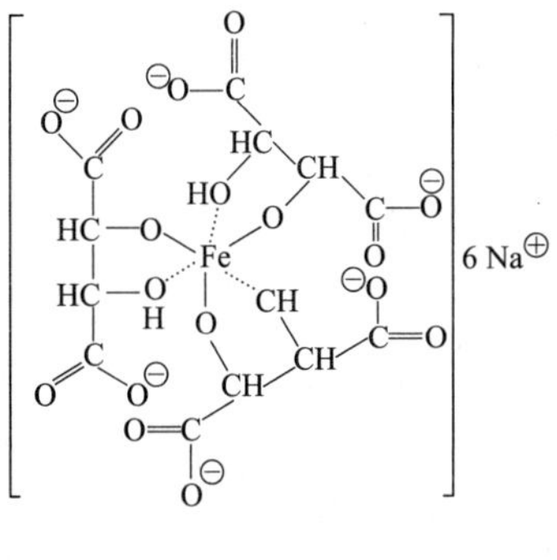

图2.19 $Fe(OH)_3$:酒石酸:NaOH摩尔比1:3:6时FeTNa络合物的结构示意图

溶解。而由铜离子、酒石酸以及NaOH形成的类似FeTNa的络合物，无论怎样调节各组分的比例也不能溶解纤维素。

纤维素—金属络合物作为纤维素化学最早的研究领域之一，曾经在相当长的时间中被忽略。随着当代无机配位化学技术的发展，以及大量极性非质子液体与氯化锂组成的非水溶剂体系被发现，关于纤维素—金属络合物的研究才逐渐恢复。今后，纤维素—金属络合物体系最重要的应用之一将是将纤维素作为金属纳米粒子的载体，开发出具有催化性能、光学性能、磁性等特殊功能的纤维素复合材料，以及通过热分解得到具有特定结构和性能的无机材料。

4. 四烷基氢氧化铵水溶液

四烷基氢氧化铵（R_4NOH）与纤维素的相互作用类似于碱金属氢氧化物，它可以作为纤维素的溶胀试剂，并且纤维素的溶胀程度随着四烷基氢氧化铵水溶液浓度的升高而增加。由于取代基存在体积效应，给定浓度下四烷基氢氧化铵取代基总摩尔体积的增加也会导致溶胀能力的增加。一定浓度并带有足够大取代基的四烷基氢氧化铵水溶液还能够溶解纤维素，如三甲基苄基氢氧化铵、二甲基二苄基氢氧化铵、三甲基苄基氢氧化铵和四乙基氢氧化铵都是纤维素的良溶剂。但是，如果四烷基氢氧化铵水溶液的浓度超过其最大值，随着取代基摩尔体积的增加，纤维素溶解的效果反而降低。在四烷基氢氧化铵水溶液中，纤维素羟基、水分子以及四烷基氢氧化铵偶极离子的极性末端之间形成络合物破坏纤维素结晶区的氢键作用，而溶剂的非极性取代基则渗透进入纤维素内部使纤维素分子链分离，从而使纤维素分散在溶剂中并完全溶解。因此，纤维素在四烷基氢氧化铵中溶解的主要原因是纤维素氢键的破坏和分子链自缔合受阻。三甲基苄基氢氧化铵和二甲基二苄基氢氧化铵都曾用于纤维素溶液的黏度测定，但如今并不常用。高浓度的纤维素—四烷基氢氧化铵溶液采用湿法纺丝能够得到具有良好性能的纤维素纤维，但这种方法在经济效益上远不如黏胶法。四烷基氢氧化铵、三甲基苄基氢氧化铵和二甲基二苄基氢氧化铵还可作为纤维素酸化反应的溶剂，其中均相条件下的烷基化反应能够得到较为均一的取代基分布，但存在溶剂成本高、回收困难等问题。最新研究发现，四丁基氢氧化磷（tetrabuty1phospho-nium hydroxide，TBPH）水溶液也能够有效地溶解纤维素，其作用机理与四烷基氢氧化铵水溶液类似。

5. 碱金属氢氧化物水溶液

碱金属氢氧化物水溶液作为纤维素的溶胀剂或溶剂时，与纤维素之间的相互作用对于纤维素的加工和衍生化非常重要。数十年来，科学家们一直认为纤维素在NaOH水溶液中溶解与否与纤维素的物理结构以及NaOH的浓度有关，能够溶解的纤维素一般都是低聚合度纤维素。由于纤维素在NaOH水溶液中溶解是放热的过程，因此降低体系温度能够增加纤维素的溶解度。在纤维素丝光化过程中，低温8%～10%（质量分数）NaOH水溶液对天然纤维素具有很强的溶胀作用，但仅有一小部分（可能是低分子量的部分）纤维素可以溶解。施陶丁格（Staudinger）曾经提到聚合度低于400的棉短绒浆、丝光化处理的棉短绒浆以及聚合度低于1200的再生棉短绒浆能够溶解在9.1%（质量分数）NaOH水溶液中，但是他所述的实验现象并没有引起其他研究者重视，很可能只是纤维素的部分溶解。当NaOH浓度（质量分数）为9%～10%时，溶剂温度为-10℃时可完全溶解聚合度200左右的纤维素得到5%（质量分数）的纤维素溶液。随着纤维素聚合度的增加，溶解度明显降低；当纤维素聚合度达到800

时，溶解度仅为20%左右。此外，聚合度为170~190的微晶纤维素Ⅰ、纤维素Ⅱ和纤维素Ⅲ在8%~9%（质量分数）的NaOH水溶液中溶胀后，经过冷冻—解冻循环过程并加水将NaOH稀释到5%（质量分数）时可以完全溶解。虽然高聚合度的无定形纤维素（聚合度为850）可以溶解于NaOH水溶液中，但相同聚合度的棉短绒浆、丝光化棉短绒浆和纤维素Ⅲ在NaOH水溶液中的溶解度仅为26%~37%。

通过物理方法改变纤维素的聚集态结构能够增加其在NaOH水溶液中的溶解性。卡米德（Kamide）等利用蒸汽爆破技术对软木、硬木和棉短绒浆纤维素进行预处理以降低纤维素的分子内氢键作用和聚合度。他们发现，软木浆纤维素经过2.9MPa、30s蒸汽爆破后，平均聚合度从1060下降到380，在4℃、9.1%（质量分数）NaOH水溶液中的溶解度从31%增加到99%，硬木浆纤维素需要更高的压力（4.9MPa）和更长时间（180s）的蒸汽爆破预处理才能在NaOH水溶液中完全溶解，并且经过蒸汽爆破后的纤维素平均聚合度从990下降到290。然而，蒸汽爆破处理能使棉短绒浆纤维素的平均聚合度从1280降低到440，但是在NaOH水溶液中的溶解度反而从25%降低至11%。此外，向NaOH水溶液中加入适量的添加剂，如尿素、硫脲、氧化锌、丙烯酰胺等可以增加纤维素在NaOH水溶液中的溶解性，但效果并不明显。例如，拉斯凯威克（Laszkiewicz）等将纤维素Ⅰ用液氨处理后得到聚合度为590的纤维素Ⅲ，然后在8.5%（质量分数）NaOH水溶液中添加硫脲、丙烯酰胺、丙烯酸或丙烯腈并在-5℃下搅拌6h，发现纤维素的溶解度由11%增加到21%，溶解部分的纤维素聚合度最高为260。但是，即使将混合物在-35℃下重复3次冷冻和解冻循环过程，纤维素的最大溶解度也仅为70%。

纤维素与碱金属氢氧化物的相互作用导致纤维素溶胀，在这一过程中纤维素原有的氢键结构被破坏、超分子有序性降低、纤维素链构象和溶剂水合层结构发生变化，且部分纤维素羟基阴离子化。早期研究认为，水团簇中的某些单分子水之间存在氢键作用，这种作用随着NaOH的加入被破坏，水分子与溶液中的离子紧密缔合形成内层水结构，并同时形成松散缔合的外层水结构。在碱浓度较高时，水分子插入阳离子的水合层形成水合偶极离子。卡米德（Kamide）等认为NaOH水溶液中的OH^+和Na^+周围存在弱的结合水层，并被自由水所包围，当纤维素浸入NaOH水溶液时，水合物的外层水与纤维素无定形区的羟基紧密缔合，纤维素的吸附作用也导致水合物的外层水更加松散，自由的单分子水能够渗透进入纤维素，破坏无定形区的分子间氢键。郎（Lang）等也认为，纤维素上的羟基能进入NaOH水合物的溶剂化层，并与NaOH发生相互作用，NaOH水合物的水合结构在低温下比较稳定，这种结构能起到阻隔作用，使纤维素链分离开而溶解。伊索盖（Isogai）通过对低聚合度（DP=15）的纤维素在4%~30%（质量分数）$NaOD/D_2O$中的^1H和^{13}C NMR研究发现，纤维素所有的C—H质子共振随着NaOD浓度的增加向高场位移，证明NaOD主要对纤维素的羟基起到解离的作用，且解离作用效果依赖于NaOD的浓度，纤维素C_3位上的羟基是最难解离的，C_1和C_4位的羟基受到NaOH的电子屏蔽影响，而C_2、C_3、C_5和C_6位的羟基则受到NaOH的电子去屏蔽影响。罗伊（Roy）等利用示差扫描量热法研究0~20%（质量分数）NaOH水溶液以及纤维素与9.1%（质量分数）NaOH水溶液的相互作用，结果表明，NaOH水溶液中存在NaOH水合物，平均1个NaOH分子与9个水分子结合，这种水合物在溶液中易与纤维素链发生缔合。最近，研究者们利用氢同位素取代中子衍射（Neutron diffraction with hydrogen isotope substitution）技术、蒙特卡罗（Monte Carlo）模拟及卡尔-帕里内洛（Car-Parrinello）分子动态模拟研究NaOH水溶液中的水结构和溶剂化层结构，发现NaOH水溶液中存在多种非平面氢键复合物，如$H_7O_4^-$、$H_9O_5^-$和$H_{11}O_6^-$等。这些水合物的分布状态依赖于NaOH水溶液的浓度，在低浓度的NaOH水溶液中更易于形成复合物，在高浓度的NaOH水溶液中，虽然$H_9O_5^-$能够维持稳定的结构，但其他的溶剂化结构也同时存在，OH^-水合层中存在第5个水分子，它与氢原子存在弱的氢键作用。水与NaOH的相互作用会影响水分子的四面体氢键网络结构，OH^-的溶剂化层结构与NaOH浓度无关，但是NaOH浓度决定水分子的缔合数。一般而言，增加NaOH浓度会导致OH^-周围水分子缔合数目降低，低浓度NaOH水溶液中的OH^-会被更多邻近的水分子包围。

张俐娜课题组系统研究了纤维素在碱/尿素（或硫脲）水溶液中的溶解。初期他们发现，采用冷冻—解冻循环方法能使纤维素分别溶解于6% NaOH/4%尿素水溶液和6% NaOH/5%硫脲水溶液（质量分数）。在6% NaOH/4%尿素水溶液中，聚合度为620的棉短绒浆纤维素溶解度为48%，聚合度为450的甘蔗渣浆溶解度为74%，溶解的纤维素聚合度分别为340和140。6% NaOH/5%硫脲水溶液对纤维素的溶解能力较强，聚合度为620的棉短绒浆纤维素溶解度为77%，溶解的纤维素聚合度为540。但是，这种冷冻—解冻溶解纤维素的方法限制了它的规模化应用。

通过改变NaOH浓度、尿素浓度及溶剂预冷温度，发现纤维素能够在一定组成的NaOH/尿素水溶液中直接快速溶解。将浓度7% NaOH/12%尿素水溶液预冷到−12℃时，聚合度低于700的纤维素可在2min内完全溶解，而且得到的纤维素溶液比较稳定，是迄今为止非衍生化水溶液体系中溶解纤维素速率最快的。能够完全溶解纤维素的NaOH浓度（质量分数）为6%～10%，尿素浓度（质量分数）为2%～20%，溶剂预冷温度为−20～−5℃。当NaOH浓度较低时，使纤维素溶解所需的尿素浓度则相对较高，溶剂需要预冷的温度也相对较低；而当NaOH浓度较高时，能够使纤维素溶解所需的尿素浓度相对较低，溶剂需要预冷的温度相对较高。同时，预冷的LiOH/尿素水溶液也能够迅速溶解纤维素，LiOH浓度（质量分数）为2.3%～5.1%，尿素浓度（质量分数）为4%～30%，LiOH/尿素水溶液的预冷温度为−20～−5℃。然而，KOH/尿素水溶液即使经过冷冻、解冻过程也不能溶解纤维素，这是因为水溶液中含有相对小的离子半径和高电荷密度的Li^+和Na^+的溶剂分子，这种溶剂分子相比于含K^+的溶剂分子更容易渗透进入纤维素，并与纤维素链结合，从而促进纤维素的溶胀和溶解。因此，碱金属氢氧化物/尿素水溶液对纤维素的溶解能力与碱的种类和浓度、尿素的浓度及溶剂的温度有关，它们的溶解能力强弱依次为LiOH/尿素水溶液＞NaOH/尿素水溶液≫KOH/尿素水溶液。

科学家通过大量实验探究纤维素在NaOH/尿素水溶液中低温快速溶解的机理。研究结果证明，NaOH/尿素水溶液中，NaOH、尿素和水之间形成强的氢键缔合，在低温下通过氢键作用形成较稳定的复合物，随着温度降低，复合物的尺寸增加。由于尿素很容易与客体分子形成管道包合物，导致客体分子的结晶衍射峰消失，而只呈现尿素本身的结晶衍射峰。4%纤维素/7%NaOH/12%尿素水溶液（质量分数）经过冷冻干燥后的同步辐射X射线散射谱图仅显示出尿素的特征结晶衍射峰，而NaOH和纤维素的结晶特征衍射峰几乎完全消失，证明在纤维素溶液中形成了以尿素为主体，纤维素和NaOH为客体的包合物结构。此外，液体^{13}C NMR、^{15}N NMR和小角中子散射结果也证明，NaOH优先与尿素分子形成氢键复合物并与纤维素直接作用，而尿素包覆在NaOH与纤维素链形成的复合物外部阻止纤维素链聚集。因此，纤维素在NaOH/尿素水溶液中快速溶解的原因是低温诱导溶剂小分子（NaOH水合物、尿素水合物、水）和纤维素大分子通过氢键自组装形成尿素—NaOH—纤维素包合物，这种包合物在低温下处于较稳定状态，导致纤维素在低温下快速溶解，这种纤维素包合物在溶液中呈蠕虫状半刚性链构象。

第四节　纤维素的化学改性与应用

一、纤维素的化学改性

天然纤维素作为一种天然高分子材料，具有不熔融、难溶解、耐化学腐蚀性差、强度低、尺寸稳定性不高等特点。从化学结构来看，纤维素至少可进行下列两种类型的反应：一类是纤维素大分子中糖苷键的降解反应，受各种化学、物理、机械和光作用，分子链中的糖苷键或其他共价键都有可能受到破坏，并导致聚合度降低。另一类是通过纤维素分子链上羟基的化学反应（氧化、酯化、醚化、交联、接枝等）进行纤维素的化学改性，制得性能各异的纤维素衍生物。这种改性可以显著改善纤维素材料的溶解性、强度等物理性质，并赋予其新的性能，扩展纤维素材料的应用领域。目前，纤维素衍生物材料广泛地应用于涂料、日用化工、膜科学、医药、生物、食品等领域。

纤维素有难溶性，工业上大多采用非均相法生产纤维素衍生物，非均相导致纤维素衍生物形态结构和聚集态结构的不均一性［同一纤维，不同的化学试剂，可及度（反应试剂可到达的区域）可能不同］、不可控性（反应一般在无定形区和结晶区表面发生），且产率低、副产物量大，限制了纤维素衍生物的种类及应用。一些新型高效的纤维素溶剂为纤维素均相衍生化反应提供了均相介质，均相衍生化反应快速、高效，产物易于分离。纤维素进行均相衍生化反应可以制备结构均一、可控的各种功能性的纤维素衍生物，如纤维素酯、纤维素醚、纤维素接枝共聚物和纤维素接枝树枝状大分子等。纤维素衍生物种类繁多，下面介绍部分有代表性的纤维素化学改性反应。

（一）纤维素化学改性的基本原理

纤维素是由β-D-吡喃葡萄糖基彼此以β-1,4-糖苷键连接而成的线型高分子，其分子链中每个葡萄糖单元在C_2、C_3、C_6位置上有3个活泼羟基，可以进行一系列羟基的化学反应，在纤维素分子链上引入新的官能团，通过改性试剂与纤维素羟基的化学反应，发生氧化羟基成为羧基的反应、酯化反应、醚化反应和接枝共聚反应等，获得物理、化学性质各异的纤维素衍生物。在纤维素溶液中，纤维素葡萄糖单元C_6上羟基与C_2、C_3相比，空间位阻最小，活性最好。纤维素在溶剂液体中的浓度不宜太高，一般为2%～3%，当浓度高至10%～15%时，纤维素会发生团聚，虽然表观仍为均一溶液，但三相图显示有不稳定的内消旋相形成，纤维素反应活性降低。

改性反应试剂与纤维素羟基反应的难易程度是影响纤维素化学改性效果的主要因素。纤维素羟基能够与试剂中有效成分接触的程度称为可及性。天然纤维素是一种结晶性材料，具有两相结构，反应试剂容易到达无定形区和结晶区表面，纤维素的结晶度直接影响纤维素改性反应中羟基的可及性，纤维素分子的结晶区内不存在自由羟基，纤维素葡萄糖通过纤维素分子链内氢键和分子间氢键排列紧密，化学试剂很难进入结晶区发生反应。大多数的反应试剂只能渗透到纤维素的无定形区域，与无定形区存在的部分游离羟基发生反应。采用溶剂溶解纤维素的过程中结晶区被破坏，形成均相溶液，纤维素羟基解放出来成为游离羟基，可及性提高，可以有效发生化学反应。纤维素羟基的活化也可以提高纤维素化学改性效果，采用机械、化学或生物的方法在不破坏纤维素聚合度的条件下，破坏纤维素无定形区内的氢键，能够增加改性试剂对纤维素羟基的可及性。氧化、碱处理、胺和水预处理等方法均是对纤维进行活化的有效化学方法。纤维素在非均相试剂中，通常以悬浮状态非均相地分散于液态反应介质中，纤维素无定形区内的反应，也需要根据化学试剂的渗透情况由表及里逐层进行。选用适当的溶剂对纤维素进行润胀，有利于反应试剂到达无定形区和结晶区表面。碱性润胀是纤维素非均相反应中常见的活化预处理方法，目的是进一步提高纤维素的反应性能，提高纤维素羟基对反应试剂的可及性。

（二）纤维素化学改性反应

1. 纤维素羟基的氧化

纤维素的氧化是将新的官能团——醛基、酮基、羧基或烯醇基等引入纤维素大分子中，得到物化特性改变的纤维素衍生物，过程中生成的不同性质的水溶性或不溶性氧化物被称为氧化纤维素。纤维素氧化反应，如C_6上伯羟基氧化成醛基或羧基、C_2和C_3上的仲羟基氧化成为酮基、氧化开环形成二醛或羧基等，通常会发生断链副反应，导致单体环打开和裂解。通过选择适当的氧化剂可以在不引发葡萄糖单元开环反应的同时，将纤维素葡萄糖单元C_6上羟基氧化为羧基，如选用2,2,6,6-甲基哌啶N-氧化自由基（TEMPO）作为氧化剂，可以增加纤维表面的亲水性（用于制备纳米纤维素）。采用4-甲酰胺-TEMPO为氧化剂，可以将大部分C_6羟基氧化为羧基，增加纤维素表面的阴离子羧基含量，使纤维素表面亲水性提高，可作为阳离子聚电解质的纤维素吸附剂使用。使用4-乙酰胺-TEMPO/NaClO/NaClO$_2$氧化处理湿态下的丝光化纤维，可以获得具备高透光性和剪切增黏特点的纳米纤维素晶体。以碱预处理纤维为原料，采用不同浓度的高锰酸钾/丙酮溶液对原料进行浸渍处理，会导致纤维素亲水性降低。在KMnO$_4$浓度低于1%的前提下，增加KMnO$_4$浓度可以降低纤维素的亲水性，同时不会导致纤维素降解。采用高锰酸盐作为纤维素氧化剂，MnO_4^-通过MnO_3^-引发纤维素自由基的形成，可以得到亲水性降低的纤维素改性产品，同时生成的高活性的Mn^{3+}，引发纤维素接枝聚合反应。

2. 纤维素羟基的酯化

纤维素分子上的羟基均为极性基团，在强酸性环境中可以被亲核基团取代，生成相应的纤维素酯。纤维素的酯化反应是指在酸催化下，纤维素分子链中的羟基与酸、酸酐、酰卤等发生反应生成纤维素酯的过程。纤维素可以与所有的无机酸和有机酸生成一取代、二取代和三取代酯，纤维素可以与无机酸如硝酸、硫酸和磷酸等发生酯化反应制备纤维素的无机酸酯，也可以与有机酸、酸酐或酰卤等有机酸酯化试剂反应生成有机酸酯。纤维素无机酸酯中的纤维素硝酸酯在工业上应用范围最广，纤维素硝酸酯可以采用浓硝酸和硫酸混合与纤维素进行硝化反应来制备。常见的纤维素有机酸酯有纤维素的丁酸酯、丙酸酯、乙酸酯、甲酸酯、芳香酸酯和高级脂肪酸酯等。

（1）纤维素无机酸酯。纤维素葡萄糖单元中的羟基可以与无机酯化试剂，如硫酸、硝酸、磷酸、二硫化碳等，发生酯化反应生成纤维素无机酸酯。这类纤维素衍生物根据所用酸的不同而有硝酸纤维素、黄原酸纤维素和磷酸纤维素之分。纤维素黄原酸酯和纤维素硝酸酯在纤维素无机酸酯中占据重要地位，并已经开始工业化生产，其中硝酸纤维素用量最大，黄原酸纤维素次之。图2.20所示为工业生产纤维素黄原酸酯的反应。纤维素硝酸酯的工业化产品主要由纤维素经不同配比的浓硝酸和硫酸的混合酸硝化制得，所得产品的取代度较高。磷酸纤维素是纤维素在吡啶存在下，用三氯氧化磷于120 °C处理制得的。

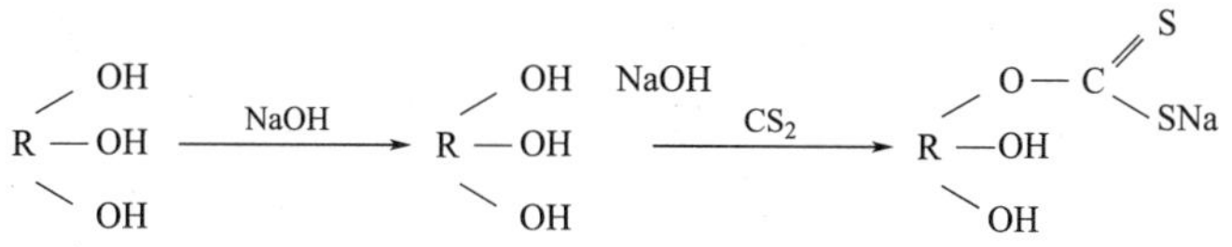

图2.20　纤维素黄盐酸酯化反应生成纤维素黄原酸酯

（2）纤维素有机酸酯。纤维素有机酸酯是指纤维素在酸催化下与酸、酸酐、酰卤等发生酯化反应的生成物，主要有纤维素醋酸酯、纤维素甲酸酯、纤维素丙酸酯、纤维素丁酸酯、纤维素苯甲酸酯及纤维素有机磺酸酯。纤维素的结晶性使大多数酯化、醚化反应是固态纤维素的非均相反应，反应试剂向纤维素内部的扩散程度影响酯化反应程度。纤维素的结晶度、单元晶胞尺寸、分子间氢键多少及植物细胞的形态等因素都会影响扩散程度。由于邻近取代基影响和空间阻碍的因素，纤维素葡萄糖基分子中，C_2、C_3、C_6上三个羟基反应能力也不同。当与体积较大的化学试剂反应时，空间阻碍作用较小的C_6位羟基比C_2、C_3位羟基更易反应。三个羟基在酸性介质中酯化的反应速率为$C_2(OH) < C_3(OH) < C_6(OH)$。纤维素有机酸酯中，纤维素甲酸酯可以直接使用甲酸作为原料来制备，大多由纤维素酯采用乙酸酐、丙酸酐、丁酸酐等酸酐为反应试剂与纤维素反应制备。除通过醋酸酐反应制备醋酸纤维取代度较高（DS可为2.0）外，一般而言，酸酐酯化的取代度较低。纤维素酯化以后疏水性提高，可通过引入含氟基团（如2,2-二氟乙氧基、2,2,2-三氟乙氧基等）、长链脂肪酸酯化试剂等增加纤维素的疏水性能。还可以借助酰氯对羟基氧的亲电取代来制备纤维素有机酸酯。一般采用三级碱（如吡啶、N,N-二甲基苯胺、三乙胺等）作为催化剂活化酰基，与纤维素自由羟基上负电性的氧原子反应形成酯键。例如，甲苯磺酰氯在吡啶或三乙胺的碱性催化下可与纤维素反应制备纤维素苯磺酸酯。

在LiCl/DMAC和LiCl/N-甲基-2-吡咯烷酮溶液中，纤维素还可以与二烯酮反应生成纤维素乙酰乙酸酯。纤维素乙酰乙酸酯具有高活性，可以进一步发生化学反应，在纤维素上引入新的取代基，将纤维素进一步功能化，如可以利用亚甲基基团与二醛发生醇醛缩合，与二酰基进行迈克尔（Michael）加成，与二胺或二肼反应，还可以利用乙烯醇互变为易挥发的乙醛的特性，将醋酸乙烯酯、月桂酸乙烯酯等与纤维素（醋酸乙烯酯/葡萄糖单元物质的量比为10∶1）溶液反应，获得纤维素醋酸酯、纤维素月桂酸酯等。纤维素分子的初级羟基可被三苯甲基、$(CH_3)_2CHC(CH_3)_2Si(CH_3)_2Cl$等大体积基团选择性封闭，酯化反应完成后去掉发挥保护作用的三苯甲基，可获得2,3-二氯乙酰纤维素。利用此方法顺序酰化纤维素上的自由羟基还能获得混合纤维素酯，如醋酸/丙酸酯。例如，利用$(CH_3)_2CHC(CH_3)_2Si(CH_3)_2Cl$将纤维素$C_6$羟基进行封闭，然后将$C_2$羟基转化为甲苯磺酸酯，可以制备含有荧光基团的纤维素荧光探针。

3. 纤维素的醚化反应

纤维素的醚化反应是指纤维素的羟基与酸化剂（如卤代烷、烷基环氧化物、缩水甘油基、硅烷和异氰酸盐等）在碱性条件下发生反应，纤维素葡萄糖单元上伯羟基（C_6位）、仲羟基（C_2、C_3位）的氢被取代，生成纤维素醚。三个羟基在碱性介质中反应能力的大小顺序是$C_2(OH) > C_3(OH) > C_6(OH)$。纤维素醚化试剂种类较多，主要的纤维素醚衍生物有氰乙基纤维素、羧甲基纤维素、乙基纤维素、甲基纤维素、苯基纤维素、羟乙基纤维素、苄基氰乙基纤维素、羟丙基甲基纤维素和羧甲基羟乙基纤维素等，种类繁多，性能各异，在食品、医药、石油、建筑、造纸、纺织等行业有较广泛的应用，其中乙基纤维素和甲基纤维素实用性较强，应用范围广。纤维素发生醚化反应后，羟基的数量改变，相应的分子间氢键作用力发生变化，纤维素衍生物的溶解性能也有显著变化，在有机溶剂、稀碱、稀酸或水中有较好的溶解性能，纤维素酸的具体溶解度受引入基团取代度、引入基团的特性、引入基团分布情况、衍生物聚合度等多种因素影响。

纤维素醚类中的甲基纤维素具有优良的润湿性、分散性、黏结性、增稠性、乳化性、保水性和成膜性，以及对油脂的不透性，所成膜具有优良的韧性、柔曲性和透明度，主要用作温敏药物控释材料、食品包装膜、生物可降解膜等。乙基纤维素具有黏合、填充、成膜等作用，可用于树脂合成塑料、涂料、橡胶代用品、油墨、绝缘材料，也可用作胶黏剂、纺织品整理剂、可降解膜、液晶材料、缓控释制剂等。氰乙基纤维素（CEC）是较早开发和研制的纤维素醚类。低取代氰乙基纤维素能有效抗菌，已经应用于纺织品中；氰乙基纤维素抗热抗酸性很好，能避免降解，具有高的绝缘性，可用于绝缘体中；具有良好的介电性质，可用作场致发光器件中的颜料组分；具有高防水性、高绝缘性和自熄性，适用于大屏幕电视发射屏、新型雷达荧光屏等，还可在侦察雷达中用作高介电塑料、套管。羟乙基纤维素由于具有良好的增稠、悬浮、分散、乳化、黏合、成膜、保护水分和提供保护胶体等特性，已被广泛应用在吸水树脂、石油开采、日化产品、涂料、建筑、医药、食品、纺织、造纸、环境敏感材料、DNA分离及高分子聚合反应等领域。纤维素经羧甲基化后可得到羧甲基纤维素，其水溶液具有增稠、成膜、黏结、水分保持、胶体保护、乳化及悬浮等作用，主要用于高吸水树脂、食品工业、医药工业、复合膜等。

在改性纤维素中，有一种特殊的纤维素醚即纤维素混合醚，它是纤维素醚分子链上含两种不同性质取代基的物质，如羟丙基甲基纤维素（HPMC），取代度为1.5～2.0。常见的纤维素醚化剂有脂肪族卤化物、芳香族卤化物、含长链烷基的环氧烷烧、硅烷、环氧乙烷等。脂肪族卤化物、芳香族卤化物等烷基卤化物可以作为醚化剂，例如，用含有3～24个碳的氟化物对羟乙基纤维素进行酸化疏水改性，得到仍具水溶性的纤维素衍生物，可以用作涂料增稠剂。含阳离子取代基的烷基氯化物（如3-氯代-2-羟丙基三甲基氯化铵）作为阳离子醚化剂，可以制备阳离子化纤维素醚。以苄基氯作为醚化剂，将棉绒纤维素在二甲基亚砜/三水氟化正四丁基铵（DMSO/TBAF）溶剂中进行醚化反应，在70℃下反应4h，可以合成苯基纤维素醚（光学塑料）。可以通过改变溶剂组分和浓度来调整产物取代度，获得具备特殊液晶性能的高取代度苯基纤维素。纤维素与含羟基结构的烷基卤化物聚合物，如$R[(OCH_2CH(CH_2Cl))_m OCH_2CH(OH)CH_2Cl]_k$结构的聚合物（其中R为烷醇胺、芳香基团、聚氧化乙烯加成产物），进行醚化反应时，在碱催化下醚化剂的氯末端基团与纤维素羟基酸化，可以得到对颜料亲和性良好的纤维素衍生物。

含长链烷基的环氧烷烃作为酸化剂与纤维素反应，可以使纤维素醚化衍生物获得疏水性，如使用含10~24个碳的环氧烷与羟乙基纤维素进行醚化反应，可以降低羟乙基纤维素的亲水性，使羟乙基纤维素的水解速率降低。在增稠效果上，经改性后的低分子量的羟乙基纤维素等效于高分子量产品。环氧氯丙烷与碱化后的棉秆纤维反应能制备具环氧活性基的棉秆纤维素醚，可以再进一步反应，如与5,8-二氮杂十二烷反应，得到具备较强配位能力的含氮纤维素衍生物，这种纤维素衍生物可吸附Hg^{2+}。硅烷处理纤维素是一种通过降低纤维素表面羟基数量，从而降低纤维素的亲水性，改善衍生物的水分散性、成膜性的有效方法。如作为增强剂的纳米纤维素（nanofibrillaed cellulose，NFC）与烷氧基硅烷反应，可以获得表面疏水改性的功能化纳米纤维素，疏水改性有利于改善纳米纤维素与聚合物分子之间的混溶性，改性效果优于传统的偶联剂改性和表面活性剂吸附改性。经乙基-三甲酰氧基硅烷改性后形成不溶性硅烷化纤维素衍生物，可以在较宽pH范围的水溶液中分散而不产生结块。（3-环氧丙基）三甲氧基硅烷（GPTMS）醚化羟乙基纤维素衍生物带负电荷，其水溶液中的分子在干燥过程可以自交联成膜，并与羟乙基纤维素、羧甲基纤维素、聚乙烯醇等其他水溶性聚合物混合交联也具有较好的成膜性。硅烷醚化纤维素衍生物硅烷上的有机官能团还能通过接枝、加成、取代等化学反应进行进一步修饰。通常采用碱化纤维素与环氧乙烷进行醚化反应来制备商品羟乙基纤维素，由于在非均相条件下反应，醚化的取代位置比较随机。选择性醚化常用的方法是对纤维素葡萄糖单元C_6伯羟基选择性保护，如首先采用叔丁基衍生化二甲基氯硅烷对伯羟基进行保护，然后选择性取代C_3羟基，可以得到取代度均一、无侧链取代的选择性醚化羟乙基纤维素衍生物。

4. 纤维素羟基的接枝共聚

接枝共聚是常见的材料改性方式，也是一种灵活的改性方法，可以通过改变聚合物类型、长度、主链和支链的分散程度、接枝密度等来实现对材料性能的调控。接枝共聚能够改善纤维素及其衍生物的结构与性质，可以引入其他聚合物的性质，克服纤维素某些性质的缺陷，使之与合成高分子材料相媲美，通过选用不同的接枝单体，可以得到性能各异的纤维素接枝共聚物，改善纤维素的尺寸稳定性、耐磨性、拒油性、高吸水性、黏附性、阻燃性、耐酸性、塑性、离子交换能力、热稳定性和抗菌性等，同时保留纤维素的固有优势，扩展其在纺织和生物医药等领域的应用。

纤维素接枝共聚物的合成方法一般可以分为两类：一种是直接在纤维素本体上进行共聚，另一种是在纤维素的衍生物上进行接枝。根据聚合物的拓扑结构与形态特点，也可以将其分为单接枝型、双接枝型、接枝嵌段型、蜈蚣型、树枝型等多种。接枝只在纤维素的非晶区和晶区表面进行，支链长度可远超过主链长度。改性纤维素接枝共聚可以使纤维素固有优点不被破坏的同时赋予其新的性能，如通过接枝共聚和氨基化反应合成的纤维素氨基树脂，有较好的脱色功能。纤维素的接枝共聚反应常用的引发剂主要有过硫酸盐引发体系、$KMnO_4$/H_2SO_4引发体系、Fe^{2+}/H_2O_2引发体系和Ce^{4+}引发体系。Ce^{4+}引发体系具有分解活化能低、产生自由基诱导期短、可在短时间内获得高分子量的支链等优点，是目前研究最多的引发剂。常见的纤维素接枝衍生物有乙烯单体接枝纤维素、硅接枝纤维素、环状单体接枝纤维素等。乙烯单体接枝纤维素常采用钵离子、芬顿（Fenton）试剂等自由基引发剂，使纤维素产生活性位，再与乙烯基单体（如丙烯腈、丙烯酸、丙烯酸酯、丙烯酰胺、甲基丙烯酸酯、甲基丙烯腈等）反应。硅接枝纤维素衍生物可以用作热塑性树脂增强剂，效果优于无机材料（改性云母、改性玻璃纤维）。在过氧化苯甲酰（BPO）引发下，将纤维素与含有端不饱和双键的硅烷（如甲基丙烯酰氧基丙撑三甲氧基硅烷、端氨基硅烷等）在二甲苯溶剂中反应可合成硅接枝纤维素。许多环状单体（如环氧化物、表硫醚、环亚胺或内酰胺、内酯等），可通过纤维素上的活泼羟基或纤维素轻微氧化生成的羧基或羰基，引发开环反应而生成接枝共聚物。如纤维素与丙交酯（$C_6H_8O_4$，3,6-二甲基-1,4-二氧杂环己烷-2,5-二酮）接枝反应制备聚乳酸接枝纤维素，丙交酯有2个不对称碳原子，其立体异构体可以呈现三种形式。D-丙交酯和L-丙交酯是典型的对映异构体，L-丙交酯和D-丙交酯等量混合成为D,L-丙交酯。将纤维素与丙交酯按比例混合均匀，添加到微波反应管，然后将反应管放置在微波有机合成仪器中，采用微波辐射的方法引发接枝聚合，用二氯甲烷溶解后过滤，在真空环境下干燥，得到聚乳酸接枝纤维素，该接枝物引入了可生物降解聚酯聚乳酸，且聚乳酸属疏水链段，提高了纤维素材料的疏水性。

5. 纤维素交联共聚物

纤维素交联衍生物常用的化学交联剂有二乙烯砜（有毒）、碳二亚胺、环氧氯丙烷、琥珀酸酐、硫代琥珀酸等。纤维素交联改性产品种类繁多，应用广泛。如以琥珀酸酐为交联剂可制备超吸水性水凝胶（吸水量达400%）。采用硫代琥珀酸作交联剂制备纤维素硫代琥珀酸酯膜，可用于燃料电池。UV照射诱导纤维素与壳聚糖交联可制备抗菌性纺织品。纤维素凝胶经过冷冻干燥或超临界干燥，能制备高力学性能的气凝胶。

6. 纤维素功能化修饰

纤维素经功能化修饰后可作为离子交换剂使用，如将谷糠纤维素与环氧氯丙烷、浓硫酸和戊醇处理制得谷糠纤维素强酸性阳离子交换剂，对金属离子Cu^{2+}、Cr^{3+}、Ni^{2+}的饱和吸附量分别为75mg/g、62mg/g、68mg/g。以麦秆、荞麦皮、锯末、稻壳为原料，经NaOH、环氧氯丙烷、三甲胺盐酸盐处理，可得到再生纤维素强阴离子交换剂（CSAE），CSAE对印染废水吸附性能较好，有良好的再生效果。通过对纤维素材料进行表面功能化修饰，还可以得到具有超疏水表面的纤维素材料、双疏型的纤维素材料、双亲表面纤维素材料、有抗菌效果的纤维素衍生物、有光电响应性的纤维素材料、荧光纳米纤维材料等。双疏型的纤维素材料可以通过三氟丙酸酰氯、三氯甲基硅烷处理纤维素制备。对纤维素材料表面进行等离子体处理、化学接枝含氟分子或硅酸酯、化学气相沉积（CVD）等处理可以制备超疏水表面的纤维素材料。双亲表面纤维素材料、抗菌性纤维素衍生物、光电响应性的材料、荧光纳米纤维等可通过在纤维素表面接枝功能性聚合物基团，如季铵盐、液晶聚合物、荧光分子等来制备。在制备纤维素复合材料的过程中，对纤维素表面进行酸化、硅烷化、酰化、接枝等处理，可以显著改善纤维素与合成高分子之间的相容性，改善材料性能。还可以采用官能团修饰纤维素表面，使纤维素材料具有新的功能。如将环糊精修饰到纤维素表面来制备功能性纤维素就是一种基于包合作用的纤维素表面修饰改性，这种功能性纤维素既保留了环糊精的独特性质，又兼具纤维素的良好性质，如化学可调性、稳定性、环境友好性、可再生性，这给纤维素的应用提供了更广阔的空间。

纤维素材料分子间和分子内存在很多氢键，具有较高结晶度，这种聚集态结构的特点导致天然纤维素难溶于常规溶剂，也不能熔融，加工性能差，开发清洁高效的纤维素物理改性方法是促进纤维素材料发展的重要途径。

二、纤维素材料的应用

（一）再生纤维素纤维

纤维素纤维是性能优良的纺织原材料，黏胶法是制备再生纤维素纤维最普遍的方法，但是污染严重。莱赛尔（Lyocell）纤维柔软、穿着舒适，改善了黏胶纤维在强度、耐磨性等方面的不足，是4-甲基吗啉-N-氧化物（NMMO）溶解体系的产品，在医用织物、个人卫生用品、高档服装面料等方面应用较多。但是NMMO溶剂在价格、回收技术、设备投资等方面存在问题，限制了其在工业上的应用。

氢氧化钠/尿素体系、氢氧化钠/硫脲体系有望代替黏胶法生产无硫的纤维素复丝纤维，纤维的表面光滑、结构致密、染色性好，力学性能与商品化的黏胶纤维接近。这种方法的溶剂原料价格低廉、污染小、溶解纤维素速度快。

通过干喷湿纺工艺纤维素以离子液体（1-丁基-3甲基咪唑氯盐、1-乙基-3-甲基咪唑氯盐、1-烯丙基-3-甲基咪唑氯盐、1-丁基-3-甲基咪唑醋酸盐和1-乙基-3-甲基咪唑醋酸盐等）为溶剂，以水为凝固浴，可以制备再生纤维素纤维。所得再生纤维素纤维的力学性能接近Lyocell纤维。离子液体可有效回收，并且回收的离子液体可重复使用，这是一种很有潜力的纤维素加工的新方法。利用离子液体制得纤维素超细纤维，可应用在催化剂载体、组织工程、膜、生物传感器等领域。

（二）纤维素膜材料

纤维素膜可应用于透析、超滤、半透、选择性气体分离、药物释放、药物的选择性透过、细胞的吸附和增殖等领域，细菌纤维素膜可以用作伤口敷料。醋酸纤维素水解或者是化学衍生化溶解再生的方法都可以得到透明、均匀，力学性能优异的再生纤维素膜，如利用NMMO、LiCl/DMAc、氢氧化锂/尿素、离子液体等纤维素非衍生化溶剂将纤维素溶解，然后用流延法在模具（玻璃或聚四氟乙烯）中铺膜，通过沉淀剂浸泡再生得到纤维素膜。

对棉花、木头、麻、细菌纤维素、秸秆、树皮、椰壳、废纸浆等进行处理，均可得到力学性能优异的纤维素纳米纤维（直径在2~50nm）。纤维素纳米纤维膜力学强度较高，拉伸强度为214MPa，断裂伸长率为10%。用纤维素纳米纤维薄膜修饰的玻璃电极对正电荷物质具有选择富集效果，可用作电化学传感器或选择性渗透膜。

（三）纤维素凝胶和气凝胶材料

气凝胶是水凝胶或有机凝胶干燥后的产物，是一种用气体代替凝胶中的液体而本质上不改变凝胶本身网络结构或体积的特殊凝胶，具有纳米级的多孔结构和高孔隙率等特点，是目前已知密度最小的固体材料之一。纤维素气凝胶密度可以达到$0.008g/cm^3$。天然纤维素气凝胶一般是以天然纤维素纳米网络结构为基础的气凝胶，是具有各向同性的三维随机结构。

以纤维素为原料，首先制备出纤维素凝胶，然后通过冷冻干燥或超临界流体干燥，即可制备纤维素气凝胶，其压缩应变高达70%。利用纤维素自身的多羟基，基于氢键作用力发生物理交联可制得凝胶。例如，以氢氧化钠/尿素或氢氧化钠/硫脲为溶剂将纤维素低温溶解，提高体系温度以后形成纤维素凝胶；以DMSO/四丁基氟化铵（TBAF）溶解纤维素时，体系中原料浓度、水含量等都会影响凝胶的透明度。纤维素气凝胶具有孔隙率高（高于95%）、比表面积大（$200 \sim 500 m^2/g$）、密度小（低于$0.3g/cm^3$）、隔热（音）性好等特性。纤维素气凝胶是一类新型功能材料，既具有气凝胶的特性，又结合了纤维素的生物相容性、可降解性等优异性能，在日化、医药等领域应用前景广阔。将天然的纤维素微纤浸入聚苯胺溶液，然后洗涤干燥，可得到具有导电性的气凝胶。以细菌纤维素为原料，可以制备出密度只有$8mg/cm^3$的超轻纤维素气凝胶。

（四）以纤维素作为模板制备金属材料和碳材料

纤维素含有众多活性基团，具有多级结构以及特有形貌，可作为模板来制备特定结构的功能材料，如催化剂、光伏电池材料、组织工程材料、气体传感器的高比表面积材料、低密度的TiO_2纳米纤维素网络、SiC陶瓷材料、纳米管状的SnO_2材料、管状铟锡金属氧化物（ITO）层等。

通用的制备方式是采用溶胶—凝胶法或者金属氧化物前驱体水溶液浸泡天然木材、木浆、滤纸、纤维素纳米晶或细菌纤维素膜等模板，制备纤维素/金属氧化物前驱体凝胶或复合膜，通过加热煅烧去除纤维素模板，即可得到多孔的金属氧化物材料，具有电化学活性的Fe_2O_3大孔纳米材料可以通过以氢氧化钠/尿素水溶液为溶剂湿纺制备纤维素纤维模板，然后将其依次浸入$FeCl_3$溶液、氢氧化钠溶液，原位合成得到Fe_2O_3粒子，经过煅烧得到大孔的纤维状产品，其中再生纤维素纤维在湿态溶胀下互穿的多孔结构充当了无机纳米粒子的模板。具有高催化活性介孔的TiO_2膜可以采用直接煅烧四丁酸钛/纤维素/AmimCl离子液体溶液得到。具有光催化性能的TiO_2纳米管/空心球杂化材料可以采用双模板的方法，以滤纸作为纳米管模板、以聚苯乙烯或硅基微球作为球模板制得。以天然纤维素纤维为模板通过银镜反应、加热煅烧除模板，制得与石墨复合用作燃料电池的电极材料纳米结构银纤维。

金属纳米材料也可以利用纤维素衍生物作为模板来制备。如Ag纳米颗粒可以用氧化［采用2, 2, 6, 6-四甲基哌啶N-氧化自由基（TEMPO）氧化］的细菌纤维素为模板，通过加热还原得到。多孔的TiO_2膜、TiO_2/ZrO_2膜、TiO_2/SiO_2膜可以用纤维素醋酸酯、纤维素硝酸酯为模板制备。用作气体传感器的纳米和亚微米级SnO_2纤维可以用纤维素硝酸酯膜为模板制备。纳米Ag和$BaCO_3$可以用羟乙基纤维素为模板制备。

碳纤维、碳纳米管、活性炭、石墨、碳气凝胶等不同形式的碳材料可以利用纤维素材料在惰性气氛下热解得到。如将纤维素纤维（天然纤维、黏胶纤维、Lyocell纤维等）在高温下热解可制备用于水处理领域的活性炭纤维（比表面积高达$1500m^2/g$）。用于气体分离的碳膜可以对再生纤维素膜进行热解得到。负载Pt纳米颗粒的碳气凝胶可作为质子交换膜燃料电池的电极，通过热解纤维素醋酸酯气凝胶制备。

（五）纤维素复合材料

具有力学性能、光学性能、电学性能、生物医用性能、分离纯化性能、传感性能等多种性能的纤维素复合材料，主要由纤维素与合成高分子材料、天然高分子材料、导电聚合物、碳纳米管、金属杂化材料、硅杂化材料等复合制备。

1. 光、电活性纤维素复合材料

纤维素/导电聚合物复合材料、纤维素/碳纳米管复合材料、纤维素/离子液体复合材料等都可作为电活性纸材料，这些电活性纸材料表现出较好的电致响应性，且弯曲性能优异、能

耗低、驱动电压低、可生物降解。纤维素发光材料有望用于有机发光二极管（OLED）、有机薄膜晶体管、防伪和包装等领域。

光致发光纸是将天然纤维素在发光剂溶液中浸泡、离心干燥制备，产品结合了纸的力学性能和发光剂的发光特性。电活性纸材料可应用于驱动器、微电机械系统（MEMS）、柔性器件、扩音器、扬声器、变频器、合成肌肉、传感器、微型机器人、微型飞行器、微波遥控器等领域。

纤维素可用于制备能量储存器件，如超级电容器、柔性锂电池等，例如，将纤维素溶解于离子液体（BmimCl）中，然后包埋规整排列的多壁碳纳米管（MWCNT）完成制备。纤维素纸电池具有轻便、快捷（完成充电只需数秒）的特点，具体可采用如下步骤制备，首先在海藻纤维素纤维上包附聚吡咯（PPy），电解质采用浸过盐水的滤纸，两极选用海藻纤维素/聚吡咯即可完成纤维素纸电池制备。普通的商品纸经过简单涂膜处理即可制备电阻小、导电性能好、稳定性好、机械性能优良、能随意弯曲的碳纳米管（CNT）/纸复合材料，这一复合材料可以用作柔性电池、超级电容器等能量储存器件。

2. 纤维素/碳纳米管（MWCNT）复合材料

再生纤维素/MWCNT复合膜可作为固定葡萄糖氧化酶的生物传感器。纤维素/单壁碳纳米管（SWCNT）复合材料可作为将白血病细胞K562固定在金电极上的细胞传感器。利用碳纳米管在离子液体中分散性好、取向度高的特性，以离子液体为溶剂制备纤维素/MWCNT复合纤维，这类复合纤维拉伸强度可达257MPa，具有较高的导电性、高电磁屏蔽性、柔性和阻燃性。

3. 纤维素复合材料膜

纤维素复合材料膜是由纤维素与大豆蛋白、淀粉、木质素复合膜、类脂纳米颗粒、聚砜、聚吡咯、虫漆、PVA、聚甲基丙烯酸甲酯、高密度聚乙烯、聚乳酸、羊毛、木聚糖等制备的复合膜，可用于控制药物释放的材料、阴离子渗透膜、食品包装材料（对空气、水蒸气等气体具有很好的阻隔性）、涂层材料、油水分离材料（具有高通量，是商业超滤膜的数倍，截留率达99.5%）等领域。通过熔融加工、溶液加工、共混、原位聚合等方法均可制备复合材料。如以1-烯丙基-3-甲基咪唑氯盐、1-丁基-3-甲基咪唑氯盐和EmimAc离子液体为溶剂，通过溶解、再生，制备纤维素/大豆蛋白、纤维素/淀粉/木质素、再生纤维素/聚丙烯腈纳米纤维支架/聚对苯二甲酸乙二酯膜、再生纤维素/含伯胺基聚合物等复合膜。

4. 纤维素复合凝胶

纤维素复合凝胶具有多种功能，如核黄素/甲基纤维素水凝胶具有对pH和温度同时敏感的特性，细菌纤维素（BC）与明胶、卡拉胶、结冷胶、聚丙烯酰胺等制备成的双网络复合水凝胶具有力学强度高的特点，拉伸强度最大可达40MPa，这些纤维素复合凝胶可应用在组织工程、生物分离、药物控释等多个领域。通过溶解—凝胶、溶胶—凝胶等方法可制得纤维素复合凝胶。将纤维素溶于1-丁基-3-甲基咪唑氯盐离子液体溶液，室温下放置7天，即可得到纤维素丁基-3-甲基咪唑氯盐/H_2O复合凝胶，这种复合凝胶在120℃时软化，150℃时可以流动，冷却至室温放置2天再次形成更加透明的凝胶。高强度的纤维素/PEG复合凝胶（断裂伸长率可达100%，透光率达80%）可以通过将纤维素溶于NaOH/硫脲溶剂制得纤维素凝胶，然后用小分子量PEG溶胀的方法制备。将纤维素/氢氧化钠/硫脲溶液和甲壳素/氢氧化钠溶液混合，可制得断裂伸长率达113%的纤维素/甲壳素复合水凝胶。

（六）检测吸附材料

纤维素负载氮类、二茂铁类或其他类型染料分子后可以作为传感器，检测溶液中金属离子（如Hg^{2+}、Zn^{2+}、Mn^{2+}、Ni^{2+}等）的浓度。1,4-二茂铁与纤维素制成的复合材料，与不同离子浓度的Hg^{2+}水溶液接触，颜色会发生变化，只需观察颜色变化就可以确定溶液中离子的浓度。纤维素负载聚苯胺纳米球后复合材料在酸度传感器方面有应用潜力。纤维素与PVA、甲壳素、褐藻酸、聚苯乙烯（PS）等制备成复合膜，还可以吸附除去水溶液中的重金属离子（如Cu^{2+}、Fe^{3+}、Zn^{2+}、Pb^{2+}、Ni^{2+}、Cd^{2+}等）。纤维素/木质素复合膜可吸附芳香族有机物。用纤维素三醋酸酯/海藻酸盐复合物固定细菌，得到的复合材料可降解丙腈。

（七）生物医用材料

纤维素具有出色的生物相容性、可生物降解性和优异的力学性能等特点，广泛用于生物医用材料领域，如伤口修复、抗菌消毒、细胞培养（纤维素/玉米蛋白、纤维素/壳聚糖、纤维素/乳糖）、药物释放（纤维素/聚环氧乙烷（PEO）、纤维素/PEG复合材料、纤维素/硅酸钠复合材料）、组织工程（纤维素/蒙脱土凝胶、纤维素/磷酸钙和纤维素/壳聚糖）、药物解毒（纤维素/肝磷脂/活性炭多孔微球）等诸多领域。

（八）含纤维素纳米纤维的复合材料

通过物理机械、化学或生物等方法将天然纤维素内部超分子结构的无定形区破坏，能获得直径在20～50nm，长度在200～300nm范围内的纤维素，即纳米结晶纤维素（nanocrysialline cellulose，NCC）。NCC的结晶尺寸主要取决于硫酸水解时间，水解时间越久，则结晶尺寸越短。化学酸水解法是一种制备纳米结晶纤维素最常见的方法，纤维素超分子结构中的非结晶区可通过提高酸性溶液浓度除去。H^+催化切断纤维素分子链中的糖苷键，能得到尺寸小、结晶度高的纳米结晶纤维素。NCC的表面官能团及表面性质取决于无机酸的种类，如用硫酸水解可以使纤维素中十分之一的葡萄糖单元被磺酸基官能化，此时NCC颗粒带有较强的负电性且在水中的分散性提高，胶体稳定性显著，而用盐酸水解所得NCC颗粒仅带微弱的负电荷且分散性较差。目前，利用辅助手段，如超声波处理、催化剂辅助催化等可以提高传统酸水解法的制备效率。

纳米纤维素是由天然纤维素I晶组成的纤维状聚集体，具有高结晶度、高纯度、高杨氏模量、高强度、高亲水性、大比表面积、强吸附能力、高反应活性、超精细结构和高透明性等纳米颗粒的特性和纤维素的基本结构与性能，作为增强纤维，与PVA、PLA、聚丙烯（PP）、聚己内酯（PCL）、聚氨酯（PU）、聚乙烯（PE）、淀粉、壳聚糖、DNA等高分子材料制备复合材料可以显著提高材料的力学性能。纤维素纳米纤维也可以作为纤维素的增强材料，首先向纤维素溶液中加入纳米纤维素纤维或控制溶解过程，然后利用再生反应即可制备纳米纤维素纤维增强的纤维素复合材料。纳米纤维素可以作为增强材料，制备高韧性纤维素复合水凝胶材料。采用纳米纤维自组装模板法，即通过溶胶—凝胶过程可以得到纤维素纳米纤维凝胶，将该凝胶浸入聚合物溶液并干燥，可得到分散性良好的聚合物/纳米纤维素复合材料。纳米纤维素还可以提高其在复合材料基体中的分散性和相容性，纳米纤维素纤维直径很小，与聚合物复合对聚合物的透明性影响较小，且这类复合材料强度高、质量轻，可以用在光学仪器、柔性光电器件、功能包装材料、太阳能电池等方面。纳米纤维素纤维或细菌纤维素与丙烯酸树脂、环氧树脂制得的复合膜材料具有较高的透光率（90%）及导热率［导热率大于$1W/(m \cdot K)$］，热膨胀系数为$10^{-6}K^{-1}$，在光电器件方面有较大发展潜力。纳米纤维素可以从各种可再生资源（如木材、棉花、作物秸秆等）中得到。棉花中的纤维素有高级有序结构，结晶度可达70%。纤维素的结晶区有较好的耐酸能力，无定形区较容易被酸水解，通过酸水解可以得到结晶的纳米纤维素。可通过纳米纤维素、丙烯酰胺和长链丙烯酸酯（如甲基丙烯酸十八烷基酯、甲基丙烯酸十二烷基酯、甲基丙烯酸十三烷基酯等）在水溶液中共聚合制备纳米纤维素复合水凝胶。在该凝胶体系将纳米纤维素和丙烯酰胺作为亲水组分，甲基丙烯酸十二烷基酯、甲基丙烯酸十三烷基酯和甲基丙烯酸十八烷基酯作为疏水组分，由共价键和胶束缠结点共同构成凝胶三维网络。纳米纤维素的浓度为$0.0014g/mL$时，拉伸强度最大可达455kPa，压缩强度最大可达2.8MPa，凝胶在相同条件下无法压碎。继续增加纳米纤维素的浓度不能提高凝胶的强度，这可能是因为当纳米纤维素浓度过高时，会导致纳米纤维素容易聚集，影响纳米纤维素在凝胶中的均匀分散，从而导致增强效果受限，影响材料性能。

（九）基于纤维素的有机—无机杂化材料

有机—无机杂化材料不仅可以保持有机材料的性质，还具有无机材料的特性，如超强的光、电、磁、催化等性能，在光电、催化、生物、医药、传感等领域有着广泛的应用。纤维素/CdS、纤维素/ZnS、纤维素/CdSe、树枝状分子功能化的纤维素/CdS等纤维素/量子点杂化材料均保持了量子点的荧光特性，这类材料具有很好的抗菌性（如纤维素/Ag纳米颗粒杂化材料）、铁磁性、智能性（如纤维素/Au纳米颗粒杂化材料），高透光率、孔隙率和比表面积，良好的机械强度（如纤维素/Ag、纤维素/Au和纤维素/Pt杂化气凝胶等）等性能。这类材料可以用于抗菌性创伤敷料、安全纸、信息存储材料、电磁屏蔽材料、药物的靶向传递和释放材料、组织工程支架、抗菌膜、电子器件、固体催化剂、化学传感器、生物电分析材料、生物电催化材料、生物传感器、燃料电池、催化剂、选择性吸附分离材料、透明电极、传感器、光伏器件、表面波器件等领域。常规制备方法是在纤维素、纤维素衍生物溶液中原位合成纳米颗粒或者将纳米颗粒分散到纤维素或纤维素衍生物溶液中，通过再生得到纤维素/纳米颗粒复合材料；或者将纤维素膜或纤维直接浸入纳米颗粒悬浮液制备纤维素/纳米颗粒复合材料。纤维素/天然矿物质杂化材料可以通过物理共混等方法得到，这类材料不仅保留了纤维素的柔性、力学性能、生物相容性、可降解性等特性，还具备天然矿物质的高力学强度、抗冲击、抗疲劳、抗老化、隔热阻气性、耐化学腐蚀性、高吸附活性等特性，可用作食品包装材料、组织工程支架、人造骨、气体分离膜等。常见的有纤维素/天然矿物质杂化材料，以及纤维素/云母、纤维素/纳米羟基磷灰石、纤维素/$CaCO_3$、纤维素/黏土等杂化材料。

课程思政

张俐娜院士：高分子化学家，武汉大学化学与分子科学学院教授。46岁时作为讲师才开始真正的科学研究；60岁时获得国家自然科学基金重点项目资助，开始进行纤维素新溶剂及材料的研究；2011年荣获安塞姆·佩恩奖，这是国际纤维素与可再生资源材料领域的最高奖。虽现已年逾古稀，但她依然坚守在科研第一线。以下是2020年10月英国皇家化学会会刊Chemistry World对这位绿色化学的坚守者的专访内容：

"真正的化学家应该致力于探索新的科学规律和创造新的化合物。"张俐娜说，"科研挑战带给我前所未有的激情和成就感，这激励着我几十年如一日地耕耘在科研这块沃土上。"正是这种孜孜不倦的科研精神带领张俐娜攀上了学术巅峰。1963年，张俐娜以优异成绩从武汉大学化学系毕业，至今已发表530余篇学术论文，主编了16本学术专著，并获国内外专利100余项。如今，张俐娜已年逾古稀，但她并没有功成身退，这位锲而不舍的老人对推进绿色化学全球化依然充满激情。"我深刻地意识到，人类迟早将耗尽地球上的石油和煤炭资源，我们必须着手开发可以取而代之的新能源。"从武汉大学毕业后，张俐娜被分配至北京铁道科学研究院，从事合成塑料和天然橡胶相关的研究工作。1973年，张俐娜调回武汉大学，她把目光瞄准在天然高分子材料科学的基础和应用研究上。1984年，张俐娜获日本学术振兴会（JSPS）资助，以访问学者的身份前往大阪大学进行了为期两年的学术交流。访日期间，她的研究重心主要为多糖溶液。"在日本两年的学习生活，让我学会了如何系统地从事高分子研究，也让我意识到发达国家对研究和发展新能源的重视程度是如此之高。"张俐娜如是说。

回到母校后，张俐娜和丈夫杜予民共同研究发展甲壳素、纤维素在功能材料上的应用。张俐娜注意到，用$CS_2/NaOH$溶液溶解纤维素的传统方法会对环境会造成污染。"当时，在生产人造丝和玻璃纸的过程中，国内仍大量使用$CS_2/NaOH$溶液，因此我下定决心，一定要找到一种环保的新型溶剂来代替有毒的CS_2成分。"2000年，张俐娜获得了国家自然科学基金重点项目资助，开始了纤维素新溶剂及材料的研究。功夫不负有心人，经过长达12年的探索，张俐娜所带领的研究团队终于找到了低温快速溶解纤维素的新方法。张俐娜回忆道："我们的团队付出了数千个日日夜夜，终于取得了突破性的进展。我们研发了一种低成本、低毒性的$NaOH/$尿素水溶液体系，这种体系可以快速溶解纤维素，$-12℃$下仅需$2min$即可完全溶解。用这种方法溶解所得的纤维素已经投入工业化试验阶段，制备得到了一系列新型薄膜、凝胶、微球、气凝胶和塑料类材料。这些制品兼具安全性、生物相容性和生物可降解性等优点，可谓真正的环境友好型材料。"最近，张俐娜的研究工作进一步揭示了低温溶解甲壳素、纤维素的新机理，对生物医药、能源储存及废水净化都有着重大意义。凭借在国际纤维素与可再生资源材料领域出色的科研工作，张俐娜在2011年荣膺美国化学会安塞姆·佩恩奖，是国内唯一获此殊荣的科学家。这表明，她的科研成果在国际上取得了广泛认可，同时也吸引了一批优秀的科研人员——来自中法两国的50位博士研究生和3位博士后加入她的团队。在科研上取得了丰硕成果的张俐娜并没有停止前进的脚步，她把目光转移到了海洋。张俐娜说："海洋生物占据地球上生物总量的80%，相比于陆地上的生物，它们的生命力和生物机能都明显更胜一筹。目前为止，人类对海洋生物的关注度和研究还远远不够。"张俐娜的目标是开发一种永不枯竭的新型环保材料，当温度达到25℃以上时，这种材料可以在土壤中降解，从而减少由塑料造成的"白色污染"。

在展望未来时，张俐娜很高兴看到在她的科研生涯期间，国内外的科学研究都取得了巨大进步。"与我求学时相比，如今的科学教育越来越重视培养学生的创新意识和动手能力。"张俐娜说，"我们当时仅仅学习一些基础知识，重复以往的科学研究。如今，中国的科学教育和科学研究都已经取得了惊人的进步。"这使张俐娜坚信，科学的发展一定能帮助人类实现资源的可持续性。"青年科学家们掌握了最前沿的科学技术，拥有着丰富的专业知识，他们充满活力。"张俐娜说，"作为新的主力军，他们的未来充满无限可能。但有一点，科研是没有捷径可循的，只有那些勇于面对挑战，并且一路披荆斩棘的人，才能收获非凡的学术成就。对于青年科研人员，我希望鼓励他们去热爱科学，并且乐于奉献，这样才能实现重大的创新突破。"

参考文献

[1] 蔡杰. 纤维素科学与材料 [M]. 北京：化学工业出版社，2015.

[2] 郑学晶，霍书浩. 天然高分子材料 [M]. 北京：化学工业出版社，2010.

[3] 于海鹏，李勍，陈文帅，等. 纳米纤维素功能应用 [M]. 北京：科学出版社，2020.

[4] 张俐娜. 天然高分子科学与材料 [M]. 北京：科学出版社，2007.

[5] 张俐娜，陈国强，蔡杰，等. 基于生物质的环境友好材料 [M]. 北京：化学工业出版社，2011.

[6] DINAND E, VIGNON M, CHANZY H, et al. Mercerization of primary wall cellulose and its implication for the conversion of cellulose I→ cellulose II [J]. Cellulose, 2002, 9 (1): 7–18.

[7] KOBAYASHI K, KIMURA S, TOGAWA E, et al. Crystal transition from Na‐cellulose IV to cellulose II monitored using synchrotron X‐ray diffraction [J]. Carbohydrate Polymers, 2011, 83 (2): 483–488.

[8] OGAWA Y, HIDAKA H, KIMURA S, et al. Formation and stability of cellulose‐copper‐NaOH crystalline complex [J]. Cellulose, 2014, 21 (2): 999–1006.

[9] WADA M, NISHIYAMA Y, LANGAN P. X‐ray structure of ammonia‐cellulose I: new insights into the conversion of cellulose I to cellulose II [J]. Macromolecules, 2006, 39 (8): 2947–2952.

[10] SU X B, KIMURA S, WADA M, et al. Stoichiometry and stability of cellulose‐hydrazine complexes [J]. Cellulose, 2011, 18 (3): 531–537.

[11] NUMATA Y, KONO H, KAWANO S, et al. Cross‐polarization/magic‐angle spinning 13C nuclear magnetic resonance study of cellulose I‐ethylenediamine complex [J]. Journal of Bioscience and Bioengineering, 2003, 96 (5): 461–466.

[12] WADA M, KWON G J, NISHIYAMA Y. Structure and thermal behavior of a cellulose I‐ethylenediamine complex [J]. Biomacromolecules, 2008, 9 (10): 2898–2904.

[13] HEINZE T, LIEBERT T. Unconventional methods in cellulose functionalization [J]. Progress in Polymer Science, 2001, 26 (9): 1689–1762.

[14] ZHANG H, WU J, ZHANG J, et al. 1‐allyl‐3‐methylimidazolium chloride room temperature ionic liquid: A new and powerful nonderivatizing solvent for cellulose [J]. Macromolecules, 2005, 38 (20): 8272–8277.

[15] WU J, ZHANG J, ZHANG H, et al. Homogeneous acetylation of cellulose in a new ionic liquid [J]. Biomacromolecules, 2004, 5 (2): 266–268.

[16] ZAVREL M, BROSS D, FUNKE M, et al. High‐throughput screening for ionic liquids

dissolving（ligno-）cellulose［J］. Bioresource Technology, 2009, 100（9）: 2580-2587.

［17］XU A R, WANG J J, WANG H Y. Effects of anionic structure and lithium salts addition on the dissolution of cellulose in 1-butyl-3-methylimidazolium-based ionic liquid solvent systems ［J］. Green Chem, 2010, 12（2）: 268-275.

［18］ABE M, FUKAYA Y, OHNO H. Fast and facile dissolution of cellulose with tetrabutylphosphonium hydroxide containing 40 wt% water［J］. Chemical Communications, 2012, 48（12）: 1808-1810.

［19］JIANG Z W, FANG Y, XIANG J F, et al. Intermolecular interactions and 3D structure in cellulose-NaOH-urea aqueous system［J］. The Journal of Physical Chemistry B, 2014, 118（34）: 10250-10257.

［20］NAYAK J N, CHEN Y, KIM J. Removal of impurities from cellulose films after their regeneration from cellulose dissolved in DMAc/LiCl solvent system［J］. Industrial & Engineering Chemistry Research, 2008, 47（5）: 1702-1706.

第三章　木质素

第一节　木质素概述

木质素（lignin）与纤维素、半纤维素黏结在一起形成植物的主要支撑结构，是植物界中含量仅次于纤维素的天然高分子，据估计，全球每年木质素的生物合成增量约达 6×10^{14} t。然而，木质素分子结构复杂，是最难认识和利用的天然高分子之一。尽管如此，木质素仍凭借其分子结构中含有的众多不同类型官能基团以及其天然可再生、可生物降解、无毒等优点，成为一类优良的生物质化工原料，在材料综合利用领域备受关注。目前，木质素已被广泛应用于制备酚醛树脂、聚氨酯、环氧树脂和离子交换树脂等材料，作为填料可用于改性橡胶、聚烯烃、聚酯、聚醚、淀粉、蛋白质等石化资源基和生物质基高分子材料。科学家以木质素为原料，成功研发出工程塑料、胶黏剂、发泡材料、薄膜、纤维和纳米纤维、水凝胶等新材料，其中，薄膜、纤维和纳米纤维结构的木质素改性材料能够作为前驱体，制备碳膜和碳纤维材料。同时，木质素及其衍生物可作为表面活性剂、絮凝剂等，应用于石油开采、沥青乳化、废水处理、农药缓释等领域。虽然木质素在化学结构研究和应用方面已经取得了长足进步，但真正实现木质素大规模应用的案例较少，这不仅归因于木质素复杂的多级结构，还因为在木质素化学修饰和材料研发方面尚缺少系统的理论支撑，亟须在材料复合、成型加工等关键技术方面获得突破。在全球对生物质资源综合利用高度关注并期望其替代化石资源的趋势下，木质素基新材料的研究和开发面临着机遇和挑战，加强对木质素及其改性材料结构和性质的认识，探索开发木质素高价值应用的新思路，将有助于进一步提高木质素在材料领域的应用价值。

对木质素结构的深入认识，可控化学修饰以及降解技术仍然是发展高性能木质素化学品和改性材料的基石。同时，针对不同领域的应用需求，需要加强对小分子降解产物的分离纯化、木质素与聚合物基质复合和增容、各种结构形式材料（如薄膜、纤维和纳米纤维、发泡材料、水凝胶等）的制备技术开展系统研究。在理论层面，亟须深入认识木质素与其他分子（包括生物大分子、聚合物基体）的相互作用机制，进而提出木质素在聚合物基体中的分散及超分子微区的调控机制，木质素抑制病毒、肿瘤的分子设计方案等。

第二节　木质素的结构与性质

木质素是一类结构复杂的天然高分子，到目前为止只能认识到它的元素组成、官能基团、基本结构单元和连接方式，并推导出结构模型。近百年来，科学界一直致力于提出木质素的结构通式，然而每一种结构模型都不足以反映木质素的全部特征。随着仪器分析技术的进步，新的结构模型不断被建立，某些新发现的单体及连接键能更好地诠释木质素的特性，这些研究结果不仅丰富了人们对木质素结构与性质的认识，也为木质素改性材料的研发提供了理论依据。本节除了介绍化学结构外，还论述了木质素的物理和化学性质，介绍了近年来的一些研究热点，如木质素的缔合特性、木质素在离子液体中的溶解性等。

一、木质素的化学结构

木质素是由苯基—丙烷类单体通过烷基—烷基、烷基—芳基、芳基—烷基等化学键连接起来的芳香族天然高分子物质。根据甲氧基的数量和位置不同，可以将单体分为对羟基苯基型（H）、愈疮木基型（G）和紫丁香基型（S）（图3.1）。不同来源的木质素含3种单体的比例不同，针叶木以G型为主，阔叶木以G—S型为主，草本植物一般同时含有这3种单体。

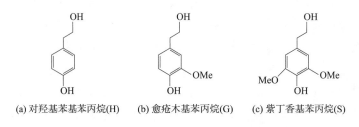

(a) 对羟基苯基苯丙烷(H)　　(b) 愈疮木基苯丙烷(G)　　(c) 紫丁香基苯丙烷(S)

图3.1　木质素中存在的3种基本结构单元

天然木质素并不是上述单体简单连接而成，而是由3种醇单体（对香豆醇、松柏醇、芥子醇）经过无规则的偶合或加成反应形成。在植物的不同组织或植物细胞壁的不同位置，木质素含量有很大差异。一些生态学因素，如植物的生长期、气候、营养、光照等，也都影响着木质素的化学结构。

木质素化学结构的确定是天然高分子材料领域最难的课题之一。一方面，木质素分子本身及其降解产物有许多不对称中心，但不具有光学活性，所以并不像纤维素或蛋白质那样由单一键连接而成。另一方面，各结构单元之间有大量的碳—碳键，用一般的分解方法不能解析出分子结构，因此木质素不能用结构通式来描述。此外，如何从植物组织中完整地提取出木质素仍然是木质素化学的一大难题。

二、木质素的性质

天然木质素在可见光区域内没有最大吸收峰。磨木木质素（MWL）一般是淡黄色粉末，其表观颜色是由一系列发色基团决定的，如云杉的磨木木质素含有1%的邻苯二酚的结构以及0.7%的邻配结构。硫酸盐法和亚硫酸盐法制浆废液中的木质素含有多种发色基团，往往呈现棕色或棕红色。纸浆中残余木质素的颜色实际上也是由类似的发色基团结构形成，纸浆的种类不同，颜色也有所差别。

来源于不同原料或者不同溶剂的木质素，紫外光谱的吸光系数也有较大差别。典型针叶木木质素的紫外吸光系数为18~20L/（g·cm），温带阔叶木木质素的紫外吸光系数低于针叶木，一般为12～14L/（g·cm），热带阔叶木和草本植物木质素则与针叶木接近。经还原后的木质素样品的紫外吸光系数随甲氧基（—OCH$_3$）/C$_9$比值的增加而下降。工业木质素由于结构发生较大变化，紫外吸光系数与同种来源的MWL差别很大，硫酸盐木质素的紫外吸光系数比同种来源的木质素磺酸盐高得多。

　　木质素必须经过适当的化学处理才能从原料中溶解出来，因此木质素的溶解性与分离木质素的方法有关。木质素的溶解性有3种：一是可在水中溶解，如木质素磺酸盐；二是可在乙醇、甲醇、苯酚和二氧六环等有机溶剂中溶解，如溶剂木质素；三是在水和有机溶剂中均不溶解，例如硫酸盐木质素、水解木质素等。木质素的溶胀或溶解主要是由其分子量以及溶剂的极性决定的。近年来，有报道用离子液体直接从木材原料中溶解出木质素，如咪唑碱阳离子型离子液体能够溶解磨木木质素和木粉。木质素溶解性的表征方法有木质素的特性黏度、分支参数和多分散性。

　　从木质素的热学性质来看，由于具有复杂的化学组成和结构，它的玻璃化转变温度（T_g）比合成高分子宽，因此测定木质素的T_g值需要较长的热处理时间。戈林（Goring）较早地研究了木质素受热软化、膨胀、玻璃化转变等热性质，报道了几种常见木质素的T_g为127～227℃。木质素的热稳定性可以通过测定其在N$_2$气氛中的热失重来评价，反映质量随温度的变化主要参数是失重速率和失重值。工业木质素在低于125℃时没有失重，高于125℃时开始有质量损失。木质素经过热处理会发生少量结构变化，热稳定性提高。木质素热处理的温度超过T_g后立即冷却，热稳定性能得到改善。

第三节　木质素的分离

　　木质素原本是一种白色或接近无色的物质，从植物材料中分离出来的木质素是很轻的粉状物质，随分离方法的不同而变为灰黄到灰褐的颜色。木质素因来源不同及分离方法的差别而在结构和理化性质等方面存在较大差异。为了研究木质素的结构，包括基本结构单元、单元间的连接键型、各种结构单元和键型在数量上的比例等，应力求木质素处于原本木质素状态，即天然态木质素。

　　木质素分离方法按其原理可分为两大类。

　　第一类：木质素作为残渣分离。木材经水解除去聚糖（纤维素、半纤维素），木质素以不溶性残渣的形式分离出来。例如硫酸木质素、盐酸木质素。这种方法分离的木质素结构已发生了变化。

　　第二类：木质素被溶解而分离，选用不与木质素反应的溶剂将木材中的木质素抽提出来或将木质素转变成衍生物，再用适当溶剂抽提。例如纤维素分解酶木质素、二氧六环木质素等，这种方法往往不能得到全部的木质素。

一、可溶性木质素的分离

　　这一类木质素主要包括布劳斯（Brauns）天然木质素（BNL），诺德（Nord）木质素、贝克曼木质素［即磨木木质素（MWL）］和纤维素分解酶木质素（BNL），还有其他一些种类的木质素。

（1）天然木质素。BNL过100～200目的木粉，依次用水和乙醚抽提，再用95%的乙醇抽提，将溶液部分浓缩并注入水，则沉淀出粗木质素。将粗木质素溶于二氧六环中，在乙醚中再沉淀得到精制的BNL。Brauns认为此条件下木质素和试剂不起反应，木质素不发生变化，所以将该分离木质素称为"天然木质素"，BNL的特点是得率低、相对分子量低，所以"天然木质素"并非名副其实，与真正天然态的原本木质素有差别。

（2）诺德木质素。用褐腐菌作用于木粉，再用制BNL的方法制得的木质素称为诺德木质素。

（3）贝克曼木质素。又称磨木木质素（MWL）。磨碎木粉，过20目筛，经有机溶剂抽提后干燥得到。以甲苯为介质放在LAMPEN磨中磨2～3天至磨成粉末，再在动球磨机中磨48h成面状。用离心机除去甲苯，再用木质素溶剂（如二氧六环：水=9：1）抽提，过滤，加水使木质素沉淀，分离可制得粗MWL，将此粗木质素溶于90%的1，2-二氯乙烷和乙醇（2：1）的混合液中，再注入水使其沉淀。MWL的特点：得率只占总木质素的50%（另50%木质素与碳水化合物有连接，用中性溶剂难于分离），为无灰分但含有2%～8%的糖，呈淡黄色粉状物。

（4）纤维素分解酶木质素。纤维素分解酶木质素的分离方法与MWL相似，分离出的木质素性状也相似，只是在将振动球磨机磨过的木粉用纤维素和半纤维素酶处理，再进行其他步骤。

（5）巯基乙酸木质素。木质素与巯基乙酸（$HSCH_2COOH$）反应，生成可溶于碱的木质素衍生物。其特点是得率高，但含有结合的—SCH_2COOH基。

（6）水溶助溶木质素。在水加入苯磺酸盐或苯甲酸盐，配成一定浓度的水液（40%～50%）与试样共煮，能使试样中的木质素溶出，再加入水，溶出的木质素会变成沉淀，得到水溶助溶木质素。其特点是适用于阔叶木及一年生植物中木质素的提取。

（7）用无机试剂分离的木质素。包括碱木质素，无机试剂为NaOH；硫化木质素，无机试剂为Na_2S；氯化木质素，无机试剂为Cl_2，磺酸木质素，无机试为Na_2SO_3、$MgSO_3$等。

二、不溶性木质素的分离

主要包括硫酸木质素、盐酸木质素、过碘酸盐木质素和铜氨木质素。其分离原理是用酸水解溶出无抽提物木粉中的聚糖（纤维素与半纤维素），所得残渣即为不溶性木质素，也称酸不溶木质素。

（1）硫酸木质素。其特点是由于受到高浓强酸作用，木质素的结构变化很大，广泛用于木质素的定量测定。

（2）盐酸木质素。分离方法是在脱脂木粉中加入相对密度为1.215～1.225（浓度约42%）的冷盐酸，振动2h，加入冰水放置一夜，滤除木质素残渣，再加入5%硫酸或水煮沸5h，经过滤、水洗、干燥得到木质素。其特点是如用水煮沸，则结构变化少。

（3）过碘酸盐木质素。分离方法将木粉置于5%过碘酸盐（$Na_3H_2IO_6$）的水溶液中，在20℃、pH为4条件下，将纤维素等的二醇结构氧化为二醛结构并用热水溶出，木质素作为残渣滤出得到过碘酸盐木质素。其特点是除了少量木质素被氧化，结构有所改变外，其他质变较少。

（4）铜氨木质素。分离方法是以铜氨溶液为纤维素的溶剂，无抽提物1% H_2SO_4煮沸，LCC 结合键断裂，冷铜氨溶液4~5℃下抽提4~5次，碳水化合物溶出，残渣即为铜氨木质素。其特点是结构变化小，颜色比酸木质素淡，制备过程烦琐，应用不广泛。

以上为天然木质素的分离情况，纸浆中的木质素与制浆废液中木质素的分离比较困难，在此不作讨论，读者可参阅有关造纸专业资料。

造纸工业中，大量污水排放所带来的环境污染问题已经引起广泛关注，这也促进了木质素、纸浆高效分离技术的快速发展。有机溶剂具有良好的溶解性和挥发性，利用有机溶剂提取原料中的木质素，达到纤维素和木质素的高效分离，分离出的纤维素将直接作为造纸的纸浆，通过蒸馏能够回收大部分有机溶剂并提纯木质素。整个制浆过程有机溶剂可以循环利用，无废水或少量废水排放，形成一个封闭的循环系统，真正实现从源头上阻止造纸制浆废水对环境的污染，同时有效分离并纯化木质素。虽然有机溶剂分离木质素有许多优势和巨大的应用前景，但其反应过程需要高温高压，且成本较高，目前要真正实现工业化尚有许多技术困难。除以上介绍的高效分离纤维素和木质素的方法外，酶降解木质素、超临界萃取木质素、双水相萃取木质素等方法，由于分离条件温和、对木质素结构破坏较小、分离的木质素利用价值高等优点，得到了越来越广泛的重视。另外，寻找能高效、单一，能定向降解纤维素、半纤维素而不分解木质素的微生物和复合酶体系，以及能单一、可控降解木质素而得到纤维素的微生物及其复合酶体系是今后高效分离木质素、纤维素的发展方向之一。

第四节 木质素的化学改性及降解

木质素是由苯丙烷结构单元通过醚键或碳–碳键连接而成的高分子化合物，其化学反应活性是由结构单元中的功能基和结构单元间的链接键决定的，结构组成的不均一性造成了木质素大分子各部位化学反应性能的差异。木质素化学反应有4种类型：一是显色反应，通过共轭效应或者螯合反应使木质素发生化学变色；二是衍生化反应，通过磺化、羟甲基化、烷基化等衍生化反应制备木质素磺酸盐、离子交换树脂、吸附剂和表面活性剂等木质素化学品；三是接枝反应，通过自由基聚合形成木质素接枝共聚物；四是降解反应，通过消除反应、亲核反应、氧化还原反应降解木质素，获得高附加值的芳香醛、芳香酸以及烃类化合物等。显色反应多用于木质素的定性检测，不在改性的范畴之内。本章主要介绍木质素的衍生化、接枝和降解等能产生木质素产品的化学改性反应。

一、木质素的衍生化

木质素与一些化学试剂反应后可以得到新的或更多的功能基团，成为具有独特性质的衍生化产品。磺化反应是研究最多、应用最早的木质素衍生化反应。木质素的磺化改性主要有高温磺化、磺甲基化和氧化磺化三种类型。传统的高温磺化使用亚硫酸钠在高温（150~200℃）条件下对碱木质素进行处理，在苯环侧链上引入磺酸基，得到水溶性良好的产物。磺甲基化反应一般使用亚硫酸钠和甲醛在高温（170℃）、碱性条件下处理木质素，碱木质素可直接与羟甲基磺酸根离子反应，也可在羟甲基化后与亚硫酸氢根离子发生亲核置换反应，最终得到磺甲基化碱木质素。氧化磺化反应是先将木质素氧化降解为分子碎片，然后进行磺化，再用偶联剂进行偶联，得到磺化度和分子量较高的磺化木质素。木质素磺化反应的机理已有诸多论著予以论述，本节不予详述，接下来将着重介绍木质素的羟甲基化、胺甲基化、烷基化等衍生化反应。

（一）羟甲基化改性

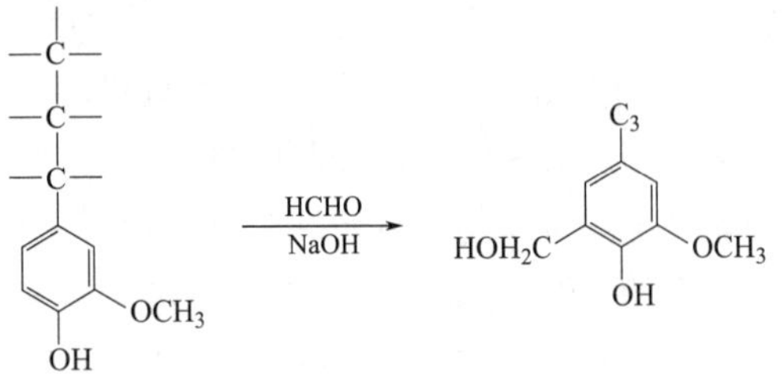

木质素与甲醛可在碱性或者酸性介质中发生羟甲基化反应。工业碱木质素一般溶于碱性介质中，当pH大于9时，木质素苯环中游离的酚羟基发生离子化，同时酚羟基邻、对位反应点被活化，可与甲醛反应，从而引入羟甲基。在木质素酚羟基邻位上发生的羟甲基化反应称为莱德勒-曼讷斯（Lederer–Manasse）反应，引入的羟甲基接在苯环上，如图3.2（a）所示。当木质素的α位有质子，并且β位有吸电子基团时，羟甲基反应发生在木质素的α位，即图3.2（b）所示的托伦斯（Tollens）反应。对于具有C_α和C_β双键的木质素单元，则羟甲基化反应发生在β位，称为普林斯（Prings）反应，如图3.2（c）所示。碱木质素苯环上酚羟基的对位有侧链，只能在邻位发生Lederer–Manasse反应，但是草类碱木质素中含有紫丁香基型木质素结构单元，两个邻位均有甲氧基存在，不能进行羟甲基化。

羟甲基化反应常作为活化反应，用于木质素的进一步改性。例如，羟甲基化的碱木质素与Na_2SO_3、$NaHSO_3$或SO_2发生磺化反应，磺化后的碱木质素有很好的亲水性，可用作染料分散剂、石油钻井泥浆稀释剂、水泥减水剂或增强剂等，木质素经过羟甲基化和磺化改性后还能制成离子交换树脂等功能产品。

(a) Lederer-Manasse反应

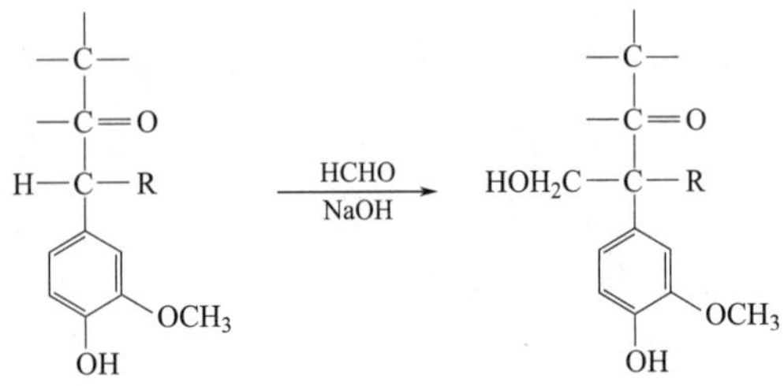

(b) Tollens反应

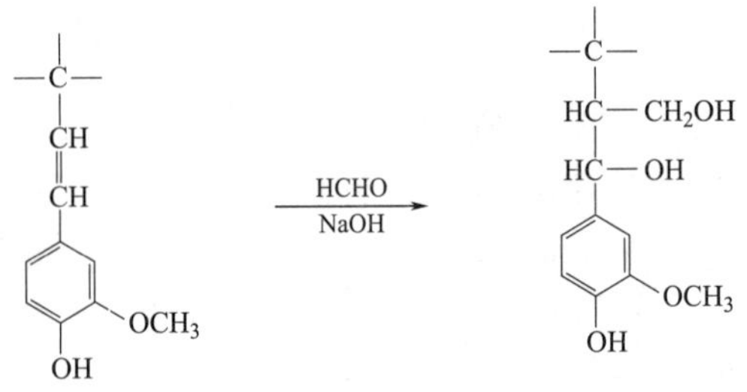

(c) Prings反应

图3.2　木质素羟甲基化反应类型

（二）烷基化改性

木质素最主要的用途之一是作为工业表面活性剂，但因缺乏理想的亲油或亲水基团，天然木质素和工业碱木质素在有机相和水相中的溶解度均不高，表面活性也很差。磺化或氧化降解反应可增强木质素的亲水性能，而提高亲油性能则需要进行烷基化改性。烷基化改性方面的代表性技术是对木质素进行还原性降解后再进行烷基化反应。首先使用一氧化碳和氢气在高温、高压和催化剂作用下对木质素进行还原性降解，得到分子量较小的木质素单体，然后在125～175℃与环氧化合物反应2h，具体反应过程如图3.3所示。还原降解后的木质素分子量会显著降低，但木质素羟基的含量有所提高。另外，在反应过程中先用含有6～15个碳的长链烷基酚与甲醛在50～120℃反应15～180min，然后用反应物与碱木质素在100～160℃反应

30～300min，可得到烷氧化改性木质素的油溶性表面活性剂，这种产品能用于原油的开采。

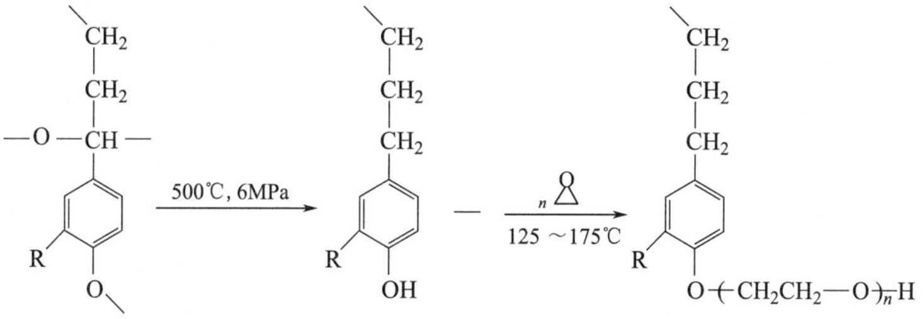

图3.3　木质素烷氧化反应

　　以表面活性剂为目标产品的烷基化改性，多以木质素裂解物为反应物。科西科娃（Kosikova）等使用溴代十二烷在吡啶催化作用下，对榉木木质素进行烷基化改性，所使用的木质素为经过热裂解的降解产物，通过改性得到的表面活性剂具有良好的乳化性和分散性，同时具有生物降解特性。

（三）季铵盐改性

　　木质素季铵盐改性的一般方法如下，首先将环氧氯丙烷与三甲胺盐酸盐在碱性条件下反应，合成环氧值较高的环氧丙基三甲基氯化铵中间体，再将此中间体与木质素反应，得到季铵盐表面活性剂。高级脂肪胺改性木质素产物的表面活性较好，徐永健和付东旭按图3.4所示的反应机理，用十二烷基二甲基叔胺和环氧氯丙烷合成（2,3-环丙基）十二烷基二甲基氯化铵中间体，在丙酮介质中与氧化磺化木质素发生O-烷基化反应，生成木质素表面活性剂，其表面张力为17mN/m，明显低于普通木质素的表面张力（43mN/m）。

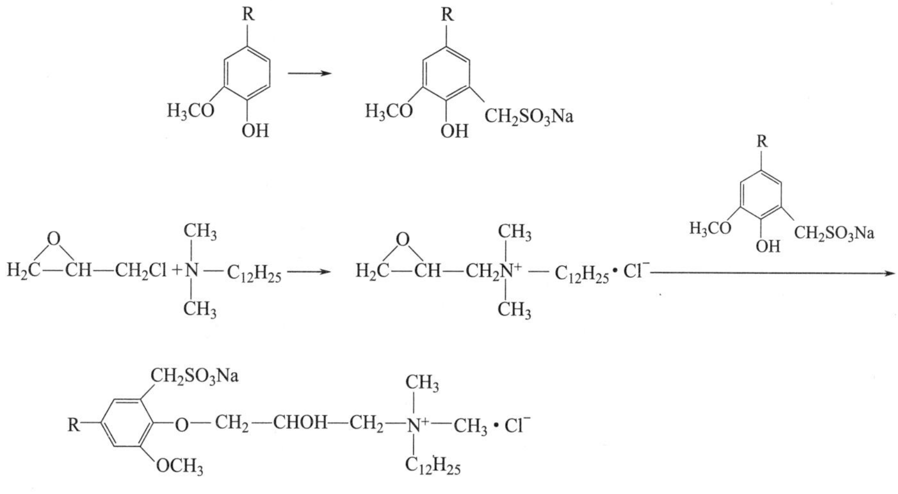

图3.4　高级脂肪胺改性木质素季铵盐

二、木质素的接枝共聚

　　木质素接枝共聚物的合成多为自由基聚合反应，自由基聚合反应是指单体借助光、热、辐射、引发剂的作用，使单体分子活化为活性自由基，再与单体连锁聚合形成高聚物的化学反应。根据引发方式及单体活化方式的不同，自由基聚合可分为引发剂引发聚合、热聚合、光聚合、辐射聚合、电化学聚合、酶催化聚合等多种类型。木质素的接枝共聚以引发剂引发聚合、辐射引发聚合及酶催化聚合三种类型居多。木质素接枝共聚反应的影响因素包括木质素的原料来源、木质素的制备方法、溶剂、引发剂种类和用量、单体种类和用量等。

1. 引发剂引发聚合

木质素或木质素磺酸盐可在Cl^-—H_2O_2、Fe^{2+}—H_2O_2、过氧硫酸盐、Ce^{4+}等引发剂引发下，与丙烯酰胺、丙烯酸、苯乙烯、甲基丙烯酸甲酯等烯类单体发生接枝共聚反应，其中研究最多的是木质素与丙烯酰胺的接枝共聚合。梅斯特（Meister）及其合作者在此领域做了大量探索，他们以H_2O_2—$CaCl_2$为引发剂，研究了木质素与丙烯酰胺的接枝共聚反应，并研究了木质素的来源、木质素的制备方法、溶剂反应效应、协同引发对接枝的影响。接枝反应所用溶剂可以为硫酸二甲酯、水、吡啶、二甲基乙酰胺、二甲基甲酰胺、1-甲基-2-吡咯烷酮、1,4-二环氧己烷等，其中以硫酸二甲酯为溶剂时产率最高。木质素的来源有松木、橡木、杨木、黄杨木、甘蔗、竹子等物种，木质素的制备方法包括硫酸盐法制浆、溶剂抽提、蒸汽爆破法、碱抽提等。在同样的合成条件下，丙烯酰胺与阔叶木、针叶木和草类木质素的接枝产率大小顺序为：阔叶木＞针叶木＞草类，Meister认为，甲氧基含量不同的木质素，甲氧基含量越高，接枝反应产率越高。以H_2O_2—$CaCl_2$为引发剂，木质素还可与多种阳离子型单体接枝，生成阳离子型接枝共聚物，在反应时间为30min内，产率均超过80%。

使用芬顿（Fenton）试剂与过氧硫酸盐双引发剂进行木质素接枝共聚是近年来的研究热点之一。帕内萨（Panesar）等研究了醋酸乙烯酯与木质素的接枝反应，该体系以过硫酸钾和Fenton试剂为双引发剂，将聚醋酸乙烯酯接枝到木质素上，如图3.5所示。过硫酸根经热分解作用产生硫酸根自由基，亚铁离子也会催化过硫酸根产生硫酸根自由基，该自由基与木质素的羟基反应形成木质素大分子的羟基自由基，再与醋酸乙烯酯单体反应，最终在木质素上实现聚醋酸乙烯酯的接枝。

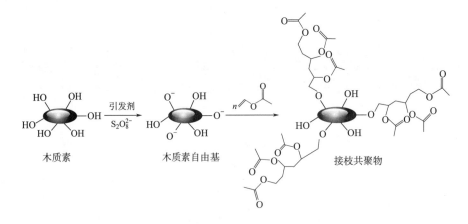

图3.5　醋酸乙烯酯与木质素的接枝反应

除了工业碱木质素和木质素磺酸盐，高沸点醇（HBS）木质素的接枝共聚反应也受到较多关注，国内学者程贤甦及其合作者在此方面做了较多的工作，他们以H_2O_2和$FeSO_4$为引发剂，以二甲基亚砜为反应介质，将木质素与丙烯酰胺、苯乙烯进行接枝共聚反应，在优化条件后，产率可达90%以上，接枝效率达80%以上，高沸醇木质素和丙烯酰胺的接枝效果良好，进一步证明高沸醇木质素具有较高的化学活性。

2. 辐射引发聚合

以高能辐射引发的聚合反应称为辐射聚合。用于自由基聚合的高能辐射类型主要有α射线（快速氦核）、β射线（高能电子流）和γ射线、X射线（电磁波）等。早在1968年，越岛（Koshijima T）和村木（Muraki E）就报道了γ射线引发酸解木质素的接枝共聚反应。之后，菲利普（Philips）等也研究了γ射线辐射引发的盐酸木质素、硫酸盐木质素与苯乙烯的接枝聚合，木质素中酚羟基先经甲基化，再与苯乙烯接枝，接枝效率可从25%提高到40%。若在接枝反应中加入可沉淀聚苯乙烯链的介质，可大幅提高甲基化盐酸木质素及硫酸盐木质素的接枝效率。小分子量硫酸盐木质素与苯乙烯接枝可得到溶于苯的接枝共聚物。辐射引发木质素的接枝共聚这类研究在近二十年来报道极少，且一般只限于实验室研究，不具有工业应用的前景。近年来，对紫外线辐射引发聚合技术的研究增加，已逐渐应用在木质纤维素的接枝共聚反应及复合材料合成方面，但还没有单独用于木质素的研究报道。

3. 酶催化聚合

酶催化木质素的接枝反应研究是近年才发展起来的，与强烈的化学引发接枝相比，用生物技术改性木质素则要温和得多。能催化木质素接枝反应的酶主要有3种：木质素过氧化物酶、锰过氧化物和多酚氧化酶，其中研究较多的是漆酶催化的木质素接枝反应。漆酶可使木质素产生自由基，但漆酶产生的苯氧自由基不足以与丙烯酰胺侧链发生聚合，它必须与某些过氧化物共同起作用，才能得到较高的接枝效率。

4. 木质素的缩聚

木质素的缩聚可分为两类。一是木质素的醇羟基、游离酚羟基与双官能基团或三官能基团化合物发生交联反应，形成醚键连接的网络结构，该法需要昂贵的交联试剂，如环氧氯丙烷，而且由于封闭了酚羟基，木质素进一步反应的活性降低。二是木质素在非酚羟基位置的缩合反应，该法只需要醛类等简单的化学药品，且缩合产物保留了木质素结构中的酚羟基。木质素磺酸盐在酸性条件下与甲醛发生的缩合聚合，就属于这一类，其反应机理与酚醛树脂制备中苯酚与甲醛的缩合反应相似但也有所差异。范娟等将木质素磺酸钙与甲醛在酸性条件下进行缩聚反应，并通过反相悬浮聚合的方法制备了球形木质素磺酸盐树脂，该合成方法得到的产物球形规整、粒径可控，在较宽的弱酸性范围内表现出良好的吸附重金属离子的性能。

三、木质素的降解

木质素具有复杂的化学结构，其降解机理十分复杂。早期对木质素降解的研究主要是围绕植物纤维利用和纤维素产品生产展开的，对木质素降解产物的分析也是推测木质素化学结构的重要手段。近年来，木质素高附加值化学品越来越受重视，在加工木质素化学品的过程中不可避免地涉及大分子的降解反应，例如，为了提高木质素的烷基化反应活性，需要先在高温高压条件下对木质素还原降解，得到分子量较小的木质素单体，再与环氧化合物反应。因此，本节着重介绍木质素的主要降解反应，包括消除反应、亲核取代反应、氧化反应以及还原降解反应等。

1. 消除反应

消除反应的主要形式有3种，如图3.6所示的α-消除、β-消除和γ-消除。α-消除的产物不稳定，一般是反应的中间体，木质素的反应中不涉及这种形式；γ-消除反应在木质素的反应中也不会出现；β-消除反应是木质素的主要反应形式。

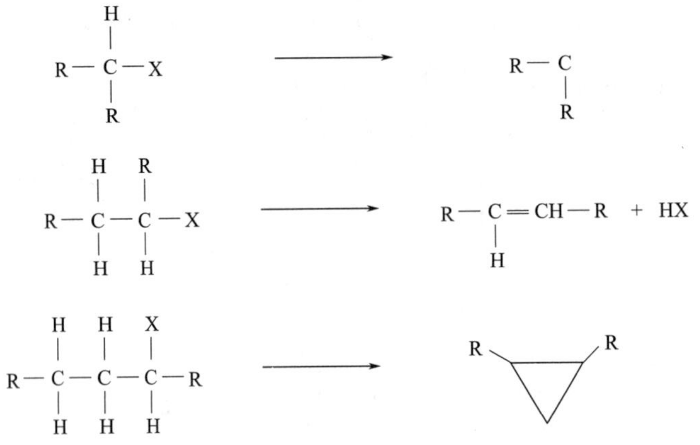

图3.6　消除反应的3种形式（从上到下依次为α-消除、β-消除和γ-消除）

（1）木质素α-羟基结构的消除反应。具有α-羟基的酚型木质素在碱性介质中发生的消除反应类似β-消除，由于存在苯环的共轭效应，实际上消除的H来自ζ位（第6位），如图3.7所示。木质素分子中α-羟基脱除，与酚羟基上脱除的H一起生成水，木质素上形成次甲基半醌结构。这个结构会继续与介质中的亲核试剂（HS⁻）加成，然后发生邻位亲核取代，使β-芳基醚键断裂。

（2）木质素α-芳基醚结构的消除反应。在酸性介质中，α-芳基醚结构木质素可以发生消除反应，如图3.8所示。形成具有α-磺酸基的木质素，这种木质素在水介质中可溶解。

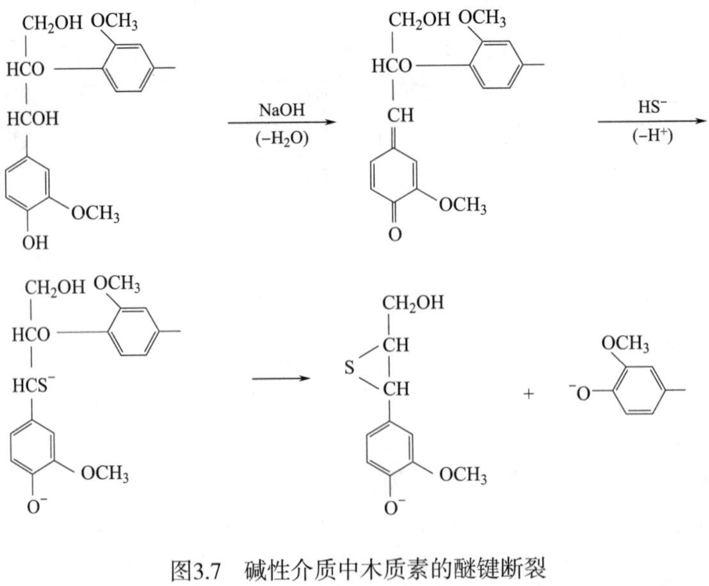

图3.7　碱性介质中木质素的醚键断裂

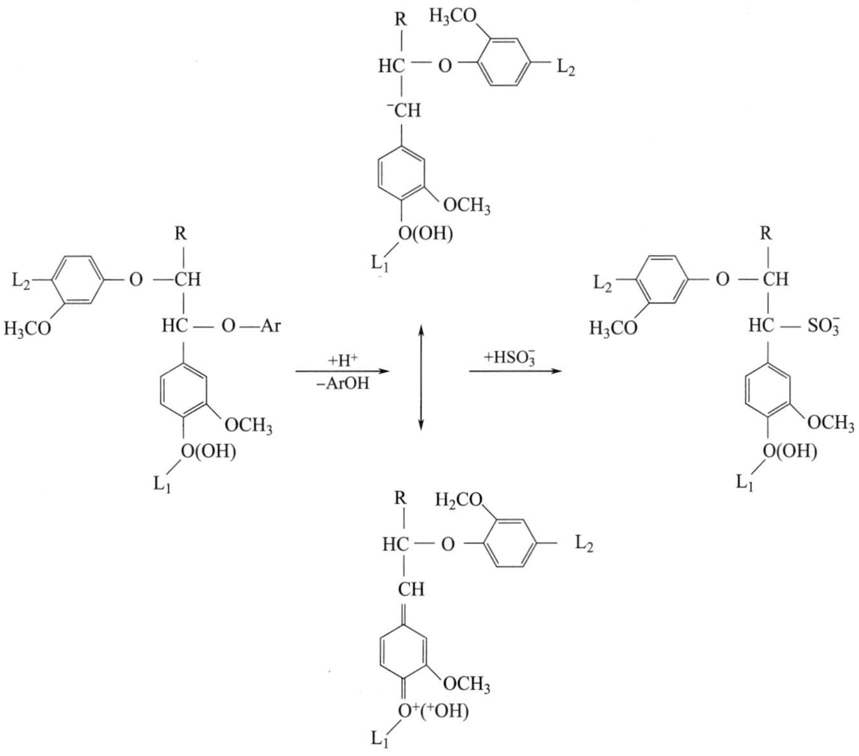

图3.8　酸性介质中α–芳基醚结构的断裂及后续磺化反应

L_1—H或木质素基　L_2—木质素基

2. **亲核取代**

（1）α–羟基邻位亲核取代。非酚型β–芳基醚键在碱性条件下，发生裂解反应，即芳醚键断裂，形成芳基—甘油结构（图3.9）。上述芳醚键断裂后，可能发生重排形成β–酮基，随后继续进行羟醛缩合反应，形成具有$C_\alpha=C_\beta$双键的结构形式。

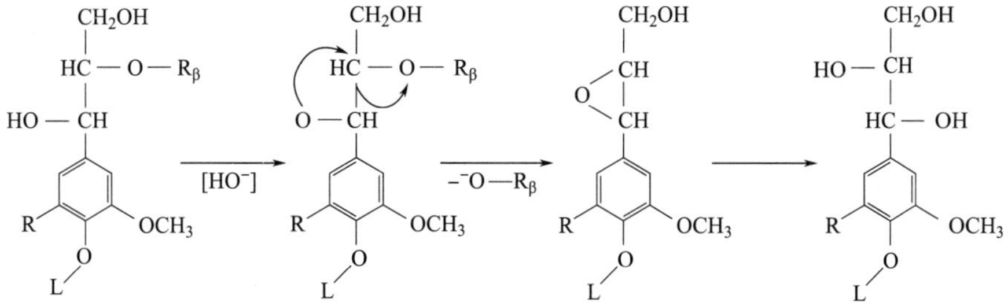

图3.9　非酚型β–芳基醚键发生裂解反应

R—H或甲氧基或木质素基　R_β—芳环　L—木质素基

（2）芳甲基醚键断反应。木质素中存在的甲氧基在亲核试剂的作用下发生亲核取代反应，形成酚羟基基团，同时形成甲醇、甲硫醇或者甲硫醚、甲基磺酸，甲硫醚还易氧化成过硫醚。这些亲核试剂包括：氢氧根离子，亚硫酸根离子，硫离子或甲基巯离子。

（3）缩聚结构的木质素的反应。具有α–1或者α–5缩聚结构的木质素的β位具有β–O–4型醚键，这种结构的木质素在碱性环境中发生邻位亲核取代，使β-O-4键发生断裂。具有α-1缩聚结构的木质素部分产生β-1缩聚结构的木质素，而具有α-5缩聚结构的木质素反应后形成β-O-4和α-1的五元环结构（图3.10）。

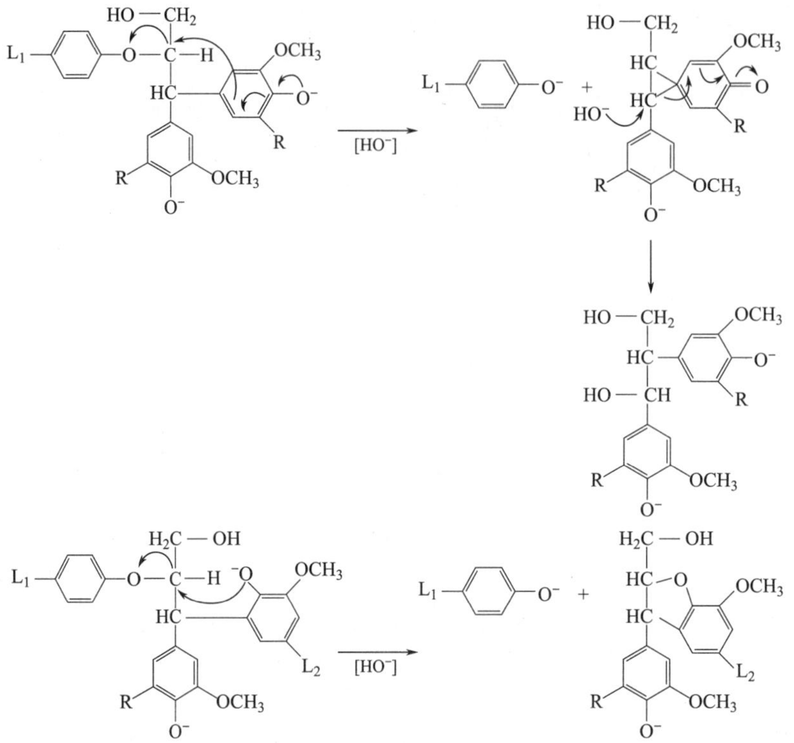

图3.10 β-O-4型缩聚结构中β-芳醚键断裂

R—甲氧基或木质素基   L—木质素基

（4）γ-羰基的氧化引起芳醚键断裂。在具有γ-羟基和α-O-芳基醚键的β-O-4结构的木质素中，使用AQ-HAQ反应体系（图3.11），则γ位羟基被氧化成为羰基，由于其具有较强的吸电子效应，因此发生β-消除反应，使α-芳基醚键断裂，然后进行逆羟醛缩合反应，产生苯乙醛和苯甲醛结构的木质素片段。

3. 氧化降解

早期进行的碱氧降解木质素的研究，反应物得率很低。随着降解方法和仪器分析技术的改进，木质素氧化降解产物产率增加，能够进行定性和定量分析。

（1）木质素碱性硝基苯氧化。德国人弗洛登贝格（Freudenberg）最早报道了碱性硝基苯氧化木质素大量制备香草醛的案例，后来劳伊什（Lautsch）等用该技术从异丁子香酚制备香草醛。在早期的研究工作中，以云杉木为原料可制得20%～30%的香草醛，并由此确定了木质素的芳香族特性。这一方法直到现在仍被用于确定木质素或研究木质素特性。

硝基苯氧化时，如果对位已被醚化，例如在黎芦基核的单元，其侧链的氧化很难进行，因此对位必须是游离的，这说明氧化要经过亚甲基醌中间体。醚键在碱介质中断裂而产生游离酚羟基后，侧链的氧化才易于进行。β-O-4型单元在碱作用下脱去甲醛，醚键继而断裂，再发生侧链氧化（图3.12）。苯基香豆满型结构是先脱去甲醛，再经过生成芪型结构而进行氧化所得的（图3.13）。

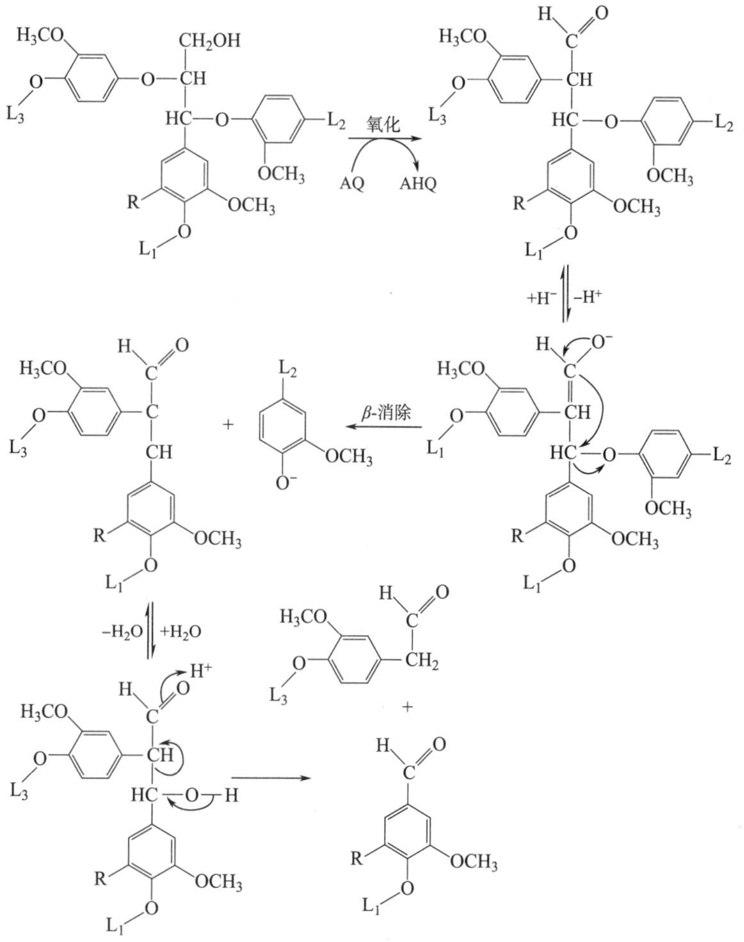

图3.11　AQ-AHQ氧化还原反应体系

R—H或甲氧基或木质素基　L—木质素基

针叶木木质素经硝基苯氧化主要得到香草醛，得率为木质素总量的22%～28%，另外，尚有少量对-羟基苯甲醛以及其他氧化产物（根据树种不同）；阔叶木木质素经氧化反应主要产物为香草醛和紫丁香醛；草本木质素经氧化反应主要产物为香草醛、紫丁香醛和对-羟基苯甲醛。木质素的酚型单元经硝基苯氧化，产物得率较高，而非酚型结构单元经过氧化后，首先转化为酚型单元，然后也可生成上述三种醛。由总醛得率可以判断木质素缩聚程度以及芳基醚键连接的多少，总醛得率低，说明缩聚程度高，而芳基醚连接少；总醛得率高则与之相反。

（2）金属氧化物催化氧化。在碱溶液中，以金属氧化物为催化剂，用空气氧化降解木质素，催化剂为银、汞、铜等氧化物。氧化的第一个阶段是产生共振稳定的自由基。与碱性硝基苯氧化的两个电子转移过程不同，氧化剂中的电子以电子对的形式转移。针叶木木质素

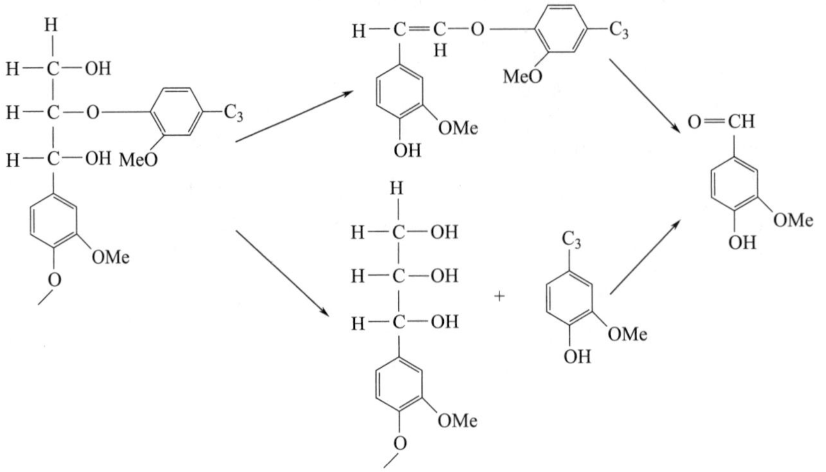

图3.12 β-O-4型木质素的硝基苯氧化反应

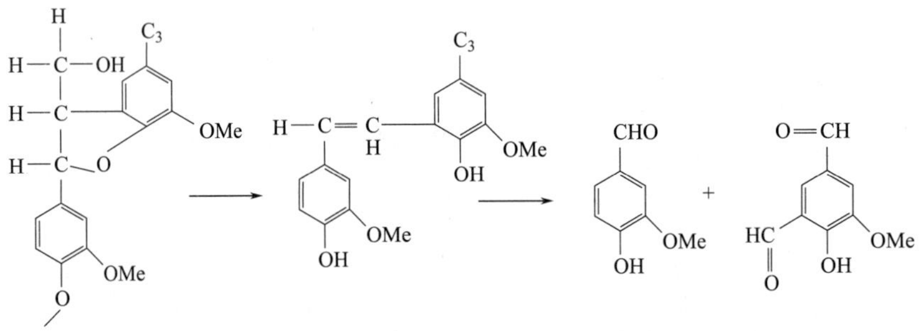

图3.13 苯基香豆满型结构木质素的硝基苯氧化反应

主要产生香草醛和香草酸，此外还有乙酰基愈疮木酮和对-羟基苯甲酸等。阔叶木木质素除上述产物外，还有相应的紫丁香族同系物。这一氧化方法有一个典型特征，即氧化产物中可分离出4,4-二羟基-3,3-二甲氧基查尔酮、4,4-二羟基-3,3-二甲氧基-苯偶酰、二愈疮木基乙二醇酸、4,4-二羟基-二甲氧基-二苯甲酮和二甲酰二羟基二甲氧基二乙基芪等。

4. 还原降解

木质素氢解的研究始于20世纪30年代，目的有二：一是获得能源产品，仿照煤液化法进行工业加工；二是用于阐明木质素的结构。氢解研究最主要的成果是在液氨中用金属钠裂解木质素，得到了高得率的苯丙烷和环己基丙烷衍生物，由此确定了木质素是由$C_6 \sim C_3$结构单元构成的。近年来，随着化石燃料日益紧缺，世界各国对木质素氢解的研究主要以能源产品为目标，如日本学者对盐酸水解木质素和亚硫酸盐纸浆废液进行催化加氢反应，获取重油和轻油产品。

谢尔盖耶夫（Sergeev）和哈特维格（Hartwig）在Science上报道了Ni-催化芳基醚在水相中氢化裂解，可以产生烃类化合物（图3.14），可能在木质素基能源产品中有重要应用价值。α-O-4，β-O-4，和4-O-5结构中的C—O连接键是木质素中具有代表性的键，以硅支撑的Ni为催化剂，在水相介质中发生断裂，直接氢解为芳香化合物和烷烃分子，以及环己醇。

在α-O-4和β-O-4结构的分子中，C—O直接发生氢解，而在4-O-5结构的木质素中C—O键同时发生氢解和水解。不同之处在于α-O-4和β-O-4产生的中间产物PhCH₂OH和PhCH₂CH₂OH转化为PhCH₃和PhCH₂CH₃，而4-O-5连接的木质素产生的苯酚经加氢转化为环己醇。C—O键断裂反应的速率顺序是：α-O-4＞4-O-5＞β-O-4；其表观活化能顺序为：α-O-4＜β-O-4＜4-O-5；化学键解离能：（α-O-4）＜（β-O-4）＜（4-O-5）。4-O-5结构中的C—O同时发生氢解和水解，水解的存在加速化合物的转化。利用Ni基固相催化剂打开木质素C—O键的方法具有重要的意义，可视为一种新型的断裂C—杂原子化学键的方法。

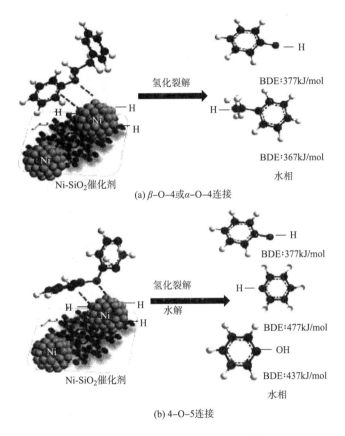

图3.14　α-O-4，β-O-4和4-O-5结构的木质素模型催化裂解

5. 硫代酸解

硫代酸解法是在三氟化硼乙醚存在下，在二氧六环—乙硫醇中进行的木质素酸解反应，通过促进木质素芳基甘油-2-芳基醚键的断裂，使木质素大分子裂解。拉皮埃尔（Lapierre）及其合作者对硫代酸解技术做了较系统的研究。他们对云杉木质素进行硫代酸解，脱硫处理后再对产物做气相色谱—质谱联用分析，证明了木质素结构单元间主要由β-5和β-1等碳-碳键连接而成，这种硫代酸解制得的二聚体还可以作为针叶木木质素的识别特征，用作定性分析的工具。Lapierre等还将这项技术用于鉴定木质素模拟物—人工合成的木质素类似物，并由此探讨木质素的降解机制。在与盐酸酸解产物进行比对后，Lapierre等发现硫代酸解得到的木质素降解物以木质素单体为主，单一性程度较高，得率也较高。

第五节　木质素的应用

木质素来源丰富、价格低廉，含有羟基、甲氧基、羰基、羧基、碳碳双键、醚基、芳基和苯环等多种类型的活性官能基团，被认为是一种制备化学品的优良原材料。根据来源不同，主要可以分为碱木质素和木质素磺酸盐两大类。目前，工业木质素及其化学修饰产物可作为降黏剂、降滤失剂应用于油田开采，通过降低原油黏度进而利于石油开采，通过减少钻井液滤失量而在一定程度上降低开采成本；作为水煤浆的分散剂应用于煤炭工业，能使水煤浆的黏度降低，流动性提高，有效减少水煤浆中煤粒之间的凝聚，提高燃烧效率；作为染料分散剂和皮革鞣剂等应用于轻工业领域，其磺酸基、氨基等活性基团使染料颗粒均匀、稳定地分散在水中，从而使被染色制品颜色更加均匀；通过与皮胶原蛋白活性基团反应，提高皮革的柔软性、粒面细致度，且减少了含铬鞣剂的使用，从而降低了对环境污染程度；作为混凝土减水剂和水泥助磨剂等，应用于建筑材料领域，通过提高混凝土强度、延缓混凝土的凝结时间和提高混凝土保水性，使混凝土进一步满足建筑工程中的使用要求；通过提高水泥颗粒的粉磨效率，赋予水泥颗粒均一的粒径，减少水泥粉磨过程中的能量消耗。木质素也被应用于缓释农药和肥料、土壤改良剂等农业领域，通过有效的负载农药分子并控制其释放，提高农药的利用率，减少了农药的使用量；通过制备各种木质素基肥料，赋予了这些肥料缓溶解、慢释放、不挥发的特性，减少了肥料的流失，提高了肥料的利用率。木质素还被尝试作为抗炎剂、抗癌剂、病毒抑制剂等应用于医药领域，这些技术还处于起步阶段，有待于进一步的开发和探索。

在上述化学品中，表面活性剂和絮凝剂是两类研究最成熟的木质素化学品，而木质素在工业中的应用大部分也是基于以上两种性质。由于木质素本身直接作为化学品应用效果不佳，为了提高木质素化学品的性能，须对来源不同的木质素进行化学改性，进而扩大其在工业中的应用范围。木质素化学改性方法主要有磺化、氨基化、羟烷基化、环氧乙烷化、接枝共聚、缩聚、氧化等，目前研究较多的是木质素的胺化、磺化、接枝共聚、氧化，其他改性方法还有分离提纯法、复配改性法。此外，木质素降解后可作为诸如酚类、呋喃类小分子化学品在工业中应用或作为制备聚合物材料的原料。接下来将围绕表面活性剂和絮凝剂，介绍木质素改性或降解制得的高分子和小分子化学品以及它们在工业中的应用状况。

一、木质素表面活性剂

木质素是以苯丙烷为骨架的疏水非极性基团和羧基等亲水极性基团组成的天然多芳环大分子化合物。碱木质素是一种阴离子有机化合物，既有亲水部分，又有疏水部分（苯环、侧链等），因而具有阴离子表面活性剂的作用。木质素作为表面活性剂，表面活性和应用性能受到自身结构的限制。为提高木质素表面活性剂的性能，通常采用羟甲基化、磺甲基化、烷基化、氧化、胺化、羧基化等反应，在其分子结构中引入其他亲水、亲油基团，制备钠盐、钾盐、铁盐、铬盐和非离子化合物等。改性后的木质素基表面活性剂具有良好的表面活性、黏合性、络合性等，在工业上应用极为广泛，可用作油田化学助剂、沥青乳化剂、井泥浆稀释剂、水处理剂、染料分散剂、水泥外加剂和农药等，实现了木质素大规模、高附加值、高性能的利用。

木质素及其衍生物在工业上的应用主要与其表面活性有关（如油品化学品、混凝土减水剂等）。木质素化合物根据其所含基团电荷性的不同，可分为阳离子表面活性剂、阴离子表面活性剂、两性表面活性剂和非离子表面活性剂。

1. 阳离子表面活性剂

木质素阳离子表面活性剂主要是木质素胺及其衍生物。木质素分子中游离的醛基、酮基等附近的氢、苯环上酚羟基的邻位和对位及链上羰基的α位上的氢原子比较活泼，容易与醛和胺发生反应生成木质素胺。按照参与反应的氨基类型，木质素阳离子表面活性剂可分为伯胺型、季胺型、叔胺型以及多类型氨基复合型，其制备方法主要包括曼尼希反应、合成中间体等。

2. 阴离子表面活性剂

对木质素进行磺化改性，是制备木质素磺酸盐阴离子表面活性剂中价值较高、应用较广一种方法。木质素磺化改性制备表面活性剂是指在一定条件下，利用磺酸基取代苯环或侧链上的氢、羟基、甲氧基等制得木质素磺酸盐。木质素磺酸盐是一种水溶性很好的阴离子表面活性剂，呈淡黄色或黄褐色，具有非极性的芳香基团和极性的磺酸基团，这就决定了其良好的表面活性，且可溶于不同pH的水溶液中，应用十分方便。依据反应的pH的不同分为以下3种：

（1）酸性磺化。在酸性亚硫酸盐存在下蒸煮脱木质素发生磺化反应，主要在侧链α碳位置进行；

（2）中性磺化。在中性亚硫酸盐存在下蒸煮脱木质素发生磺化反应，主要在不饱和侧链α碳位进行；

（3）碱性磺化。在碱性亚硫酸盐存在下蒸煮脱木质素发生磺化反应，与碱木质素碱性磺化相似，即首先将木质素经碱性水解使酚羟基离子化，创造SO_3^{2-}磺化条件，然后进行磺化反应，在木质素不饱和侧链α碳位引入磺酸基。

目前，根据反应条件及机理，常用的磺化改性方法包括高温磺化、磺甲基化和氧化磺化。

（1）高温磺化。是将木质素与Na_2SO_3在180℃左右反应，在其侧链引入磺酸基，制得水溶性好的表面活性剂产品。

（2）磺甲基化。是将木质素在碱性条件下于170℃与甲醛和Na_2SO_3反应，即一步法磺甲基化；或者是先羟甲基化，再在碱性条件下于170℃与Na_2SO_3反应，即两步法磺甲基化。磺甲基化反应主要发生在苯环上，也有少量发生在侧链上。木质素经磺化和磺甲基化后，获得较好的分散性和表面活性，可降低界面张力，应用前景较好。

（3）氧化磺化。木质素为网状大分子结构，屏蔽效应比较明显，虽然表面可以被磺化，但网状结构内部由于磺酸基团无法进入而不能被磺化。因此，可以先用氧化剂（如$KMnO_4$，H_2O_2等）进行氧化，破坏网格结构后再进行磺化，然后用偶联剂进行偶联，可以得到磺化度较高、分子量可控、分散效果更好的木质素磺酸盐。例如，以麦草碱木质素为原料，采用氧化磺化法制备碱木质素表面活性剂（反应原理如图3.15所示）。其反应过程如下：首先，用10%的硫酸调节pH为2；离心分离后洗涤两次（用10%氢氧化钠水溶液溶解后重复操作一次，以提高木质素的纯度）；其次，产物在40℃的条件下真空干燥备用；再次，溶于一定量的氢氧化钠水溶液中，加入适量的H_2O_2，通氧后在适当的温度下反应得到氧化木质素；最后经磺化即可制得阴离子表面活性剂。通过对氧化磺化改性木质素表面活性的评价，表明H_2O_2用量越大则表面活性越高。

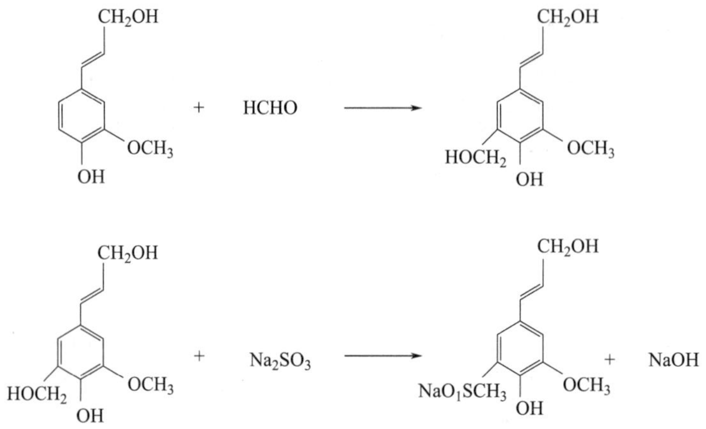

图3.15　氧化磺化制备碱木质素表面活性剂的反应式

除了用H_2O_2氧化碱木质素的方法制备表面活性剂外，还可利用臭氧和H_2O_2氧化降解木质素，再通过高温磺化制得表面活性很好的木质素磺酸盐阴离子表面活性剂，制备方法如下：在木质素浓度为10%、臭氧用量为5%、H_2O_2用量为10%、pH为7、温度为20℃的氧化条件下，制得氧化木质素，然后加入5mmol/L的Na_2SO_3溶液，在160℃下进行磺化反应，所得的木质素磺酸钠类表面活性剂具有较好的表面活性。

虽然木质素磺酸盐分子量分布极不均匀（从几百到几十万）、结构复杂、功能不一，又受网状分子结构的限制，只能做低质产品，但由于它亲水性较好，通过改性，可以改善其表面活性，提高其使用价值。木质素磺酸盐类阴离子表面活性剂的改性方法主要有分离提纯法、复配改性法和化学反应改性法。分离提纯法是将木质素磺酸盐与其他有机物杂质分开，从而提高其应用性能，该法成本较高，提纯后的产物结构没有变化。复配改性法是通过加入改性剂或其他外加剂复合使用，提高木质素磺酸盐的使用性能。但是，复配改性方法目前存在两点不足：一是复配改性法不能改变木质素磺酸盐作为表面活性剂的亲水、亲油基团及其表面性能；二是目前使用的复配物一般都比较昂贵，产品缺乏市场竞争力。因此，科研人员试图利用化学改性方法进一步提高产品的使用性能，目前常用的化学改性方法有缩合法和接枝共聚法等，如通过木质素磺酸盐与甲醛的缩合反应来改性木质素磺酸盐类阴离子表面活性剂。研究缩合前后木质素磺酸盐物化性质变化的结果表明，缩合反应可提高木质素磺酸盐的吸附性和分散性，而且其吸附及分散能力随甲醛用量的增加而改善，在pH = 0.8～3，温度为180℃时，缩合产物对无机盐的分散能力最强。

3. 两性表面活性剂

如果将磺酸基团引入木质素胺或者对木质素磺酸盐进行胺化，可扩大木质素表面活性剂的pH应用范围，从而得到两性表面活性剂。例如，首先以十二烷基二甲基叔胺、环氧氯丙烷为原料，合成中间体（2,3-环氧丙基）十二烷基二甲基氯化铵（DMAC）；再与磺化木质素（SL）酚羟基反应，合成木质素两性表面活性剂（LAS），并测定产物的临界胶束质量浓度（CMC）为3g/L，亲水亲油平衡值（HLB）为10，这表明制得的木质素两性表面活性剂具有较高的表面活性。

木质素分子含有带负电荷的酚羟基和羧基等基团，可以通过曼尼希（Mannich）反应将带有正电荷的氨基接到磺化木质素分子上，合成出在不同pH水溶液中表现出不同电性的两性木质素表面活性剂。例如，以木质素为原料，经过磺化、酚化反应制得酚化木质素磺酸盐（P-SAL），然后与二甲胺、甲醛经Mannich反应合成含有氨基的改性木质素磺酸盐表面活性剂。合成方法如下：将磺化后的木质素与苯酚置于含有15mL质量分数为72%的浓硫酸，在60℃下搅拌反应6h，用560mL蒸馏水稀释终止反应，将悬浮物煮沸3h；过滤出悬浮物并用温水洗涤至中性即可得到P-SAL；然后，将P-SAL与甲醛和二甲胺以不同摩尔比，用水为溶剂在60℃条件下反应4~6h；再冷却至室温后，用纤维素透析膜透析除去过量的反应物，经过冷冻干燥得到接枝产物MP-SAL，反应如图3.16所示；最后在25℃测定其表面张力，发现其表面张力下降至45mN/m，降低的幅度远大于木质素磺酸盐，由此可见，所合成的木质素衍生物具有良好的表面性能。

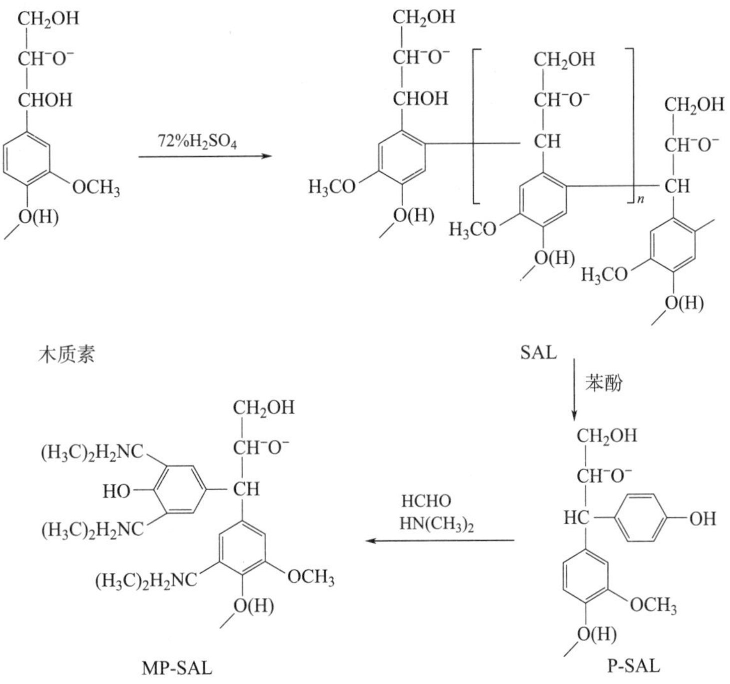

图3.16 木质素转变为水溶性表面活性剂的过程

4. 非离子表面活性剂

不含氨基和磺酸基的木质素表面活性剂即为非离子表面活性剂。非离子表面活性剂在水中不电离，其多羟基和醚键表现亲水性，可与其他类型的表面活性剂复配使用，性能稳定且不产生沉淀。此外，非离子表面活性剂具有良好的耐硬水能力、低起泡性以及作为模板剂使用时易通过萃取或者煅烧方式去除等优点，在众多领域都表现出应用潜力，同时新型非离子表面活性剂的探索也成为当今研究的热点。非离子表面活性剂的制备方法都比较成熟且应用广泛，主要有以下3种类型。

（1）醇胺类非离子表面活性剂。先用10%的NaOH溶液提纯碱木质素，得到的纯化的碱木质素；然后加入一定量的NaOH溶液至碱木质素完全溶解，升温至76℃，冷凝回流搅拌下反应4h，冷却至室温后加入一定体积的环氧氯丙烷、二乙醇胺并在135℃油浴中继续反应10h后结束，将产物充分干燥并测其固含量；最后将产物稀释定容至100mL并移取10mL该溶液，加入5%HCl溶液使木质素充分沉淀，真空抽滤后用大量蒸馏水将沉淀洗至中性，在50℃真空干燥箱中充分干燥得到棕色粉末状产物。这种非离子表面活性剂的表面张力随着产物体积分数的增加而降低，当体积分数达到13%时，表面张力降低到53.27mN/m。由此可见，木质素经环氧氯丙烷、二乙醇胺改性所得到的醇胺表面活性剂的表面活性得到明显改善。

（2）聚醚类非离子表面活性剂。将纯化后的木质素置于质量分数6%的NaOH溶液中，调节反应溶液的pH为11~12.5，把完全溶解的木质素氢氧化钠溶液加入耐压反应釜中并搅拌，加热升温到40~70℃，氮气保护；然后减压至真空度为-0.1MPa，加入一定量的环氧丙烷，压力下降到-0.1MPa时反应结束，随后通入环氧乙烷进行封端反应；反应结束后加入体积分数为20%的H_3PO_4调节pH至7，过滤除去杂质；最后用环己烷洗涤并真空抽滤，将所得产物50℃干燥至质量恒定，得到棕色黏稠状液体产物。分析其表面活性可知，当木质素聚醚质量分数为0.1%时，水溶液的表面张力明显降低，说明该表面活性剂具有较好的表面活性。

（3）醇醚类非离子表面活性剂。首先将木质素与环氧氯丙烷以1∶2的摩尔比加入反应器内，于135℃反应10h，反应完全后移除上层清液，得到黄色的不溶于水及酸和碱的醚类中间体，洗涤、过滤；然后加30%NaOH溶液，按1∶1.2的摩尔比与正丁醇混合，于140℃反应1h，冷却、过滤后将滤饼用水溶解，除去不溶物；最后，用丙酮沉淀出醇醚非离子表面活性剂，过滤、干燥后即得到粉状产品。经测定木质素醇醚非离子表面活性剂的HLB值为14.2，具有较好的降低水溶液表面张力的能力和乳化能力，可作为乳化剂。

二、木质素絮凝剂

木质素可直接用作絮凝剂。反应机理是利用分子中带正电或负电性的基团和一些水中带有负（正）电性难于分离的一些粒子或颗粒，降低水中颗粒的电势，使其处于不稳定状态，并利用絮凝剂的团聚性质使这些颗粒聚集，随后通过物理或者化学方法分离。依据基团的电荷性主要分为阳离子絮凝剂、阴离子絮凝剂和两性絮凝剂，其中研究和应用较多的是阳离子絮凝剂。木质素平均分子量偏低，活性吸附点少，絮凝性能不佳。因此，通常采用交联反应、缩合反应、接枝共聚等方法，改变木质素的空间构型、提高分子量、引入具有絮凝性能的官能基团等方法改善木质素的絮凝性能。改性木质素分子上存在着具有反应活性的官能团，在絮凝过程中易于形成化学键，对促进溶解状有机物的吸附起着重要作用，因此能用作水处理絮凝剂，成为木质素综合利用的一个重要方面。

除了上述改性方法外，还可以通过复配改性改善絮凝剂，复配改性是利用不同物质间的协同作用来提高絮凝效果。例如，木质素磺酸盐与膨润土按照一定配比组成复合絮凝剂，用于处理乳品中的蛋白质，效果比单独使用其中任何一种都好，蛋白质的回收率达90%，并且拓宽了絮凝剂使用中pH的范围，该方法已应用于食品工业废水处理。味精浓废水中含有大量蛋白质、残糖等，黏性大，难以压缩沉降且呈强酸性，悬浮颗粒带较强的正电，可以采用聚丙烯酸钠作为主要絮凝剂、木质素作为助凝剂，天然沸石作为吸附剂预处理味精浓废水，这种废水处理的方法产生的絮凝体粗大、沉降迅速（30s内沉降物体积占15%左右），上清液的色度和浊度都大大降低（较清、微黄色），色度去除率为47%、浊度去除率为89%，优于目前国内同类型的方法。同时，使用价格较低的木质素还有助于减少聚丙烯酸钠的投入量，降低运行成本。

含有正电荷基团的阳离子木质素絮凝剂主要包括木质素胺及其衍生物，其主要制备方法包括Mannich法、交联法和接枝共聚法三种。

以造纸黑液碱木质素为原料，采用曼尼希（Mannich）反应合成木质素阳离子絮凝剂，用甲醛和短碳链脂肪多胺进行曼尼希改性反应，生成木质素胺阳离子絮凝剂，结果表明，此絮凝剂对活性染料废水的脱色率可达99%，对烷基苯磺酸钠的去除率达96%。还可向木质素溶液中加入甲醛或聚甲醛试剂和胺组分及强酸催化剂，在30~120℃温度下进行Mannich缩合反应，在木质素骨架上嵌接铵盐基团；然后加入烷基化试剂在40~100℃温度下进行烷基化反应；最后减压蒸馏分离即可制得季铵盐阳离子絮凝剂。将该产品用于处理染料废水、印染废水等多种难以处理的废水，脱色素和去除率均达到较高的水平，且具有用量少、成本低的优点。此外，利用Mannich反应还研制出了3种新型木质素絮凝剂，分别是Indulin AT（硫酸盐木质素的一种）、二甲胺衍生物、甲基化和氯甲基化Indulin AT季铵盐衍生物，并将其用于硫酸盐浆厂漂白废水的处理。结果表明，在相同的条件下，甲基化和氯甲基化Indulin AT季铵盐衍生物的絮凝效果明显优于其他类型的絮凝剂，当甲基化和氯甲基化Indulin AT季铵盐衍生物絮凝剂的用量为250mg/L，废水的pH为7.2时，硫酸盐浆厂漂白废水的脱色率高达95%。

利用交联反应也可制得阳离子絮凝剂，交联反应能有效地提高木质素絮凝剂的分子量，从而达到改善絮凝效果的目的，且拓宽了絮凝剂使用时酸碱度的范围，使絮凝体的颗粒变大，沉降性能明显变优。木质素与聚氧化烷或其他试剂交联，与低级脂肪族醛聚合或氧化缩合所得到的改性絮凝剂，用于处理废水时能使悬浊物容易过滤。此外，将木质素胺进行交联反应可得到阳离子絮凝剂。例如，首先将亚硫酸制浆废液中提取的木质素、醛、仲胺混合生成木质素胺，然后用双酯试剂进行交联，制得季铵型阳离子絮凝剂。整个制备过程如下：首先利用碱处理木质素以增加酚基，经胺烷基化增加链长；然后与通过聚乙二醇、磺酰氯反应制得的双脂试剂聚乙二醇二磺酸酯反应制得一种具有三维空间结构、带有明显正电性的阳离子絮凝剂。由于聚氧乙烯链的作用，这种絮凝剂在水中仍然具有一定的溶解度，并且能够提供大表面积来吸附废水中的胶束微粒，处理染料废水有良好的絮凝效果，因此是一种高效絮凝剂。

接枝共聚方法也是合成阳离子木质素胺絮凝剂的一种有效方法。例如，将从造纸黑液中提取的木质素与季铵盐单体进行接枝共聚反应合成得到木质素胺絮凝剂。以过硫酸铵、硝酸铈$[Ce(NO_3)_3]$、NaOH溶液催化剂体系为例，试验步骤如下：少量三甲胺溶液置于三口瓶中，冰浴下搅拌；随后将环氧氯丙烷加入三甲胺溶液（三甲胺与环氯丙烷摩尔比为1：0.7）搅拌反应1h，从而得到合成季铵盐单体；把一定量的木质素放入三口瓶中，70℃水浴加热，加入上述催化剂使木质素活化，快速搅拌同时加入季铵盐单体，继续搅拌进行接枝聚合反应3h，制得木质素季铵盐絮凝剂。将其用于高浓度、高色度染料中间体废水的处理，发现废水色度去除率随着絮凝剂用量增加而提高，最佳用量为20mg/L，此时去除率为85%，但絮凝剂用量超过20mmg/L时，色度去除率会下降，这是由于过量的絮凝剂使已形成的絮凝体又重新变成了稳定的胶体。此外，木质素还可与丙烯酰胺、丙烯酸、苯乙烯等接枝共聚得到具有良好絮凝性能的聚合物，既显著提高了木质素絮凝剂的分子量，又体现了丙烯酰胺等组分的絮凝功能，提高了絮凝效果。

阴离子絮凝剂主要是木质素及其磺酸盐衍生物，通常其制备方法与木质素阴离子表面活性剂相似（如木质素磺化改性、磺甲基化改性等）。木质素阴离子絮凝剂的获得主要有两种方式：一是制浆造纸工业的木质素副产品进一步降解获得，即具有阴离子性质的木质素磺酸盐，其结构中含有酚羟基、酸基、羟基等活性基团，可用于"捕集"废水中的阳离子性化合物和重金属离子并絮凝，常用于处理电镀废水、季铵盐废水等。二是木质素分子化学改性，引入羧酸基、磺酸基等基团，能更容易地与被絮凝物质形成化学键，特别适合吸附、絮凝水中溶解的有机物和胶体，具有优良的絮凝性能。木质素磺酸盐含有的金属离子类型对其絮凝性能也有一定的影响，例如高分子量的含铬木质素磺酸盐分子就比含其他金属离子的木质素磺酸盐具有更强的絮凝效果。此外，研究发现木质素磺酸盐的分子量对絮凝效果有明显影响，分子量越高更有利于提高其絮凝效果。例如，处理蛋白质废水时，高分子量木质素磺酸盐能通过架桥作用与蛋白质形成絮体，低分子量木质素磺酸盐只能与蛋白质作用形成酸性溶液中不溶复合体，高分子量木质素具有更好的絮凝效果。

两性木质素絮凝剂（LSM）同时含有磺酸基和氨基两种不同电荷性的基团，兼具阴阳两种离子型絮凝剂的特性，可在较宽pH范围内使用，适用于处理单一电荷性絮凝剂难以处理的废水，特别是在水溶性染料废水脱色方面具有很好的效果。通常对木质素磺酸盐进行胺化改性制得两性絮凝剂。例如，木质素磺酸盐或其有机硅改性产物与聚丙烯酰胺反应制得的两性絮凝剂，用于造纸可增加细小纤维及填料的留着率，改善纸张的物理性能。还可通过接枝共聚的方法制得两性絮凝剂，如对木质素磺酸盐进行丙烯酰胺的接枝共聚反应可制得同时含有磺酸和叔氨基团的木质素两性絮凝剂。其中，采用木质素磺酸盐与丙烯酰胺接枝共聚可合成用于处理电镀废水的絮凝剂，其制备过程如下：把一定量的木质素磺酸盐配制成水溶液，搅拌使其充分溶解，置于恒温水浴中加热，冷凝回流后加入一定量催化剂使木质素分子活化，快速搅拌后加入丙烯酰胺单体，继续搅拌反应；粗产物经丙酮沉淀并洗涤多次，真空干燥即得到接枝共聚产物。用这种两性木质素絮凝剂处理电镀废水，可使电镀废水中重金属离子Cu^{2+}、Zn^{2+}、Pb^+和Ni^{2+}的去除率分别达到93%、90%、96%和90%以上。此外，木质素磺酸钙与丙烯酰胺的接枝共聚物经Mannich反应可制得两性木质素絮凝剂（LSM）。该LSM用于染料废水处理时，磺酸基团可与染料分子的氨基形成牢固结合，同时叔氨基团可与染料分子的阴离子基团结合，不仅中和了不同电荷类型的染料分子，还能把各种染料分子（分别简称为X-BR、X-R、K-3R、K-BR、S）桥接起来形成较大聚集体沉降。

三、木质素的其他应用

1. 油田钻井液

在钻井液使用和维护过程中，常需加入降黏剂，以降低体系的黏度和切力，使其具有适宜的流变性。降黏剂按特性可以分为分散型及抑制型两大类。其中，分散型降黏剂可拆散黏土自身或黏土与高聚物所形成的空间网状结构，降低体系黏度的同时，也促使黏土颗粒尤其是对外侵地层黏土进一步分散的降黏剂。目前在pH为10以上使用的木质素磺酸盐类降黏剂大都属于此类。

2. 油田用降滤失剂

油田降滤失的目的是在井壁上形成低渗透率、柔韧、薄而致密的滤饼，尽可能降低钻井液的滤失量。降滤失剂具有提高油田开采效率、降低原油开采成本的重要作用。木质素磺酸盐等由于具有良好的表面活性，可以作为降滤失剂用于油田开采，降滤失效果明显。

3. 沥青乳化剂

沥青乳化剂是能吸附在沥青颗粒与水界面，从而显著降低沥青与水界面的自由能，使其形成均匀而稳定的乳浊液的一种表面活性剂。木质素分子中的苯基丙烷结构与沥青中一些组分具有相类似的结构，起到了亲油基的作用，所以能用作沥青乳化剂。由于木质素直接用作沥青乳化剂时表面活性较差，为了制备合格的沥青乳液，必须对其进行改性以提高其乳化能力，使其得到更大程度的推广应用。例如，通过Mannich反应将高级脂肪胺引入木质素分子中，再经季铵化引入阳离子亲水基团，以获得表面活性优良的阳离子沥青乳化剂。

4. 煤炭工业的应用

水煤浆添加剂主要有分散剂、稳定剂和其他辅助制剂，其中研究较多的是水煤浆分散剂。水煤浆分散剂在水煤浆添加剂中起关键作用，它吸附在煤水界面，降低浆的黏度，使之具有良好的流动性。木质素表面活性剂含有亲水基团，分散于分散相煤炭颗粒中可以减弱煤炭颗粒表面的憎水作用，在煤炭表面形成一层水化膜，这层水化膜对颗粒之间的摩擦起到了润滑作用，使颗粒之间的内摩擦减小，从而减小煤粒之间的凝聚，使煤浆的表观黏度下降，流动性增强，故可作为添加剂用于水煤浆中。目前，水煤浆分散剂主要有萘系、腐殖酸系、木质素系、聚烯烃系、丙烯酸系及相关复配型，其中木质素系水煤浆高效分散剂凭借来源丰富、价格低廉等优势而备受关注，有望缓解石油资源紧缺及环境污染等问题。

5. 染料分散剂

为解决分散染料的染色问题，必须借助于表面活性剂使染料颗粒均匀、稳定地分散在水中，才能取得很好的染色效果。染料分散剂是指和染料具有很好相容性的表面活性剂，同时也是木质素磺酸盐衍生物的诸多用途之一。由于木质素染料分散剂来自丰富的可再生森林资源，同时对人体、动物及鱼类均无害，容易降解，对环境无污染，可称为"绿色"产品。而且木质素染料分散剂性能优良，可与萘系染料分散剂相当，可用于各种类型的染料，因此越来越受到染料工作者的重视。我国从20世纪70年代开始使用木质素染料分散剂，先后开发了M-9至M-15的多个染料分散剂产品，现在木质素染料分散剂占我国分散染料助剂用量的30%~40%，由于石油资源的枯竭，石油衍生物制备得到的萘系分散剂的合成成本不断上升，作为可再生资源的木质素分散剂将会有深远的意义和价值。

6. 混凝土减水剂

混凝土减水剂是能显著提高混凝土强度，改善混凝土抗冻性、抗渗性的表面活性剂。人们在20世纪30年代开始研究木质素磺酸盐减水剂，并投入生产，应用历史较久，在公路、水工大坝、桥梁构件和各种建筑建设中发挥了不可替代的重要作用。木质素磺酸盐减水剂的掺加使塑性混凝土的制备和浇筑成为可能，有助于延缓混凝土的凝结时间，降低水泥水化热释放速率，在大体积混凝土施工时效果良好。20世纪50年代，木质素磺酸盐减水剂在我国开始生产应用。

水泥助磨剂是指能够显著提高粉磨效率或降低能耗，而又不损害水泥性能的化学添加剂外加物质，主要由一些表面活性剂组成，在物料粉磨过程中，水泥助磨剂吸附于固体颗粒表面，削弱固体表面静电斥力，降低固体粉磨表面能，减弱细小颗粒积聚的趋势，从而达到提高粉磨效率、降低粉磨电耗的效果。碱木质素是一种阴离子表面活性剂，复配成复合助磨剂可应用于不同水泥磨机，不论何种熟料的粉磨过程，都能获得显著的助磨效果，提高球磨机的产量，且不会造成钢筋锈蚀。

7. 农业领域的应用

木质素含有多种活性基团，可在土壤中被微生物缓慢降解转化为腐殖质，对土壤脲酶活性有一定抑制作用，具有改良土壤和促进肥效的双重效果，并且还具有很好的缓释效果。木质素除了能显著降低土壤对磷、钾等的吸附固持能力，提高作物对微量元素的利用率，还可以固定营养元素。此外，木质素还能与一些微量元素络合，形成有机微量元素肥料。基于以上优势，木质素可以在农业中大量推广使用，如用作肥料及各种缓释肥料的添加剂、农药缓释剂、植物生长调节剂、饲料添加剂、土壤改良剂、土面保水剂、水果等的杀菌防腐剂，生产沼气，栽培银耳等食用菌，既可以大量降解木质素，又可以发挥巨大的作用，带来可观的经济效益。

随着农业形态的改变，堆肥、圈肥施用量减少，对有机无机复合肥料的需求量明显提高。木质素作为一种天然高分子化合物，具有来源广泛、价格低廉等优点，在农业肥料改良方面的应用受到广泛的关注。木质素肥料包括木质素缓释氮肥、木质素磷肥、木质素复合肥、木质素整合微肥等。木质素缓释氮肥包括氨氧化木质素氮肥、木质素尿素、木质素磺酸盐氮肥，这些氮肥具有缓溶解、慢释放、不挥发、难淋溶、利用率高等优良性能。例如，以造纸黑液分离的碱木质素和亚硫酸盐制浆法得到的发酵木质素磺酸盐经过氮氧化可制得缓释氮肥，整个反应在液相中进行，按一定的比例将碱木质素溶解于稀氨水中，随后加入复合催化剂，在一定温度、氧压下，经氨化、氧化反应可制得含氮量为15%的氨氧化木质素（AOL），通过催化氨氧化反应引入氮营养元素，使C/N比明显降低，生物降解性增加，因此可以作为木质素缓释氮肥。

木质素酸钠也可用于促进植物生长，对各类植物的增产效果都比较明显，主要作用方式为提高植物的发芽率，促进植物组织的分生能力和光合作用能力；应用于林木扦插和嫁接时可促进伤口愈合，促进生根和提高嫁接存活率。有研究表明，在不同条件下，木质素酸钠对湿地松幼苗体内叶绿素、可溶性蛋白和丙二醛的含量以及超氧物歧化酶、核糖核酸活性等生理指标都有影响；在黑暗环境中可延缓湿地松幼苗体内叶绿素和蛋白质的降解，抑制核糖核酸酶活性上升，具有一定的保绿和抗衰老功能；在干旱和多盐环境下，木质素酸钠可提高幼苗体内超氧物歧化酶活性，减少丙二醛的积累，调节活性氧代谢水平，稳定细胞膜系统结构，从而减轻环境对植物的伤害。

课程思政

加快培育发展战略性新兴产业，应贯彻创新、协调、绿色、开放、共享的新发展理念，落实"守底线、走新路、奔小康"工作总纲，坚持"加速发展、加快转型、推动跨越"主基调，深入实施工业强省主战略和创新驱动发展战略，突出抓好大扶贫、大数据、大生态战略行动，大力构建现代产业新体系，深入推进供给侧结构性改革，培育经济发展新动能。发展以环保型材料为重点。按照习近平总书记提出的中国要坚持走绿色、低碳、可持续发展道路的观点，结合当前的经济发展，走节能减排可持续发展的绿色发展道路。

教学案例：2020年，全国人民在党中央的领导下，团结一致，共克时艰，赢得了抗击新冠肺炎疫情的胜利。在这次应对新冠肺炎疫情的过程中，基于木质素的材料为防疫提供了重要的支撑。我们将教材中所涉及的典型产品的性能与应用有机结合，辅以生动的案例及课堂讨论，让学生感受木质素的魅力。例如，10天建成的"火神山""雷神山"医院，"两山速度"彰显中国力量，让世界瞩目，这些都离不开木质素的支撑。基于木质素木材的保温板是简易房屋的主体材料，其搭建过程简易快速，为速建医院立下功劳，由于这些标准箱式房材料无须内部涂刷即可投入使用，极大地加快了建设进程，也避免了涂料可能带来的室内环境问题。在这种情况下，高分子复合涂料的用武之地，更多地体现在整体建筑的外部防水和防火等方面。速建医院医疗废水的排放是非常重要的，数万平方米高密度的高分子复合膜为地下基础穿上防护衣服，不让一滴未经处理的污水排入地下。在世界各国接连宣布紧急状态停工停产时，我国已有序复工复产，在做好国内防疫的同时，积极分享防疫抗疫经验，为全球战"疫"提供物资支持。

参考文献

[1] KOŠÍKOVÁ B, GREGOROVÁ A, OSVALD A, et al. Role of lignin filler in stabilization of natural rubber‐based composites [J]. Journal of Applied Polymer Science, 2007, 103 (2): 1226–1231.

[2] CAO Z L, LIAO Z D, WANG X, et al. Preparation and properties of NBR composites filled with a novel black liquor‐montmorillonite complex [J]. Journal of Applied Polymer Science, 2013, 127 (5): 3725–3730.

[3] 张静，丁永红. 木质素作为偶联剂在橡胶中的作用 [J]. 特种橡胶制品，2001，22 (6).

[4] XIAO S, FENG J X, ZHU J, et al. Preparation and characterization of lignin‐layered double hydroxide/styrene‐butadiene rubber composites [J]. Journal of Applied Polymer Science, 2013, 130 (2): 1308–1312.

[5] 王迪珍，罗东山，贾立成. NBR‐26/木质素树脂硫化胶的结构与性能 [J]. 合成橡胶工业，1992，15 (1): 12–15.

[6] GREGOROVÁ A, KOŠÍKOVÁ B, MORAVČÍK R. Stabilization effect of lignin in natural rubber [J]. Polymer Degradation and Stability, 2006, 91 (2): 229–233.

[7] 王迪珍，林红旗，罗东山，等. 木质素在丁腈橡胶阻燃中的应用 [J]. 高分子材料科学与工程，1999，15 (2): 126–128.

［8］CHEN Y R，SARKANEN S. From the macromolecular behavior of lignin components to the mechanical properties of lignin-based plastics ［J］. Cellulose Chemistry and Technology，2006，40：149-163.

［9］WANG J S，ST JOHN MANLEY R，FELDMAN D. Synthetic polymer-lignin copolymers and blends ［J］. Progress in Polymer Science，1992，17（4）：611-646.

［10］SARAF V P，GLASSER W G. Engineering plastics from lignin. Ⅲ. Structure property relationships in solution cast polyurethane films ［J］. Journal of Applied Polymer Science，1984，29（5）：1831-1841.

［11］黄进，付时雨. 木质素化学及改性材料 ［M］. 北京：化学工业出版社，2014.

第四章　淀粉

第一节　淀粉概述

淀粉是植物光合作用产生的天然高分子，产量仅次于纤维素，是植物储存能量的形式之一。淀粉主要存在于植物的果实、种子、根茎和块茎中，来源广泛、价格低廉，是取之不尽、用之不竭的纯天然可再生资源。一直以来，淀粉除了可作为人类食物的主要来源外，在非食用领域的应用也极为广阔，对其深入探索具有重要意义。淀粉分子结构中具有活泼的羟基，易于化学和物理改性，改性后的淀粉材料除了在造纸、纺织、胶黏剂、超吸水材料、水处理絮凝剂等传统领域具有广泛应用之外，还可以作为生物可降解塑料、组织工程支架、药物输送载体及其他生物活性物质的载体进行使用。淀粉基材料具有生物可降解性，在自然环境中能降解为二氧化碳和水，被认为是完全无污染的天然可再生材料。此外，淀粉具有良好的生物相容性，可以在生物医用领域得到进一步的应用。对于淀粉材料的研究、开发与利用能够减轻人类对化石资源的依赖，促进国民经济可持续发展。本章将主要介绍淀粉科学的发展历史以及淀粉材料的新发展和新趋势。

第二节　淀粉的结构与性质

淀粉是高等植物中常见的组分，也是糖类储藏的主要形式。在大多数高等植物的所有器官中都含有淀粉，这些器官包括叶、茎、根（或块茎）、球茎、果实和花粉等。商业淀粉的主要来源是禾谷类淀粉（玉米、大麦、小麦、高粱、燕麦等）和薯类淀粉（包括甘薯、马铃薯和木薯等）以及豆类淀粉（蚕豆、绿豆和芸豆等）。淀粉是以二氧化碳和水为原料，以太阳光为能源，在植物组织中合成的a-D葡萄糖以脱水缩合的方式形成的高分子化合物。这一性质决定了它与石油原料的本质区别，即具有可再生、可持续发展特性。

一、淀粉的结构

1903年，法国人马奎恩（Maquene）和鲁伊（Roux）首次发现淀粉是由直链淀粉和支链淀粉所组成，其中直链淀粉可以溶解在水中，而不溶的部分就是支链淀粉。通常淀粉中直链淀粉和支链淀粉的含量与其来源有关，多数谷类淀粉中含有20%~25%的直链淀粉，而根类淀粉中仅含17%~20%的直链淀粉。高直链淀粉中直链淀粉的含量可达50%~70%，而蜡质淀粉中直链淀粉的含量少于1%。大部分直链淀粉的结构如图4.1所示，少数则是带有分支结构的线型分子（轻度分支的直链淀粉）。轻度分支的直链淀粉的含量与淀粉的来源有直接关系，其含量一般为11%~70%，多数集中在25%~55%。轻度分支直链淀粉的链数一般介于4~20，相当于每1000个葡萄糖单元中含有2~4条支链。轻度分支直链淀粉的分子大小一般是直链淀粉的1.53倍。轻度分支的直链淀粉不同于支链淀粉，由于支链点间隔很远，支链数目很少，与总糖键相比其比例极低，因此它的物理性质基本和直链淀粉相同。

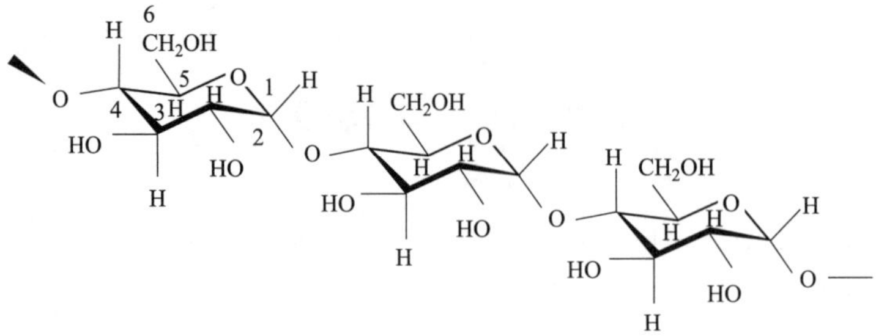

图4.1　直链淀粉的分子结构

在淀粉的分子链中，末端葡萄糖单元的C1原子上含有游离的α位羟基，具有还原性，被称为还原性末端。不含有游离的C1原子，不具有还原性的称为非还原性末端。直链淀粉分子链上一端为还原性末端，而另外一端为非还原性末端。直链淀粉的平均分子量为3.2×10^4~3.6×10^6，平均聚合度（DP）为700~5000。采用静态光散射测定的直链淀粉的分子链的流体力学半径为7~22nm，具体数值与其重均分子量有关。直链淀粉的分子量随着淀粉来源以及籽粒成熟度不同表现出较大的差异。薯类淀粉的平均聚合度普遍高于谷类淀粉，大米、玉米等谷类淀粉的DP值在1000左右，而马铃薯淀粉的DP值则高达4900。另外，由于测试方法以及分离方法的不同，不同文献对同种淀粉中直链淀粉的聚合度的测试值有较大的偏差。此外，由于分离过程中直链淀粉容易发生降解，所以测得的平均聚合度通常比实际值偏小。

研究表明，直链淀粉为双螺旋结构，构成螺旋的链平行右旋反方向排列，每股螺旋中每圈有6个α-D葡萄糖残基，螺距为2.08×10^{-9}m，螺旋内部只含有氢原子，具有亲油性，而羟基位于螺旋外侧。稀溶液中的直链淀粉空间构象通常为：具有刚性棒状结构的螺旋形、螺旋段之间有曲线连接的间断螺旋形、随机的无规线团形，如图4.2所示。

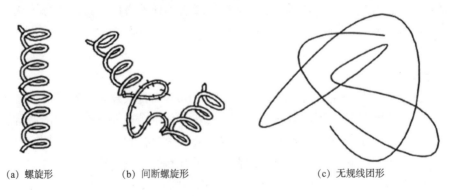

（a）螺旋形　　　　　（b）间断螺旋形　　　　　　（c）无规线团形

图4.2　直链淀粉在稀溶液中的构象

在中性溶液（水和中性氯化钾水溶液）中，直链淀粉为无规线团形；在二甲胺碱液中，直链淀粉为间断螺旋形；螺旋形则经常出现在中性溶液和含有配合剂的共混物中（或者碱性溶液+配合剂）。

支链淀粉是一种高度支化的大分子，淀粉中通常含有70%的支链淀粉，而蜡质玉米淀粉中支链淀粉的含量高达97%，而糯玉米、糯大米或糯粟中支链淀粉含量甚至接近100%。支链淀粉中平均每180~320个葡萄糖单元就有一个支链，主链上葡萄糖单元仍以α-1,4-糖苷键连接，而支链以α-1,6-糖苷键与主链相连，其中分支点α-1,6-糖苷键占总糖苷键的4%~5%，其化学结构式如图4.3所示。在支链淀粉中通常有3种类型的支化链，其分子结构如图4.4所示。A链通过还原端的α-1,6-糖苷键连接到B或C链（碳链）上，A链自身无侧链，B链与C链或者另一个B链连接，B链自身有侧链，即A链或者另一个B链通过葡萄糖单元C上的羟基连到B链上。此外，支链淀粉通常只有一个位于C链上的还原端。

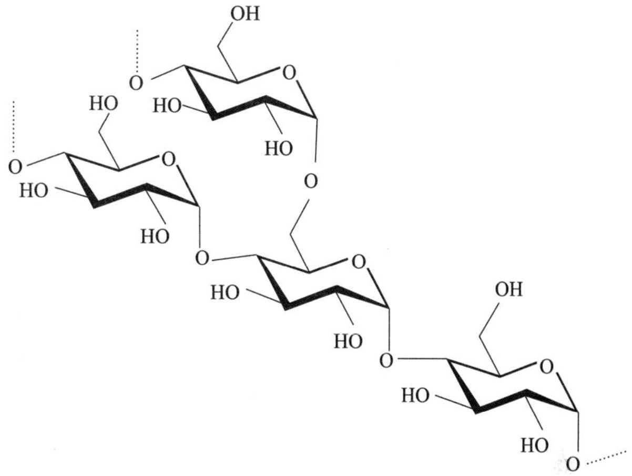

图4.3　支链淀粉的化学结构式

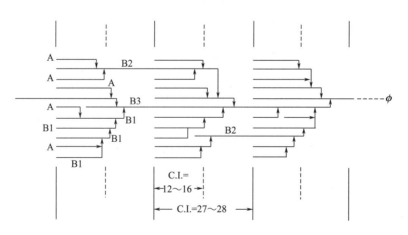

图4.4　支链淀粉的分子结构示意图
A—侧链（外链）　B—内链　C—主链

支链淀粉的分子量比直链淀粉大得多，平均聚合度为4000~40000。但是支链淀粉的流体力学半径仅为21~75nm，呈现高密度线团构象，支链淀粉的平均支链长度呈现双峰式分布，平均支链长度与淀粉的来源、成熟度有关。此外，支链淀粉的平均链长与淀粉结晶类型也有关系，一般A型支链淀粉的平均聚合度为19~28，B型支链淀粉的平均聚合度为29~31，而C型支链淀粉的平均聚合度则为25~27。

通常认为支链淀粉的分支可通过氢键作用形成"束簇"结构（图4.5），束簇中各链相互平行靠拢，支化点位于束簇内部，外部的支化侧链则会形成双螺旋的结晶结构。支链淀粉中含有交替的结晶和无定形片层。束簇内含有22~25个葡萄糖残基，尺寸在9.9~11.0nm。

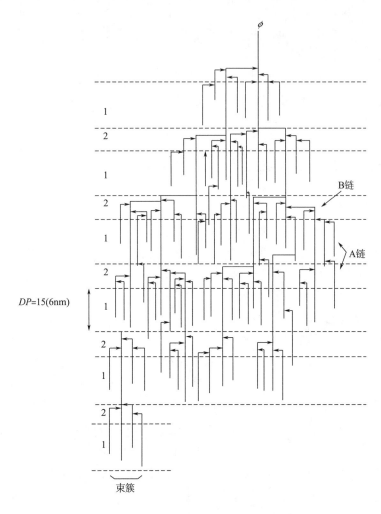

图4.5　由罗宾（Robin）提出的支链淀粉束簇分子模型

　　由于很难得到分子量在$2×10^6$左右的标准样品，因此采用凝胶渗透色谱测定淀粉的分子量几乎是不可能的。近年来，随着光散射—尺寸排斥色谱联用仪（LSSEC）的发展，准确测定淀粉的分子量成为可能。但是，由于淀粉很难完全溶解形成"真溶液"，而升高温度和pH，虽然可以提高淀粉在水中的溶解度，但同时不可避免地会造成淀粉的降解和氧化，因此测得的淀粉的分子量通常与实际值有较大的偏差。当以DMSO为溶剂来测定淀粉的分子量时，发现加入少量水或者低分子量的电解质（LiC或LiBr）可以提高淀粉的溶解性，其中加入LiBr的体系溶解效果明显好于加入水的体系。支链淀粉的重均分子量通常在$7×10^7$~$5.7×10^9$，蜡质淀粉的分子量比一般淀粉的分子量要大。小麦支链淀粉的平均聚合度（DP）在5000~9400，大麦支链淀粉的平均聚合度（DP）在7800~8700。高直链玉米淀粉中支链淀粉的平均聚合度（DP）可高达40000，低黏度和高黏度西米淀粉中支链淀粉平均聚合度值分别为11800和40000。

另外，支链淀粉高度的支化结构使其被β-淀粉酶水解的性能受限，水解程度只能达到55%~60%，远低于直链淀粉的73%~95%。此外，支链淀粉难以与碘形成稳定的配合物，仅有0.6%的碘能与其结合，形成红棕色的复合物。

二、淀粉的性质

淀粉在后期应用与改性过程中需要经历复杂的物理和化学转变过程，其中淀粉或多或少都含有一定量的水，因此了解淀粉与水的相互作用以及水与热对淀粉颗粒性能的影响是必要的。天然淀粉中水分含量较高（一般为14%~18%），但是从外观上并没有出现潮湿的状态，而呈干粉状，这主要是由于淀粉中的羟基与水形成氢键作用所导致的。玉米淀粉中的含水量通常要比马铃薯淀粉的低，这可能与玉米淀粉中的脂肪含量较高，影响了水与淀粉的结合有关。此外，马铃薯淀粉中含有一定量的磷酸根，与水的结合能力更强，进而导致其含水量更高。

水通常以结合水和自由水的方式存在于淀粉中。自由水是指保留在淀粉颗粒间或者孔隙内，仍具有普通水的性质，且能随环境的温度和湿度变化而发生改变的水。自由水与淀粉只是表面接触，保留了生理活性，可以被微生物所利用。结合水不具有普通水的性质，即使温度低于-25℃也不会结冰，不能被微生物利用。一旦去掉这部分结合水，淀粉的物理性质就会发生变化。淀粉不溶于冷水，将干燥的淀粉置于冷水中，水只能进入淀粉的非晶区，与游离的羟基结合，产生有限的膨胀，我们把这种现象称为润胀。淀粉润胀只是发生体积上的改变，经干燥处理以后，可以恢复至原有的状态。润胀淀粉在偏光显微镜下仍可观察到马耳他十字现象，这说明润胀并没有改变淀粉的晶体结构，体积变化是可逆的。经过某些化学改性的淀粉可溶于冷水，这是因为其结晶受到破坏呈现无定形状态。干燥以后不能恢复到原来的状态，在偏光显微镜下也无法观察到马耳他十字现象，该过程属于不可逆的润胀。

（一）淀粉的糊化

1. 糊化的概念

将淀粉—水的悬浮液加热，淀粉颗粒可逆地吸水膨胀，但是当加热到某一温度时，颗粒突然迅速膨胀，继续升温后体积可以达到原来的几十倍甚至数百倍，最后悬浮液变成半透明的黏稠胶体溶液，这种现象被称为淀粉的糊化。淀粉发生糊化现象的温度称为糊化温度，糊化后的淀粉被称为糊化淀粉。淀粉开始发生糊化的温度到颗粒全部完成糊化的温度通常相差10~15℃，所以，糊化温度通常不是一个确定的数值，而是指从糊化开始到糊化完成的一个温度范围。不同品种淀粉的糊化温度不同，玉米和小麦淀粉的糊化温度高于马铃薯淀粉和木薯淀粉；蜡质玉米淀粉与普通玉米淀粉的糊化温度相同，而高直链玉米淀粉即使在沸水中也难以糊化。

2. 糊化的过程

淀粉糊化过程可分为3个阶段，即可逆吸水阶段、不可逆吸水阶段和颗粒解体阶段。

（1）可逆吸水阶段。也就是淀粉发生可逆润胀的阶段，这时水分子只进入淀粉颗粒的无定形区，与淀粉形成复合物。由于范德华力和氢键作用仍然存在，淀粉颗粒结构保持完整，淀粉晶体结构没有发生改变，淀粉颗粒体积发生很小的膨胀，若停止搅拌淀粉颗粒又会慢慢重新下沉，干燥后仍完全恢复到原来的状态，故这一阶段称为淀粉的可逆吸水阶段。

（2）不可逆吸水阶段。当加热到淀粉的糊化温度时，水分子开始逐渐进入淀粉颗粒内的结晶区域，这时便出现了不可逆吸水的现象，淀粉颗粒体积急剧膨胀（可膨胀到原始体积的50~100倍），淀粉悬浊液的黏度迅速增大，淀粉乳的透明度也随之增大。由于在加热条件下，水分子能够进入淀粉颗粒内部并与淀粉分子发生溶剂化作用，破坏淀粉分子间和分子内的氢键作用，使淀粉双螺旋结构分离，支链淀粉的晶体结构崩解，同时分子量较小的直链淀粉从颗粒中渗出，使淀粉溶液黏度增加。淀粉结晶区的破坏使得大量的水分子可以进入，淀粉吸水量迅速增加，颗粒体积急剧变大。如果将处在这一阶段的淀粉重新进行干燥，淀粉不能再恢复到原来的晶体状态，故这一阶段称为不可逆吸水阶段。

（3）颗粒解体阶段。淀粉颗粒经过第2阶段的不可逆吸水后，继续加热则很快进入第3阶段，即颗粒解体阶段。在这个阶段，淀粉颗粒仍会继续吸水膨胀，当其体积膨胀到一定限度后，颗粒出现破裂现象，颗粒内部的淀粉分子向各方向伸展扩散、溶出颗粒体外。扩散出来的淀粉分子之间会互相联结、缠绕，形成一个网状的含水胶体，这就是淀粉完成糊化后所表现出来的糊状体。

要将淀粉完全糊化通常需要较为充足的水，一般认为含水量要大于63%。含水量足够高，淀粉的结晶结构才会由于淀粉颗粒的膨胀而完全解离，如果含水量较低（11%），淀粉颗粒的膨胀程度有限，淀粉在常温下难以完全糊化。继续升高温度（180℃），淀粉颗粒的流动性增强，结晶区也可以熔融，表现出黏弹行为。低水分含量时淀粉的糊化可以定义为淀粉的"熔融"。淀粉的挤出加工过程中通常是在较低的含水量下进行的，由于高温和高剪切作用，水分子可以迅速渗透到淀粉颗粒的内部完成熔融过程。

3. 糊化的本质

人们最早对淀粉糊化3个阶段的认识，以带有热台的偏光显微镜的观察结果为依据，然而随后的研究结果显示，根据淀粉糊双折射现象的消失并不能完全揭示淀粉的糊化本质。如果要对糊化过程中淀粉结构的演变进行更深层次的机理分析，通常需要联合使用多种测试手段进行分析，比如：使用X射线衍射（XRD）研究淀粉双螺旋结构在晶区的排列；使用红外光谱研究淀粉链构象、螺旋及结晶度的变化以及使用固体核磁从分子水平检测淀粉中双螺旋的含量等。而使用现代热分析（DSC测试）可以方便快速地记录淀粉悬浊液从室温被加热到沸点过程中淀粉完整的相转变过程。

拉特纳亚克（Ratnayake）的研究显示，淀粉糊化并不是发生在一个较窄范围内突然有序—无序的转变过程（在很窄温度范围内，淀粉结构发生瓦解），而是发生在一个较宽的温度范围内。淀粉开始糊化和完成糊化的温度范围一般取决于淀粉种类以及溶剂化条件。例如，大量水存在条件下，在60℃糊化30min，玉米和马铃薯淀粉几乎完全糊化，而小麦淀粉却只有部分糊化，只有将温度持续升高到90℃时，小麦淀粉才完全糊化。此外，氯化钠的加入通常会阻止淀粉发生糊化，但对马铃薯淀粉的糊化却影响很小。淀粉的糊化过程中，在双折射现象开始消失之前结晶度就已经下降，当双折射完全消失之后，其结晶度的下降还持续着。这是因为淀粉颗粒中有交替存在的结晶区和非晶区生长环，水的加入会增加淀粉无定形区的生长环，而打破半结晶区的生长环，所以即使还没有发生糊化，淀粉的结晶度便已开始下降。

当小麦淀粉悬浊液的浓度较低时，无论使用双折射方法、DSC、XRD还是直链淀粉—碘配合物形成法，所测得的糊化度与温度曲线几乎一样；而高浓度淀粉悬浊液采用不同测试方法得到的糊化度与温度曲线却有所不同。由于使用DSC和XRD方法可以对糊化的最终完成阶段进行测定，所以更具有优势。两种浓度不同的淀粉悬浊液在相同的温度下开始糊化（50℃），但是结束糊化的温度差异很大，其中低浓度的悬浊液在75℃即完成了糊化，而高浓度的悬浊液需要在115℃才能完全糊化。这意味着在初始阶段，淀粉颗粒外层的同轴半结晶生长环首先与水接触发生糊化，同时保留了这部分水。无论对低含量还是高含量的淀粉悬浊液来说，初始阶段的水对外层结晶生长环来说都是充足的，因此它们具有相同的起始糊化温度。对于低浓度淀粉悬浊液，几乎可以在相同的温度下观测到双折射现象的消失、DSC曲线上开始出现吸热峰、XRD测得的结晶度下降现象。而对于高浓度淀粉悬浊液，根据液体—结晶理论，第1个阶段邻近的支链淀粉双螺旋开始解体；第2个阶段支链淀粉的双螺旋结构向无规线团转变，这两个阶段的过渡状态是没有双折射现象发生的，而双螺旋的展开可以用XRD检测，因此用XRD测得的糊化程度与DSC检测的结果相当，但往往低于双折射法测得的值。

　　随着数字成像分析技术的广泛应用，采集数字图像以及用专业软件对特定目标区域进行分析，可大大提高热台偏光显微镜研究淀粉糊化温度的准确性。刘（Liu）等采用积分光密度的方法（依据偏振光的面积和强度），使用热台偏光显微镜—DSC联用，可以精确测定不同晶型淀粉糊化的初始温度、结束温度以及糊化程度。不同晶型淀粉的DSC扫描图都呈单峰形式，这说明在淀粉糊化过程中晶区的双螺旋结构发生解离，同时淀粉从螺旋结构向线团结构转变。此外，他们还发现不同晶型的淀粉在不同温度下的糊化度变化出现多重峰（图4.6）。其中A型淀粉有两个清晰的峰，而B型淀粉出现了肩峰，C型淀粉也出现两个峰。由于C型淀粉可以认为是A型和B型的综合体，因此它的第1个峰对应B型，第2峰归属于A型。这就意味着不仅C型具有多晶形式，A型和B型中也存在着结晶的多样性，这就导致它们在糊化过程中存在多重转变。

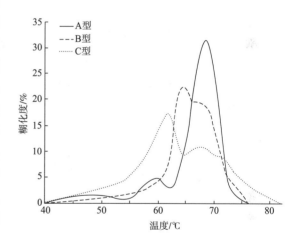

图4.6　A型（玉米淀粉）、B型（马铃薯淀粉）和C型（豌豆淀粉）淀粉的糊化度与温度的关系

　　淀粉糊化本质（机理）根据其含水量的不同而有所不同，含水量高的淀粉悬浊液（水的用量至少大于60%）糊化过程基本与上述的3个阶段一致，这3个阶段中包含水分子扩散进入淀粉颗粒、水化促进熔融以及颗粒失去双折射后膨胀至极限发生崩解。简而言之，就是淀粉晶体熔化，直链淀粉和支链淀粉解离以及双螺旋结构受到破坏［图4.7（a）（b）］、分子水解、颗粒不可逆润胀过程。

　　含水量较低时，淀粉糊化过程机理比较复杂，不仅涉及淀粉晶体熔化、分子水解、颗粒不可逆润胀，而且包含支链淀粉结构的重组、晶型的转变等过程。糊化过程通常会有直链淀粉游离出来，但是大多数的直链淀粉仍然包裹在支链淀粉之中。支链淀粉中的短支链还部分保持双螺旋结构，相邻短链之间有序排列可以形成所谓的"凝胶球"［图4.7（c）］。由于这些部分含有有序结构，随着温度的降低和冷却时间的延长淀粉会发生回生（老化）现象［图4.7（d）］。

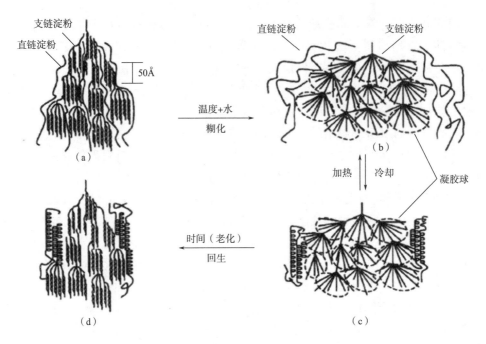

图4.7 淀粉糊化和老化过程中淀粉结构变化示意图

总之，目前的研究表明，淀粉糊化过程会出现以下情况：淀粉晶区的熔融与双螺旋结构的解开同时发生；无定形生长环吸收水分子；"堵水塞"结构的分散；直链淀粉从淀粉颗粒中渗出。

（二）淀粉的老化（回生、凝沉）

淀粉稀溶液或者淀粉糊在低温放置一段时间后，浑浊度会增加、溶解度降低，淀粉会从溶液中沉淀析出。如果冷却速率很快，特别是高浓度的淀粉糊会形成凝胶体，凝胶长时间保持即出现老化，这种现象称为淀粉的老化或回生。

老化的本质就是糊化淀粉在较低温度下自然冷却或者慢慢脱水干燥时水分子逐渐脱出，直链淀粉和支链淀粉分支重新趋于平行排列，互相靠拢，彼此以氢键等作用结合重新形成微晶束。如果淀粉冷却速率很快，特别是高浓度的淀粉糊，直链淀粉和支链淀粉来不及重新排列形成微晶束，便形成了凝胶体。老化后的淀粉结晶度更高，不溶于水。老化包括3个阶段，分别是成核、晶体的生长及完善阶段。无论淀粉来源如何，老化后的淀粉总是倾向于B型结晶。

淀粉的老化与淀粉的种类、直链淀粉与支链淀粉的比例、淀粉的分子量、溶液的浓度、pH值、温度、盐类以及储存时间等诸多因素都有关系。

1. 淀粉的组成及DP值的影响

直链淀粉呈直链状，是线型大分子，容易发生重新排列而老化；支链淀粉是树枝状大分子，空间位阻大，不易发生老化。直链淀粉和支链淀粉的聚合度（DP值）对老化性能影响较大。对于直链淀粉而言，如果DP值很低，则更容易从体系扩散出去，不易定向排列，不易老化；如果DP值太大，分子链太长，取向困难，也不易老化。因此，中等链长度的直链淀粉（$DP = 80 \sim 100$）的老化速率最快。

支链淀粉的支链只有DP大于10才易于老化形成双螺旋结构，而DP值在6~9的支链对淀粉老化有抑制作用。当支链的DP大于25时，老化也会受到抑制，只有DP值在12~22时可以明显促进大米淀粉的老化。蜡质玉米淀粉分子中DP值在6~9的支链很多，所以不容易发生老化。谷物淀粉支链的数目多且较短，其老化速率比豌豆淀粉、马铃薯淀粉及木薯淀粉要慢。

通常来说，直链淀粉比支链淀粉的老化速率快，支链淀粉在一定程度上还有抑制直链淀粉老化的作用。如果将纯直链淀粉和纯支链淀粉进行简单混合，发现当直链淀粉含量（质量分数）低于20%时，混合物在4℃放置5天都不会形成凝胶，而当直链淀粉含量（质量分数）高于20%，凝胶的硬度与直链淀粉含量呈正比。纯直链淀粉在数小时内即可形成凝胶，而纯支链淀粉需要45天才能发生凝胶化现象。直链淀粉含量越高，老化速率越快，老化淀粉的结晶度也越高。雅各布森（Jacobson）等的研究表明，不同植物来源的淀粉糊的老化速率不同，从快到慢的顺序依次为：小麦淀粉>玉米淀粉>甘薯淀粉>马铃薯淀粉>蜡质玉米淀粉。蜡质玉米淀粉中直链淀粉的含量小于1%，几乎全部为支链淀粉，老化速率最慢。玉米淀粉中直链淀粉含量较高（28%），DP值中等（200~1200），类脂含量也较高，所以相对老化速率较快。马铃薯淀粉老化速率居中，这是因为它直链淀粉含量相对较低（21%），且直链淀粉DP值较大（1000~6000），类脂含量低（0.05）。

在6℃老化4天以后，用DSC对不同种类的淀粉糊进行测定（图4.8），可以发现小麦淀粉、黑麦淀粉以及大麦淀粉（包括直链淀粉含量高的以及含量正常的）都出现了一个钟状单峰，而3种马铃薯淀粉都呈现出双峰特征，这说明马铃薯淀粉中支链淀粉结晶的程度不同，结晶程度高的晶体在较高的温度下才熔融。3种马铃薯淀粉在老化过程中的吸热熔值最大，其次是豌豆淀粉和高直链大麦淀粉，这也再次证明了相同条件下谷类支链淀粉的老化程度要小于豌豆和马铃薯中的支链淀粉。对于几种谷物（小麦、大麦和黑麦）淀粉而言，即使其拥有相似的支链淀粉分子链长度以及直链淀粉含量，它们的老化性能也有所不同。尽管高直链大麦淀粉中只含有少量的具有长侧链的支链淀粉，但是它的老化熔融焓却是最大的，这是因为对于直链淀粉含量高的体系，直链淀粉和支链淀粉具有相互作用。

在直链淀粉含量高的体系中，直链淀粉作为核可以与支链淀粉一起结晶，而支链淀粉老化熔融焓高于直链淀粉的熔融焓。周（Zhou）等发现，在普通玉米淀粉的老化过程中，低浓度淀粉的老化程度大

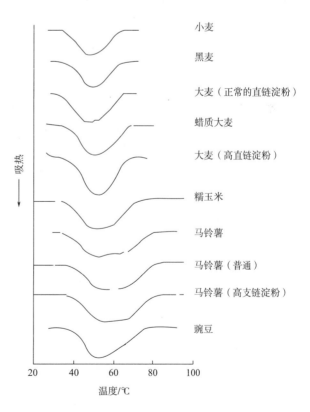

图4.8　10种不同淀粉糊（淀粉：水的比例为1：1）在6℃老化4天后的DSC曲线

于蜡质玉米淀粉，而当淀粉浓度大于30%时，其老化程度就低于蜡质玉米淀粉（在4℃和30℃各循环放置1天，共7个循环）。作者认为低浓度下普通玉米淀粉中的直链淀粉和支链淀粉具有相互作用，可以共同促进结晶，因而老化程度大。而淀粉浓度较高时（40%或50%），糊化过程中淀粉在水中异相分布，很多淀粉没有完全分解，在老化过程中更容易重新排列结晶，直链淀粉的运动能力下降，也就降低了它与支链淀粉的促进结晶作用，所以高浓度玉米淀粉的老化程度要低于蜡质玉米淀粉。

2. 含水量的影响

淀粉的老化是个动力学过程，有关动力学的参数（如含水量、储存时间以及温度等）都对老化有较大影响。若淀粉糊中含水量过大，淀粉分子难以进行有序重新排列，不易老化。若淀粉糊中含水量很低，淀粉碰撞机会很少，同样不易老化。因此，最适宜的含水量为40%~70%，研究显示当含水量为45%~55%时，老化速率最大。

3. 温度的影响

淀粉老化过程中，成核是重结晶的速率控制步骤，因此低温冷藏有助于提高成核速率（成核速率在温度降低到玻璃化温度以下时指数增加）。当温度接近熔点的时候，晶体生长速率最大，也就是说，随着温度升高到熔点附近，结晶速率呈指数增长。在0~4℃储存淀粉通常能促进淀粉的老化，温度高于60℃或者低于-7℃则不易老化。这是因为温度高于60℃，淀粉分子热运动较激烈，分子不能相互聚集形成微晶束，同时已经形成的微晶及分子间的氢键作用也会遭到破坏，因此在高温下淀粉难以老化。当温度低于-7℃时，由于温度较低，分子运动很慢，微晶束很难重新形成，也不易老化。在降温速率方面，如果缓慢冷却，淀粉分子有充分的时间进行取向排列，老化程度加剧，而迅速冷却，淀粉分子来不及取向，老化程度较低。

将面团在-18℃冷冻储存1天、60天、150天及230天以后，分别在20℃储存7天并对其进行DSC扫描测试，发现冷冻面团的老化程度随着低温放置时间的延长而升高，只有放置230天的面团初始温度和老化温度范围分别有所降低和升高，说明低温冷冻降低了淀粉的老化速率和发生老化的支链淀粉数目。这有可能是随着低温冷冻时间的延长，面团中冷冻含水量随之增加，在冷冻过程中冰—晶体可能发生重结晶，形成具有更大尺寸的少量晶体。

此外，在含水量较低的时候（24%），较高的储存温度倾向于生成A型结晶而含水量较高时（60%或80%），较低的储存温度倾向于生成B型结晶。

4. 储存时间的影响

中等含水量的低直链淀粉含量的淀粉体系糊化后其DSC曲线上出现双重峰，分别对应支链淀粉的双螺旋解离以及支链淀粉从螺旋到无规线团的转变（M_{lr}）。老化以后，支链淀粉的结构重新构建，可在DSC曲线上观察到这两个转变。研究发现，储存时间在2~5h内就可以观察到老化吸收峰M_{lr}的出现，储存时间继续增加，吸收峰M_{lr}几乎不再变化。这说明由于淀粉具有"记忆效应"，支链淀粉从无规线团到重新形成螺旋结构的速率非常快，而双螺旋的重新构建则需要更长时间，只有储存时间达到5h以后，才能观察到此峰，并且热熔值随着时间的延长有所增大。帕克（Park）等将蜡质玉米淀粉糊（40%）分别在4℃和在4℃与30℃的循环（每两天一个循环）中各放置16天，发现在4℃与30℃的循环中放置的淀粉糊在更高的温度下才开始熔融，同时吸热峰更窄、熔融熔更低（相对于在4℃放置的淀粉糊）。在4℃和30℃的循环放置的淀粉糊老化后的玻璃化温度更低，形成的淀粉凝胶更软，更不易被酶分解。这说明循环放置的淀粉糊在老化过程中形成的晶体更完善、更稳定。

5. 脂类的影响

脂肪酸、乳化剂以及油脂等脂类可以与直链淀粉形成复合物，使直链淀粉发生凝聚，抑制直链淀粉的老化。脂类对支链淀粉的影响比较复杂，不同学者得出的结论往往不同，具体机理至今没有统一定论。饱和脂肪酸更容易与直链淀粉配合形成复合物而延缓老化发生，而不饱和脂肪酸分子链上的双键将阻止它与直链淀粉发生配合，因此对淀粉老化抑制作用要弱一些。对于大多数的淀粉来说，磷酸酶的存在将延缓老化的发生，但对马铃薯淀粉的老化抑制作用不明显。

6. 糖类的影响

糖类对淀粉老化的影响与糖的含量存在密切关系。当含量较低时，蔗糖、葡萄糖和果糖对淀粉的老化几乎没有影响，而在含量较高时，淀粉的老化受到抑制，其中蔗糖对淀粉老化抑制作用最强，其次是葡萄糖，最后是果糖。通常来说，糖分子中羟基数目越多，糖的分子量越大，促进淀粉老化的作用越强。葡聚糖、半乳甘露聚糖、麦芽糊精、阿拉伯树胶、黄原胶以及刺槐豆胶等聚多糖都可以与淀粉产生相互作用从而促进淀粉老化。对小麦淀粉而言，当储存时间较短的时候，少量聚多糖的加入（1%，质量分数）可以促进其老化，促进老化作用的强弱顺序为：魔芋葡甘聚糖＞瓜尔胶＞塔拉胶＞刺槐豆胶。随着储存时间的延长，促进老化作用的强弱顺序变为：瓜尔胶＞塔拉胶＝魔芋葡甘聚糖＞刺槐豆胶。

但是，也有研究指出，黄原胶、瓜尔胶等多糖对甘薯的老化具有抑制作用，半乳甘露聚糖对西米的老化有阻碍作用，茶多糖的加入对小麦淀粉老化的抑制作用要强于羧甲基纤维素。将β-环糊精加入大米淀粉中，发现与传统的抗老化剂单硬脂酸甘油酯（GMS）相比，β-环糊精对大米淀粉以及大米直链淀粉老化的抑制作用更为明显，但是对蜡质大米淀粉的老化几乎没有影响。β-环糊精可以与直链淀粉产生相互作用，使直链淀粉在重结晶时成核方式发生改变，延缓大米淀粉及大米直链淀粉的老化。此外，β-环糊精还可以和直链淀粉形成配合物，而分子动力学模拟显示β-环糊精和直链淀粉之间的非共价相互作用对提高复合的稳定性有重要作用。以上的研究结果说明，研究手段不同、淀粉的种类差异、多糖的结构和浓度不同以及老化时间变化等因素都会造成糖类影响淀粉老化的差异，有些研究结果甚至得到了相反的结论。

7. pH及无机盐的影响

淀粉糊的pH对老化也有影响，酸性条件通常更有利于淀粉老化，而碱性条件则会抑制淀粉老化。当pH＜2时淀粉的老化变得缓慢，而当pH≥10时淀粉不发生老化。盐的加入通常会抑制淀粉老化，少量氯化钠的加入还可以阻止淀粉重新有序排列形成微晶束。含有盐的小麦淀粉的老化速率大小顺序如下：

阴离子：$SCN^- > PO_4^{3-} > CO_3^{2-} > I^- > NO_3^- > Br^- > Cl^-$；

阳离子：$Ba^{2+} > Sr^{2+} > Ca^{2+} > K^+ > Li^+ > Na^+$。

尿素和乙醇胺可以和淀粉形成强烈的氢键作用，阻止淀粉分子平行排列重新形成结晶束，抑制淀粉的老化。

第三节　淀粉的改性

对淀粉进行化学改性始于20世纪40年代。淀粉的化学改性包括酯化、醚化、氧化、交联等。淀粉化学改性程度的高低取决于多种因素，例如：淀粉的来源（玉米、薯类、小麦等）、预处理（酸催化水解或糊化）、直链淀粉与支链淀粉的比例或含量、分子量分布、反应类型（酯化、醚化等）、取代基的性质（乙酰基、羟丙基等）、取代度（*DS*）大小、物理形状（颗粒状、预糊化）以及与之结合的其他成分（蛋白质、脂肪酸、磷化合物）等。对不同来源的淀粉采取不同的变性方法，可获得不同的变性程度，得到不同性质的变性淀粉。

淀粉经过化学改性以后，具有了原淀粉所不具有的性能，被广泛应用在食品、纺织、造纸、医药、化工等行业。事实上，在大多数实际应用中，只需对淀粉进行部分化学变性就可以达到使用要求。商业上使用的变性淀粉的取代度（DS，即淀粉中每个葡萄糖单元的物质的量取代程度，因为每个葡萄糖单元有3个羟基，所以其理论值为3）通常只有0.2左右。高取代度淀粉的性质与原淀粉之间存在明显差异。

一、淀粉的化学改性

（一）淀粉的酯化反应及其产物的性质

1. 淀粉醋酸酯

在碱性的非均相水悬浮液中，淀粉分子中的羟基可被不同类型的乙酰基取代，生成低取代度的淀粉酯（*DS*在0.2以下）。常用的酯化剂有醋酸酐、醋酸、醋酸乙烯酯、醋酐—醋酸混合液、氯化乙烯、烯酮等。在淀粉醋酸酯的制备过程中，无论使用醋酸酐还是醋酸乙烯酯，都需要不断加入碱作为催化剂，反应过程中生成的大量乙酸，使酯化反应顺利进行，同时维持体系的碱性。常用的碱性催化剂有氢氧化钠、醋酸钠、碳酸钠以及磷酸氢二钠。以醋酸钠为催化剂、醋酸酐为酯化剂，淀粉醋酸酯的反应方程式如图4.9所示。

反应条件如体系的pH、反应温度、反应时间、酯化剂用量、淀粉悬浮液的浓度、反应介质等都对淀粉的乙酸酯化反应有很大的影响，其中体系pH值的影响尤为突出。当淀粉与醋酸酐在弱碱性条件下（pH为8~10）进行反应时，取代度较高；而在酸性和强碱性条件下，乙酰基的含量很少，取代度较低，在0.2以下，产率在70%左右。

研究表明，通过改变反应条件，如采用超临界CO_2流体、微波加热以及新型溶剂体系、催化剂种类等可以提高淀粉醋酸酯的反应效率以及取代度。由于CO_2的临界温度接近室温，且无色、无毒、无味、不易燃、化学惰性、价廉、易制成高纯度气体，因而常被用作超临界介质。在超临界CO_2介质中可以在较短的时间内即获得取代度0.2~2.4的淀粉醋酸酯。离子液体具有热稳定性好、不易燃、不易爆、易于回收利用以及几乎无可测的蒸气压等优点，因此在离子液体中对天然大分子进行改性可以视为"绿色"过程。淀粉在离子液体中也具有很好的溶解性，因此多种淀粉衍生物都可以在此溶剂中均相制备得到。以离子液体（1–丁基–3–甲基氯化咪唑）为反应介质，通过调控淀粉的脱水葡萄糖单元与酸酐的物质的量之比，以及外加催化剂（吡啶）的用量，可以获得具有不同取代度的淀粉醋酸酯。微波是一种

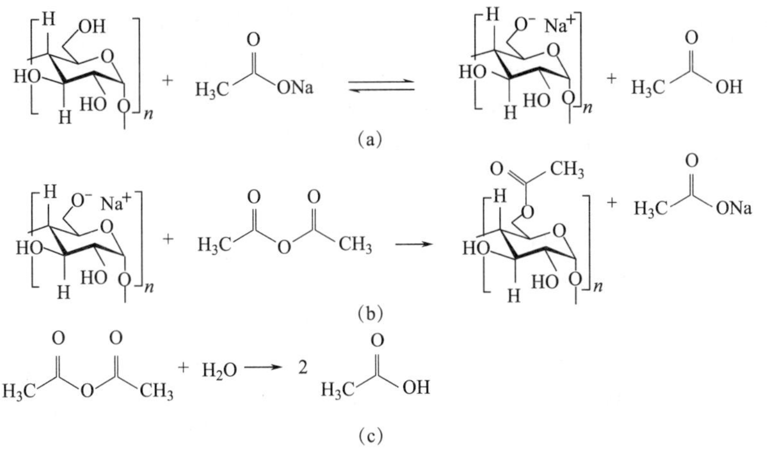

图4.9 以醋酸钠为催化剂、醋酸酐为酯化剂制备淀粉醋酸酯的反应

不同于常规加热的新型热源，是一种非接触（避免了接触反应器壁分子的分解）、瞬时、快速（反应物的加热均匀）及选择性的加热方式。微波加热可以加速淀粉的酯化和醚化反应，当以醋酸酐为酯化剂、碘为催化剂时，无须使用溶剂，在微波反应器中于100℃反应2 min即得到一系列不同取代度的淀粉乙酸酯。淀粉醋酸酯的取代度随着碘用量的增加而增加，当碘加入量为醋酸酐用量的0.16%（摩尔分数）时，乙酰基的取代度在0.2~0.57，进一步增加碘的加入量［为醋酸酐用量的2.5%（摩尔分数）时］，乙酰基的取代度几乎提高到3。由此可以看出，微波加热源的引入、新型催化剂碘的使用使淀粉的乙酰化过程变得高效、节能、绿色。

2. 淀粉磷酸酯

天然谷物淀粉中通常含有0.02%~0.06%的磷元素，而马铃薯淀粉中本身就存在着天然磷酸酯淀粉。采用化学改性制备淀粉磷酸酯始于1919年，当时是采用氯氧化磷来合成淀粉磷酸酯。淀粉可以和磷酸盐发生反应生成淀粉磷酸一酯、淀粉磷酸二酯和淀粉磷酸三酯，其中淀粉磷酸—酯又称为淀粉磷酸单酯，是一种阴离子型淀粉，在食品、医药、造纸等工业领域被广泛应用。

淀粉磷酸酯的制备一般采用正磷酸盐、三聚磷酸盐和三偏磷酸盐（图4.10）等作为酯化试剂。将淀粉与这几种盐及其混合物在50~60℃反应1h，可以获得淀粉磷酸酯，取代度一般低于0.15。通过提高反应温度，增加磷酸盐浓度和延长反应时间可以制备出取代度较高的淀粉衍生物，具体反应方程式如图4.11所示。

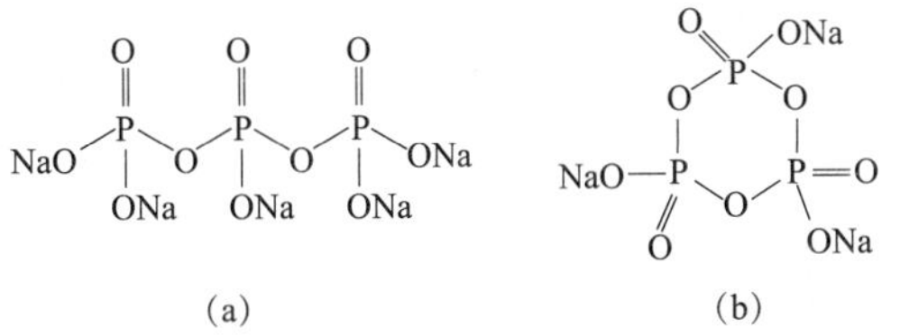

图4.10 三聚磷酸钠（a）与三偏磷酸钠（b）的结构式

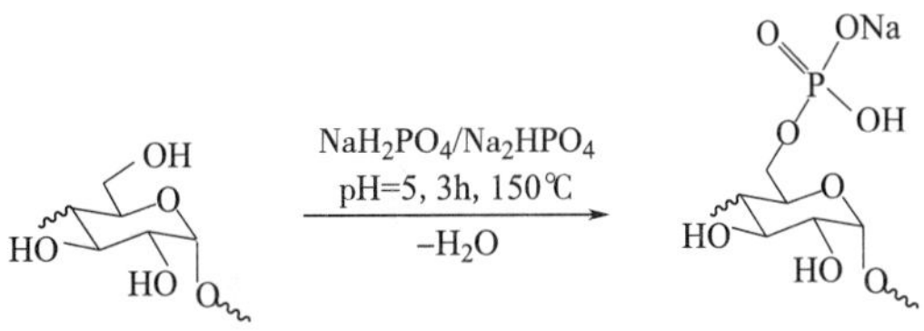

图4.11 以磷酸氢二钠和磷酸二氢钠为试剂制备淀粉磷酸酯的反应

淀粉经磷酸化后的产物通常是淀粉磷酸单酯，淀粉葡萄糖单元的C2和C6位上的羟基容易与磷酸发生酯化反应，其中正磷酸盐的酯化反应是以焦磷酸盐为中间体进行的，三聚磷酸盐的酶化反应也会有焦磷酸盐生成，而焦磷酸盐是磷酸盐受热脱水分解的产物。淀粉磷酸二酯是磷酸与来自不同淀粉分子的两个羟基发生酯化反应生成的，其本质属于交联淀粉，将在交联淀粉中介绍。淀粉磷酸单酯的合成按照工艺流程可以分为湿法和干法两种。湿法是将淀粉和酯化剂调成浆状，然后调节pH，在加热条件下反应一段时间即可。生产过程中试剂充分渗入淀粉分子中，混合均匀程度较高，反应充分，但是不可避免地带来"三废"问题，同时滤饼湿度大，需要干燥，反应时间加长。干法是将磷酸盐溶液喷洒到干淀粉或者淀粉滤饼上，搅拌均匀，经干燥使含水量小于10%后，再经高温（140~160℃）反应一段时间即可获得淀粉磷酸酯。干法的优点是工艺流程短、能耗低、无"三废"问题，缺点是对喷雾混合设备要求高，生产过程中粉尘较多，易爆炸，产品均匀度低于湿法。

反应挤出是指以由料筒和螺杆组成的塑化挤出系统作为反应器，将各原料组分如单体、引发剂、聚合物、添加剂等加入螺杆中，通过螺杆转动来实现原料混合、输送、塑化、反应和挤出的过程。原料在挤出机内发生物理变化，同时发生化学反应。在螺杆中对淀粉进行化学改性具有快速、无"三废"产生及能耗低等优点，但是获得的淀粉衍生物的取代度通常较低。低磷含量的淀粉磷酸酯可以作为食品添加剂使用，适合采用螺杆挤出的方式来制备较低取代度（较低磷含量）的淀粉磷酸酯。在单螺杆挤出机中以三聚磷酸钠（用量为0.82%~4.18%）为磷化试剂，在99~200℃的加工温度及不同含水量（16.3%~19.7%）条件下可以制备最高取代度为0.018的淀粉磷酸酯。

3. 淀粉烯基琥珀酸酯

淀粉烯基琥珀酸酯（丁二酸酯）是淀粉与烯基丁酸酐在弱碱条件下的反应产物，烯基为5~8个碳原子的烃链。在碱催化剂的作用下，烯基琥珀酸酐的环被打开，其中一端以酯键与淀粉分子的羟基结合，另一端产生一个羧基。整个反应体系的pH随着反应的进行而下降，所以反应中需要用碱性试剂进行中和，维持反应体系的弱碱性，使反应向酯化反应的方向进行，其中有可能发生的反应如图4.12所示。

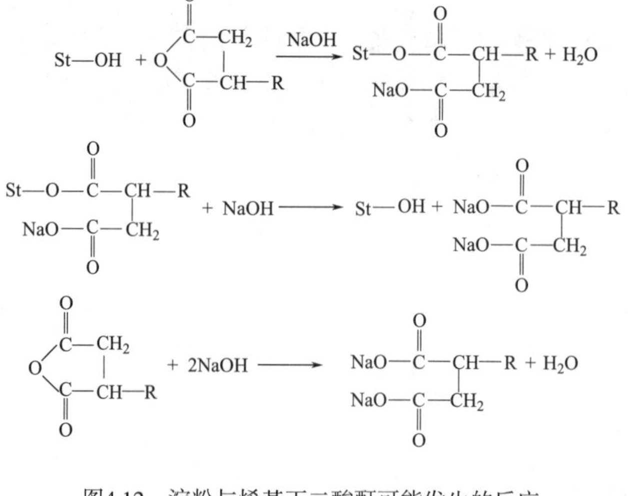

图4.12　淀粉与烯基丁二酸酐可能发生的反应

取代反应通常发生在淀粉的6、2、3位羟基上，以淀粉辛烯基琥珀酸酐为例，具体反应式如图4.13所示。制备淀粉烯基琥珀酸酐的工艺有3种：湿法、有机溶剂法和干法。湿法是指在一定温度下，用NaOH或者Na_2CO_3调节淀粉水溶液的pH为8~10，然后向淀粉悬浮液中加入烯基琥珀酸酐，同时用碱溶液控制反应体系在弱碱条件下。反应一定时间后，用酸调整pH至6~7，过滤，水洗，干燥，即可得到产物。产物的取代度取决于烯基琥珀酸酐的用量、反应时间、体系的pH值等因素。

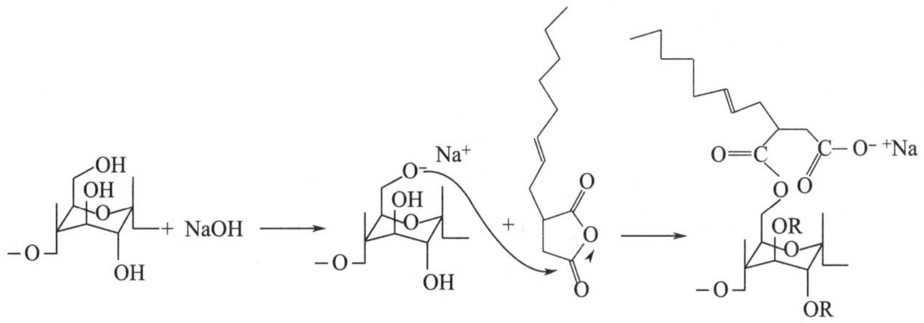

图4.13 淀粉与辛烯基琥珀酸酐的反应

以早籼稻米为原料（淀粉浓度为35%），用氢氧化钠水溶液控制体系的pH值为8.5，辛烯基琥珀酸酐的用量为淀粉质量的3%，反应温度为35℃，反应时间4h，可以获得取代度为0.018的淀粉辛烯基琥珀酸酯。琥珀酸酐的烷基碳链的长度对蜡质玉米淀粉的酯化反应有较大的影响，随着碳链的长度从8增加到12、16和18，反应效率急剧下降。这可能是由于随着碳链长度的增加，酸酐的疏水性增强，它向水相及淀粉颗粒扩散的难度增加。当酸酐的浓度从5%升高到10%时，反应效率降低15%，而淀粉悬浮液的浓度从35%增加到65%，却对反应几乎没有什么负面影响。为了提高十二烯基琥珀酸酐与淀粉反应的效率，增加其在水中的溶解性，还可以先对十二烯基琥珀酸酐进行预乳化处理，再将其加入淀粉悬浮液中进行酯化反应，这样就可以获得取代度为0.0256的淀粉十二烯基琥珀酸酯，反应效率提高至42.7%。

干法制备工艺指直接将淀粉与一定量的碱如Na_2PO_4、Na_2CO_3混合，然后喷入事先用有机溶剂稀释的烯基琥珀酸酐，混合均匀后加热使其发生反应。此外，还可以将淀粉先悬浮于0.7%~1%的NaOH溶液中，再过滤，待淀粉干至所需要的水分时，喷入烯基琥珀酸酐，混合均匀后再加热进行反应。后续处理过程与湿法和有机溶剂法工艺相同。淀粉的含水量、碱用量、碱处理时间、烯基琥珀酸酐的稀释倍数和用量、反应温度及时间都会影响产品的取代度。较高的反应温度以及压力有助于提高淀粉的取代度，比如，将120℃干燥2h后的玉米淀粉与琥珀酸以及琥珀酸酐放入一定压力的反应容器中，在160~180℃的高温下进行反应，只需要2~10 min就可以获得取代度1.0~1.5的淀粉琥珀酸酯。当以辛烯基琥珀酸酐或者十二烯基琥珀酸酐为酶化试剂时，需要延长反应时间至20~60 min才能够获得中等取代度（取代度为0.5左右）的淀粉辛烯基琥珀酸酯或者淀粉十二烯基琥珀酸酯。

4. 酯化淀粉的性质

低取代度的淀粉酯（商业化产品）具有糊化温度低、黏度和透明性高、较易溶于水等特性，在食品、纺织、造纸、医药等领域有广泛的应用，而高取代度的淀粉酯（$DS>1.7$）具有良好的热塑性和疏水性，可以作为可再生的、生物可降解的环境友好淀粉塑料来使用。

淀粉醋酸酯在食品工业中主要作为增稠剂使用，具有黏度高、透明度高、凝沉性弱，储存稳定性高等优点。但是，在实际应用中常常还需要对淀粉进行复合变性处理（如交联、烷基化、预糊化等）。比如，经过交联处理的淀粉醋酸酯耐酸性、抗剪强度良好，耐高温和耐低温性能好，可以用于罐头、冷冻、烘焙食品中。淀粉醋酸酯在造纸工业中主要用作表面施胶，能够改善纸张的可印刷性，使纸具有较低且均匀的孔隙，增加纸张表面的强度、耐磨性和保油性。因淀粉醋酸酯具有很好的成膜性，在纺织工业上可以用于经纱上浆，还通常和热固性树脂混合用于织物整理。

磷酸酯基团具有较大的立体位阻以及亲水性，它的引入将阻止淀粉重结晶，即削弱淀粉的"回生"。淀粉磷酸酯常被用作织物的上浆剂、食品工业的增稠剂、乳化剂以及稳定剂等。由于淀粉磷酸酯是阴离子衍生物，与未变性的淀粉相比，其胶凝温度较低，而且当取代度为0.07时，在冷水中就能膨胀，其膨胀程度与水的硬度有关。继续提高淀粉磷酸酯的取代度，淀粉分子之间可能发生交联反应，在水中的膨胀性降低。像其他的衍生物一样，淀粉磷酸单酯增加了糊剂的黏度和澄清度，并且减小了淀粉的"回生"。由于淀粉磷酸单酯具有极好的冻结—解冻稳定性，常被用作食品添加剂。淀粉磷酸单酯易形成预凝胶淀粉，可在食品以外的领域使用，如作为纺织品的上浆剂和洗涤剂组分等。此外，它还可用于造纸领域，以改善纸张的折叠强度和表面特性。淀粉磷酸单酯作为上浆剂可以降低淀粉浆料的温度敏感性，提高淀粉和织物的黏着力。羊毛纱线可以在较低的温度下（60~80℃）用淀粉磷酸质上浆，使纱线具有很好的拉伸强度、断裂伸长率和耐磨性。

与其他淀粉衍生物相比，淀粉烯基琥珀酸酯由于疏水链段的缠结作用而具有较高的黏度，较低的糊化温度以及不易回生等特点。美国食品药品监督管理局（FDA）允许辛烯基琥珀酸含量低于3%的淀粉辛烯基琥珀酸酯（取代度约为0.02）作为食品乳化剂添加在调味汁/酱汁、布丁以及婴儿食品中。低黏度的淀粉辛烯基琥珀酸酯具有良好的生物相容性，还可以作为微胶囊使用。研究显示，人们服用经辛烯基琥珀酸酐改性的淀粉后，相比服用原淀粉，体内血液中的葡萄糖浓度有明显下降，这可以减轻胃肠内的负担，防止体内血糖过高。

以往的研究显示，当淀粉衍生物单独作为材料使用时，支链淀粉的存在对淀粉衍生物制品的性能有着较大的负面影响。由于直链淀粉存在分离和提纯步骤，因此只用直链淀粉制作淀粉酯塑料的成本较高，难以工业化。折中的方法就是使用高直链淀粉作为原料来制备淀粉酯，虽然高直链淀粉也存在分离步骤，但其成本要比纯直链淀粉的制备低得多。以高直链淀粉为原料制备的某些淀粉酯（如戊酸酯和己酸酯）是半晶高聚物，不添加增塑剂也具有一定力学性能，可以作为材料使用，但是如果脂肪酸酯的链长较短，比如淀粉丁酸酯，即使加有增塑剂也不能改变其脆性，不能单独作为材料使用。

（二）淀粉的醚化反应及其产物的性质

淀粉的醚化改性是指淀粉分子中的羟基与醚化试剂反应形成醚键的淀粉衍生物。根据淀粉醚水溶液所呈现的电荷特性，可分为非离子型淀粉醚和离子型淀粉醚两种。其中非离子型淀粉醚品种繁多，其淀粉糊的主要性质不受电解质或水硬度影响，主要包括羟乙基淀粉、羟丙基淀粉等。主要使用的醚化剂有环氧丙烷、环氧乙烷、甲基氯、乙基氯、丙烯氯、苄基氯、二甲基硫酸及部分含有碘和溴的烃类。

　　离子型淀粉醚又分阴离子淀粉醚和阳离子淀粉醚，其中阴离子淀粉醚主要是羧甲基淀粉钠，在水溶液中以电离状态存在，带负电，主要以一氯醋酸为醚化试剂制备。阳离子淀粉醚主要是用各种含卤代基或环氧基的有机胺类化合物与淀粉分子中的羟基进行醚化反应，生成一种含有氨基，且氮原子上带有正电荷的淀粉醚衍生物。根据胺类化合物结构或产品的特征，可分为伯胺型淀粉醚、仲胺型淀粉醚、叔胺型淀粉醚及其他杂类阳离子淀粉醚。

　　低取代度的淀粉醚通常以水为反应介质，在碱性催化剂存在条件下制备。常见的催化剂包括NaOH、KOH、吡啶、三乙胺、氢氧化钡、磷酸盐、羧酸盐等，最常用的还是NaOH，用量一般为干淀粉质量的0.5%~2.0%。如果想获得高取代度的淀粉醚，反应需要在有机溶剂中进行，常用的有机溶剂有乙醇、丙酮和异丙醇等。淀粉醚衍生物也可以采用干法制备，即将催化剂与含有7%~15%水的淀粉直接混合均匀，然后通入环氧乙烷或者环氧丙烷气体，在一定压力和温度下反应一段时间即可获得产品。

1. 羟烷基淀粉

　　羟乙基淀粉（HES）、羟丙基淀粉（HPS）等羟烷基淀粉醚属于非离子型淀粉醚，主要通过淀粉在碱性条件下与环氧乙烷、氯乙醇或环氧丙烷发生亲核取代反应来制备（图4.14）。取代反应主要发生在C_2和C_6，少量发生在C_3上。由于C_2和C_3碳原子上的羟基能被高碘酸钠定量地氧化成醛基，被羧甲基化以后则不能再被氧化，因此利用这一反应可以测定羧甲基在C_2，C_6和C_3上发生取代的比例。

图4.14　羟乙基淀粉的化学结构式

　　在NaOH的存在下，淀粉上的羟基首先发生离子化，然后与环氧乙烷发生双分子亲核取代反应。在反应过程中，环氧乙烷不仅能与脱水葡萄糖单元中的任何一个羟基发生反应，还能与已取代的羟乙基起反应，形成氧乙烯支链，具体过程如图4.15所示。这种连锁反应会导致大于3个分子的环氧乙烷与葡萄糖单元反应，从而得到超过理论最大取代度的表观取代度。因而，羟乙基淀粉与淀粉磷酸酯、阳离子淀粉等许多变性淀粉不一样，要用摩尔取代度MS表述葡萄糖单元上羟基的平均数。工业生产得到的羟乙基淀粉取代度较低，MS在0.2以下，多聚侧链生成量很少，MS基本与DS相当。而采用有机溶剂法或干法生产的取代度较高的产品，其MS值可能比DS高很多。

　　羟烷基淀粉的生产方法有湿法、溶剂法和干法。一般采用湿法生产低取代度产品，即在淀粉—水的悬浮液（异相反应体系）中进行醚化反应。具体过程是取一定量的淀粉分散在水中，加入淀粉量15%~25%的NaCl或Na_2SO_4（抗凝剂），搅拌均匀后加入1%的NaOH，通N_2除去空气后加入10%~18%的环氧乙烷/环氧丙烷，在30~50℃反应10~30h。反应结束后用HCl中和、洗涤、过滤、干燥即获得取代度约0.1的羟烷基淀粉。随着取代度的提高，羟烷基淀粉在

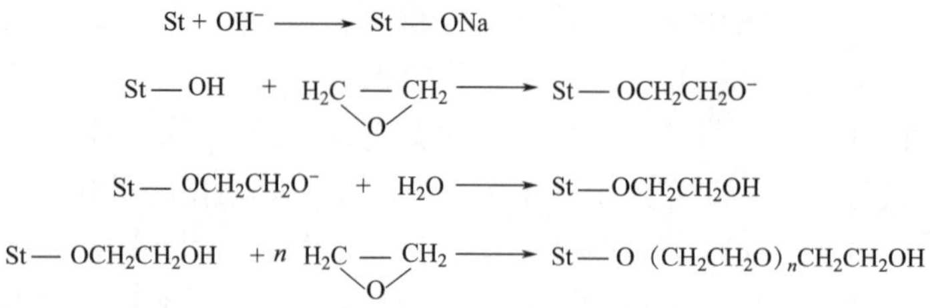

$$St + OH^- \longrightarrow St-ONa$$

$$St-OH + H_2C\underset{O}{-}CH_2 \longrightarrow St-OCH_2CH_2O^-$$

$$St-OCH_2CH_2O^- + H_2O \longrightarrow St-OCH_2CH_2OH$$

$$St-OCH_2CH_2OH + n\,H_2C\underset{O}{-}CH_2 \longrightarrow St-O\,(CH_2CH_2O)_nCH_2CH_2OH$$

图4.15　以环氧乙烷制备羟乙基淀粉的反应过程

冷水中的溶解性增加，因此生产高取代度（一般DS>0.1）的羟烷基粉可采用干法和溶剂反应法。干法反应是将淀粉和烯基氧化物进行气体—固体反应，为了加快反应速率，首先让淀粉吸附催化剂（如NaOH和NaCl），然后在高压釜内进行醚化反应。反应完成后用有机溶剂清洗，产品仍保持颗粒状，此法一般可用于生产取代度DS≥0.4的产物。由于环氧化合物爆炸浓度范围较大，且在高温、高压和碱催化剂存在时，容易发生聚合，因此干法工业化难度较大。此外，所得制品中存在未反应的试剂，给其在食品工业中的应用带来问题。相对而言，溶剂反应法用于制备DS为0.1~0.4的产物时比较合适，其制备工艺和方法类似于水相反应法，最大区别在于反应介质的不同。

影响醚化反应的主要因素有催化剂和醚化剂的用量、反应介质及其pH、反应温度和时间等。在改性过程中，淀粉首先在水中发生膨胀，然后醚化试剂才有可能进入淀粉颗粒内部与其反应。因此，如果首先使用碱预处理淀粉并对淀粉进行湿热处理，不仅会破坏直链淀粉—脂质的双螺旋结构，也会扰动和重新定位处于结晶区支链淀粉的螺旋结构，有利于推进结晶区反应，提高反应效率。此外，作为抗凝剂盐的类型也对醚化反应有较大影响。当用柠檬酸钾替代硫酸钠作为抗凝剂时，如果想获得相同的取代度，至少需要使用1.8倍的环氧丙烷。一般来说，在较高pH体系中，通常用NaCl作为抗凝剂而不是Na_2SO_3。在较低pH值体系中，增加Na_2SO_4浓度会改善淀粉的膨胀程度，从而提高淀粉的反应活性，获得具有较高摩尔取代度的淀粉醚。反应温度对淀粉膨胀及醚化反应的影响较小。

淀粉颗粒尺寸的大小是否对羟丙基化反应具有影响目前仍有争议。有研究表明当反应程度较低时，淀粉颗粒较小（B型，颗粒尺寸小于$10\mu m$）的小麦淀粉羟丙基取代度较高，但随着反应程度的增加，这种区别消失。另有研究证明，无论是用事先分离得到的A型小麦淀粉（颗粒尺寸大于$10\mu m$）、B型小麦淀粉还是直接采用蜡质小麦淀粉、小麦淀粉与环氧丙烷进行反应，所获得的羟丙基淀粉摩尔取代度都在0.01，反应活性没有差别。由于反应程度较低，这类醚化淀粉虽然没从根本上改变性质，但是淀粉的膨胀性能、糊化和裱糊（pasting）性能却发生了改变。

研究显示，淀粉中直链和支链淀粉的含量对醚化反应的速率却影响明显。人们通常认为，直链淀粉由于位于非晶区，更容易接触试剂，因此直链淀粉含量高的苄基豌豆淀粉与2,3-环氧丙基三甲基氯化铵以及氯乙酸钠反应时，其取代度和产率高于马铃薯淀粉和蜡质玉米淀粉。此外，由于直链淀粉的反应速率比支链淀粉更快，在醚化反应的后期，晶区也会参与反应，因此通常认为反应过程不是线性的，而是呈现S形。但是，有的研究却显示，蜡质玉米淀粉、玉米淀粉、马铃薯淀粉、小麦淀粉的醚化过程中，反应速率都没有出现S形，而是随着时间进行明显分为两段，起始阶段的反应速率都远远大于后期；同时，起始阶段醚化反应速率按由大到小的次序依次为：蜡质玉米淀粉>玉米淀粉>马铃薯淀粉>小麦淀粉。

以干法制备羟乙基淀粉时，淀粉与环氧乙烷的醚化反应是气—固两相反应，当反应温度较高（≥353K），淀粉质量分数≤14.2%，NaOH的用量≥40 mmol/mol时，反应的选择性很高。催化剂NaOH的加入可以提高反应速率，降低环氧乙烷的扩散速率。

在高压下对淀粉进行化学改性，可以有效促进淀粉颗粒的膨胀，并且淀粉的结晶区会受到破坏，淀粉的酸降解及乙酰化反应程度有效提高。但这些反应都较快，不易于详细研究压力的变化对反应的影响。与乙酰化反应相比，淀粉的羟丙基化反应速率较慢，使研究反应压力在0.1~400MPa时对物质的量取代度及反应程度的影响成为可能。研究结果显示，随着反应压力的增加，羟丙基淀粉物质的量取代度也随之增加，反应时间大大缩短，由传统反应的24~72h缩短到仅需要5~25 min即可完成醚化反应。

2. 羧甲基淀粉（CMS）

羧甲基淀粉是一种阴离子淀粉醚，通常以钠盐的形式制取。CMS能够溶于冷水，糊化温度低，工业上生产的产品其取代度一般都低于0.9。取代度的高低直接决定着CMS的性能，一般说来，高取代度的产品耐酸性、抗温性以及抗钙镁离子性都较好。羧甲基淀粉通常由淀粉和一氯乙酸在碱性条件下发生双分子亲核取代反应制得，反应经过膨胀和醚化两个阶段。淀粉上的羟基首先在NaOH作用下发生离子化，然后与一氯乙酸在碱性条件下发生取代反应生成羧甲基淀粉钠，同时生成副产物羟基乙酸钠。

低取代羧甲基淀粉通常需要在含水的介质中制取，而高取代度产品则需在非水介质中或采用干法制备。在含水的介质中制备CMS时，淀粉乳的浓度、NaOH的浓度、一氯乙酸的用量、反应温度及时间都对反应效率和产物的取代度有影响。随着淀粉与水比例的增加，即增加淀粉乳浓度，CMS的反应效率和取代度都变大。当一氯乙酸的用量固定，随着NaOH浓度的增加，反应效率和取代度都增大，当NaOH的浓度达到4 mol/L时，反应效率和取代度达到最大值。之后，随着NaOH的浓度的继续增加，副产物羟基乙酸钠的生成速率增大导致反应效率和取代度下降。当NaOH的用量固定，随着一氯乙酸投入量的增加，CMS的取代度增加，但是副产物也随之增加，最终导致反应效率降低。随着反应时间的延长，反应效率和取代度都随之增加，升高温度也可以加快醚化反应的进行。

像其他淀粉衍生物一样，羧甲基淀粉也可以通过干法来制备，方法是将淀粉在少量水或溶剂存在下，与一氯乙酸进行反应，可以采用分步加料法加入碱及一氯乙酸。反应过程无污染，无废水及废渣的排放，但是反应不是很均匀，取代度较低，副产物不能完全去除。

3. 阳离子淀粉

阳离子淀粉是一类重要的淀粉醚类衍生物，其主要的商业品种是叔胺烷基淀粉醚和季铵烷基淀粉醚。阳离子淀粉带正电荷，易与带负电的物质相结合，糊化温度较低，取代度达到0.07时即可室温糊化，冷水中可溶解。此外，其糊液的黏度、稳定性和透明度都随着取代度的升高而提高。阳离子淀粉被广泛应用于造纸、纺织、食品、黏合剂、污水处理以及化妆品等领域。国外在20世纪60年代就已经完成了阳离子淀粉的工业化生产，而我国阳离子淀粉醚工业化起步较晚，主要应用于造纸和水处理领域，而在其他行业中的应用还处于推广阶段。

4. 叔胺烷基淀粉醚

叔胺型阳离子淀粉是较早开发的品种，其制备原理为碱性条件下，醚化试剂和淀粉的羟基在极性溶剂中发生双分子亲核取代反应。常见的醚化试剂有：2–氯乙基甲基胺、2–氯乙基二乙胺、2–氯丙基异甲基胺、N–（2,3–环氧丙基）二乙胺、N–（2,3–环氧丙基）–二丁基胺、N–（2,3–环氧丙基）–N–甲基苯胺、N–（2,3–环氧丙基）–呱啶等。以2–氯乙基二乙胺作为醚化试剂为例，淀粉首先在碱性条件下进行醚化反应，所得到的产物为游离碱，然后用盐酸中和，使叔胺质子化形成季铵盐，制得阳离子淀粉。

目前对叔胺淀粉醚的制备工艺的研究已经比较成熟，通常以水作为介质，先将淀粉在水中搅拌分散成浆状，然后加入抗凝剂（NaCl、Na_2SO_4等）、催化剂（氢氧化钠、氢氧化钡等）、阳离子醚化试剂，在40~50℃反应12~48h，用盐酸中和以后，游离胺转变为阳离子叔铵盐。碱和醚化试剂的物质的量之比、反应温度和时间、pH值以及淀粉乳的浓度都对反应的取代度和反应效率有较大的影响。碱和醚化试剂的物质的量之比不是越大越有利于反应，通常物质的量之比为2~3时，反应效率最大，过大的碱浓度有可能使醚化试剂发生水解而失活。反应温度通常在淀粉糊化温度以下，较低的反应温度需要更长的反应时间才能达到较高的反应效率。淀粉乳的浓度高有利于反应的进行，但浓度过高将对工业化生产带来困难，因此将淀粉乳的浓度控制在35%~40%较为合适。

一般说来，卤胺（尤其是小分子量的烷基卤胺）的反应效率高于环氧叔胺。淀粉与2–二乙基氨基乙基醚在水中进行醚化反应时，C_2上的羟基被取代的比例为43%，C_6上的为39%，而C_3上的只有18%，没有二或三取代醚化反应发生，而在有机溶剂中，取代比例分别为C_2：55%，C_6：16%，C_3：27%。但是2–氯乙基二乙胺等卤胺的毒性很强，容易污染水体，会对阳离子淀粉质的制备安全和产品的应用范围产生较大影响。制备新型的醚化试剂不仅可以提高淀粉醚的取代度，而且可以提高反应的效率。根据曼尼奇反应原理，可以利用廉价的甲醛、二甲胺和盐酸合成羟甲基二甲基铵盐酸盐（HMMAHC），然后将其与淀粉进行混合，放入100℃真空烘箱中反应16h（其中HMMAHC与淀粉的物质的量之比为0.82∶1），就可以获得取代度为0.79，反应效率高达96.3%的叔胺型阳离子淀粉。如果进一步提高反应温度（120℃），HMMAHC的酸性将导致醚键断裂，使取代度和反应效率急剧下降。

5. 季铵烷基淀粉醚

季铵型阳离子淀粉在特定pH范围内带有电荷，因而性能比叔胺型阳离子淀粉更优越，在造纸行业得到广泛应用。季铵型阳离子淀粉是叔胺或者叔胺盐与环氧丙烷反应生成具有环氧结构的季铵盐，再与淀粉发生醚化反应而制备的，具体过程如图4.16所示。

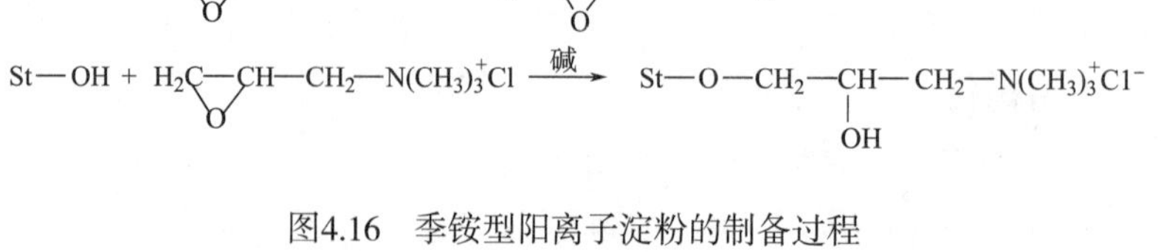

图4.16　季铵型阳离子淀粉的制备过程

叔胺与丙烯氯发生反应也能制备丙烯三甲基季铵氯，再用氯气进行次氯酸化，除去丙烯基中的双键生成氯化醇，氯化醇与环氧试剂在不同pH条件下可以互相迅速转移，具体反应方程式如图4.17所示。

也可以直接采用季铵盐进行醚化反应，常见的季铵盐有2,3-环氧丙基三甲基氯化铵（EPTAC）、3-氯-2-羟丙基三甲基氯化铵（CHPTAC）及缩水甘油基三甲基氯化铵（GTAC）等。制备工艺通常包括湿法（水的悬浊液）、溶剂法（包含有机溶剂与水的混合体系）和干法。氢氧化钠的浓度对反应效率及产

$$R_3N + Cl-CH_2-CH=CH_2 \longrightarrow \left[H_2C=CH-CH_2-NR_3\right]^+ Cl^-$$

$$\xrightarrow[\text{或}Cl_2]{HOCl} \left[\begin{matrix}H_2C-CHCH_2NR_3\\ | \quad | \\ Cl \quad OH\end{matrix}\right]^+ Cl^- + \left[\begin{matrix}H_2C-CHCH_2NR_3\\ | \quad | \\ OH \quad Cl\end{matrix}\right]^+ Cl^-$$

$$\left[\begin{matrix}H_2C-CHCH_2NR_3\\ \diagdown O \diagup \\ OH\end{matrix}\right]^+ Cl^- \xrightleftharpoons[OH]{HCl} \left[\begin{matrix}H_2C-CHCH_2NR_3\\ | \quad | \\ Cl \quad OH\end{matrix}\right]^+ Cl^-$$

或

$$\left[\begin{matrix}H_2C-CHCH_2NHR_2\\ \diagdown O \diagup \quad | \\ OH \quad Cl\end{matrix}\right]^+ Cl^-$$

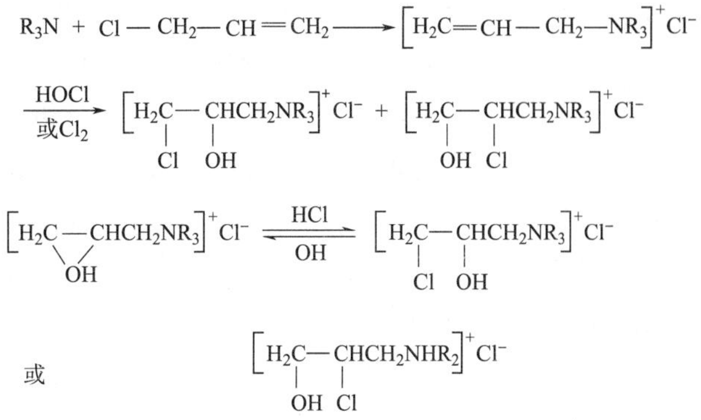

图4.17　叔胺制备季铵型阳离子淀粉的反应

物的取代度影响较大，当以CHPTAC为醚化试剂时，由于它首先要和碱反应生成环氧基化合物，因此体系中需要使用大量碱。但是如果体系中碱的使用量过大，将使淀粉发生絮沉或者使其结构遭到破坏，因此CHPTAC通常被用于制备低取代度（DS<1），即季铵盐含量较低的阳离子淀粉。而使用EPTAC作为醚化试剂时，氢氧化钠的最佳用量为1%（质量分数），（摩尔比EPTAC/AGU=2：1，60℃，6h）氢氧化钠用量过多或过少都会使阳离子淀粉的取代度下降，这是因为淀粉脱水葡萄糖单元上的羟基在碱性条件下容易和亲核试剂发生醚化反应，而碱的浓度过大则容易造成醚化试剂的水解。为了提高所获产品的取代度，通常要降低体系含水量，或者在有机溶剂与水的混合体系、均相体系中进行反应。有机溶剂不仅要能够溶解醚化试剂，而且要与水有很好的互溶性，这样可以避免相分离，稳定反应体系。在氢氧化钠水溶液中加入与水混溶的醇可以明显提高阳离子淀粉的取代度，其中乙醇比甲醇和2-丙醇效果更好。

淀粉中直链淀粉含量对反应程度有较大的影响，直链淀粉含量越高，醚化反应越容易进行。在碱性水溶液、二甲基亚砜以及乙醇—水混合溶剂中，通过调控反应条件（控制CHPTAC与AGU的物质的量之比以及NaOH的用量）可以获得具有不同取代度的阳离子淀粉，其中高直链淀粉在三个体系中均可以顺利完成阳离子化，获得取代度在0.42~0.91的阳离子淀粉；蜡质玉米淀粉在碱性水溶液中的取代度可以达到0.92，但在乙醇—水混合溶剂中取代度最高仅为0.14，反应效率也仅为5%。除了醇类可以作为溶剂之外，二氧六环、四氢呋喃也可以与水混溶后作为醚化反应的介质。当以EPTAC作为醚化试剂时，在氢氧化钠水溶液中加入二氧六环、四氢呋喃作为反应介质可以提高阳离子淀粉的取代度，其中羟丙基三甲基氯化铵淀粉的取代度分别达到1.26和1.19，加入甲醇后取代度却只能达到0.65。常用的胆碱衍生物有5,6-环氧-1-三甲基氯化铵-3-氧己烷、12,13-环氧-1-三甲基氯化铵-3,10-二氧十三烷、14,15-环氧-1-三甲基氯化铵-3,6,9,12-四氧十五烷等，通过改变醚化试剂链的长度可以调节阳离子淀粉的溶解性和亲水亲油性。

与湿法和溶剂法相比，采用干法制备阳离子淀粉具有工艺简单、无"三废"产生、反应条件温和、醚化试剂纯度要求不高、后处理简单方便、不必使用抗凝剂和催化剂等优点。某些造纸厂甚至可以就地制备阳离子淀粉，即将碱催化剂和淀粉按一定比例混合后，在室温下放置一段时间，然后直接用于纸张的处理。早在20世纪60年代，人们就发现直接将含有环

氧基及季胺基团的醚化试剂与干淀粉混合，即使不使用碱性催化剂，在120~150℃反应一段时间也可以获得阳离子淀粉。制备阳离子淀粉过程中，可以加入一定量的无机碱（如氢氧化钠、氢氧化钾、氢氧化钙、氢氧化镁等）和有机碱（如三甲胺、氢氧化三甲基苄基胺等）作为催化剂，提高反应效率和反应速率。随着加入碱量的增加，反应效率、取代度都有不同程度的提高，但加入量超过一定程度后，反应效率和取代度逐渐下降，这是由于过多碱的存在将使醚化试剂中的环氧基团和季胺基团发生分解。反应温度和时间主要取决于醚化试剂、碱用量等因素，一般来说，温度为70~80℃，反应1~3h比较合适，过高的反应温度和过长的反应时间将造成阳离子淀粉的分解。

采用双螺杆挤出机可以连续生产取代度为0.05、反应效率达到90%以上的阳离子淀粉，具体制备条件是：淀粉浓度为65%，反应温度90℃，螺杆转速为100~400r/min。通过详细研究反应挤出制备阳离子淀粉的加工条件，人们发现，除了醚化反应的一般影响因素外，反应原料在挤出机中的停留时间对反应效率也有较大的影响。此外，螺杆转速较低也有利于反应效率的提高。挤出过程中不可避免地会发生淀粉的降解，但这符合造纸行业中对低黏度阳离子淀粉的需求。

6. 醚化淀粉的性质

醚化淀粉具有很多独特性能，如表面活性、触变性、离子活性等，可用于纺织、造纸、食品、医药、化妆品、涂料等领域。

羟烷基淀粉主要用于造纸工业和纤维工业。羟乙基的引入增加了淀粉分子的亲水性，使淀粉糊化温度降低，受热膨胀较快，糊的透明度和胶黏性较高，凝沉性较弱，干燥后可形成透明、柔软的薄膜，用于印刷纸表面处理，能够抑制印刷墨的浸透，使印刷墨鲜明、均匀，并且能减少油墨的消耗，提高经济效益。此外，它还可以用作纸板黏结剂、造纸工业的内部添加剂和表面上胶剂。高取代度的羟烷基淀粉醚在纺织工业中有较高的使用价值。取代度越高，成膜性越好，与纤维素的亲和力越强，而且与聚乙烯醇（PVA）具有良好的相容性，容易退浆。

羟乙基淀粉不仅具有水溶性和较好的溶解稳定性，与纯淀粉相比增加了体内降解半衰期，几乎没有致敏性，并且与药物不发生相互作用，因此可以作为血浆扩容剂来治疗血量减少性休克、脑缺血及中风等疾病。此外，由于羟乙基淀粉具有生物耐受性、降解性以及在体内适宜的循环周期，也可以作为药物释放的载体。在N,N'-二环己基碳酰亚胺（DCC）与二甲氨基吡啶（DMAP）存在下，将羟乙基淀粉与月桂酸、棕榈酸、硬脂酸进行化反应，可以制备具有两亲性的淀粉衍生物。这类淀粉衍生物能在水溶液中自组装成粒径为20~30nm的胶束及250~350nm聚合物囊泡，可以作为药物释放载体使用。将改性后的叶酸（将其端羧基改性成氨基）接到通过反相胶束法制备的具有核壳结构的羟乙基淀粉微胶囊（尺寸275nm）上，发现其对海拉（Hela）细胞及A549细胞具有特异识别性能，可以用于药物的靶向传输（图4.18）。

由于羧甲基淀粉的性能优良、成本较低，在许多工业领域都已得到应用。目前羧甲基淀粉可以作为食品工业中的增稠剂、稳定剂、保鲜剂和改良剂进行使用。羧甲基淀粉用于冰激凌、果汁或奶乳饮料中，增稠效果和稳定性比海藻酸钠、羧甲基纤维素更好，可防止奶蛋白质凝聚，提高储藏期。在纺织工业中，羧甲基淀粉可代替羧甲基纤维素（CMC）用于涤/

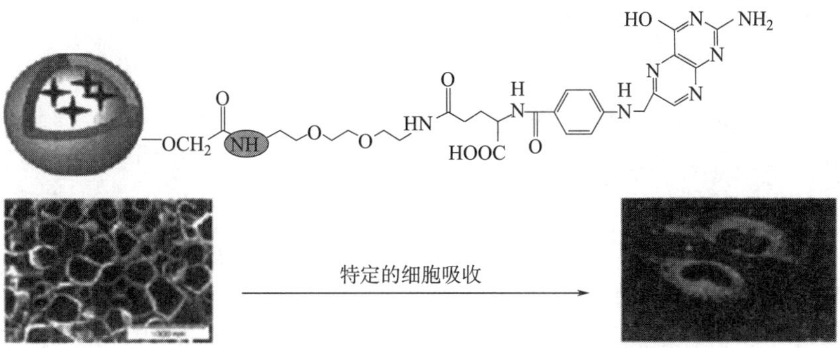

图4.18 连接了叶酸的羟乙基淀粉微胶囊

棉等混纺纱的上浆剂，也可代替海藻酸钠与PVA共混制成耐油性和耐水性的胶料用于印花糊料中。高黏度的CMS也可用作医药中的崩解剂和血浆体积扩充剂。CMS用作钻井泥浆降失水剂具有优异的降失水性能、耐盐性及一定的抗钙盐能力。特定取代度的CMS用作瓦楞纸板及墙纸黏合剂具有溶解快、胶糊黏性好、黏度高和涂刷使用方便等优点。CMS在纸张涂布中用作黏着剂，可使涂布具有优良的均涂性和黏度稳定性，其保水性能控制了黏合剂对纸基的渗透，使涂布有良好的印刷性能。CMS在洗涤剂中用作抗污垢再沉淀剂，对疏水合成纤维织物的洗涤效果比CMC更好，且成本比CMC低。CMS除上述作用外，还可用作皮革的上光剂、着色剂，橡胶浆的稳定剂，泡沫灭火机的泡沫稳定剂，农药塑料中的分散剂、稳定剂和乳化剂，涂料脱模剂，离子交换树脂和重金属的螯合剂以及种子包衣剂等。

目前，阳离子淀粉最主要的应用领域是造纸行业，作为一种重要的化学添加剂，它能改善纸的耐破度、拉伸力、耐折度和抗掉毛性等，同时提高各种颜料和填料（如白土、二氧化钛等）的保留率，减少废水污染。此外，阳离子淀粉溶液吸附阴离子染料或颜料可以提高标识牌和墨水的颜色深度和固色性。此外，由于阳离子淀粉具有良好的成膜性、黏度稳定性以及和纤维级聚乙烯醇很好的相容性，还经常用作纺织经纱上浆剂和固色剂。阳离子淀粉还可用作洗衣整理剂，与洗涤剂共同使用，在洗涤及烘燥后能改善织物的刚性及平滑性。阳离子淀粉还可作为浆料用在阴离子染料的印花中，也可作为羊毛染色保护剂。

（三）淀粉的氧化反应及其产物的性质

氧化淀粉是淀粉在酸、碱和中性条件下与氧化剂反应所得的淀粉衍生物。淀粉分子结构中位于葡萄糖环C_1、C_4位的环间苷键发生断裂（开环），在C_1位上形成一个醛基。此外，其葡萄糖环结构中C_2、C_3、C_6位上的伯、仲羟基也容易被氧化成羰基和羧基，同时伴随着淀粉的部分解聚。不同的氧化工艺、氧化剂以及不同种类的原淀粉可以制成性能各异的氧化淀粉。按照氧化反应所需的介质不同，常用的氧化剂可以分为3类：酸性介质氧化剂，如硝酸、铬酸、高锰酸钾、过氧化氢、卤氧酸、过氧化脂肪酸和臭氧等；碱性介质氧化剂，如碱性次卤酸盐、碱性高锰酸钾、碱性过氧化物和碱性过硫酸盐等；中性介质氧化剂，如溴、碘等。考虑到经济适用性，工业生产氧化淀粉主要采用的氧化剂有次氯酸盐、高锰酸钾、过氧化氢等。氧化程度的高低受到反应体系pH、温度、氧化剂浓度、淀粉分子结构、淀粉来源等因素的影响。不同氧化剂使淀粉发生氧化的机理不同，下面我们将按照氧化剂的种类对淀粉的氧化反应进行介绍。

1. 次氯酸钠氧化淀粉

用次氯酸盐制备氧化淀粉是工业上最常用的一种方法，其氧化机理已被广泛研究。通常认为，氧化反应主要发生在葡萄糖环C_2和C_3位上的仲羟基，生成羰基、羧基，环形结构开裂。氧化生成羰基在先，氧化生成羧基在后，因此可以用氧化淀粉中羰基和羧基的含量来表示氧化程度。以次氯酸钠为氧化剂制备的氧化淀粉，氧化度一般低于5%，通常还伴随着淀粉链段的解聚，改性淀粉的分子量降低。氧化淀粉的结晶性能在反应中遭到破坏，结晶度下降甚至成为完全无定形大分子。以次氯酸盐为氧化剂时，体系的pH、反应温度及时间、次氯酸的浓度、淀粉分子结构、淀粉来源等都会对氧化反应产生影响。氧化剂渗入淀粉颗粒内部，主要作用于非晶区。在酸性、碱性条件下，氧化反应速率较慢，而在中性或者弱酸、弱碱条件下反应速率较快。这主要是由于在酸性介质中，次氯酸盐很快生成氯，而氯将与淀粉上的羟基发生酯化反应形成次氯酸酯，然后淀粉次氯酸酯再分解成酮基和氯化氢，因此反应速率较慢。在碱性条件下，淀粉容易形成淀粉盐，而次氯酸盐易形成次氯酸根离子，这两种带负电荷的离子很难发生反应，因此氧化速率下降。而在中性、弱酸或弱碱条件下，次氯酸盐呈现非解离状态，淀粉也呈中性，非解离的次氯酸盐使淀粉形成次氯酸酯和水，氯酸酯再分解产生氧化物和氯化氢。

2. 过氧化氢氧化淀粉

过氧化氢是一种强氧化剂，在碱性条件下可以生成活性氧，使淀粉的糖苷键发生断裂氧化，从而在淀粉结构中引入羰基和羧基。氧化反应完成后，过氧化氢被还原成水，无任何污染，因此越来越受到人们的重视。在酸性条件下使用过氧化氢作为氧化剂，只能得到氧化程度较低的氧化淀粉。虽然过氧化氢含有高含量的活泼氧，但其与有机功能基团的反应活性仍有待提高。将过渡金属离子，如铜离子、铁离子、钨离子等加入过氧化氢氧化淀粉体系，可以显著提高氧化效率。例如，以二价铜离子为催化剂，当其用量从0增加到0.3%时，氧化马铃薯淀粉的羰基和羧基含量分别从0.134%和0.118%增加到1.309%和0.221%。硫酸铜的加入可以明显提高过氧化氢化淀粉的反应速率，只需要加入0.5%的硫酸铜，氧化1h后淀粉中的羰基含量就与不使用硫酸铜的条件下反应72h获得的氧化淀粉的羰基含量相同。研究发现，二价铜离子可以使葡萄糖环C5位上的氢失去电子形成自由基，同时也使葡萄糖环与二价铜离子的配合物上的二价铜离子变成一价（图4.19）。通过调控反应条件，可以使铜离子与淀粉形成不同的配合物。在无铜离子的情况下，淀粉上的C1、C3和C6位上的氢都可能形成自由基。

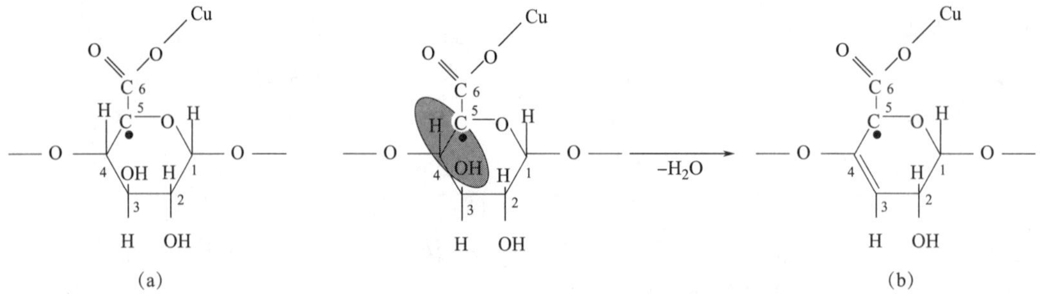

图4.19 （a）在铜离子催化剂的存在下，氧化马铃薯淀粉的自由基结构（C5自由基）；（b）在铜离子催化剂的存在下，氧化马铃薯淀粉脱水之后的自由基结构（C5自由基）

　　硫酸亚铁的加入也可以有效提高过氧化氢氧化淀粉的氧化效率，同时酸性条件（pH= 4）更有利于氧化反应进行。亚铁离子在氧化过程中可以跟过氧化氢反应生成羟基自由基，而羟基自由基形成后将夺取淀粉上的氢原子，使其成为淀粉大分子自由基，从而加快反应的进行。锰离子的加入也可以提高过氧化氢氧化淀粉的反应效率，反应24h即可得到氧化度为5.1%的氧化淀粉。将4 mol AGU的钨酸盐作为氧化反应的催化剂，体系的pH在1.5~4，在90℃下反应0.7~4h即可获得羰基含量为1.09~2.54的氧化淀粉。如果没有加入钨酸盐，在pH= 2，90℃的条件下反应10.2h也没有氧化淀粉生成。

　　在反应前对淀粉进行糊化预处理能够提高淀粉的氧化度，主要是因为淀粉在高温下发生溶胀，使其晶型结构发生破坏，从而使氧化剂更容易进入淀粉内部与羟基接触，加速氧化反应，从而得到氧化度较高的氧化淀粉。王玉忠课题组曾用H₂O₂为氧化剂制备氧化淀粉，发现淀粉经过糊化处理后氧化效果大幅度提高，随着反应时间的延长，氧化程度提高，当反应时间达到24h后，淀粉中的羰基和羧基含量才趋于稳定，如图4.20所示。在30℃反应时间24h，过氧化氢与淀粉的物质的量之比为0.7时，得到的氧化淀粉的羰基含量为39.2%，羧基含量为10.2%。

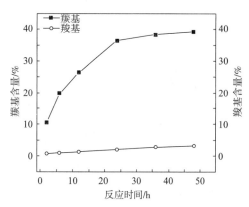

图4.20　反应时间对氧化淀粉的羰基和羧基含量的影响

3. 氧化淀粉的性质

　　氧化淀粉颜色比原淀粉白，原因是次氯酸钠等氧化剂在氧化淀粉的同时发生漂白作用，但是其白度极不稳定，随着温度、湿度和储存时间的不同而发生变化。由于氧化反应主要发生在无定形区，因此淀粉颗粒的结晶结构仍然保持，在偏光显微镜下仍可观察到十字消光现象，XRD上的结晶衍射峰仍然存在。但随着氧化程度的进行，淀粉颗粒出现裂纹、空穴，这主要是由于氧化使部分淀粉发生断链，产生水溶物而造成的。氧化淀粉的糊化温度低，糊黏度低且稳定性好、透明度高、成膜性好、胶黏力强，可以替代阿拉伯胶和琼脂来制造果冻和软糖，为布丁、奶油布丁的主要成分。由于具有较好食品黏合性，氧化淀粉还常用作油炸及烘烤食品的敷面料，以提高食品表层的酥脆性。由于氧化淀粉上含有羧基，带有负电荷，和羧甲基淀粉及淀粉磷酸酯一样容易吸附带正电荷的染料。氧化淀粉具有适宜的黏度范围及较好的稳定性，还可以用作纸张的表面施胶剂。纸张经过施胶处理后，纸的表面微孔被封闭，表面的纤维组织发生黏结，纸张的强度提高，可以改善纸张的印刷和书写性能。氧化淀粉在较高固含量时仍保持流动性和黏着性，因此被广泛用于经纱上浆、精整和印染过程。氧化淀粉黏合在纱线上可以增强纱线的耐磨性，与填料（白土）混合后，还可以填平织物的缝隙，加强织物的挺括性，改善手感和悬垂性。在印染的时候，氧化淀粉成膜性好，透明度高，能有效保持染料的原色。此外，由于氧化淀粉具有很强的胶黏力，在建筑工业中常被用作绝缘板、墙壁纸和隔声板的黏合剂。

（四）淀粉的交联反应及其产物的性质

　　交联淀粉是由淀粉分子上的羟基与具有二元或多元官能团的化合物反应形成二醚键或

二酯键，再将两个或两个以上的淀粉分子连接起来形成的多维网络结构。参加此反应的多官能团化合物称为交联剂。淀粉交联反应中交联剂的用量通常比较低，一般是每100~3000个脱水葡萄糖单元含有一个交联键。与纯淀粉相比，交联淀粉的平均分子量明显提高，糊化温度升高，热稳定性和黏度增大，而溶胀和溶解能力下降。交联剂的种类很多，常用于制备交联淀粉的交联剂有三氯氧磷、环氧氯丙烷、三偏磷酸钠、磷酸二氢钠、甲醛、六偏磷酸钠以及混合酸酐等。环氧氯丙烷和甲醛交联淀粉时发生的是醚化反应，而三氯氧磷和三偏磷酸钠或六偏磷酸钠交联淀粉时发生的是酯化反应。由三偏磷酸钠制备的交联淀粉可以用在食品工业。

交联淀粉的许多性能都明显优于原淀粉，如交联淀粉糊的稳定性和抗剪切能力更强，其中，环氧氯丙烷制备的交联淀粉醚化学稳定性高，抗酸、碱以及抗剪切强度高，不易被酶分解；三氯氧磷和三偏磷酸钠制备的交联淀粉无机酸酯抗酸性强、抗碱性弱。交联后的淀粉溶解度变小，颗粒不易膨胀。交联淀粉的糊化温度及黏度与交联程度的高低有直接关系，低交联度的淀粉，糊化温度和黏度比原淀粉高，继续对其进行加热，黏度持续升高，冷却后其黏度远大于纯淀粉糊；高度交联的淀粉受热不发生膨胀、不糊化。正是由于具有这些特性，交联淀粉被广泛应用于食品、医药、纺织、造纸等领域。

二、淀粉的物理改性

随着人类对环保和能源问题的关注度日益增加，开发具有可再生性的可降解高分子材料已成为目前国内外的研究热点。淀粉作为一种可再生、价格低廉的天然大分子原料已有两百年历史。与大多数人工合成聚烯烃相比，淀粉材料在使用后可完全降解，降解产物为二氧化碳和水，可以被植物吸收，从而进入新一轮碳的循环过程，不会对环境造成污染。然而，淀粉分子间和分子内存在较强的氢键相互作用，加工性能差。此外，淀粉容易吸水，对环境湿度敏感，导致材料使用过程中力学性能变化较大，缺乏稳定性。这些缺点限制了淀粉材料的实际应用。为了使淀粉具有热塑加工性，通常需要添加增塑剂以提高淀粉的流动性。然而，仅靠改变增塑剂的种类和用量还不足以制得力学性能和耐水性能优良，同时兼具可控降解性能的淀粉材料，因此，对淀粉进行物理改性（如在淀粉中混入其他聚合物或进行纳米复合等）成为制备淀粉基材料的主要途径。迄今为止，以淀粉为基体，通过物理改性方法得到的淀粉基材料可分为以下几类：采用增塑剂增塑的热塑性淀粉材料、添加无机纳米粒子的淀粉基纳米复合材料、与合成高分子和天然高分子共混得到的淀粉/合成高分子共混材料和淀粉/天然高分子共混材料。

（一）热塑性淀粉材料

热塑性淀粉是一种直接将淀粉热加工制备的材料。在加工过程中，为了破坏淀粉分子间的氢键相互作用及提高其加工性能，需要用小分子增塑剂对其进行增塑改性。一般而言，所有的极性小分子均可作为淀粉的增塑剂，但实际上常用的增塑剂为含羟基或氨基的化合物。常用的塑料加工方法均可用于淀粉塑料制品的成型加工和生产，如挤出成型、注塑成型、模压成型和吹膜成型等。淀粉的种类、加工参数和产品的最终状态均会对其力学性能和热性能等造成影响。本节将着重介绍制备热塑性淀粉材料常用的增塑剂、加工方法及其结构与性能之间的关系。

1. 增塑剂的种类与反应机理

常用的增塑剂：淀粉是一种呈颗粒状的天然聚多糖，颗粒尺寸一般为5~100μm，主要来源为玉米、小麦、稻米、马铃薯、木薯和豌豆等。淀粉分子中存在晶区和非晶区，淀粉颗粒通过与增塑剂之间的氢键作用使非晶区出现溶胀，但其晶区结构仍然保持。若对其进行加热并施以剪切作用，邻近糖链间的氢键作用可被破坏，晶体结构逐渐消失，该过程被称为凝胶化。在水存在条件下对淀粉进行加热挤出，挤出机产生的高剪切力可破坏淀粉的颗粒结构，得到凝胶化淀粉。环境湿度对淀粉材料的吸水性能有明显影响。随着环境湿度的变化，淀粉的玻璃化转变温度也随之发生改变。例如，淀粉材料的玻璃化温度在10%相对湿度下为188℃，而在90%相对湿度下降到30℃。高压条件下水的沸点提高，从而使淀粉的颗粒结构能在更高温度下被快速、完全破坏。但是，若仅将水作为淀粉的增塑剂，制得的淀粉材料仍会因脆性过大而无法使用。因此，常常需采用其他醇类或胺类增塑剂对淀粉进行增塑改性以制备更稳定、韧性更佳的热塑性淀粉材料。甘油是制备热塑性淀粉最常用的增塑剂之一，借助其羟基与淀粉间的相互作用可以对淀粉进行增塑。甘油增塑对支链淀粉和直链淀粉的作用存在差异。当淀粉中直链淀粉含量小于40%时，加入20%甘油可拓宽材料的塑性区域；但当直链淀粉含量大于40%时，大量直链淀粉在塑化后仍保持其晶态结构，导致甘油对热塑性淀粉力学性能的影响程度明显降低。此外，甘油的用量对热塑性淀粉的制备和性能有较大影响，不同类型的淀粉塑化所需的甘油量也有所不同。对于从马铃薯淀粉中提取的直链淀粉而言，当甘油用量超过20%时制备的热塑性淀粉断裂伸长率有明显提高且能保持较高强度；而在源于蜡质玉米淀粉的支链淀粉中加入相同含量的甘油却无法提高其强度和韧性。甘油和水常被用作淀粉的共增塑剂，在相对湿度为1%~28%且甘油含量为14%~29%条件下，水和甘油含量较低时材料呈单相结构，提高两者含量则会出现一定的相分离现象，呈现出淀粉富集区和贫乏区。在含水量恒定时，甘油含量对淀粉的成膜性能及力学性能会产生较大的影响，并且直链淀粉和支链淀粉所受影响的程度存在差异。当甘油含量高于20%时，直链淀粉膜的断裂伸长率高于低甘油含量的淀粉膜，并且强度仍保持在较高水平，而对支链淀粉而言，甘油用量为20%时制备的淀粉膜则会出现机械强度较差、弹性不足等现象。在不含水的条件下，对比直链淀粉或支链淀粉与甘油或乙二醇之间的相互作用后发现，室温条件下甘油主要与淀粉的无定形区产生相互作用且平衡作用时间为8天，对乙二醇而言，其平衡时间只需要4天且速率不受淀粉结晶状态所影响。

增塑剂的用量及其物理化学性质对热塑性淀粉的结构与物理性能有明显影响。增塑剂引入增大了淀粉的自由体积，削弱了淀粉分子间和分子内的氢键作用，从而导致淀粉的玻璃化转变温度、黏流温度以及模量下降。熔融加工是热塑性淀粉工业化生产更有效的途径，因此研究不同增塑剂对熔融加工制备热塑性淀粉的影响显得尤为重要。与单羟基小分子醇（1-辛醇，1-己醇，1-十二烷醇）及大分子二元醇（聚乙二醇、聚丙二醇）相比，小分子二元醇（1,4-丁二醇，2,5-己二醇，甘油，乙二醇，丙二醇等）及山梨醇在淀粉的增塑改性上表现出更为明显的效果。通过研究分子量不同的多元醇（甘油、木糖醇、山梨糖醇、麦芽糖醇）增塑剂对蜡质玉米淀粉的增塑作用及对体系玻璃化温度、耐水性能和结晶行为的影响后发现，增塑剂的端羟基含量与增塑作用密切相关，随着增塑剂分子量的增加，热塑性淀粉的玻璃化温度和耐水性能逐渐提高。此外，分子量较大的增塑剂会导致制备的热塑性蜡质玉米淀粉材料在干态时脆性变强，而在湿态时其刚性和断裂伸长率增加。

经过多元醇增塑改性的热塑性淀粉在储存一段时间后往往会因为淀粉回生而变脆。使用尿素可以避免重结晶的发生，但是尿素熔点较高、韧性较差，因此使用尿素增塑制备的淀粉材料在力学性能方面仍存在不足。与之相比，利用含酰胺基团的小分子增塑剂（甲酰胺、乙酰胺等）对玉米淀粉进行增塑能够赋予材料良好的韧性，而且可以克服其在储存过程中的重结晶问题。在较宽的湿度范围内，由酰胺类增塑剂塑化制备的淀粉材料均具有良好的韧性。有研究发现，当以尿素、甲酰胺、乙酰胺作为淀粉增塑剂时，仅有尿素在加工过程中可与淀粉发生反应，不同增塑剂与淀粉间产生氢键作用的强弱次序为：尿素＞甲酰胺＞乙酰胺＞多元醇，其键能分别为14.167kcal/mol、13.795kcal/mol、13.698kcal/mol和12.939kcal/mol（1kcal=4186.8J，余同）。尿素和甲酰胺在抑制淀粉重结晶方面效果明显。

2. 热塑性淀粉材料的制备及其结构与性能

如前所述，天然淀粉是由植物合成的半结晶颗粒，不同来源的淀粉晶态结构也有所不同，通常呈现出A、B、C三种类型。在水、甘油、尿素等增塑剂及添加剂存在下，采用通用的塑料加工工艺（如：混炼、挤出、注塑成型、压缩成型或吹塑成型等）可以制得热塑性淀粉材料。天然的淀粉颗粒中含有两种结构不同的聚合物，直链淀粉和支链淀粉，两者含量比主要由植物种类、种植过程等因素所决定。例如，天然玉米淀粉中支链淀粉的含量（质量分数）为75%，而蜡质玉米淀粉中则含有接近100%的支链淀粉。由于淀粉颗粒中直链淀粉的含量对其性能影响较大，因此了解淀粉组成对于制备结构可控及性能优异的热塑性淀粉材料显得尤为重要。

采用化学方法可以将直链淀粉和支链淀粉分别从豌豆淀粉和蜡质玉米淀粉提取出来，然后通过溶液流延的方式制备出直链淀粉含量不同的淀粉膜。该方法首先需制备一定浓度的（通常质量分数小于10%）淀粉水溶液，再经流延挥发掉溶剂后，即可得到一定厚度的淀粉膜。此外，在制备组成不同的淀粉膜时，还可先用少量乙醇和甘油对直链淀粉和支链淀粉进行预处理，再将其置于高温下糊化得到一定浓度的淀粉溶液，之后将该溶液降温至成膜温度以上，在一定温度的模具中成膜，经干燥后得到膜制品。其他种类的淀粉膜（马铃薯淀粉、直链淀粉含量高的玉米淀粉、木薯淀粉等）或淀粉衍生物（乙酰化淀粉、羟丙基淀粉、氧化淀粉等）也可以利用相似的加工工艺进行制备。研究发现，随着直链淀粉含量的增加，未塑化淀粉膜的拉伸强度从40MPa逐渐提高至70MPa，断裂伸长率则非常低，仅为4%~6%。在塑化效果方面，增塑剂对支链淀粉的塑化作用比直链淀粉更明显，也就是说支链淀粉更容易塑化，甘油用量高于30%可得到膜材料，但制备直链淀粉膜的甘油添加量则需达到70%。直链淀粉含量增至40%后热塑性淀粉膜的力学性能趋于稳定，继续增加直链淀粉含量不会对膜的拉伸强度和断裂伸长率产生影响。此外，增塑剂用量对塑化作用的影响也非常显著，研究用量不同甘油的热塑性淀粉膜的T_g和力学性能对增塑剂用量的依赖关系后发现，甘油与淀粉间存在明显相互作用，直链淀粉和支链淀粉的T_g都随着甘油用量的增加而逐渐降低，相同条件下直链淀粉的拉伸强度和断裂伸长率均高于支链淀粉。直链淀粉含量对淀粉材料的性能影响很大，当以四种直链淀粉含量不同的玉米淀粉作为原料，以模压成型法制备一系列热塑性淀粉材料时（固定甘油含量为淀粉质量的30%，含水量控制在10%~35%），发现低直链淀粉含量的热塑性淀粉膜具有较好的韧性，其断裂伸长率为56%~104%，而直链淀粉含量较高的淀粉膜的断裂伸长率则不足35%。同样，以水和甘油作为共增塑剂，采用模压成型法制备的两种不同直链淀粉含量的热塑性马铃薯淀粉材料，在53%相对湿度及23℃条件下放置后，高直链淀粉含量的淀粉片材拉伸强度和模量均大于普通直链淀粉含量的淀粉材料，但两者在断裂伸长率上差别不大。直链淀粉含量较高的淀粉材料具有更高的熔融黏度和更明显的剪切变稀行为。此外，增加湿度可以降低淀粉片材的刚性，使其伸长率提高、T_g降低。

由于结构规整的晶区与疏松的无定形区在淀粉颗粒中共存，因此淀粉可被视为一种复合物。淀粉颗粒中晶区部分的含量为15%~45%，晶区分子链排列规则且结构致密，使得水分子或其他化学试剂难以进入，其稳定性得以保持，但同时存在淀粉凝胶化温度过高、化学修饰困难等问题。淀粉分子量越高，分子间氢键作用会越强，形成的网络结构更为稳定，加工流动性更差。为了提高淀粉的可加工性，改善其物理化学性能，需要在一定程度上减小淀粉的晶区尺寸或降低淀粉的分子量。通常可以采用的方法有酸解、氧化、酶催化降解等化学方法，以及热湿处理、辐射降解、微波降解、超声降解和挤出降解等物理方法。此外，机械活化也是降低淀粉分子量的一种简单、有效的方法。机械能可以转变为物质的内能，机械处理过程中淀粉会发生部分降解，反应活性提高。对比紫外线和γ射线照射后木薯淀粉的降解行为发现，这两种照射方法均可降低淀粉的特性黏数并且两者作用程度相当。经乳酸酸化的淀粉更容易在紫外线照射下发生降解，而γ射线照射会使淀粉降解过程中产生自由基，使其更易于进行化学修饰。当利用微波对淀粉进行处理时，不同来源的淀粉所受影响的程度存在差异。在市售小麦、玉米和蜡质淀粉中加入一定量的水使其含水量达到30%，再用微波对样品进行照射处理后发现，小麦淀粉和玉米淀粉的结构在照射后发生了改变，其结晶度、溶解性和溶胀性能均有所下降，凝胶化温度有所提高，而蜡质淀粉则基本不受影响。由此说明，淀粉在照射过程中发生的变化不仅与淀粉晶体结构有关，还与直链淀粉和支链淀粉的含量相关。此外，直链淀粉含量还对热塑性淀粉加工过程中的转矩、单位机械能（也称单耗、比功耗）、口模压力有直接影响。直链淀粉含量越高，淀粉颗粒之间的结合力越大，增塑剂越不容易进入淀粉颗粒内部，易造成体系黏度增大，凝胶化时间过长，加工过程中转矩、特定机械能以及口模压力较高的现象。经过化学改性后，高直链玉米淀粉（直链含量为80%）分子链的规整性遭到了破坏，淀粉颗粒间的结合力减弱、加工过程中更容易吸收增塑剂，凝胶化时间明显缩短，熔体黏度降低，转矩单位机械能以及口模压力均有所下降。

在制备淀粉膜过程中，加工条件变化对其结晶性能会造成明显影响。直链淀粉凝胶及形成的淀粉膜在微观形貌上具有一致性，均存在网状结构特征。未添加增塑剂的直链玉米淀粉膜结晶度较高，为B型晶体，而未塑化的支链玉米淀粉膜为无定形结构。添加增塑剂对直链玉米淀粉膜的结晶性能影响不大，但增塑改性后的支链玉米淀粉膜则会出现B型晶体，并且其结晶度与成膜过程中的空气湿度密切相关。当环境相对湿度为90%时，两者的结晶度几乎相等。结晶度增加对支链淀粉膜力学性能的提高有明显贡献，而直链淀粉膜的力学性能主要依赖于其微观网络结构。此外，淀粉膜的结晶度和网络结构不会对其氧气和水蒸气阻隔性能产生明显影响。通常而言，天然大分子与水共混体系中的凝胶化和相分离之间存在竞争关系。当凝胶化速率高于相分离速率时，冷却后体系会形成均一的网络结构，不会出现相分离。淀粉的凝胶化受聚合物结构、浓度、温度等条件影响。直链淀粉与支链淀粉在凝胶化速率上存在差别，直链淀粉的凝胶化速率较快，溶液浊度和剪切模量可于40 min后达到平衡，而支链淀粉的凝胶化速率较慢，有时可长达数周之久。此外，在干燥过程中，直链淀粉可以结晶，得到的淀粉膜具有较高的结晶度，与之相比，支链淀粉膜则是完全无定形的。若混合物中两种聚合物均可结晶，则有可能出现共结晶现象。有迹象表明，淀粉共混凝胶中支链淀粉区的耐酸性有所增强，这说明共结晶可能存在。此外，淀粉凝胶中直链淀粉双折射现象消失的现象也可推断产生了共结晶。通过对直链淀粉和支链淀粉含量不同的淀粉膜的形貌和结晶行为进行研究后发现，纯直链淀粉膜的相对结晶度约为30%，纯支链淀粉膜的相对结晶度接近于零，两者混合制得共混膜的结度明显高于理论计算值，由此也说明共结晶的存在。当直链淀粉含量较低时两种淀粉间存在相分离行为，提高直链淀粉含量后，其凝胶化阻止了相分离行为的产生，进而形成连续的直链淀粉网络结构网。

吹塑是一种常用的制备自支撑塑料膜的加工方法，聚合物在熔融状态下被挤出并通过增加管内压力膨胀形成空心管。对于吹膜加工方式而言，聚合物的拉伸性能显得尤其重要。为了制备出淀粉中空薄膜同时避免使用溶剂，可调整设备的挤出口模形状，并在加工过程中对熔体进行双向拉伸。熔体韧性不足或者熔体强度低是限制聚合物吹膜加工的主要障碍，因此如何提高熔体韧性和强度成为制备淀粉薄膜材料的关键技术问题，解决该问题有助于大幅度提高生产效率。为了确定热塑性淀粉材料的吹膜加工窗口，首先需了解加工条件、甘油用量和湿度条件对淀粉吹膜性能的影响。吹膜加工前通常先采用双螺杆挤出机制备热塑性淀粉粒料。当以甘油作为增塑剂时，需控制螺杆转速为20r/min左右，挤出机筒和模具温度均为90℃，初始湿度为11%~13%（质量分数），进行挤出并造粒。在吹膜加工前，粒料应置于一定温度和相对湿度的环境下储存。吹膜加工时采用挤出机将粒料挤出，并适当调整脱离轧辊速率和膜的中空压力，使吹胀比大于2，可获得性能优异的热塑性淀粉膜。淀粉材料的性能与其种类和增塑剂用量有密切关系，通常直链淀粉组分含量越高，刚性越强、熔体黏度越高。通过吹塑工艺可得到中空热塑性淀粉材料，但直链淀粉含量过高会因熔体黏度过大、刚性过强而无法加工，除非加入更多的增塑剂。此外，增塑剂类型及用量也会对吹塑工艺产生影响，对比发现，当直链淀粉含量超过51%时，采用尿素和甲酰胺作为共增塑剂可防止淀粉回生并提高其力学性能，制备出厚度为50μm的淀粉中空膜。在制备这种膜材料之前，同样需要利用双螺杆挤出机制备热塑性淀粉颗粒，螺杆转速设定为100r/min。当以甘油为增塑剂时，挤出机进料口温度为70℃，口模温度为120℃，中间段最高温度不超过120℃；当以尿素和甲酰胺为增塑剂时，进料口温度不变，但口模温度和中间段最高温度需提高至130℃。将得到的热塑性淀粉颗粒进行吹塑加工，螺杆的长径比可选为25，进料口温度、口模温度和中间段最高温度可依次设定为70℃、120℃和120℃。此外，对淀粉进行化学修饰（如氧化和羟丙基化）可以显著提高热塑性淀粉的熔体强度。例如，淀粉进行乙酰化改性之后，可以在吹膜机的机筒温度为120℃±2℃，口模温度为125~130℃的条件下顺利吹膜。

由于具有良好的氧气阻隔性能，淀粉膜常被用于食品的保存和储藏。早期研究发现，在25℃条件下，干态直链淀粉膜的氧气透过率非常低，并且添加增塑剂不会对该性能产生影响。在相对湿度较低的环境中，淀粉膜的氧气阻隔性能与合成高分子材料相近，但是环境湿度增加会使该性能逐渐恶化。与支链淀粉膜相比，直链淀粉膜具有更高的氧气阻隔性能。将甘油和水增塑制备的淀粉膜放置在一定湿度环境中，当淀粉膜的含水量小于15%时，淀粉膜表现出良好的氧气阻隔性，当含水量超过20%后该性能开始下降。这是因为水分子与淀粉分子间存在相互作用，含水量增加使淀粉分子链的运动加快，氧气透过率增加。

（二）淀粉纳米复合材料

上文所介绍的热塑性淀粉材料在实际使用过程中性能受环境湿度的影响很大，使用稳定性较差。该材料在耐水性和力学性能方面存在难以克服的缺陷，严重限制了其在某些领域的使用。因此，通常需对其进行共混改性以提高其力学性能并降低其水敏感性。与之相比，如果只添加少量物质便可使淀粉的物理和力学性能得到大幅度提高，那么制备的淀粉材料在成本和缓解环境压力方面将更具优势。随着纳米技术的快速发展，越来越多的研究者致力于淀粉基纳米复合材料的研究，主要涉及淀粉与无机填料、天然纤维、晶须等的复合。

（三）淀粉/黏土复合材料

将无机物和有机高分子材料复合可以实现两者的优势互补，得到的有机—无机杂化材料表现出与众不同的特质，有关这方面的研究已经成为材料界的研究热点。制备淀粉基纳米复合材料时，黏土是使用最多的无机物，具有原料来源丰富、环境友好及价格低廉等优点。已有研究表明，通过熔体插层技术可将聚合物分子插入黏土的层状硅酸盐片层中，制备插层型聚合物/黏土纳米复合材料。蒙脱土是性能最优异的黏土之一，可以在聚合物基体中分散形成厚度仅为1nm的单层结构。当蒙脱土与聚合物进行共混时，蒙脱土的层状结构最初不会发生改变，呈现出微相分离状态，如图4.21所示。少量聚合物进入蒙脱土层间会导致其层间距增至2~4nm，表现出插层状态。当蒙脱土的片层结构被完全破坏且不再平行排列时，可形成剥离型复合材料。理想情况下，纳米复合材料中的黏土可被完全剥离且均匀分布在聚合物基体中，最大程度提高材料的性能。近年来，出现了大量有关将蒙脱土用于聚合物改性的研究报道，改性后的聚合物材料在力学、热学及气体阻隔等方面的性能均得到了显著提高，其中有关使用蒙脱土制备的淀粉纳米材料的研究颇受关注。

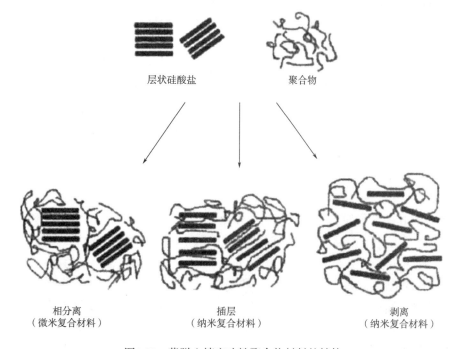

图4.21　蒙脱土填充改性聚合物材料的结构

除蒙脱土外，海泡石也经常用于制备淀粉纳米复合材料。海泡石是一种针状的硅酸镁水合物，理论分子式为$Mg_8Si_{12}O_{30}(OH)_4(H_2O)_4 \cdot 8H_2O$。以同晶置换的钠海泡石为原料，用阳离子化的淀粉通过分散/吸附技术对其进行改性，改变海泡石与阳离子化淀粉的比例可以制备出改性程度不同的海泡石。高岭土是一种硅酸铝矿石，由硅氧四面体和$AlO_2(OH)_4$八面体所构成，来源丰富、价格低廉。淀粉/高岭土复合材料的制备过程比较简单，将凝胶化的淀粉与甘油和高岭土按照一定比例混合均匀，然后直接成型加工得到复合材料。淀粉/高岭土复合体系中，高岭土会阻止淀粉回生，并影响淀粉材料的吸水性。与海泡石不同的是，由于高岭土具有热阻效应，它的加入对热塑性淀粉热稳定性的提高有积极作用。埃洛石是一种结构与高岭土类似的硅酸铝纳米管，具有双层结构并通过层卷曲形成中空管状结构，长径比非常大，通常长度为1~15 μm，内径为10~150nm。与碳纳米管相比，埃洛石更易获得且价格较低，可在储氢、催化、吸附有害物质等方面进行应用。淀粉/埃洛石复合材料的制备可以采用熔融共混或者溶液共混方式来进行。以溶液共混方式为例，先将埃洛石和甘油在水溶液中超声分散，之后加入淀粉在加热条件下均匀混合一段时间，再将其流延成膜得到复合材料薄膜。在淀粉中加入埃洛石后，体系的糊化黏度、拉伸强度和热稳定性均明显提高。少量的埃洛石的加入还能在一定程度上提高淀粉材料的水蒸气阻隔性能，但当埃洛石添加量超过6%后，复合材料的水蒸气透过率不再发生变化。

（四）淀粉/纤维复合材料

纤维具有高比强度和高比模量等优点，早期开发的具有优异力学性能和热性能的纤维增强塑料被用于航空和军工领域，从而将越来越多研究者的目光吸引到纤维增强聚合物上来。多种类型的纤维都可以用来增强淀粉材料，常见纤维包括纸浆纤维、甘蔗纤维、丝瓜纤维、麻纤维、棉纤维等。这些纤维同样来源于可再生资源，将它们引入淀粉不仅可以改善淀粉材料的力学性能和热性能，还可以扩大这些天然纤维的应用范围。淀粉与纤维混合之前，通常需要先将淀粉与增塑剂及加工助剂（如甘油、硬脂酸等）混合均匀，再将其与定量的纤维在挤出机中进行加工，温度可控制在150~160℃，混合时间不宜过长，因为淀粉材料在加工过程中受到剪切力的作用，不可避免发生降解。研究发现，淀粉材料中发生降解的主要成分是支链淀粉。甘油用量的增加通常会部分抑制淀粉的降解，而纤维的引入却会与这种作用相竞争，使淀粉加速降解。

不同种类的纤维用于改性淀粉材料时，其改性效果与纤维种类有密切关系。使用甘蔗纤维来增强淀粉材料时，需先用水洗去甘蔗渣中残余的糖和污垢，经干燥后用丝网筛去除木髓、灰分和杂质，再经过一系列机械处理后才能得到具有一定长度和直径的纤维。制得的甘蔗纤维可与淀粉、水、甘油等混合后于高温下搅拌，流延成膜。对淀粉/甘蔗纤维复合材料而言，仅添加5%的甘蔗纤维便可使淀粉的杨氏模量和拉伸强度分别提高24%和16%。红外结果表明，纤维的加入有利于提高淀粉分子间的氢键作用，随着纤维用量增加，淀粉的结晶度提高，所制备的复合材料的吸湿率略有降低。此外，仅仅经过机械磨碎而未脱除木质素的纤维也可以提高淀粉膜的耐水性能。

用丝瓜纤维对淀粉进行复合改性的过程与之类似，可先将预凝胶化的淀粉、甘油和丝瓜纤维共混均匀，再采用相应的加工方法制得复合材料。对于剑麻纤维和大麻纤维复合改性热塑性淀粉材料的制备，则需先将长纤维进行预处理，得到一定长度的纤维（大麻纤维

31.5μm，剑麻纤维31.8μm），并去除果胶、蜡质及纤维表面的杂质（可通过将纤维在环己烷/乙醇混合液中回流24h实现）。由于该处理过程不会改变纤维的主要形貌特征，因此在对淀粉进行后续复合改性时能够更好地研究材料的构效关系。丝瓜纤维的加入可以降低淀粉材料的吸水率，提高热稳定性和拉伸强度。当丝瓜纤维含量为10%时，复合材料的拉伸强度达到最大值。材料的吸水率随着纤维含量的增加而逐渐降低，纤维含量恒定时，复合材料的吸水率随着样品放置时间的延长而增大。纤维与淀粉的重复单元均为葡萄糖，两者之间具有良好相容性和界面相互作用，淀粉基体与纤维之间结合紧密，这对于复合材料综合性能的提高起到了关键性作用。当使用剑麻纤维和大麻纤维对淀粉进行改性时发现，无论添加何种纤维，均使淀粉的V_h型晶体含量减少。在力学性能方面，材料的拉伸强度也随纤维含量的增加而增加。大麻纤维具有更高的杨氏模量，因此大麻纤维对淀粉的增强作用优于剑麻纤维。然而，由于刚性填充物的引入，复合材料的断裂伸长率明显下降，由纯热塑性淀粉的20%下降至10%以下，且随着纤维含量的增加呈现不断降低的趋势。

在淀粉基体中加入棉纤维时，两者之间的氢键相互作用会使红外谱图中淀粉的羟基伸缩振动峰在一定程度上向低波数方向移动。在制备该淀粉/棉纤维复合材料时，可先将淀粉与甘油以一定比例预混合，再用高速搅拌机在一定的温度（如150℃）下搅拌混合，然后进行成型加工，制备出淀粉/棉纤维复合材料。当棉纤维含量为10%时，复合材料表现出最好的耐水性能。与琼脂相比，加入棉纤维可以在更大程度上提高材料的拉伸性能。当琼脂与棉纤维比例为4∶6时，所得复合材料的拉伸强度和杨氏模量达到最大值，分别比纯热塑性淀粉提高了约120%和1100%。此外，材料的初始分解温度和热稳定性也会随着纤维的引入而提高。尤其值得注意的是，纤维的加入不会影响材料的生物降解性能。

另外，在黄麻和木棉纤维填充改性的淀粉复合体系中，淀粉的羟基红外吸收峰也发生移动，说明黄麻和木棉纤维与淀粉基体间也存在氢键相互作用。纤维的加入显著提高了热塑性淀粉的力学性能，当纤维含量为15%时，复合材料的拉伸强度约为4MPa（未添加纤维的热塑性淀粉材料的拉伸强度仅为1.3MPa），杨氏模量超过了30MPa。此外，纤维的加入有助于降低材料吸水率，提高耐水性能，其中淀粉/黄麻纤维复合材料的耐水性能更好。在热稳定性方面，黄麻纤维的加入不会影响淀粉的热分解温度，而木棉纤维会在一定程度上会使淀粉的分解温度有所降低。

（五）淀粉/纤维素共混材料

热塑性淀粉材料的主要缺点在于高环境湿度敏感性，在使用和储存过程中由于易吸收水分，导致其T_g发生变化。此外，热塑性淀粉常用的亲水性增塑剂容易迁移并被水冲洗掉，在淀粉老化过程中，这种非平衡含水量的改变将使材料的性能产生不可控的恶化。因此，耐水性差和力学性能不高严重限制了淀粉在材料领域的发展，通常需要用其他高分子对其进行共混改性来提高性能。本节将着重介绍淀粉与纤维素共混物的制备方法及其结构与性能间的关系。

众所周知，纤维素是自然界分布最广、储量最多的一种天然多糖。纤维素存在很强的分子间和分子内氢键作用，难以热塑加工并且不溶于常见的有机溶剂，因此通常使用纤维素的衍生物与淀粉进行共混改性。纤维素与淀粉具有相同的重复结构单元，分子链中含有大量羟基，两者共混时可以产生较强的氢键相互作用，表现出很好的相容性，可以制备出结构均一的共混材料。浇铸成型和模压成型是制备淀粉/纤维素共混材料最常用的方法。使用甲基纤维素和羧甲基纤维素与淀粉进行共混，制得的共混材料在性能上存在明显差异。制备过程中，可先将淀粉在一定温度的水中溶解，再将甲基纤维素或羧甲基纤维素配制成溶液与之混合，成膜后干燥除去水分而得到共混膜。研究结果表明，淀粉/甲基纤维素共混膜的吸水率和吸水速率与纯淀粉膜相同，而淀粉/甲基纤维素共混膜的吸水率和吸水速率略低于纯淀粉膜。在生物降解性能方面，两种共混膜的降解速率都略低于纯淀粉膜，降解率随着淀粉含量的增加而逐渐增大。两者相比，淀粉/羧甲基纤维素共混膜表现出更快的降解行为。

以多元醇作为增塑剂，采用甲基纤维素对可溶性淀粉进行共混改性，浇铸成型和模压成型方式均可以用来制备共混材料。用于测定气体阻隔性能的样品一般采用浇铸成型法制备，首先需将淀粉与甲基纤维素、甘油、糖和水混合均匀，然后将温度为85~90℃的成膜溶液倒入模具中干燥得到样品；而用于测定热力学性能的厚制品则需在110℃下热压制备。用甲基纤维素对淀粉进行改性可以调控其热性能、力学性能及水蒸气阻隔性能。共混膜的T_g、拉伸强度和弯曲模量随着水、甘油、山梨醇或木糖增塑剂含量的增加而逐渐降低。当增塑剂总含量超过15%时，共混膜的T_g和拉伸强度急剧下降，但断裂伸长率却提高了3倍。淀粉/甲基纤维素共混膜的气体透过率与使用增塑剂的总量具有依赖关系。在增塑效果方面，甘油可使淀粉的T_g降得更低，而山梨醇在提高共混膜断裂伸长率的效果方面优于甘油和木糖。

第四节　淀粉材料的应用

一、农用薄膜

当前以淀粉为原料制备的农用薄膜有淀粉添加型和全淀粉型两类。

（一）淀粉添加型

淀粉添加型农用薄膜是将聚烯烃和谷物、马铃薯、大米、玉米等的改性淀粉共混或共聚生产的薄膜产品，这类薄膜使用后会在土壤中被生物降解。淀粉具有亲水性，聚烯烃具有疏水性，二者相容性的改善是这类产品完善的关键所在。

淀粉改性有物理改性和化学改性两种方法，如将淀粉、水、硅氧烷混合，通过喷雾干燥制备成粉末后，经油酸、油酸乙酯等自氧化剂处理，然后与聚乙烯共混得到产品。还可以通过交联、接枝处理淀粉，如首先制备淀粉接枝聚烯烃产品作为相溶剂，然后加入聚烯烃与淀粉的共混物中，得到均匀分散的共混物，制备成薄膜。美国农业部的农用地膜配方是40%的玉米淀粉、30%的改性淀粉、30%的PE，这类产品中的淀粉会被完全降解，聚烯烃则不可降解，对资源和环境造成负面影响。

还可以对聚乙烯醇、淀粉共混物进行交联处理制备塑料薄膜，如聚乙烯醇、芭蕉芋淀粉、硼砂、明胶、甲醛共同作用形成可生物降解的塑料薄膜。该膜拉伸强度为15.19~17.97MPa，延伸率为72%~151%，吸水率为36%~61%。以淀粉与聚乙烯醇为原料，在交联剂存在下共混制备塑料薄膜。以木薯淀粉和PVA为原料，通过甲醛交联共混制备塑料薄膜。木薯淀粉—PVA可降解，共混体系相容性好，共混型薄膜的拉伸强度可达10.53MPa，断裂伸长率为360%。

（二）全淀粉型

全淀粉生物降解塑料是理想的薄膜材料。例如，德国法兰克福的巴特勒（Battelle）研究所制备的可降解塑料淀粉含量大于90%，适宜作为地膜。意大利费鲁齐（Ferruzzi）公司制备的"热塑性淀粉"，其淀粉含量为70%，性能优异，易于加工成型，完全降解时间只需3周。海藻酸钠、淀粉、保水剂，增塑剂等合成的田间全淀粉直接成型地膜，可以完全降解。

二、包装材料

原淀粉、变性淀粉等制备的可降解包装材料在一次性餐具、食品包装等领域应用较多。例如，武汉远东绿世界集团有限公司制备的淀粉基生物降解塑料稳定性、保温性都达到包装材料要求，且降解速度较快。美国伊利诺伊州立大学制备的玉米淀粉塑料可以作为食品包装容器使用。天津大学开发的变性淀粉改性聚乙烯，力学性能和生物降解性良好，价格低，目前已建有大型生产基地。日本制备的玉米淀粉树脂包装材料，后期可以经过昆虫吃食、生物分解、燃烧等方式处理。

蛋白/原淀粉膜包装材料可作为食品内包装袋使用，蛋白膜和其他的纸类、淀粉类制成复合材料，在食品包装方面应用广泛，这种薄膜的防油、防水、耐高温性能很好，可以用于一次性餐具。用原淀粉和纸类制成的餐具防水性较差，需要在其表面涂一层玉米蛋白做成的防水膜。玉米蛋白中含40%的醇溶蛋白，该蛋白的氨基酸末端带有疏水性好的非极性憎水基团，再以甘油、丙二醇作为增塑剂就可以制得可食性包装膜。

三、胶黏剂

淀粉是一种廉价的可再生资源，以淀粉为主要原料制备胶黏剂，具有环保、生产成本低等优点。从古至今人类对淀粉类胶黏剂的开发一直没有停止，秦朝就以糯米浆与石灰制成浆黏结长城的基石。天然淀粉胶黏剂以其原料来源广、价格低廉、生产工艺简单、使用方便、环保无毒而广泛应用于许多行业，尤其在纺织、造纸、包装领域大量使用。传统淀粉基胶黏剂存在耐水性能差、初黏力小，干燥速度慢等缺陷，限制了它的大量使用。

淀粉或其衍生物与合成高分子胶黏剂混合，在合成高分子胶黏剂如脲醛树脂、白乳胶中加入少量（不超过胶黏剂干基质量的15%）淀粉，可以有效提高胶黏剂的性能。例如，10%聚乙烯醇溶液、聚醋酸乙烯酯乳液与淀粉、氧化淀粉共混，可以提高胶黏剂的干燥速度、黏接强度。

玉米淀粉经过接枝、氧化、酸解等变性处理，然后与交联剂、改性剂发生反应，再经高温、消泡剂、增塑剂、稀释剂等处理后，可制备得到低成本，环保，干、湿强度优良的淀粉基木材胶黏剂。淀粉基木材胶黏剂与传统胶黏剂（如聚醋酸乙烯酯乳液）相比还存在较大差距，淀粉胶黏剂耐水性较差主要受淀粉高分子结构影响，直链淀粉和支链淀粉分子链以结晶区和非结晶区交织的形式组成淀粉颗粒，羟基产生的氢键结合力是淀粉胶黏剂产生黏结力的来源，羟基又极易与水结合，淀粉胶黏剂对被胶接材料的吸附作用易被水减弱。要对其进行改性，进一步提高耐水性，必须针对羟基进行化学改性，通过氧化、酯化、接枝、交联等手段来封闭羟基和引入其他活性基团（醛基、羧基、酰胺基等），控制整个胶黏剂体系中的基团数目到恰当的程度，这些基团能在固化过程中交联缩合反应生成牢固的亚甲基键，氨酯键和脲键等耐水化学键，形成紧密的网状骨架，防止水分子切入对氢键造成破坏，既保证了胶合强度，又提高了耐水性。

四、降解塑料

当前工业上应用较多的是合成树脂、天然高分子与淀粉共混制成的降解塑料，它们被广泛用于垃圾袋、薄膜、餐具、包装等方面。德国BIOTEC公司研发和生产了一种以淀粉和脂肪族聚酯为主要原料的全生物降解塑料，其中淀粉的含量在55%~75%。以淀粉为原料，通过交联和偶联剂处理得到双改性的疏水性淀粉，该淀粉经多元醇塑化处理后再与聚己内酯混合，能制得一种可完全生物降解的塑料膜。

淀粉无毒、亲水，具有黏附性、生物相容性和生物降解性，因而被广泛用在生物医用领域，改性淀粉在医药方面可用作片剂和赋形剂、外科手套的润滑剂、缓释制剂、组织工程支架、代血浆和冷冻保存血液的血细胞保护剂，还可用在开发药物新剂型等方面。其中淀粉与脂肪族聚酯（如 PCL、PLA等）的共混材料，可以采用多种加工方式获得具有3D结构的多孔组织工程支架，用于骨、软骨的修复与再生。

淀粉/PCL纤维通过湿法纺丝制备网状支架并经等离子处理（成骨细胞能够识别等离子处理后的纤维表面形态及化学组成变化，其有更高的细胞活力及增殖率，可以提高成骨细胞的黏附力及增殖率），纤维直径在100μm，平均孔洞尺寸为250μm，适合骨组织再生。

采用挤出方式将醋酸纤维素/淀粉共混物及改性剂制成支架，并植入大鼠体内，6周后观测到骨组织在其表面及内部生长。骨活性陶瓷与淀粉/聚乳酸共混物复合成的组织工程支架，经过14天磷灰石就可以在其表面形成。淀粉基材料还可以作为药物载体使用，具有降解速度可控、价格低廉、不影响药物活性的优点，常以凝胶、微球的形式用于给药。油/水乳化挥发法可以用于淀粉阴离子微球的制备，得到有良好分散性、尺寸分布适宜的微球。载药浓度和载药时间会影响该微球的载药量。该微球中药物释放有初始突释及后续溶胀控制释放阶段。

将羧甲基淀粉、甲基丙烯酸，聚乙二醇单甲醚与N,N–亚甲基双丙烯酰胺反应制备pH敏感型水凝胶（丙烯酸的引入可以赋予淀粉材料一定的pH响应性），以胰岛素为模型药物，通过溶胀度控制药物释放量，通过交联程度调整凝胶的溶胀度，在中性环境的药物释放程度高于酸性环境，因而适宜于肠道给药系统。

五、吸附材料

工业废水中含有很多有毒物质，特别是一些金属离子，容易在人体内沉积，危害健康和污染环境。淀粉基材料常被用作工业废水的吸附剂，其吸附机理主要有离子交换、配位作用、螯合作用、静电作用、氢键作用、物理吸附等。改性淀粉絮凝剂无毒且可生物降解，因此能用作工业废水处理的絮凝剂和螯合剂。阳离子淀粉、阴离子型磷酸酯淀粉、交联淀粉等通常被用于工业废水的处理。丙烯腈接枝共聚淀粉经皂化水解制得的高吸液树脂能吸收自重几百甚至上千倍的无离子水，这种树脂制成的薄膜、颗粒或粉状物，在日常生活、工业、农业等各个领域具有极高的应用价值。

玉米淀粉经过过氧化氢的交联、氧化，可以制备氧化度不同的交联淀粉。氧化交联淀粉的羧基含量提高，与钙离子间的作用增大，吸收钙离子能力提高，最大吸收量可达1.561 mmol/g。淀粉交联后再接枝甲基丙烯酸可以得到对Cd^{2+}、Pb^{2+}、Hg^{2+}、Cu^{2+}等二价离子吸附能力较强的材料，如果具有较高的羧基含量，该材料可将这些离子的浓度从最初的200×10^{-6}在20 min内降至$(20~80) \times 10^{-6}$。

将淀粉酸解和酶解，然后通过生物化学途径能生产出众多的化工原料、食品添加剂和医药产品。通过淀粉发酵可生产乙醇、乙烯和丁二烯，由淀粉发酵法生产的乙醇，在美国已占总乙醇产量的一半以上。第二次世界大战期间，美国以工业化规模的装置将乙醇转化为乙烯，再把乙醇转化为丁二烯，由于战后石油价格低廉，乙醇转化工作暂时停顿。到了20世纪90年代，由于石油、天然气价格上涨，能源和环境的危机使燃料酒精的需求大增，采用发酵法生产乙醇前景广阔。我国是一个农业大国，淀粉资源丰富，有利于发展发酵法生产酒精产业。利用植物原料生产乙醇、乙烯和丁二烯的费用与以石油为原料生产这些产品的费用大致相当。此外，淀粉发酵法还可用来生产柠檬酸、衣康酸、富马酸、苹果酸等有机酸，以及甲醇、丙酮、丁醇，异戊醇、甘油、乙二醇等化工产品。

淀粉可用于生产甜味剂、有机酸等小分子，淀粉经深度水解并采用异构化技术可生产出高果精葡萄糖、山梨糖醇，麦芽糖醇，高果精葡萄糖甜度已经达到蔗糖的水平，但热量较低，因此，这种甜味剂在发达国家颇受欢迎，山梨糖醇甜度虽只有蔗糖的70%，但在血液中不转为葡萄糖，颇受糖尿病、肝脏疾病患者的欢迎。麦芽糖醇甜度虽比蔗糖稍低，但热量只有蔗糖的八分之一。

用微生物发酵方法生产的氨基酸和核苷酸有28种之多。大多数氨基酸可用发酵法生产，人体必需的（即不能由人体自己合成的）八种氨基酸都能由发酵法生产。谷氨酸（味精）在食品工业上用作调味剂，天门冬氨酸用作甜味剂，八种人体必需氨基酸用作营养强化剂，蛋氨酸和赖氨酸用作饲料强化剂。氨基酸还可作为医药品使用，如谷氨酰胺作为肠胃溃疡药，亮氨酸和苯丙氨酸作为镇痛剂，天门冬氨酸作为代谢活性剂，色氨酸作为治疗忧郁症的药物。酰化氨基酸在工业用途方面可用作表面活性剂，有强大的杀菌和使病毒失活的能力。

另外，以羟甲基淀粉或醋酸酯淀粉制得的可降解阳离子淀粉或阳离子羟甲基淀粉对玻璃纤维有黏合作用，且黏合性能好。在工业循环冷却水系统中，氧化淀粉有很好的缓蚀阻垢效果，且无毒害、性能稳定、不易腐烂，又易生物降解，是新一代绿色环保水处理剂。在泡沫塑料行业中的应用，如在碱性介质中合成改性淀粉，可提高泡沫塑料的柔韧性、强度和相容性。

课程思政

国以民为本，民以食为天，食以安为先。淀粉是人类粮食的最主要成分，同时也是重要的工业原料。习近平总书记关于食品安全既是重大的民生问题，也是重大的政治问题的有关论述，将食品安全从民生问题上升到政治高度，唤起同学们对食品法的敬畏，对食品质量的重视，提高了全体学生认真学习食品专业知识、科学控制食品质量的自觉和自律性。食品安全是关系民生的重大问题，与人民群众的身体健康和生命安全密切相关，食品工业在世界经济中一直占有举足轻重的地位。"五谷为养，五果为助，五畜为益，五菜为充"是《黄帝内经》膳食观，吴光旭教授在讲授营养学发展简史时，常将我国传统膳食理念融入课堂，彰显我国传统膳食文化的博大精深，激发同学们对传统文化的自信和自豪感。在课程讲述时，他将《黄帝内经》与文化自信、青少年营养需求与营养午餐计划、居民膳食状况与脱贫攻坚三个现实问题相结合，培养学生正确的"三观"和爱国主义情怀，得到了同学们的广泛认同。食品加工、食品营养、食品安全关系到人类健康、生命安全、社会经济和国家战略。食品科学与工程学科的老师们在传授专业知识的同时，与思政内容紧密融合，培育学生的家国情怀。通过课程中思政元素的引导，增强大家的民生意识、法治意识和国家安全意识，更加坚定了作为食品科学与工程专业人员的历史使命和责任担当。

👉 参考文献

［1］王玉忠，汪秀丽，宋飞 . 淀粉基新材料［M］. 北京：化学工业出版社，2015.

［2］ANGELLIERH, MOLINA-BOISSEAU S, DOLE P, et al. Thermoplastic starch-waxy maize starch nanocrystals nanocomposites［J］. Biomacromolecules, 2006, 7（2）: 531-539.

［3］VIGUIÉ J, MOLINA-BOISSEAU S, DUFRESNE A. Processing and characterization of waxy maize starch films plasticized by sorbitol and reinforced with starch nanocrystals［J］. Macromolecular Bioscience, 2007, 7（11）: 1206-1216.

［4］ZHENGH, AI F J, CHANG P R, et al. Structure and properties of starch nanocrystal-reinforced soy protein plastics［J］. Polymer Composites, 2009, 30（4）: 474-480.

［5］CHEN Y, CAO X D, CHANG P R, et al. Comparative study on the films of poly（vinyl alcohol）/pea starch nanocrystals and poly（vinyl alcohol）/native pea starch［J］. Carbohydrate Polymers, 2008, 73（1）: 8-17.

［6］CHANG P R, AI F J, CHEN Y, et al. Effects of starch nanocrystal-graft-polycaprolactone on mechanical properties of waterborne polyurethane-based nanocomposites［J］. Journal of Applied Polymer Science, 2009, 111（2）: 619-627.

［7］张俐娜，陈国强，蔡杰，等 . 基于生物质的环境友好材料［M］. 北京：化学工业出版社，2011.

［8］BELHAAJ S, BEN MABROUK A, THIELEMANS W, et al. A one-step miniemulsion polymerization route towards the synthesis of nanocrystal reinforced acrylic nanocomposites［J］. Soft Matter, 2013, 9（6）: 1975-1984.

［9］CHEN B Q, EVANS J R G. Thermoplastic starch-clay nanocomposites and their characteristics［J］. Carbohydrate Polymers, 2005, 61（4）: 455-463.

［10］CHIVRAC F, POLLET E, SCHMUTZ M, et al. New approach to elaborate exfoliated starch-based nanobiocomposites［J］. Biomacromolecules, 2008, 9（3）: 896-900.

［11］KRISTO E, BILIADERIS C. Physical properties of starch nanocrystal-reinforced pullulan films［J］. Carbohydrate Polymers, 2007, 68（1）: 146-158.

［12］CHEN G J, WEI M, CHEN Jh, et al. Simultaneous reinforcing and toughening: New nanocomposites of waterborne polyurethane filled with low loading level of starch nanocrystals

［J］. Polymer, 2008, 49（7）: 1860−1870.

［13］WANG Y X, TIAN H F, ZHANG L N. Role of starch nanocrystals and cellulose whiskers in synergistic reinforcement of waterborne polyurethane［J］. Carbohydrate Polymers, 2010, 80（3）: 665−671.

［14］LI A, ZHANG J P, WANG A Q. Utilization of starch and clay for the preparation of superabsorbent composite［J］. Bioresource Technology, 2007, 98（2）: 327−332.

第五章　甲壳素和壳聚糖

第一节　甲壳素与壳聚糖概述

一、甲壳素与壳聚糖的来源

甲壳素（chitin），化学名称为β-（1,4）-2-乙酰氨基-2-脱氧-D-吡喃葡聚糖，由N-乙酰氨基葡萄糖以β-1,4糖苷键缩合而成，又名甲壳质、几丁质、壳多糖、蟹壳素和聚乙酰基氨基葡萄糖等，是地球上存在量仅次于纤维素的多糖，也是自然界中除蛋白质外含量最大的含氮天然有机高分子化合物，据估计，每年由生物合成的甲壳素约有100亿吨。甲壳素广泛存在于虾、蟹等甲壳动物及各类昆虫的表皮和乌贼、贝类等软体动物的骨骼，以及蘑菇和菌类的细胞壁中，许多水生生物的体内也含有甲壳素。壳聚糖（chitosan）是甲壳素脱乙酰化产物，也是甲壳素最重要的衍生物，其化学名称为β-（1,4）-2-氨基-2-脱氧-D-吡喃葡聚糖。甲壳素和壳聚糖可被看作是纤维素C2位的羟基分别被乙酰氨基（甲壳素）和氨基（壳聚糖）取代的产物。甲壳素/壳聚糖分子结构中因含有大量羟基、乙酰氨基及氨基等，其分子内及分子间存在大量氢键。氢键的存在使其形成了大分子的二级结构，其分子结构具有规整性，容易形成结晶区。甲壳素和壳聚糖有许多独特的物理、化学和生物特性，主要包括阳离子聚电解质性、多功能基反应活性、抗菌性、生物相容性、生物可降解性等。由于甲壳素、壳聚糖的基本单元是带有氨基的葡萄糖，分子链上同时含有氨基、羟基、乙酰氨基、氧桥等活性基团，可发生多种衍生化反应，如脱乙酰、络合、成盐、碱化、硫酸或磷酸酯化、硝化、席夫（Schiff）碱反应、芳基化和烷基化、酰化、接枝共聚及降解反应等，上述优良特性使其在纺织印染、造纸、重金属吸附和回收、废水处理、食品、生物医药等领域都有广泛的应用前景。

自20世纪70年代以来，甲壳素和壳聚糖一直是高分子领域的研究热点之一。2005年*Science*发表的文章称"甲壳素是一类具有重要功能的生物多糖"，2011年*Nature*发表的论文中指出，"自然界中诸如胶原蛋白、甲壳素和纤维素等螺旋形大分子对各种层级结构材料的形态形成和功能至关重要"。随着高分子物理、化学的发展，甲壳素和壳聚糖的研究越来越紧密地与多种新技术结合，形成新的研究热点。甲壳素和壳聚糖的研究、开发与利用日益引人瞩目，也取得了一系列重要研究成果。

二、甲壳素/壳聚糖的发现与发展史

人们对含甲壳素物质的认识有悠久的历史。早在400年前，《本草纲目》中就已有蟹壳粉的记载，可见前人已将甲壳素作为医疗之用，这也是甲壳素最早的应用记录。1799年，英国科学家哈切特（Hachett）发现一种"对一般化学品有抵抗作用的特殊材料"；1811年，法

国研究自然科学史的亨利·布拉康诺特（Henri Braconnot）教授用温热的稀碱溶液反复处理蘑菇，得到一些纤维状的白色残渣，他以为从蘑菇中得到了纤维，并把这种来源于蘑菇的纤维称为"Fungine"，即真菌纤维素网。1894年之后的研究表明，甲壳素是由N–乙酰氨基葡萄糖缩聚而成的，即其单体是N–乙酰氨基葡萄糖。甲壳素发现与研究过程中的大事记见表5.1，由表可知，从1811年发现甲壳素到大致了解其结构，用了将近100年时间。

表5.1　甲壳素科学与技术发展大事记

日期	事件
1811年	法国Henri Braconnot最早在蘑菇中发现甲壳素，命名为Fungine
1859年	法国罗杰特（Rouget）将甲壳素于氢氧化钠溶液中加热后，得到的产物可溶于有机酸，命名为壳聚糖
1894年	吉尔森（Gilson）进一步指出甲壳素含有氨基葡萄糖结构
1977年	意大利穆扎雷利（Muzzarelli）发起并主持第一届甲壳素和壳聚糖国际会议，以后每两年召开一次
1991年	欧美医学界、营养食品研究机构将甲壳素誉为"第六要素"
1995年	美国食品药品监督管理局（FDA）通过了对甲壳素的审核，批准生产
1995年	法国召开第一届欧洲□□□□□□术研讨会
1996年	中国化学会第一届甲壳质化学学术会议（大连）召开
2005年	$Science$□发表文章称"甲壳素是一类具有重要功能的生物多糖"
2008□	□□□□Domard）在Nature上发表洋葱状结构的壳聚糖复合凝□□□□□
2009年	Science上发表关于壳聚糖—聚氨酯自修复材料的研究论文
2012年	Science上发表关于甲壳素在植物免疫方面的功能及机制的研究论文

在甲壳素发现后的100年内，以甲壳素为研究对象的研究论文仅有20篇，且大部分都是法国学者发表的。20世纪30年代开始，甲壳素的研究在全球范围内受到了越来越多的重视，取得了长足的进步。在甲壳素分离和结构确认的过程中，人们逐步总结和发表了一批具有重要意义的论文和专著，在此期间，美国首次批准了关于工业制备壳聚糖的专利和制备甲壳素薄膜、甲壳素纤维的专利，且在1941年制备出壳聚糖人造皮肤和手术缝合线，这些专利和产品推动了甲壳素/壳聚糖的研究进程。1977年，里卡多·穆扎雷利（Riccardo Muzzarelli）撰写的第一本甲壳素专著问世，随后他主持召开了第一届甲壳素/壳聚糖国际学术会议，推动了甲壳素化学的研究和发展。20世纪70年代，日本兴起了甲壳素研究，并于1982年将甲壳素列入1982~1992研究开发计划；1984年，日本拨款60亿日元资助全国13所大学和研究机构研究甲壳素，同年日本鸟取大学确认壳聚糖可抑制癌细胞增殖；1980～1990年，日本几乎平均每3天就批准一项关于甲壳素/壳聚糖的专利，许多食品和保健品中都添加了甲壳素及其衍生物。

中国甲壳素研究和发展主要包括3个阶段。第1个阶段为20世纪50～80年代初。1952年，国内部分沿海城市开始了甲壳素试验，1954年《化学世界》杂志发表了国内第一篇有关甲壳素的研究报告。当时国内甲壳素基础研究尤其是甲壳素的结构及其物理化学性质研究工作刚起步，许多技术问题得不到及时解决，于是大多数甲壳素生产厂在1962年逐渐停产，因此甲壳素的研究工作在1980年前并没有得到实质性的进展。第2个阶段为20世纪80年代，这个时期中国甲壳素研究与应用才受到重视并迅速发展。这段时期国内学术刊物上陆续发表了关于甲壳素衍生反应及其应用的文章，国家也开始立项重视甲壳素的研究和应用。第3个阶段为20世纪90年代至今，甲壳素研究与应用进入高速成长期。国内许多大学和科研单位纷纷投入甲壳素及其衍生物的研究开发中，新产品开始出现，越来越多企业生产的甲壳素/壳聚糖及其衍生化制品出口到欧美国家。

随着高分子科学的发展和现代仪器分析技术的进步，甲壳素化学中的若干科学问题逐步得到解决，关于其物理化学性质、分子量、脱乙酰度、链构象、化学键、溶解特性、晶型等问题的认识越来越深入。甲壳素/壳聚糖作为重要的天然高分子资源，可在建设资源节约型和环境友好型社会中发挥巨大作用。当前人类社会对材料的可持续发展需求、环境友好性和重复利用率的要求越来越高，所以具有生物可降解性、环境友好型的天然高分子材料必将成为研究热点。此外，化学、物理、材料学、生物学和医学等学科相互交叉渗透，使甲壳素/壳聚糖材料的研究与开发成了新材料领域的热点问题之一。

第二节　甲壳素与壳聚糖的提取、结构及性质

一、甲壳素与壳聚糖的提取

提取甲壳素的方法包括物理法、化学法以及生物法。物理法包括干燥、粉碎、筛选和气流分级几个步骤，在完成这几个步骤后，就得到了不溶性甲壳素粗产品。化学法包括脱脂、脱蛋白、去除无机盐和脱色几个步骤，其中去除蛋白质和无机盐两道工序可交换顺序。常见的脱脂方法是用乙醛等有机溶剂进行萃取。通过乙醛萃取，易溶于乙醛的脂类化合物被除去，剩下的即为不溶性蛋白质、无机盐和目标产物甲壳素。常见的脱蛋白方法是用碱液处理，而常用的去除无机盐的方法是用酸处理。在用碱液去除蛋白质的过程中，碱液浓度、反应温度以及处理时间对蛋白质的脱除效果有很大影响。由于在各种生物体内，不溶于水的无机盐大部分与酸反应，所以把去除蛋白质的中间体用酸处理，可将难溶于水的无机盐变成能溶于水的无机盐，比如碳酸钙变成氯化钙，将这些溶于水的无机盐洗去，剩下的就是不溶于水的甲壳素。由于在生物体内，这些不溶于水的无机盐量不高，在实际操作中，较小浓度的酸溶液就可以达到较好的去除难溶无机盐的目的。常用的脱色方法是用强氧化剂如高锰酸钾、过氧化氢等进行漂白处理。

传统的酸碱法虽然应用广泛，但生产过程中所产生的大量酸碱废液不仅对环境造成不良影响，而且需要对废液进行后处理，加大了成本。更重要的是，当前国内外对于甲壳素清洁生产的要求使其能源消耗量和环保治理成本越来越高。近年来，根据国家建设资源节约型和环境友好型社会的战略需求和甲壳素产业发展的需要，传统甲壳素生产工艺的改进和革新迫在眉睫，尤其是原料中的蛋白质、$CaCl_2$、HCl等副产品的回收和重复利用问题，以及降低甲壳素生产过程中的废物排放问题，生产工艺以零污染零废弃为目标。酶法生产比较绿色环保，但是由于酶的价格高昂，使酶法生产甲壳素在工业上难以普及。可以预想，结合二者优点的提取方法必将在工业生产上有更强的竞争力。虽然生物发酵法环保，培养微生物成本也较低，但是较长的生产周期限制了这种方法的应用。由于生物提取的方法符合绿色化学的生产要求，越来越多的研究和应用倾向于该方法。

甲壳素经过浓碱水解脱乙酰基后得到的产物是壳聚糖，壳聚糖在水和碱溶液中不溶解，在稀有机酸及部分无机酸（如盐酸）中可溶，但在冷的稀硫酸、稀硝酸、稀磷酸和草酸等中仍不溶解。溶于稀酸后，由于H^+的存在，壳聚糖分子的氨基质子化，从而带正电荷。

二、甲壳素与壳聚糖的结构

1. 甲壳素与壳聚糖的化学结构

甲壳素的化学名称为β-（1,4）-聚-2-乙酰胺基-D-葡萄糖，由N-乙酰氨基葡萄糖以β-1,4糖苷键缩合而成，分子式可写为$(C_8H_{13}NO_5)_n$，其结构式与纤维素的结构式非常相近，可以看作是纤维素的C2位的—OH基被—NHC°CH₃基取代的产物。可以看出，构成甲壳素的基本单位是2-乙酰胺基葡萄糖。图5.1所示为甲壳素的分子结构式。

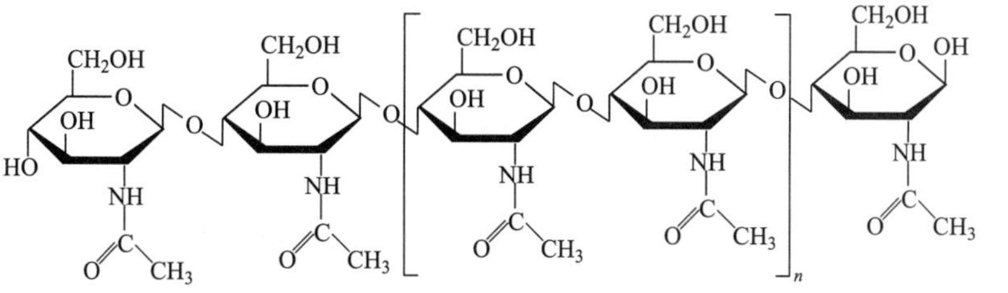

图5.1　甲壳素的分子结构式

壳聚糖是甲壳素经过脱乙酰作用得到的一种直链多糖，化学名称为聚葡萄糖胺（1,4）-2-氨基-β-D葡萄糖，又名聚氨基葡萄糖或几丁聚糖，其结构式如图5.2所示。

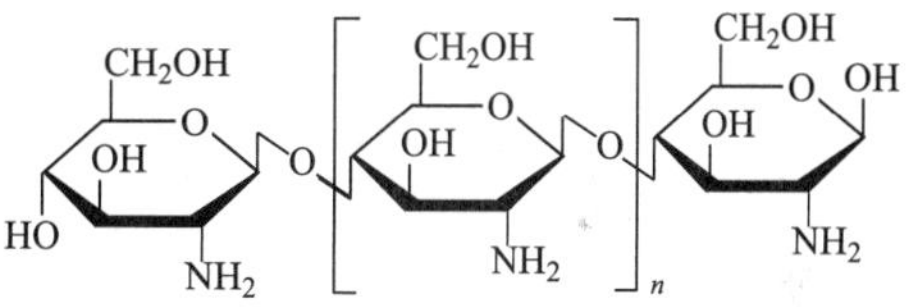

壳聚糖的主要性能指标是脱乙酰度和分子量（常用黏度表征），脱乙酰度（degree of deacetylation，

图5.2　壳聚糖的分子结构式

DD）为55%~100%。根据产品黏度不同可将壳聚糖分为高黏度、中黏度和低黏度。其中，黏度大于1Pa•s的1%壳聚糖醋酸溶液为高黏度；黏度在0.1~0.2Pa•s的1%壳聚糖醋酸溶液为中黏度；黏度在0.025~0.05Pa•s的1%壳聚糖醋酸溶液为低黏度。根据产品的DD值可将壳聚糖分为低DD值壳聚糖（55%~75%）、中DD值壳聚糖（70%~85%）、高DD值壳聚糖（85%~95%）以及超高DD值壳聚糖（95%~100%）。

甲壳素在自然界经降解和脱乙酰基过程，产生不同分子量的甲壳素及不同分子量、不同脱乙酰度的壳聚糖，由于脱乙酰化反应破坏了甲壳素分子结构的规整性，因此壳聚糖溶解性能较甲壳素大为改善，化学性质也较为活泼。同时，由于壳聚糖分子中存在游离氨基及活性羟基，反应时取代基团可进入O位和N位，因此，相应的产物有O-羧甲基壳聚糖、N-羧甲基壳聚糖和N,O-羧甲基壳聚糖。

将甲壳素、壳聚糖和纤维素的分子结构式进行比较可以看出（图5.3），三者的结构非常相似。C₂位连接的基团若为—OH则为纤维素，若为—NHC°CH₃则为甲壳素，若为—NH₂则为壳聚糖。据此可以推断，甲壳素、壳聚糖和纤维素会有许多类似的性质和用途。

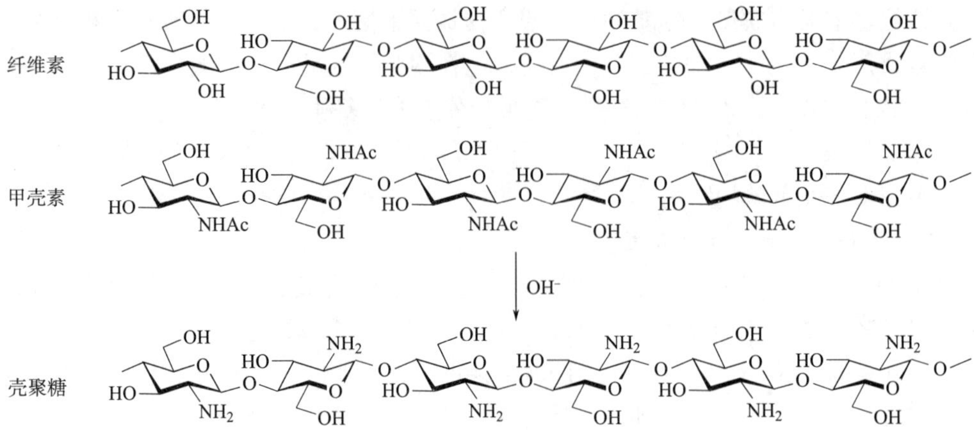

纤维素

甲壳素

OH^-

壳聚糖

图5.3 甲壳素、壳聚糖和纤维素分子结构式比较

天然甲壳素存在分子内及分子间的—O—H—O型和—O—H—N—型氢键作用,形成微纤维网状的高度晶体结构。由于这种氢键的强烈作用,甲壳素大分子间的作用力很强,分子间存在有序结构,使甲壳素具有不熔化及高度难溶解性质,这在一定程度上限制了其应用。实际中应用较多的是甲壳素的衍生物,其中最重要的是壳聚糖。

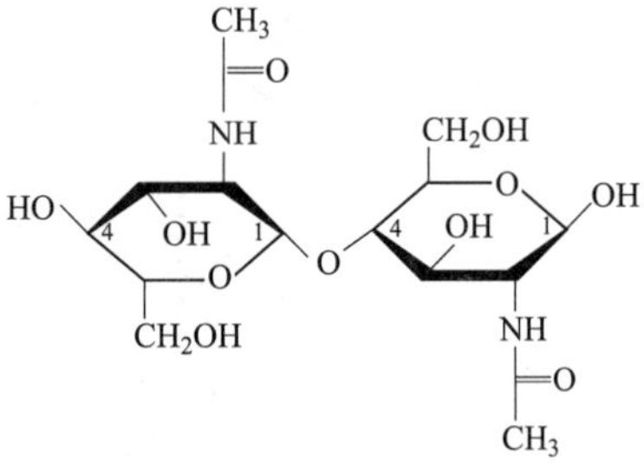

甲壳素属于多糖,存在一级、二级、三级和四级的结构层次。其一级结构是指甲壳素的分子结构。在甲壳素酶自然降解甲壳素时,最后的产物是甲壳二糖(图5.4),而不是N-乙酰胺基葡萄糖。也就是说甲壳素是以β-(1,4)-甲壳二糖残基作为结构单元。甲壳素分子链上分布着许多羟基、N-乙酰胺基和氨基,形成各种分子内和分子间氢键,在这种氢键的作用下形成了甲壳素大分子的二级结构。例如,在甲壳素的—OH_3和O_5之间,以及—OH_6和$C═O$基团的O之间都能形成氢键,如图5.5所示。甲壳素的三级结构是指由重复顺序(二糖单元)的一级结构和非共价相互作用形成的有序的二级结构导致的空间有规则而粗大的构象。甲壳素的四级结构是指长链间非共价结合形成的聚集体。一般认为,甲壳素多糖链呈双螺旋结构,螺距为0.515nm,一个螺旋平面由6个糖残基组成,螺旋与螺旋之间存在大量的

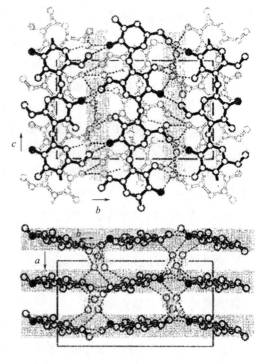

图5.4 甲壳二糖(chitobiosidase)结构式

图5.5 甲壳素的氢键结构(图中虚线所示)

氢键。

2. 甲壳素与壳聚糖的晶体结构

甲壳素是N-乙酰胺基葡萄糖残基组成的长链高分子化合物，链的规整性大且具有刚性，形成分子内和分子间很强的氢键，这种分子结构有利于晶态的形成。甲壳素存在着α、β、γ三种晶型，这三种晶型的甲壳素分子链在晶胞中的排列各不相同。α型甲壳素的存在最丰富，也最稳定。α型甲壳素是一种折叠链的结构，属正交晶系。其结晶的组成紧密，构造坚固。在α型结晶中，分子链以反平行的方式排列。这种分子链可被看作是一种聚N-乙酰胺基-D-葡萄糖胺的螺旋形物，每个单元晶胞含有两条旋向相反的链，每条链均由两个卷曲相连的N-乙酰胺基-D-葡萄糖单元构成。在α型甲壳素结晶中，两个相连的葡萄糖的O_3和O_5原子以及乙酰胺基的N、H原子间存在氢键。由于这种氢键的作用，α型甲壳素结晶的结构紧密，其物化性能受到较大影响。而对α型甲壳素结晶的整体结构而言，除了大分子的某些缠结点外，分子链间并无化学键的连接，因此空间结构较为自由。天然甲壳素中α型结晶含量最为丰富存在于节肢动物的角质层和一些真菌中。在生物体内，α-甲壳素通常与矿物质沉积在一起，形成坚硬的外壳。

β-甲壳素结晶的分子链以平行方式排列，具有伸展的平行链结构，分子链间通过氢键键合。自然界中，β型结晶多以结晶水合物的形式存在，水分子能在晶格点阵的键间渗透，使β型结晶稳定性较低。与α型结晶相比，β型结晶具有更多的无定形结构。β-甲壳素的两条分子链较松散，比α-甲壳素的晶体结构有更多的空隙。β-甲壳素比α-甲壳素更易脱去乙酰基，在有机溶剂中的溶解度也比α-甲壳素大得多，可溶于二氯乙酸和硫酸二甲酯、二甲基甲酰胺，在吡啶中能高度溶胀。β-甲壳素在6mol/L的盐酸中会转变为α-甲壳素，说明α-甲壳素对酸比较稳定。由m-甲壳素制备壳聚糖时，在相同的碱浓度和相同的温度下制备同样脱乙酰度的壳聚糖，其产率远远高于α-甲壳素，说明α-甲壳素对酸比较稳定。在相同的脱乙酰度下，α-壳聚糖具有很高的结晶度，但是β-壳聚糖主要表现为无定形结构。由于β-甲壳素的晶状区域容易渗入水分子，使β-甲壳素在水中也能溶胀，形成完全分散的浆状物，因此β-甲壳素比α-甲壳素更容易发生化学改性。

γ-甲壳素通常被认为是α-甲壳素的变体。γ-甲壳素由三条糖链构成，其中两条糖链同向、一条糖链反向且呈上、下排列。γ-甲壳素属于二维有序而C轴无序的结晶，结构不稳定，易向其他晶型转变。例如，在硫氰酸锂的作用下，γ晶型可转化为α晶型。在自然界中，γ型结晶主要存在于甲虫的茧中。β和γ甲壳素常与胶原蛋白连接，表现出一定的硬度、柔韧度和流动性，还具有与支撑体不同的许多功能，如电解质的控制和聚阴离子物质的运送等。

壳聚糖的结晶结构与甲壳素类似，也具有α、β和γ三种晶型。壳聚糖的结晶度与脱乙酰度关系密切。脱乙酰度为0和100%时壳聚糖的结晶程度最大，而中等程度的脱乙酰度结晶程度最小。这是由于在DD值为0时，壳聚糖的分子链比较均一，规整性好，结晶程度较高。脱乙酰化造成了分子链的不均一性，结晶度降低。随着DD值的增加，分子链又趋于均一，因此结晶度也相应增加。

3. 甲壳素和壳聚糖的液晶结构

与纤维素和DNA等刚性或半刚性天然高分子一样，甲壳素及其衍生物容易形成溶致液晶。董炎明等人对甲壳素的溶致液晶进行了研究。他们在小称量瓶中配制以0.5%为间隔递增的一系列不同质量分数的甲壳素/二氯乙酸溶液，搅拌后密闭，静置一天后使用，取少许溶液夹于两玻片间制成液晶盒，在20℃下用偏光显微镜能观察到双折射的浓度为液晶临界浓度。用偏光显微镜拍摄液晶盒中的典型织构，从照片上量取指纹状织构的螺距平均值和微区面积平均值。四种甲壳素样品在适当浓度的二氯乙酸溶液中都能形成指纹状织构，说明样品呈现胆甾液晶相。当其他条件固定，只改变分子量时，由于轴比发生变化，所以螺距也会发生变化。甲壳素的分子量越大，平均螺距越小。不同分子量的甲壳素，在临界浓度附近的螺距值相仿，原因可能是高分子量的甲壳素临界浓度较低，而浓度越低螺距越大，分子量与浓度对螺距的影响相互抵消。当浓度高于临界浓度但低于完全各向异性相的质量分数（10%~15%）时，甲壳素/二氯乙酸溶液会处于各向同性与液晶各向异性两相共存状态。液晶微区不是球形，而是不规则片形，每一片微区内有层线相当直的"指纹"。微区的大小和分布明显与分子量有关，分子量大的微区平均尺寸较大。甲壳素的临界浓度非常低，表明是刚性很大的高分子，低临界浓度为液晶态的成型加工如液晶纺丝或浇铸液晶膜提供方便。

不仅甲壳素溶液能形成液晶态，壳聚糖及其衍生物也可以形成液晶态。董炎明等将壳聚糖完全脱乙酰化，然后制备了N上取代度为1.0的邻苯二甲酰化壳聚糖，以沸点较高的二甲基亚砜（DMSO）为溶剂，用DSC研究了N-邻苯二甲酰化壳聚糖（PhthCS）的溶致液晶行为。在四氟乙烯密封盖的小瓶中配置系列不同浓度的溶液并静置一天，在进行DSC测试前将溶液于100℃烘箱中恒温10 min使之均匀化。将溶液样品置于铝坩埚中并加盖密封，在N_2气氛中进行DSC测试。DSC和偏光显微镜观察的结果表明，PhthCS的DMSO溶液出现液晶态的临界浓度值以含量计为43%。而且，当样品的含量高于46%时，在低于液晶的清亮点的某个温度下观察到峰高较小的凝胶–溶胶转变峰。实验发现，只有在高于临界浓度的溶液中才可以观察到这种现象。当温度低于清亮点时溶液自发形成细小的液晶微区，这些细小的微区可能对溶液的凝胶化起到交联点的作用。此后，液晶相和凝胶相共存，这些液晶微区便在凝胶网络中继续发展，最终形成均相的液晶凝胶。可见，取代的规整性对凝胶—溶胶转变有很大的影响。

三、甲壳素与壳聚糖的性质

甲壳素/壳聚糖具有线型的分子链结构，含有乙酰基、氨基和羟基等功能基团，表现出独特的物理、化学和生物学特性（表5.2）。认识和解析甲壳素/壳聚糖的基本性质对甲壳素/壳聚糖的研究和开发具有指导意义。特别要指出的是壳聚糖为聚阳离子多糖，而大部分天然多糖是中性或阴离子多糖，壳聚糖优异的生物学特性和生理活性使其在生物材料和生物医药领域备受关注。

表5.2　甲壳素/壳聚糖物理、化学和生物学性质

物理性质	化学性质	生物学性质
溶解性	阳离子聚电解质性	生物相容性
溶液性质	pH<6.5时高电荷密度	天然聚合物
成膜、成丝性	负电荷表面产生吸附	生物可降解

续表

物理性质	化学性质	生物学性质
吸湿保湿性	与聚阴离子生成凝胶	安全无毒
透气性	高分子量的线型聚合物	抗肿瘤
渗透性	与某些过渡金属螯合	止血抗菌
	易于化学修饰	降胆固醇
	多功能基团反应性	多功能性

（一）甲壳素与壳聚糖的物理性质

1. 溶解性

甲壳素是白色或灰白色半透明片状或粉状固体，无味，略有珍珠光泽。甲壳素具有半结晶结构及强氢键作用，内聚能密度和溶解度参数很高，α-晶型和β-晶型的甲壳素在一般溶剂中不溶解。甲壳素的乙酰基分布对其溶解性能有影响，当乙酰度为50%左右，且甲壳素分子链上的乙酰基呈无序排布时，甲壳素具有高度水溶性。由于甲壳素和纤维素结构的相似性，某些纤维素的溶剂也是甲壳素的良溶剂。长期以来，人们试图开发一些新的溶剂体系来溶解甲壳素，目前发现的甲壳素溶剂有：①一些水合能力强的无机盐，如LiSCN、Ca(SCN)$_2$、CaI$_2$、CaBr$_2$、CaCl$_2$等；②高浓度酸，如浓盐酸、硫酸、硝酸和磷酸等，酸溶解甲壳素通常导致分子量降低，通过浓磷酸溶解的甲壳素未观察到脱乙酰度的变化；③强极性溶剂，如三氯乙酸、二氯乙酸、氯代醇与无机酸的水溶液或某些有机酸的混合液；④强碱，如NaOH—碎冰、NaOH—CS$_2$；⑤氟化试剂，如六氟异丙醇和六氟丙酮的1.5倍水合物；⑥酰胺/氯化锂体系，如LiCl/N,N-二甲基乙酰胺（DMAc）、LiCl/N-二甲基甲酰胺（DMF）或LiCl/N—甲基吡咯烷酮等；⑦NaOH—尿素水溶液低温体系；⑧离子液体，其中酰胺/氯化锂体系（LiCl/DMAc）很长一段时间是甲壳素的重要溶剂，LiCl/DMAc混合溶剂溶解甲壳素的过程，是Li$^+$先与甲壳素分子链上乙酰氨基的C=O形成阳离子络合物，然后此阳离子络合物再溶解于DMAc中。该体系虽然有较好的溶解效果，但LiCl价格昂贵，回收困难，同时再生甲壳素不能完全除去残留LiCl，不适用于对化学残留要求较苛刻的生物医学、化妆品等领域。因此，人们一直致力于寻找新型甲壳素溶剂来突破甲壳素开发利用中的瓶颈问题，目前备受关注的几种甲壳素新溶剂体系如下：

（1）饱和氯化钙—甲醇体系。德仓（Tokura）发现饱和CaCl$_2$•2H$_2$O甲醇能将甲壳素溶解为透明溶液。钙溶剂的配置方法简单，将850g CaCl$_2$•2H$_2$O溶于1L甲醇，静置过夜并过滤即可得到。值得注意的是甲壳素溶解时样品要尽量精制纯化，用无水醋酸预先乙酰化处理自由氨基。进一步研究发现，水分子和钙离子的量是影响甲壳素在CaCl$_2$•2H$_2$O—甲醇体系中溶解的主要因素，并且甲壳素的乙酰度越高溶解性越好。

（2）离子液体。离子液体是在室温或接近室温下呈现液态，完全由阴、阳离子所组成的盐。常见的阳离子有季铵盐离子、季鏻盐离子、咪唑盐离子和吡咯盐离子等，阴离子有卤素离子、四氟硼酸根离子、六氟磷酸根离子等。离子液体一般不挥发，不会造成大气污染，可回收循环使用。相比挥发性强、毒性大的有机溶剂，离子液体被认为是绿色溶剂。咪唑类离子液体是目前主要研究的甲壳素溶剂，1-丁基-3-甲基咪唑氯盐离子液体作为甲壳素的溶剂，甲壳素能在110℃下5小时内溶解，可制备10%甲壳素溶液。同时该离子液体可以溶解壳聚糖，机理可能是离子液体破坏了甲壳素和壳聚糖分子内和分子间的氢键。后来发现1-乙基-3-甲基咪唑氯盐（[BMIM]Cl）、1-丁基-3-甲基咪唑醋酸盐（[BMIM]Ac）、1-烯丙基-3-甲基咪唑溴盐（[AMIM]Br）等离子液体也可以溶解甲壳素。甲壳素的脱乙酰度、结晶度、分子量等分子参数和离子液体阴离子的特性对溶解有影响，阴离子为Ac⁻的离子液体比Cl⁻的溶解性更强。

（3）NaOH—尿素体系。武汉大学杜予民教授研究组和张俐娜院士研究组提出了一类新的NaOH/尿素溶剂体系，并在成功低温下溶解甲壳素，将甲壳素粉末悬浮在含量（质量分数）为8% NaOH/4%尿素溶液中，于-30℃冷冻，期间搅拌3次，在室温解冻即得到甲壳素溶液。溶解机理是低温下氢键驱动的小分子和大分子自组装形成包合物，破坏高分子内和分子间的原有氢键。在低温条件下，NaOH能破坏甲壳素的分子间和分子内氢键，促进甲壳素的溶解，尿素阻止甲壳素分子的聚集，保持甲壳素溶液的稳定性。差热分析结果证明溶解是焓驱动，随着温度的降低和冷冻—解冻循环次数的增加，NaOH浓度越大，甲壳素的溶解度越大。在一定范围内增加尿素的浓度能增加甲壳素溶液的稳定性。甲壳素溶解过程中乙酰度几乎不变，但在甲壳素溶液储存过程中，乙酰度会缓慢降低，溶解的甲壳素溶液具有温度敏感性，能进行可逆的溶胶—凝胶转变，在30℃只需3min即可形成凝胶，当温度降低至-20℃，凝胶转变为溶液。相较以前的NaOH—碎冰溶解方法，所需碱浓度大大降低，用此新溶剂制备出力学性能良好的薄膜，可作为绿色包装材料。

甲壳素脱乙酰后得到壳聚糖，脱乙酰度通常高于70%。壳聚糖由于含有自由氨基，其溶解性能大大改善。甲壳素的预处理温度、碱处理浓度、脱乙酰时间等都对壳聚糖的溶解性有影响。壳聚糖能在酸性条件下溶解，常见有机酸如甲酸、乙酸、乳酸等都能溶解壳聚糖。壳聚糖也可溶于稀盐酸和稀硝酸，但不溶于硫酸和磷酸，也不溶于DMF、DMSO等有机溶剂。壳聚糖在甲酸中溶解性最好，甲酸溶液浓度（质量分数）从0.2%~100%都能溶解壳聚糖。在实际应用中，常用1%的乙酸（pH约为4.0）溶解壳聚糖。壳聚糖的溶解度和分子量有密切关系，一般来说，壳聚糖分子量降低，溶解性增加，对壳聚糖进行酶解或酸解的研究发现，随着降解的进行，水溶性壳聚糖所占的比例逐渐增大，壳寡糖（聚合度为2~10）的水溶性很好，在较高pH的水溶液中也能溶解。这是由于分子量降低，壳聚糖分子内的氢键作用随之减弱，使壳聚糖在溶液中具有更大的扩展趋势，从而引起壳聚糖分子构象改变。而链长的缩短和分子构象的变化会使壳聚糖降解产物在水溶液中的无序程度增加，水溶性大为改善。壳聚糖溶解在酸中会发生链的降解，导致分子量降低；但将壳聚糖溶解在碱性介质中，却能获得高分子量的壳聚糖溶液。比如，将壳聚糖盐酸溶液加入饱和NH₄HCO₃溶液，在20℃静置5天，可得到壳聚糖甲酸胺盐，能在pH=9.6的条件溶解。此外，最新的研究表明，壳聚糖在LiOH—尿素体系中冻融循环可以得到壳聚糖的碱性溶液，其原因可能为LiOH—尿素的氢键破坏和冰的物理剥离共同作用。

2. 再生性

甲壳素溶解于有机溶剂后，再将有机溶剂挥发可以获得再生甲壳素材料。如将甲壳素溶于DMAc—LiCl溶液中，成膜之后，通过挥发和冷压去除溶剂，经乙醇洗涤可得到透明柔软的甲壳素膜。经原子力显微镜和高倍透射电镜分析可知，甲壳素的再生使甲壳素分子链形成分布良好的亚微观颗粒，再由分子内和分子间强的氢键形成大的聚集体。

再生甲壳素的性能和凝固液性质相关，甲壳素溶于NaOH/尿素体系后，在不同的凝固液中再生得到甲壳素膜的性质依据凝固条件有显著差异，以乙醇或DMAc为凝固液，由于中和速度缓慢，甲壳素分子链可以重新紧密排布形成均一结构，所得甲壳素膜透明且力学性能较好，采用硫酸为凝固液时，甲壳素再生速度很快，形成相对疏松的纤维状结构，力学性能降低。

壳聚糖溶解后再生，可由溶液转变成凝胶、膜、纤维等不同的物理形态。Domard在对壳聚糖溶液性质详细研究的基础上，提出在不使用任何交联剂的前提下，将壳聚糖溶液转变为物理凝胶需要满足的条件：①壳聚糖溶液浓度大于链缠结的临界浓度（C^*）；②改变亲水/疏水作用克服第二临界浓度（C^{**}）；③产生二维的溶胶—凝胶转变。采用水—醇低介电常数溶剂溶解壳聚糖，然后将水和未离解的酸（醋酸、盐酸）蒸发，当使用沸点比水高的醇时，体系能克服C^{**}。醇参与凝胶转变过程，只有一些醇，如丙二醇、甘油等能产生凝胶转变。通过小角X射线散射（SAXS）观测到，在水蒸发过程中，聚电解质峰始终存在，表明形成了聚电解质醇凝胶。醇凝胶在碱液中再生，大量水洗后，壳聚糖上的氨基以自由氨基的形式存在。

碱中和显著改变了凝胶的微观形貌：用碱中和之前，凝胶呈现无序结构；用2mol/L的NaOH中和后，呈现两种层次的有序结构。如图5.6所示，壳聚糖自组装形成1~3μm的树莓状结构，醇凝胶在碱处理过程中，壳聚糖链变得疏水，聚集在一起形成比醇凝胶更致密的凝胶，当中和过程中断，中和凝胶和醇凝胶之间形成间隔空腔，重复中和—中断过程能形成多层结构。在中和过程中，凝胶中的纳米粒子重组为15nm长的椭圆形聚集体。这种方法还可制备空心纤维，壳聚糖纺丝液经氢氧化钠和水的连续处理后，从外至内形成多层结构，而内部保持溶液状态，去除内部壳聚糖溶液即可得到空心纤维。

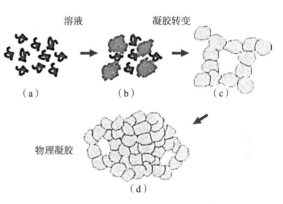

图5.6　壳聚糖由溶液到凝胶的结构转变过程

3. 热性质

玻璃化温度（T_g）是非晶态高分子的重要特性参数，甲壳素T_g的测定对于甲壳素材料的制备和应用具有重要意义。通常，非晶态聚合物随温度升高，表现出不同的力学状态，即玻璃态、高弹态和黏流态。玻璃态与高弹态之间的转变称为玻璃化转变，对应的转变温度即玻璃化转变温度（T_g），也称α–松弛。一些天然聚合物的T_g高于其热分解温度，因此无法测定T_g。甲壳素具有结晶结构，存在大量的分子内和分子间氢键，使其熔点高于分解温度。对甲壳素，一些研究者没有发现T_g，而其他学者运用动态力学热分析法（DMTA）研究报道α–甲壳素的α–松弛在236℃，β–甲壳素在170℃。

甲壳素在高温下发生炭化，由于分子链中含有氮，炭化后可得到氮掺杂的炭材料。如将湿虾壳在180~200℃水中热处理24h，再在氮气保护下升温至750℃，用醋酸去除CaCO₃，得到纳米孔径的氮掺杂炭材料。将壳聚糖膜在真空条件下加热，通过红外观察壳聚糖结构的变化，从室温升温到150℃的过程中，去除物理结合水，壳聚糖分子链没有发生任何降解。降解和侧基的变化从200℃开始，随温度升高加剧，同时产生挥发性的水和CO_2等低分子量的降解产物。在300~600℃内，主链发生断裂、交联和芳香化，从而得到炭化的材料。

4. 透气性

通过控制再生甲壳素和壳聚糖膜微纳孔结构，可制备具有良好透气性的材料。在氢氧化钠/尿素混合液中溶解甲壳素，通过乙醇再生，并加入甘油制备塑化甲壳素膜。膜对二氧化碳、氧气和氯气的气体渗透值为0.01~0.04bar（1bar=10^5Pa），对氢气的渗透值为0.10~0.19bar。相对于商业用的合成聚合物膜，甲壳素膜具有更低的氧气透过率，甲壳素的刚性链结构、丰富的氢键和高结晶度导致膜的自由体积低，氧气透过率降低。壳聚糖膜透气性的研究对其作为食品包装膜的应用具有重要的意义。

5. 渗透性

壳聚糖膜含有大量的羟基，表现出亲水性，水性溶液能透过壳聚糖膜，壳聚糖膜的渗透性对于其在医用敷料上的应用是至关重要的。壳聚糖膜的透水性受实验时间、实验所用压力及壳聚糖本身性质等参数的影响。在同一压力条件下，壳聚糖膜的透水量随着实验时间的增加呈线性增加。同时，在相同的时间内，实验压力越大，透水量越大。壳聚糖膜的透水性还和壳聚糖的脱乙酰度有很大的关系，随着壳聚糖脱乙酰度增加，透水量成倍提高。这是由于壳聚糖脱乙酰度加大，乙酰氨基转变成亲水性更好的氨基，氨基形成的通道比乙酰基形成的通道更有利于水分子透过。

（二）甲壳素与壳聚糖的化学性质

1. 阳离子聚电解质性

壳聚糖是一种聚电解质，在酸性溶液中（pH<pK_a），其主链上的氨基结合质子，壳聚糖分子链在溶液中以聚电解质的形式存在，与带负电的阴离子和聚阴离子发生相互作用形成复合物。相互作用力包括静电作用，偶极相互作用，氢键和疏水作用。壳聚糖可以和许多合成或天然高分子之间形成聚电解质复合物，例如聚丙烯酸、羧甲基纤维素、黄原胶、卡拉胶用海藻酸、果胶、肝素、透明质酸、硫酸纤维素、硫酸葡聚糖、硫酸软骨素等。壳聚糖带正电荷的氨基与其他带负电的聚电解质发生静电相互作用是聚电解质复合物形成的主要原因，这种相互作用的强度要高于氢键和范德华力等。

壳聚糖在形成聚电解质的过程中应考虑分子量、分子量分布、氨基分布、乙酰度和构象的影响。壳聚糖乙酰度不同，其pK_a也会发生变化，壳聚糖具有低乙酰度时，质子化氨基由于静电作用相互排斥，分子链伸展。壳聚糖分子链的刚性和离子强度有关，盐的加入降低了壳聚糖分子链的静电排斥作用。乙酰度的增加使壳聚糖链之间的氢键作用增强，也降低了壳聚糖链的旋转和运动。当壳聚糖的乙酰度高于50%时，壳聚糖溶液变为高度溶剂化的微凝胶分散体系。因此，在制备聚电解质复合物时应考虑到壳聚糖的链刚性。现今，壳聚糖静电复合物的一个发展方向是利用带电荷的生物相容性多糖和壳聚糖制备多层聚电解质胶囊或者薄膜。聚丙烯酸和壳聚糖可以通过静电相互作用形成胶囊，这种交联壳聚糖胶囊具有更好的稳定性及pH敏感性，在低pH值下发生溶胀，在高pH下发生收缩。半乳糖基壳聚糖与海藻酸钙凝胶可以通过静电作用制得多孔凝胶（海绵）。向壳聚糖—$CaCl_2$溶液中逐滴加入海藻酸钠，得到的聚电解质微球与海藻酸钙微球的溶胀有很大区别。低分子量的壳聚糖也可以和海藻酸通过静电复合物形式形成具有可控渗透率的胶囊。

2. 金属螯合性

甲壳素及壳聚糖分子中有—OH、—NH—，从构象上来看，它们都是平伏键，在一定pH值条件下，这种特殊结构使它们对一定离子半径的金属离子具有螯合作用。壳聚糖的螯合性主要应用于吸附金属离子，它对重金属离子，如Mn^{2+}、Hg^{2+}、Pd^{2+}、Au^{3+}、Pt^{4+}、Cu^{2+}、Pb^{2+}、Ni^{2+}、Ag^+等有很强的吸附能力，但对碱金属和碱土金属的吸附作用较差。壳聚糖对金属的吸附能力顺序：$Cu^{2+} \gg Hg^{2+} > Zn^{2+} > Cd^{2+} > Ni^{2+} > Co^{2+} \sim Ca^{2+} > Eu^{3+} > Nd^{3+} > Cr^{3+} Pr^{3+}$，二价和三价阳离子通常以氯化物的形式被吸附。除此之外，壳聚糖还具有很强的防辐射能力，可用于放射性金属的回收处理，如铀、锆、铌、钌等。壳聚糖对镧系金属离子均有吸附性，吸附能力顺序为：$Nd^{3+} > La^{3+} > Sm^{3+} > Lu^{3+} > Pr^{3+} > Yb^{3+} > Eu^{3+} > Dy^{3+} > Ce^{3+}$，吸附作用受到离子浓度和反应时间的影响。

3. 多功能反应性

甲壳素/壳聚糖分子链上具有羟基和氨基等活泼基团，能发生多种化学反应。通过化学方法引进基团和侧链，以改变甲壳素、壳聚糖原有的化学和生物学性质，得到结构新颖、功能性增强的材料。甲壳素分子C_3位和C_6位含有羟基，其中C_3位的羟基为二级羟基，C_6位的羟基为一级羟基，从空间构象上来讲，C_6位的羟基具有较小的位阻和较大的空间自由度，反应活性比C_3位的羟基大。甲壳素分子中还含有乙酰氨基，乙酰氨基参与甲壳素分子间和分子内氢键的形成。乙酰氨基化学性质较稳定，但在适当条件下也能参与反应。在壳聚糖分子链上，与化学性质有关的功能基团是氨基葡萄糖单元上6位的羟基、3位的羟基和2位氨基或乙酰氨基以及糖苷键。其中糖苷键比较稳定，不易断裂，也不与其他羟基形成氢键，所以壳聚糖的化学反应通常只涉及两个羟基和氨基，能发生酰基化、羧基化、醚化、酯化、烷基化等反应。甲壳素和壳聚糖可发生的常见反应如图5.7所示。

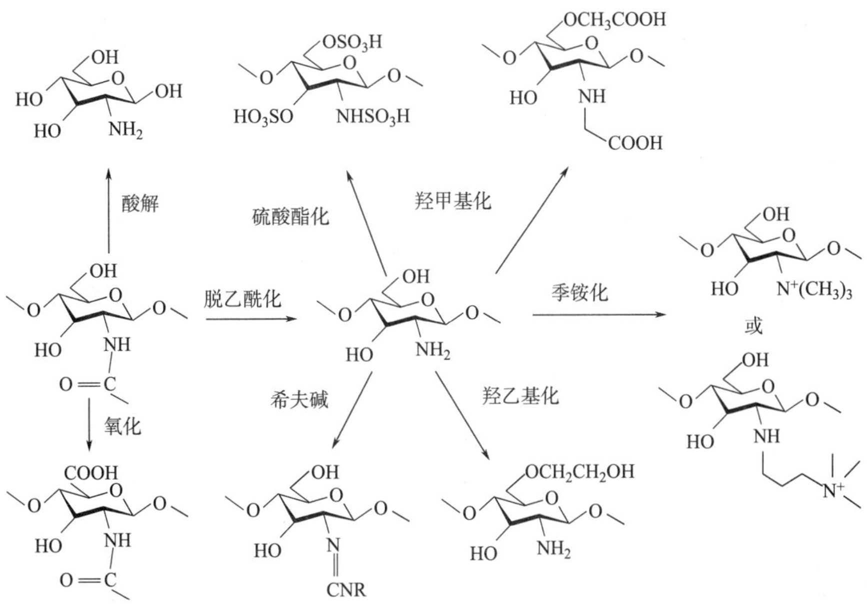

图5.7 甲壳素和壳聚糖的常见化学反应

（三）甲壳素与壳聚糖的生物学性质

1. 抗菌性

作为一种广谱型抗菌剂，壳聚糖可以抑制多种细菌、真菌的生长。壳聚糖溶液对常见食品致病菌、口腔致病菌及多种植物致病菌具有抑菌和杀菌作用。壳聚糖可抑制大肠杆菌、沙门菌属、金黄色葡萄球菌、绿脓杆菌、链球菌、霍乱弧菌、产气单胞菌属及某些真菌等的生长。壳聚糖及其衍生物的抗菌性受多种因素的影响，如分子量、乙酰度、浓度、溶剂、介质pH、温度、衍生物的取代基种类等。有关壳聚糖的抗菌机理目前尚无定论，一般认为大分子壳聚糖作用于细菌的表面，如堆积在细胞表面影响其代谢、氨基的正电荷与细胞表面带负电荷的生物分子作用改变细胞的通透性、螯合一些细胞生长必需的金属元素等。而认为小分子量壳聚糖能进入细胞内部，与DNA结合并抑制mRNA与蛋白质的合成。对于真菌，一般认为壳聚糖的抑菌作用机制与其增加菌丝细胞膜的透性有关。武汉大学的研究者们采用透射电镜（TEM）观察了经壳聚糖处理的大肠杆菌和金黄色葡萄球菌的细胞形态，认为壳聚糖的杀菌作用与细菌细胞膜的破坏有关。细菌经0.5%的壳聚糖处理20min，观察发现，壳聚糖对大肠杆菌与金黄色葡萄球菌细胞膜完整性、大肠杆菌细胞外膜与内膜透性有影响。对大肠杆菌，壳聚糖可以迅速与其外膜反应，使外膜呈锯齿状，失去功能，同时使内膜通透性增加，最终破坏整个细胞膜的完整性，使DNA等物质渗漏而死亡。经壳聚糖处理后，处于各生长时期的大肠杆菌的外膜均发生了很明显的变化，呈锯齿状，说明外膜已被破坏，而内膜的形态未发生明显变化。壳聚糖对于金黄色葡萄球菌有两种作用机理，一是对于那些处于分裂期或是刚生成的新生细胞，壳聚糖可能抑制了新细胞壁的生成，并破坏分裂部位的细胞膜，使其破裂，内容物流出而死亡；二是对于那些未处于分裂期的成熟细胞，壳聚糖只是聚集在表面，这些细胞在短时间内很难被杀死，可能是通过抑制营养物质吸收而抑制其生长繁殖，并最终凋亡。不管是对大肠杆菌还是对金黄色葡萄球菌，能被壳聚糖快速杀死的原因是细胞膜被快速破坏。通过研究壳聚糖与模拟细胞膜的相互作用发现，壳聚糖确实能与磷脂膜发生强烈迅速的反应，这种反应是由壳聚糖醋酸盐上的氨基正离子与磷脂膜上的磷酸根通过静电作用生成复合物所致。

2. 生物降解性

甲壳素能够被溶菌酶、乙酰氨基葡萄糖苷酶和脂肪酶降解。甲壳素被降解为寡糖，寡糖进一步水解为N–乙酰氨基葡萄糖。N–乙酰氨基葡萄糖能参与人体代谢形成糖蛋白或被分解为CO_2。甲壳素制备的手术缝合线在体内能较快降解，5天强度降低26%，而第15天强度只有原强度的18%。壳聚糖具有生物可降解性，可通过化学（酸解）或酶法被生物降解。壳聚糖在动物的胃肠道发生降解，不同动物对壳聚糖的降解程度有差异，如鸡食用壳聚糖后可降解67%~98%的壳聚糖，而兔子降解量为39%~83%。但如果壳聚糖的氮位接上其他基团，壳聚糖基本不降解，说明壳聚糖氨基的存在对酶解有影响。壳聚糖在生物体内可被生物酶如溶菌酶催化，缓慢水解解聚，一部分以二氧化碳的形式由呼吸道排出体外，另一部分则降解为可被人体吸收利用的糖蛋白。

3. 生物相容性

壳聚糖具有良好的生物相容性，对动植物都有良好的适应性，对生物体无刺激性，炎症反应小，在日本、意大利和芬兰等国，壳聚糖被批准用于食品中，FDA批准壳聚糖用于伤口敷料。利用成纤维细胞对壳聚糖的生物相容性进行评价，包括壳聚糖盐酸盐、壳聚糖谷氨酸盐、乙二醇壳聚糖、壳聚糖乳酸盐、甲基吡咯烷酮壳聚糖。壳聚糖盐和成纤维细胞共同培养72h后，相比其他壳聚糖盐，甲基吡咯烷酮壳聚糖引起的细胞抑制率最低，壳聚糖盐酸盐比聚赖氨酸的毒性小4倍。多种哺乳动物细胞能够在壳聚糖材料上黏附、伸展、繁殖，人角质形成细胞（NHK）在壳聚糖膜上也有很好的黏附和生长能力。有趣的是，壳聚糖膜比壳聚糖—硫酸软骨素、壳聚糖—透明质酸复合物有更好的细胞亲和性及伤口促愈能力。

第三节　甲壳素与壳聚糖的改性

一、甲壳素与壳聚糖的物理改性

（1）薄膜化。壳聚糖以氢键交联成网状结构，利用适当的溶剂，可制成透明的具有多孔结构的薄膜。壳聚糖的溶液具有较大的黏性，容易成膜。由壳聚糖浇注成柔性的无色透明膜，具有良好的黏附性、通透性及一定的抗拉强度。壳聚糖膜的溶胀性能和力学性能受膜的湿度、壳聚糖脱乙酰度和分子量的影响很大。湿态薄膜的抗拉强度随脱乙酰度的增加而明显增强。若与聚乙烯醇混合制膜并进行热处理，膜的抗拉强度大大提高，甚至超过纤维素膜。含有增塑剂（如甘油、聚乙二醇等）的膜有较低的耐湿性和较高的通透性。壳聚糖脱乙酰化度越高，膜的溶胀性越低。分子量越低，壳聚糖膜的抗拉强度越低，膜的通透性也越强；分子量越大，壳聚糖分子中的结晶结构越多，分子间高度缠结，抗拉强度高，同时膜的通透性也越差。壳聚糖分子存在游离氨基和羟基，可以发生多种反应，衍生化反应对于壳聚糖膜的性质也有显著的影响。

对壳聚糖成膜特性的研究表明，壳聚糖膜的半透性与其溶液的黏度、温度、pH相关。溶液黏度随浓度的增加而增大，呈典型亲水性胶质特性；随温度和pH的升高而减小，故壳聚糖溶液具有良好的耐酸性，这对于水果保鲜特别有意义，酸性环境能抑制细菌的生长。适量壳聚糖添加剂能提高透明度和凝胶强度，但是会使持水率下降。持水率高、持水能力强的凝胶最适宜做食品涂膜，因此作为保鲜成膜剂的壳聚糖，在保证一定强度的同时应考虑其持水率的高低；膜性能与成膜介质和溶液浓度有关，介质表面越粗糙则黏着性越好，溶液浓度越高则黏着性越差。甲壳素或壳聚糖膜可用作音响设备振动膜、双电解质膜、人工肾膜、反渗透膜、超滤膜、渗透蒸发膜、脱水膜等。

（2）微纤化。甲壳素和壳聚糖具有规整的结晶结构，结晶度较高。将甲壳素和壳聚糖中的无定形部分除去，可得到纳米级晶体。当甲壳素粒子尺寸降低至纳米量级时，由于具有更大的比表面积，甲壳素纳米粒子会具有更强的化学活性、吸附性能及更好的生物亲和性。因此纳米甲壳素在生物医学、物理学和化学领域有更新和更优异的应用性能。用酸水解法、酶水解法和机械法都能获得甲壳素纳米晶须或粒子。

（3）微球化。微球是指药物分散或被吸附在聚合物基质中而形成的球粒的微粒分散系统，其微粒大小不等，直径为0.01~300μm，甚至更大。壳聚糖微球具备良好的可生物降解性以及生物黏附性能，是目前研究较多的天然高分子微球材料。由于微球化的制剂不但具有靶向效果，而且也具有长效缓释的效果，因此是几年来研究较多的一种药物负载体系。目前制备壳聚糖微球的方法很多，常见的有悬浮交联法、乳化交联法、凝聚或沉淀法、界面凝固法、溶剂挥发法、喷雾干燥法等多种方法。悬浮交联法与乳化交联法属于化学方法，二者都是将壳聚糖溶解在酸性介质中然后添加到油相分散介质中，强制分散再滴加交联剂（一般为戊二醛）使壳聚糖在分散液中发生交联，从而得到壳聚糖微球。不同的是，乳化交联法在分散液中添加了乳化剂，而悬浮交联法则没有，因此也可以说乳化交联法是悬浮交联法的改进。悬浮交联法所得微球粒径较宽，且微球之间的黏结严重，分散相很难从微球表面除去，后处理较为困难。而乳化交联法克服了上述缺点，也是目前制备壳聚糖微球中最常用的方法。壳聚糖交联微球作为药物载体比较适合那些需要长效、低血药浓度的场合，并且它的生物相容性较好、体内降解非常缓慢，因此比较适合作为肌肉注射的埋植剂。

凝聚法是利用壳聚糖在酸溶液中的阳离子性，向壳聚糖溶液中添加Na_2SO_4等含强阴离子基团的电解质溶液，使壳聚糖从溶液中相分离析出的方法。在此过程中微球的形成依赖于硫酸钠的浓度，可利用控制溶液的浊度的方法来控制微球的形成。这种微球制备方法不需要使用有机溶剂和戊二醛，形成的壳聚糖微球具有较高的包封率和明显的控释作用。界面凝固法是先将壳聚糖溶解于酸性溶液中，然后使用静电脉冲或者挤压的方法迫使壳聚糖液滴从针管中滴入凝结液（NaOH溶液）中，壳聚糖液滴在瞬间凝胶化成球的方法。这种方法成球迅速而且微球的粒径分布很窄，但微球的粒径较大。溶剂挥发法是指将壳聚糖的醋酸溶液滴加至油相中，搅拌均匀，加热至一定温度后减压蒸馏以除去溶解壳聚糖的溶剂，得到微球。如果是负载油溶性药物的则首先将药物溶于有机溶剂，然后分散于壳聚糖醋酸溶液中，形成w/o（水/油）型乳剂，再滴加到油相中形成复乳w/o/w（水/油/水）型乳剂，经常压或减压蒸馏除去溶剂，得到载药微球。由于可以使用减压蒸馏的方法来控制蒸馏温度，因此这种方法的好处是可以将具有油溶性且对温度敏感的药物负载于壳聚糖微球中，且可以添加戊二醛交联壳聚糖来控制微球的释药速度。这种方法的缺点是制备工艺稍显复杂并且耗时较长。喷雾干燥法就是将药物分散在壳聚糖的溶液中并形成乳液，然后利用雾化器将该乳液雾化成极细的雾滴后分散在喷雾干燥器内的热空气流中，通过瞬间的温度升高使水分蒸发，促使壳聚糖迅速凝固，药物就被包镶在其中并且形成微球。这种壳聚糖微球的释放较快而且伴随突释效应。

二、甲壳素与壳聚糖的化学改性

甲壳素和壳聚糖分子链中存在大量性质活泼的羟基、乙酰胺基和氨基基团，可与多种化合物进行化学反应，得到多种多样的衍生物，扩大甲壳素和壳聚糖的应用范围。化学改性的目的主要有两个：改善其在水或有机溶剂中的溶解性；通过化学改性引入基团和侧链并进行各种可能的分子设计，以得到新颖的改性材料。通过化学改性，可对甲壳素和/或壳聚糖进行包括乙酰基化、酰基化、羟基化、羧基化、羧甲基化、烷基化、酯化、醚化等化学修饰。通过这些化学修饰作用，可在甲壳素与壳聚糖的分子中引入各种功能团，改善甲壳素和壳聚糖的物理化学性质，使其具备不同的功能及功效，可制成各种类型的凝胶、薄膜、聚电解质及其他水溶性材料，广泛应用于各种领域。从甲壳素/壳聚糖化学的发展趋势来分析，在目前的几个研究领域中，对甲壳素/壳聚糖进行化学修饰的研究是甲壳素/壳聚糖化学最具潜力、最有可能取得突破性进展的研究方向，也是甲壳素化学能否发展成为国民经济一大产业的关键所在。目前该研究存在的主要问题是对衍生物应用研究得太少，在进行甲壳素/壳聚糖化学修饰的同时，更应该对其可能存在的应用领域进行探索，使研究得到的甲壳素/壳聚糖衍生物产生巨大的社会经济效益。

甲壳素经脱乙酰化处理得到的壳聚糖的分子量通常在几十万左右，难溶于水，限制了在许多方面的应用。甲壳低聚糖是甲壳素和壳聚糖经水解生成的一类低聚物。将由甲壳素制得的低聚糖称为甲壳素低聚糖，由壳聚糖制得的低聚糖称为壳低聚糖。甲壳低聚糖具有较高的溶解度，容易被吸收利用。分子量低于10000的甲壳低聚糖具有更优越的生理活性和功能性质。用酸水解法可制备甲壳低聚糖。用盐酸将甲壳素和壳聚糖部分水解，得到低聚糖溶液，水解过程中壳聚糖比甲壳素更易溶于稀酸，甲壳素的水解较困难，水解条件有待强化。分子量低于1500的低聚壳聚糖产品，可基本全溶于水。低聚壳聚糖或更小分子量的水溶性壳聚糖可用作具有生理功能的保健食品，有降低血脂、降低胆固醇、增强身体免疫力和抵抗疾病的功能；也可利用水溶性壳聚糖良好的保湿功能，用作化妆品的添加剂；或是从中提取抗肿瘤制剂等。根据目前的研究情况，用于壳聚糖降解的方法大致可分为酶法降解、无机酸降解及氧化降解法三种。

用无机酸特别是盐酸对甲壳素和壳聚糖进行降解以制备低分子量甲壳素和壳聚糖是应用最早的甲壳素和壳聚糖降解方法，其反应如图5.8所示。目前，酸降解法已有酸—亚硝酸盐法、浓硫酸法、氢氟酸法等多种方法，不过，用于工业化生产的主要方法仍是盐酸降解法。酸法降解壳聚糖是一种非特异性的降解过程，降解过程及降解产物的分子量分布较难控制，可考虑在反应过程中添加某些试剂以控制其降解反应的进行，以制备特定分子量范围的低聚产品。

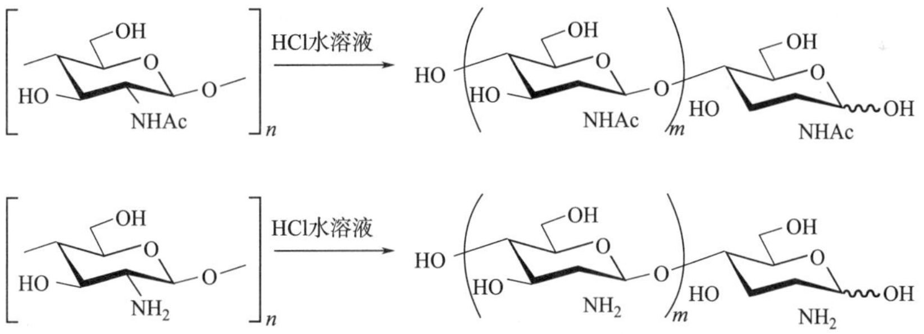

图5.8 盐酸水解甲壳素和壳聚糖

酶法降解是用专一性的壳聚糖酶或非专一性的其他酶种来对壳聚糖进行生物降解，已有30多种酶可用于壳聚糖的降解。酶法降解壳聚糖条件温和，降解过程及降解产物分子量分布都易于被控制，且不对环境造成污染，是壳聚糖降解的最理想方法。但就目前技术而言，酶法降解尽管也有少量商业应用，进行大规模的工业化生产却尚有不少困难，应在寻求更廉价的酶种及如何实现工业化生产方面进行更深入的研究。

氧化降解法是最近几年研究较多的一种降解方法。诸多氧化降解法中，以过氧化氢氧化法开发得最多，其中包括H_2O_2法、H_2O_2—$NaClO_2$法和H_2O_2—HCl法等，其他的氧化降解法还有$NaBO_3$法、ClO_2法以及Cl_2法等。以氧化剂对壳聚糖进行氧化降解，存在的最大的问题是在降解过程中引入了各种反应试剂，在降解副反应的控制及在降解产物的分离纯化等方面增加了很大难度。

1. 脱乙酰化反应

脱乙酰化反应（图5.9）是甲壳素最重要的化学改性方法之一，可得到甲壳素的主要衍生物——壳聚糖。脱乙酰化需在浓碱和高温的条件进行数小时。由于甲壳素不溶解在碱液中，脱乙酰化反应是在非均相条件下进行。调整碱液浓度、反应温度及反应时间，可得到不同脱乙酰度的壳聚糖。一般选用40%~60%的NaOH溶液，反应温度为100~180℃，可得到脱乙酰度高达95%的壳聚糖。如果要将乙酰胺基完全脱除，需重复进行碱处理。上述的方法从鱿鱼顶骨（squid pens）中的β–甲壳素制备脱乙酰基产物更快，但得到的壳聚糖颜色很深。由于β–甲壳素比α–甲壳素的脱乙酰基的温度低，所以可在80℃下从β–甲壳素制备壳聚糖，可以得到几乎无色的壳聚糖产品。

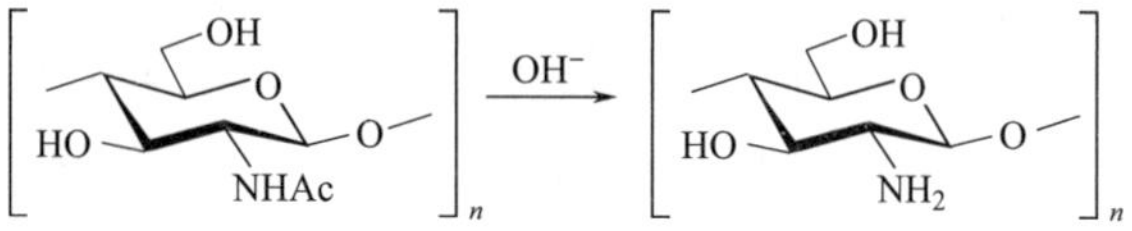

图5.9　甲壳素的脱乙酰化反应

2. 与强碱反应

甲壳素在C_6和C_3上有两个活泼的羟基，能与强碱发生反应，生成碱化甲壳素，取代主要发生在C_6的羟基上（图5.10）。制备碱化甲壳素时，应注意对温度的控制，温度较高时容易发生脱乙酰化反应而使部分甲壳素转变为壳聚糖。在−10℃下，用碱对甲壳素进行处理可避免发生脱乙酰化，产物可以溶解在水中。甲壳素的碱化反应可使甲壳素分子活化，能与许多化合物发生反应，产生一系列衍生物，扩大甲壳素的使用范围。

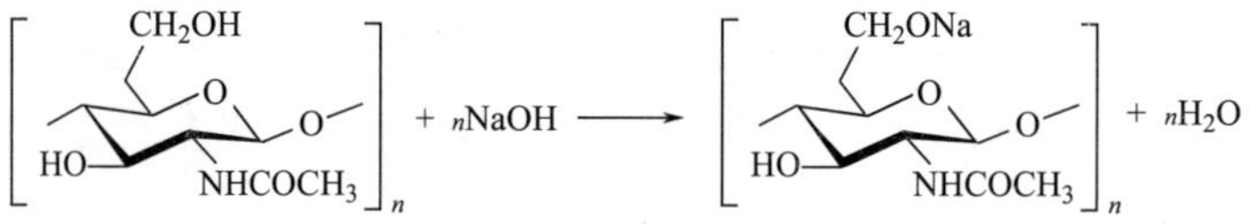

图5.10　甲壳素的碱化反应

3. 酰基化反应

甲壳素和壳聚糖的酰基化反应是最早研究的一种化学改性，也是研究得较多的改性方法。通过与酰氯或酸酐反应，在大分子链上导入不同分子量的脂肪族或芳香族酰基，可大大改善所得产物在有机溶剂中的溶解度。反应可在甲壳素的氨基（N–酰化）和/或羟基（O–酰化）上进行，如图5.11所示。酰化产物的生成与反应溶剂、酰基结构、催化剂种类和反应温度有关。

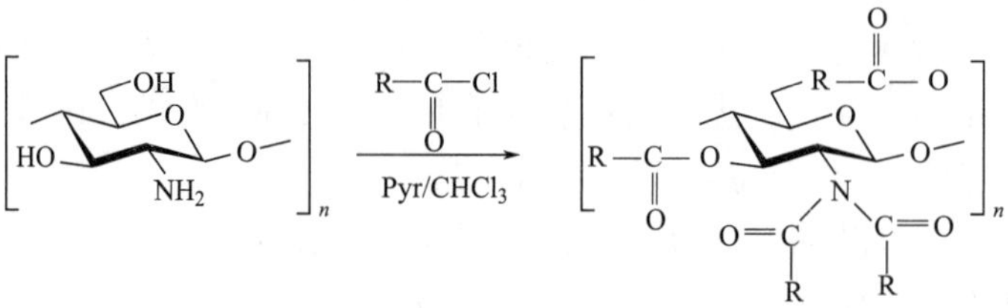

图5.11　完全酰化壳聚糖衍生物的结构式

科学家最早是用干燥氯化氢饱和的乙酐对甲壳素及壳聚糖进行乙酰化。这种反应速率较慢，且甲壳素降解较严重。近年来的研究发现甲磺酸可代替乙酸进行酰化反应，如用4份甲磺酸和6份乙酸酐与1份甲壳素在均相中反应，和4份甲磺酸、6份冰醋酸和计算量的乙酸酐与1份甲壳素在非均相中反应。甲磺酸既是溶剂又是催化剂，反应在均相进行，所得产物的酰化程度较高。壳聚糖可溶于乙酸溶液中，加入等量甲醇也不沉淀。所以，用乙酸/甲醇溶剂可制备壳聚糖的酰基化衍生物。三氯乙酸/二氯乙烷、二甲基乙酰胺/氯化锂等混合溶剂均能直接溶解甲壳素，使反应在均相进行，从而可制备具有高取代度且分布均一的衍生物。酰化度的高低主要取决于酰氯的用量，通常要获得高取代度产物，需要更过量的酰氯。当取代基碳链增长时，由于空间位阻效应，很难得到高取代度产物。

酰化甲壳素及其衍生物中的酰基破坏了甲壳素及其衍生物大分子间的氢键，改变了它们的晶态结构，提高了甲壳素材料的溶解性。如高取代的苯甲酰化甲壳素溶于苯甲醇、二甲基亚砜；高取代的己酰化、癸酰化、十二酰化甲壳素可溶于苯、苯酚、四氢呋喃、二氯甲烷。除此之外，酰化甲壳素及其衍生物的成型加工性也得到改善。壳聚糖的反应通常发生在氨基上，但不能完全选择性地发生在氨基上，也会发生O_2酰基化反应。为了用壳聚糖制备有确定结构的衍生物和性能更好的功能材料，寻求一种容易控制反应的方法尤为重要。甲壳素和壳聚糖酰化后不但溶解度提高，而且有很大新用途。应用于环境分析方面，酰化壳聚糖可制成多孔微粒用作分子筛或液相色谱载体，分离不同分子量的葡萄糖或氨基酸，还可制成胶状物用于酶的固定和凝胶色谱载体。应用于化妆品方面，3,4,5-三甲氧基苯甲酰甲壳素具有吸收紫外线的作用，可作为防晒护肤的添加剂。脂肪族酰化甲壳素可作为生物相容性材料。应用于医药方面，双乙酰化甲壳素具有良好的抗凝血性能；甲酰化产物和乙酰化产物的混合物可制成可吸收手术缝合线、医用非织造布；N-乙酰化甲壳素可模塑成型为硬性接触透镜，有较好的透氧性和促进伤口愈合的特性，能作为发炎和受伤眼睛的辅助治疗。

4. 羧基化反应

羧基化反应是指用氯代烷酸或乙醛酸在甲壳素或壳聚糖的6-羟基或氨基上引入羧烷基基团。引入羧基后能得到完全水溶性的高分子，更重要的是能得到含阴离子的两性壳聚糖衍生物。甲壳素和壳聚糖最重要的羧基化反应是羧甲基化反应，相应产物为羧甲基甲壳素（CM-chitin）、N-羧甲基壳聚糖（N-CM-chitosan）等。羧甲基甲壳素由碱性甲壳素和氯乙酸反应制得，如图5.12所示。羧甲基化主要发生在C_6上。反应在强碱中进行，因而既发生脱乙酰化的副反应，也发生N2上羧甲基化反应。

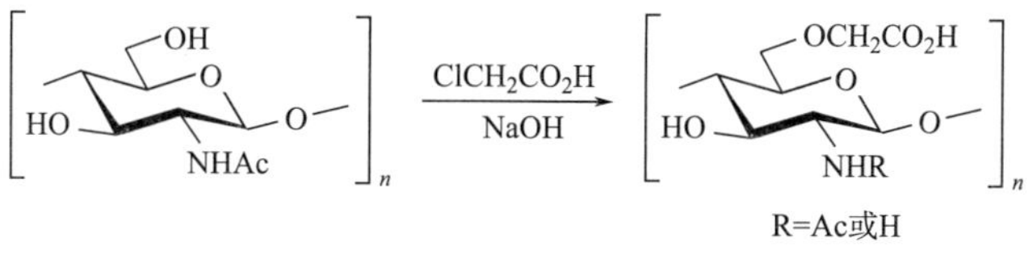

图5.12　由甲壳素和氯乙酸制备羧甲基甲壳素的反应

在相似条件下，壳聚糖也可进行羧基化反应，羧甲基化反应同时发生在羟基和氨基上，得到的是N,O-羧甲基壳聚糖。在壳聚糖分子上的取代顺序是OH—6>OH—3>—NH₂。

由于2位氨基与6位羟基的竞争反应，羧甲基壳聚糖衍生物基本是N，O–羧甲基壳聚糖衍生物。若制备取代位置明确的羧基化壳聚糖，可先采用保护基团保护氨基后再进行羧基化反应，得到O–羧基化壳聚糖；或直接采用含有醛基的羧酸与壳聚糖反应，使醛基与氨基发生希夫（Schiff）碱反应，最后用$NaBH_4$还原的方法得到N–羧基化壳聚糖。或通过控制反应条件（pH=8~9，T=60℃）来区分氨基与羟基的反应活性，以控制羧基化反应在氨基上发生。但该法的反应时间过长（6天），且反应过程中溶液的pH随羧基化反应的进行而变化，反应条件不易控制。

羧甲基壳聚糖有良好的水溶性和绿色环保性，在环保水处理、医药和化妆品等领域得到越来越广泛的应用。羧甲基化甲壳素能吸附Ca^{2+}和碱土金属离子等，可用于金属离子的提取和回收；可用在牙膏、化妆品等的添加剂。羧甲基化甲壳素在化妆品中能使化妆品具有润滑作用和持续的保湿作用，还能使化妆品的储藏性能、稳定性能良好。毒理学研究表明，羧甲基壳聚糖无任何毒副作用，在医药上可作为免疫辅助剂，具有抗癌作用而不损伤正常细胞；具有促细胞生长、抗心律失常等生物活性；对金属离子如Ca^{2+}、Fe^{2+}、Zn^{2+}等有配位作用，是制备微量元素补剂的理想配体；N,N–二羧甲基壳聚糖磷酸钙可用于促进损伤骨头的修复与再生；N,O–羧甲基壳聚糖可以防止心脏手术后心包粘连，对玉米氮代谢、蛋白质合成与积累具有明显的生理调节作用。

5. 羟基化反应

甲壳素和壳聚糖在碱性溶液，或在乙醇、异丙醇中与环氧乙烷、2–氯乙醇、环氧乙烷等反应生成羟乙基或羟丙基化衍生物（图5.13）。反应主要在C6上进行。羟基甲壳素衍生物的合成一般在碱性介质中进行，同时伴随着N脱乙酰化反应的发生。此外，环氧乙烷在氢氧根阴离子作用下会发生聚合反应，得到的衍生物结构具有不确定性。羟乙基甲壳素脱除乙酰基后得到O位取代的羟乙基壳聚糖。采用同样的方法，用环氧丙烷反应可得到羟丙基甲壳素和壳聚糖。在碱性条件下，壳聚糖也可与环氧乙烷和环氧丙烷直接反应，但得到的是N、O位取代的衍生物。用缩水甘油或3–氯–1,2–丙二醇也可进行羟基化反应，通过一步反应就可在壳聚糖的分子中引入两个羟基。羟基化甲壳素和壳聚糖衍生物通常具有水溶性和良好的生物相容性。可作为化妆品等的添加剂；将改性后的羟丙基甲壳素作为增稠材料，可制备含适量盐酸环丙沙星的眼药水和人工泪液。

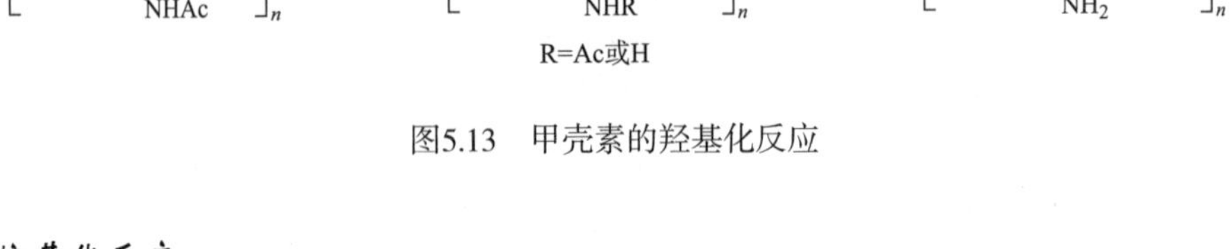

图5.13 甲壳素的羟基化反应

6. 烷基化反应

烷基化反应可以在甲壳素的羟基上（O烷基化）进行，也可以在壳聚糖的氨基上进行（N烷基化），一般是甲壳素碱与卤代烃或硫酸酯反应生成烷基化产物。壳聚糖的氨基是一级氨基，有一对孤对电子，具有很强的亲核性，由于氨基的反应活性大于羟基的反应活性，所以

N-烷基化较易发生。烷基化壳聚糖分子间和分子内的氢键被削弱，溶解性大大改善。若引入的碳链过长（如十六烷基），也会影响其溶解性，几种烷基化反应的介绍如下。

（1）O位烷基化。壳聚糖分子中有氨基和羟基，如果直接进行烷基化反应，在N，O位上都可以发生反应。为了使烷基化壳聚糖反应在O2上发生，必须先对N2进行保护，保护氨基的方法有希夫（Schiff）碱法。希夫碱氨基保护法是先将壳聚糖与醛反应形成希夫碱，再用卤代烷进行烷基化反应，然后在醇酸溶液中脱去保护基，即得到只在O2取代的衍生物。例如，先用苯甲醛与壳聚糖反应形成亚苯基壳聚糖，再用氯丁烷与之反应，之后用稀乙醇盐酸溶液除去希夫碱得到O2丁烷基壳聚糖，反应过程如图5.14所示。

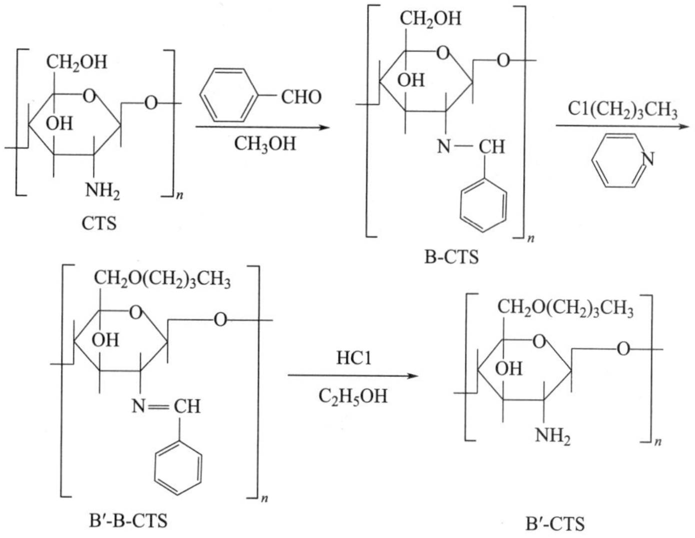

图5.14 O2丁烷基壳聚糖的制备

（2）N位烷基化。壳聚糖分子上的氨基基团携带有一对孤对电子，与卤代烷反应可得到相应的N2烷基化产物。如采用溴化十六烷基三甲基铵（CTAB）作相转移催化剂（PTC），在氢氧化钠水溶液中进行低聚水溶性壳聚糖改性反应，得到双亲性N2十六烷基化修饰壳聚糖，如图5.15所示。

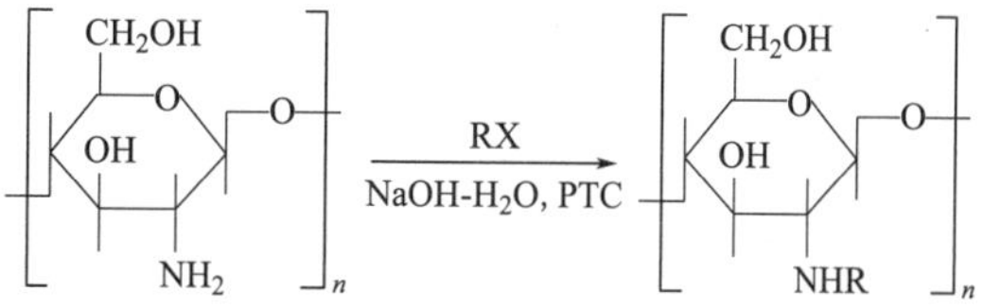

图5.15 双亲性N2十六烷基化修饰壳聚糖的制备

（3）N、O位烷基化。在碱性条件下，壳聚糖与卤代烷直接反应，可制备在N、O位同时发生取代反应的衍生物。反应条件不同，产物的溶解性能有较大的差别。反应过程是将壳聚糖加入含NaOH的异丙醇中，搅拌30min后加入卤代烷，反应4h后调节pH至中性，沉淀、过滤、洗涤、干燥。该类衍生物也有较好的生物相容性，有望在生物医用材料方面得到应用。

（4）与高级脂肪醛进行反应。烷基化衍生物的合成，通常是采用醛与壳聚糖分子中的—NH$_2$反应形成希夫碱，然后用NaBH$_3$CN或NaBH$_4$还原来得到目标衍生物，合成路线如图5.16所示。长链N2烷基化壳聚糖衍生物具有双亲性，可用于自组装药用微囊的制备，用高级脂肪醛通过希夫碱反应改性属于两相反应，取代度低，可采用加入相转移催化剂微波辐射的方法提高N₂烷基化壳聚糖的取代度，缩短反应时间。

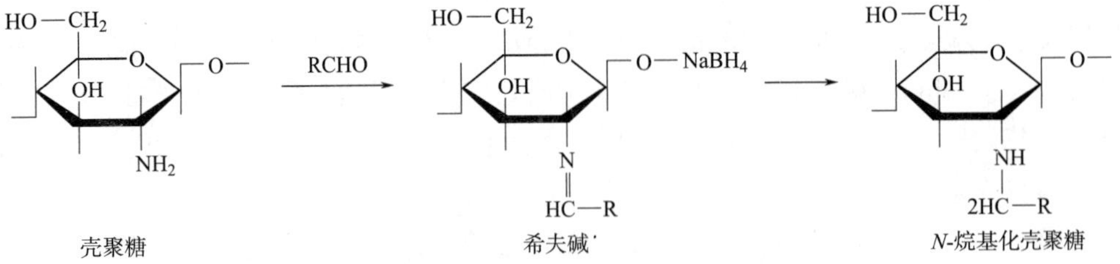

图5.16　N烷基化壳聚糖的制备

（5）与长链脂肪酰卤反应引入烷基。由壳聚糖改性获得双亲性壳聚糖衍生物，利用其疏水长链侧基的相互作用，可构成壳聚糖基自组装纳米药用泡囊。在壳聚糖中引入长链烷基，将得到很好的双亲性物质，而在甲磺酸介质中，通过控制十二酰氯的用量，可以得到用于制备自组装纳米泡囊的不同酰化取代度的*O,O*–双十二酰化壳聚糖产物。制备脂溶性*O,O*–双十二酰化壳聚糖合成路线如图5.17所示。

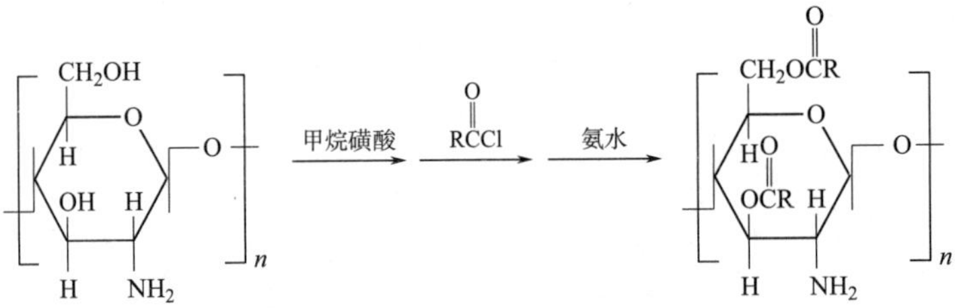

图5.17　O,O–双十二酰化壳聚糖的制备

（6）与环氯衍生物反应。壳聚糖与环氧衍生物进行加成反应，可得到烷基化衍生物，此反应的特点是可同时引进亲水性的羟基，如壳聚糖与过量的环氧衍生物在水溶液中反应时，其分子氨基上的2个H都被取代，生成的产物易溶于水。当环氧衍生物上接有季铵盐时，环氧衍生物与壳聚糖发生反应的同时可将季铵盐上不同的烷基引入。如用环氧丙基三烷基氯化铵与羧乙基化后的壳聚糖反应得到*N,O*–（2–羧乙基）壳聚糖季铵盐（QCECs），合成路线如图5.18所示。

7. 酯化反应

甲壳素上的羟基能被各种酸和酸的衍生物酯化。甲壳素的多种酯化反应产物都显示出良好的抗凝血性能，是很好的抗凝血材料。甲壳素的酯化可分为无机酸和有机酸酯化。常用的无机酸酯化剂包括硫酸酯、黄原酸酯、磷酸酯、硝酸酯等；常用的有机酸酯化剂包括乙酸酯、苯甲酸酯、长链脂肪酸酯、氰乙酯等。

（1）甲壳素的硫酸酯化反应。甲壳素的硫酸酯化反应一般为非均相反应，硫酸酯化试剂主要有浓硫酸、SO₂、SO₃、氯磺酸/吡啶和SO₃/吡啶、SO₃/DMF等。反应既可发生在氨基上也可发生在羟基上，但常发生在C6位的羟基上，如图5.19所示。使用强酸介质中氨基质子化

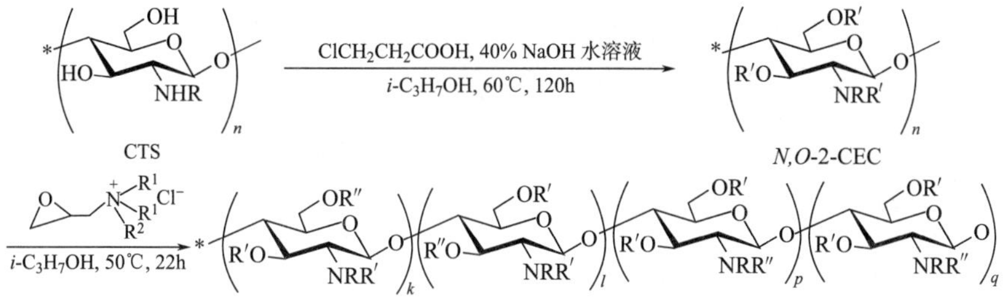

R=H或$COCH_3$, R′=H或CH_2CH_2COOH, R″=H或$CH_2CH(OH)CH_2NR^1R^1R^2Cl$

QCEC1：$R^1=R^2=CH_3$　　QCEC2：$R^1=R^2=CH_2CH_3$

QCEC3：$R^1=R^2=CH_2CH_2CH_3$　　QCEC4：$R^1=R^2=CH_2CH_2CH_2CH_3$

QCEC5：$R^1=CH_3$，$R^2=CH_2C_6H_5$

图5.18　*N,O*-（2-羧乙基）壳聚糖季铵盐（QCECs）的制备

的方法也可制得酯化位置明确的酯化产物，如采用Cu^{2+}和邻苯二甲酸酐对2位氨基和3位仲羟基进行保护后再硫酸酯化的方法，可制备酯化位置明确的壳聚糖衍生物。硫酸酯化甲壳素的结构与肝素相似，抗凝血性高于肝素且没有副作用，能抑制动脉粥样硬化斑块的形成；可制成人工透析膜。

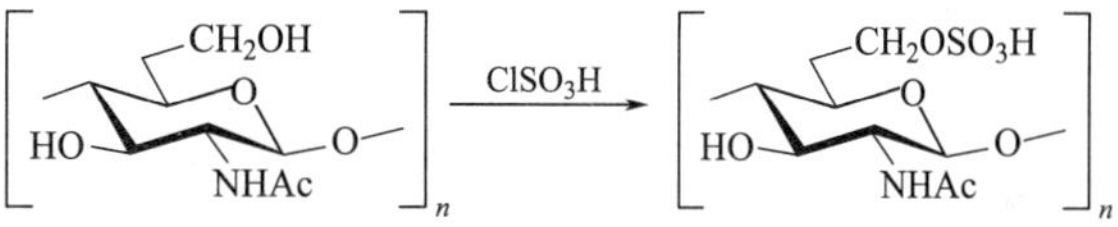

图5.19　甲壳素硫酸酯化反应

（2）甲壳素的磷酸酯化反应。磷酸酯化反应一般是在甲磺酸中与甲壳素或壳聚糖反应，如图5.20所示，各种取代度的磷酸酯化物都易溶于水。

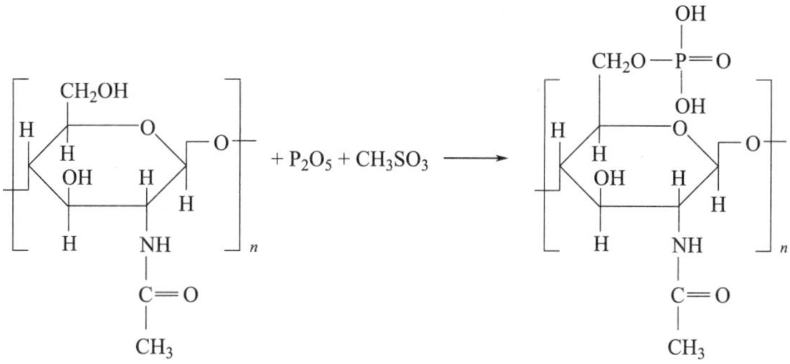

图5.20　甲壳素的磷酸酯化反应

8. 希夫碱反应

壳聚糖上的氨基可以与醛酮发生希夫碱反应（图5.21），生成相应的醛亚胺和酮亚胺多糖。此反应专一性强，可保护游离—NH_2，在羟基上引入其他基团，反应后可方便地去掉保护基；或用$NaBH_4$或$NaCNBH_3$还原，得到N2取代的多糖。这种还原物对水解反应不敏感，有聚两性电解质的性质。利用希夫碱反应可以把还原性碳水化合物作为支链连接到壳聚糖的氨基N上，形成N-支链的水溶性产物。

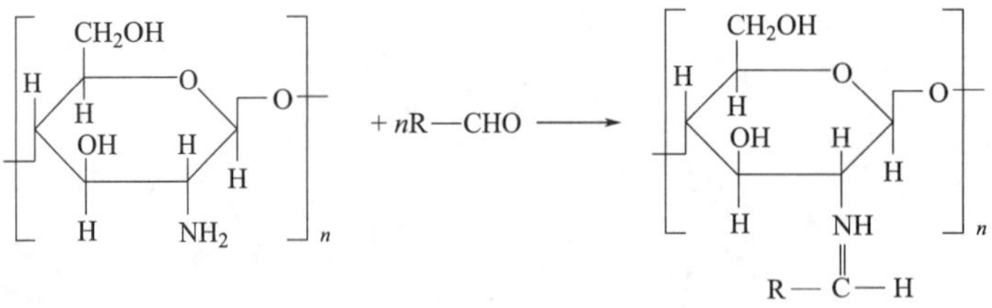

图5.21 壳聚糖的希夫碱反应

9. 硅烷化反应

甲壳素可以完全三甲基硅烷化（图5.22），产物具有很好的溶解性和反应性，保护基很容易脱去。可在受控条件下进行改性和修饰。三甲基硅烷甲壳素易溶于丙酮和吡啶，在另一些有机溶剂中可明显溶胀。完全硅烷化的甲壳素很容易脱去硅烷基，可用于制备功能薄膜。将硅烷化甲壳素的丙酮溶液铺在玻璃板上，溶剂蒸发后得到薄膜，室温下将薄膜浸在乙酸溶液中就可以脱去硅烷基，得到透明的甲壳素膜。硅烷化甲壳素在一些反应中显示出良好的反应活性，包括三苯甲基化反应，主要用来保护C6羟基，因此可用于特定选择性的修饰反应。甲壳素在吡啶中不发生三苯甲基反应，若用硅烷化甲壳素代替甲壳素，三苯甲基化反应就可以平稳进行。

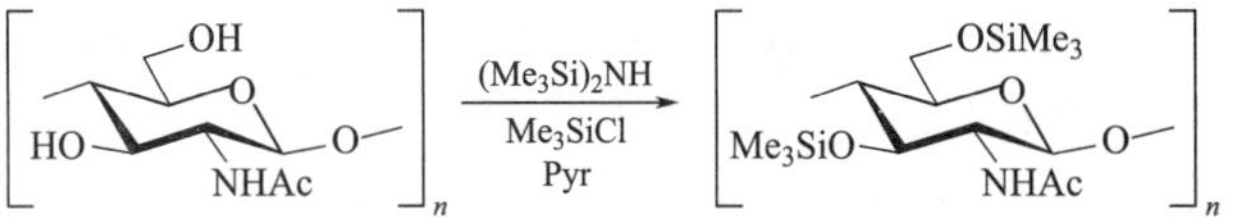

图5.22 三甲基硅烷化甲壳素

10. 接枝共聚反应

早在1973年，施莱格尔（Slagel）等首先将丙烯酰胺、2-丙烯酰胺-2-甲基丙磺酸与壳聚糖的接枝共聚物用于提高纸制品的干态强度。1979年，小岛（Kojima）等采用三丁基硼烷（TBB）作为引发剂用于甲基丙烯酸甲酯与甲壳素的接枝共聚。此后，甲壳素和壳聚糖的接枝共聚研究进展越来越快。通过分子设计可以得到由天然多糖和合成聚合体组成的修饰材料。采用的引发剂体系有AIBN、γ射线、$Fe^{2+}—H_2O_2$、UV和Ce^{4+}等，在均相或非均相中，引发乙烯基单体直接与甲壳素/壳聚糖进行接枝共聚。栗田（Kurita）等将L-谷氨酸γ-甲酯N-羧酸酐（NCA）与水溶性甲壳素接枝共聚制备甲壳素多肽杂化物（图5.23）。

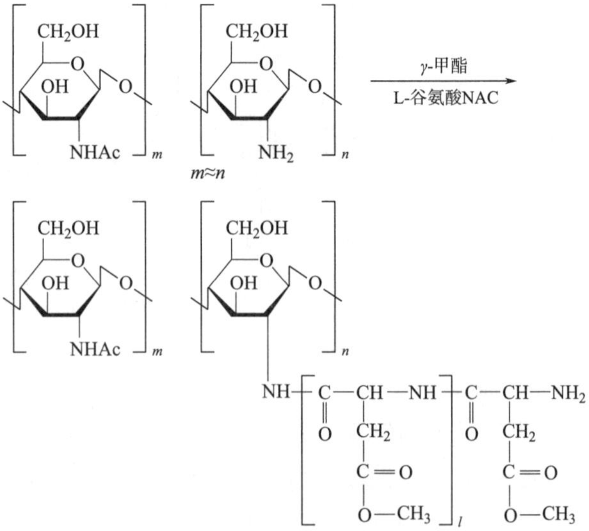

图5.23 水溶性甲壳素与L-谷氨酸γ-甲酯N-羧酸酐（NCA）接枝共聚

在壳聚糖上进行接枝共聚，较为典型的引发剂是偶氮二异丁腈、Ce（Ⅳ）和氧化还原体系。在偶氮二异丁腈引发下，一些乙烯单体如丙烯腈、丙烯酸甲酯和乙烯基乙酸，都可在乙酸或水中与壳聚糖发生接枝共聚。在聚丙烯酰胺、聚丙烯酸和聚（4-乙烯基吡啶）和壳聚糖反应时，Ce（Ⅳ）也常被用作引发剂。（Fe^{2+}—H_2O_2）可作为氧化还原引发剂引发甲基丙烯酸甲酯接枝共聚。通过 γ 射线照射也可以使苯乙烯在壳聚糖粉末或膜上发生接枝共聚。壳聚糖—聚苯乙烯共聚物对溴的吸附性能优于壳聚糖本身，并且共聚物薄膜与壳聚糖薄膜相比在水中溶胀性较小，延展性较好。

第四节　甲壳素与壳聚糖及其改性产物的应用

甲壳素、壳聚糖及其衍生物应用于水处理领域有很多优点。壳聚糖分子中含有大量的游离氨基，在适当条件下能够表现出阳离子型聚电解质的性质，用于水处理时具有强烈的絮凝作用，既有铝盐、铁盐消除胶粒外面负电荷，又有聚丙烯酰胺通过"桥联"使悬浮物凝聚。因此，它能够使水中的悬浮物快速沉降，是一种很有发展前途的天然高分子絮凝剂。因其天然、无毒、无味而被美国、日本等发达国家广泛用于污水处理和饮用水的净化。

一、在重金属离子吸附中的应用

壳聚糖分子结构中含有大量的氨基，此基团的N原子上存在孤对电子，可投入重金属离子的空轨道中通过配位键结合形成络合物，能捕集工业废水中许多重金属离子。壳聚糖上的—NH_2和—OH能与Pb^{2+}、Cr^{6+}、Cu^{2+}等重金属离子形成稳定的五环状螯合物，使直链的壳聚糖形成交联的高聚物，如图5.24所示。

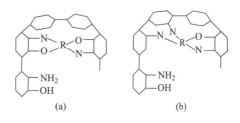

图5.24　壳聚糖与金属离子形成的螯合物示意图

壳聚糖在较低pH值条件下，会因分子中的氨基质子化而溶于水，造成吸附剂的流失，交联可以改善壳聚糖的流失，便于再生利用。金属离子的吸附量主要取决于交联度，一般随着交联度的增加而减小，这是因为聚合物的网状结构限制了分子的扩散，降低了聚合物分子链的柔韧性。通过单取代溴丙氧基对叔丁基杯［6］芳烃衍生物与壳聚糖交联，可合成一种新型的杯［6］芳烃—壳聚糖聚合物，对过渡金属离子Zn^{2+}、Mn^{2+}、Pb^{2+}、Cr^{3+}和Cu^{2+}的吸附结果表明，该聚合物兼具杯［6］芳烃与壳聚糖的优势，吸附能力较强，且对部分离子表现出较高的选择性吸附。

二、在工业废水处理中的应用

1. 在食品加工废水处理中的应用

壳聚糖及其衍生物作为高分子絮凝剂的最大优势是对食品加工废水的处理。食品加工时产生的废水量大且成分复杂，处理难度很大，对环境污染严重。除含有叶、皮毛、泥沙、动物粪便、发酵微生物及致病菌外，还含有大量蛋白质、脂肪酸和淀粉等有用物质，具有回收利用的价值。壳聚糖是阳离子型聚电解质，可与废水中大部分胶体以及带负电荷的淀粉类和蛋白质等物质快速絮凝形成沉淀，且壳聚糖无毒，在水质净化过程中不存在二次污染，对于回收废液中的蛋白质等物质极为有利，成为国内外副食品工业废水处理中用量逐年上升的优良天然高分子絮凝剂。

壳聚糖可与废水中的阴离子电荷中和，使废水中的微粒凝集。食品工业废水中的大量蛋白质、油脂等胶态粒子、悬浮物经壳聚糖凝集分离后，可作肥料与饲料。经壳聚糖处理的各种食品加工废液，悬浮固体可减少70%~98%，COD去除率达47%~92%。例如蔬菜加工废水，加20mg/L壳聚糖，pH调节为5.0，悬浮固体（SS）去除率89%~90%；肉类加工废水，加入30mg/L壳聚糖，pH调节为7.3，悬浮固体去除率89%，COD减少55%，凝聚物中粗蛋白含量达41%。

用壳聚糖处理虾、蟹和鲑鱼加工废水，经旋流池、絮凝和脱水处理，总固态物去除率接近100%。将壳聚糖用于棕榈油压榨污水处理，与明矾和聚氯化铝相比，在用量相同时壳聚糖对悬浮固体和残余油脂的去除率最高，而所需搅拌时间、沉降时间最短，絮凝效果优于传统的絮凝剂。

2. 在印染废水处理中的应用

印染废水由于其COD高、色度高、有机成分复杂和微生物降解程度低等诸多特点，一直是工业废水处理的一大难题。传统的无机絮凝剂对疏水性染料、分子大的染料脱色效率高，而对水溶性极好、分子量较小的染料脱色效果差，达不到处理要求，成本也较高。壳聚糖作为一种高分子絮凝剂，不但有高效絮凝的作用，而且具有无毒副作用和易降解等优点，并以其独有的絮凝、吸附、螯合等性能在印染废水脱色研究中得到广泛研究和应用。壳聚糖对酸性染料、活性染料、媒染料、直接染料都具有一定的吸附性，壳聚糖对染料的吸附主要是通过氢键、静电、离子交换、范德华力和疏水相互作用等产生。染料废水一般为带电荷的胶体溶液，根据胶体化学原理，胶体的稳定性大小与胶体颗粒的电位有关，而胶体颗粒的电位随溶液的pH值改变而有不同值，因此溶液的pH值会对胶体颗粒的絮凝产生直接影响。在酸性条件下，壳聚糖对染料的吸附是化学吸附，壳聚糖分子链上的—NH_2在酸性溶液中被质子化形成—NH_2，该官能团与活性染料阴离子间有很强的静电相互作用；在碱性条件下，化学吸附与物理吸附都存在，—OH成为主要的活性基团，壳聚糖同时可以通过范德瓦耳斯力、氢键等与染料分子发生吸附形成沉降。水溶性壳聚糖在pH=3~6时色度去除率较好，主要是因为水溶性壳聚糖属阳离子型絮凝剂，有利于吸附阴离子染料。

3. 在造纸废水处理中的应用

造纸行业属于废水排放大户，废水中含有大量的化学药品、木质素、纤维素等，处理耗氧量大。混凝沉降是目前处理造纸污水气浮段的主要工艺，大多采用无机与有机絮凝剂配合的方式处理废水。壳聚糖对造纸废液的絮凝效果非常明显，对色度的去除率大于90%，对COD的去除率可达70%，效果优于其他絮凝剂，在去除水中悬浮物的同时，亦可去除水中对人体有害的重金属离子。

单一的天然壳聚糖可以直接用于处理造纸污水，但具有絮凝反应过程较慢、絮凝时间长等缺点，限制其广泛应用。对天然壳聚糖进行改性并用于造纸污水的处理，取得了良好的效果。如用壳聚糖的改性产品氯化三甲基壳聚糖季铵盐作絮凝剂处理造纸废水，在pH值为8~13

时，COD去除率可达75%以上。较高浓度时的絮凝效果优于低浓度时，适当延长搅拌时间也能提高絮凝效果。另外，壳聚糖季铵盐与阴离子絮凝剂配合使用可使废水COD进一步降低。壳聚糖季铵盐作絮凝剂处理造纸废水，在较宽的pH值范围内都表现出较好的絮凝效果，与聚丙烯酰胺类絮凝剂相比不但效果更好，而且成本更低。改性壳聚糖用于造纸废水处理拥有优良的絮凝性、良好的可生物降解性及投加量小等优点，备受造纸工业青睐。但改性壳聚糖处理造纸污水所需凝聚时间仍然相对较长，今后应加大这方面的研究工作。

4. 在饮用水处理中的应用

生活用水主要来自城市自来水厂，少部分取自地下水，自来水厂水源多为江河、湖泊、水库等，随着工业的迅速发展，含有有毒、有害物质的工业废水、生活污水未经处理或只经部分处理便被排入天然水体，直接或间接地造成了饮用水水源污染。此外，农田径流、城镇地表径流、城市污水处理厂尾水排放、旅游污染等非点源污染也对饮用水源造成污染。壳聚糖因天然、无毒、易降解，在饮用水处理上表现出很广阔的前景。壳聚糖用作净水剂，能有效除去自来水中的变异物质，且吸附效果远远高于活性炭和人造丝。研究还表明，以壳聚糖为基质的吸附剂吸附水中微量有机物、酚类化合物和$CHCl_3$、$CHBrCl_2$时具有较好的吸附效果，对酚类化合物苯酚、4-氯酚、2,4-二氯酚和五氯酚钠的去除率都在90%以上，对$CHCl_3$、$CHBrCl_2$的去除率分别可以达到79.67%和87.66%。

三、在生物医药领域的应用

1. 可吸收手术缝合线

甲壳素缝合线具有众多独特的优点：①人体耐受性良好；②具有一定的抗菌消炎作用，能促进伤口愈合，疤痕小；③强度和柔韧性适中，表面摩擦系数小，易于缝合和打结；④植入后吸收均匀，强度衰减速率适中，能满足伤口愈合全过程对缝合线强度的要求；⑤可进行常规消毒，还可以进行染色、防腐等特殊处理；⑥空气中不分解，易保存；⑦原料来源广，加工简便，成本低。研究表明，甲壳素缝合线对消化酶、感染组织及尿液等的耐受性比肠线和聚羟基乙酸线要好。动物体内试验也充分表明了甲壳素缝合线的性能明显优于肠线。但目前甲壳素缝合线在临床上并未被大规模使用，其主要问题在于其拉伸强度与聚羟基乙酸类缝合线相比还有一定差距，不能满足高强度缝合的需要，而且在胃液等酸性条件下强度损失较快；也有动物实验表明，使用甲壳素缝合线在伤口愈合中期会出现原因不明的轻度炎症。为解决实际使用中的问题，已有文献报道采用甲壳素衍生物制备缝合线，同时采用一些新的纺丝工艺，如壳聚糖液晶纺丝提高强度等，得到较好的效果。

2. 固定化酶载体

以壳聚糖作为载体，以戊二醛为交联剂可制作固定化酶。壳聚糖是甲壳素脱乙酰化的产物，具有很多游离氨基，戊二醛是具有两个功能团的试剂，可使酶蛋白中赖氨酸的氨基、N端的α-氨基、酪氨酸的酚基或半胱氨酸的-SH基与壳聚糖上的氨基发生希夫碱反应，相互交联成固定化酶。壳聚糖的力学性能良好，化学性质稳定，耐热性好，分子中存在游离氨基，此氨基对各种蛋白质的亲和力非常高，易与酶共价络合，又可络合金属离子，如Cu^{2+}、Ca^{2+}、Ni^{2+}等，使酶免受金属离子的抑制，同时又易通过接枝而改性，是一种固定化酶的优良载体。壳聚糖作酶固定化载体，不仅可增加酶的适用范围，保持酶的活力，并且可反复使用。

到目前为止，用壳聚糖作固定载体的酶已经有多种，如酸性磷酸酯酶、葡萄糖异构酶、D-葡萄糖氧化酶、β-半乳糖苷酶、胰蛋白酶、尿素酶、淀粉酶、蔗糖酶、溶菌酶等。

3. 药物控释载体

壳聚糖呈弱碱性，不溶于有机溶剂，可在盐酸或醋酸溶液中膨胀形成水凝胶，成胶成膜性好。壳聚糖有氨基、羟基官能团可以进行化学修饰，改善其各种特性；壳聚糖生物相容性很好，毒性低，可降解，并且具有抗菌、降血脂等生物学特性，使其成为药物载体材料的研究热点之一，可制成具有多种功能的药剂辅料，如缓释剂、增效剂、助悬剂、微球载体等。壳聚糖作为药物载体可以控制药物释放、提高药物疗效、降低药物毒副作用，可以提高疏水性药物对细胞膜的通透性和药物稳定性，改变给药途径，还可以加强制剂的靶向给药能力。由于壳聚糖具有良好的黏合性和润滑性，适于做直接压片的赋形剂，并且可以作为包衣材料，利用其难溶于水或成水凝胶的特性控制药物的释放。利用不同链长度和不同取代度的脂肪酰化CS，采用粉末直接压片技术制成500mg对乙酰氨基酚（扑热息痛）片，制剂学研究表明，长脂肪链之间可能发生疏水作用而使制剂保持完整并具有缓释作用。用69%棕榈酰化CS压制的片剂在pH7.2的磷酸盐缓冲液中释药时间达到了90h。

4. 医用敷料

甲壳素、壳聚糖及其衍生物可以通过粉、膜、无纺布、胶带、绷带、溶液、水凝胶、干凝胶、棉纸、洗液、乳膏等多种形式制成伤口敷料。也可以与一种或几种其他高分子材料复合，通过引入其他高分子材料或者添加药物以改进敷料的性能，在医用敷料及人工皮肤方面有广阔的应用前景。

很多高分子材料可以与壳聚糖复合，如聚乙烯醇、聚乙二醇、聚乙烯基吡咯烷酮、聚环氧乙烷、胶原和明胶、海藻酸盐、纤维素、透明质酸、大豆蛋白、玉米淀粉等，制成甲壳素/壳聚糖复合敷料。常用的复合方法有共混、多层复合及接枝共聚。在壳聚糖敷料中添加抗菌药物是一种有效提高敷料性能的简便方法。常用的抗菌药物有银离子、锌离子、氯己定（洗必泰）、环丙沙星、呋喃西林等，也有一些中药或天然提取物，如竹叶多糖提取液。

四、在食品工业中的应用

1. 在果蔬保鲜上的应用

壳聚糖及其衍生物在番茄、黄瓜、青椒、猕猴桃、草莓、柑橘、苹果、桃、梨、芒果、柚子等果蔬的保鲜方面有广阔的应用前景。用壳聚糖涂膜处理新鲜草莓，能明显降低果实的失重。可溶性淀粉和柠檬酸甘油酯都能促进壳聚糖的成膜性能，其中加入柠檬酸甘油酯的壳聚糖对草莓的防腐保鲜效果较好。柠檬酸甘油酯是甘油、脂肪酸和柠檬酸的酯化产物，呈双亲分子结构，可以促进壳聚糖膜与果皮的结合。用壳聚糖对产于西亚的温柏果进行涂膜保鲜实验，通过温柏果的失重率、颜色、光泽度、酸度、可溶性固体、含糖量、果胶含量、乙醇生成量等指标考察保鲜效果，发现壳聚糖膜保鲜效果明显，温柏果货架时间可延长一倍。

2. 在肉制品保鲜中的应用

壳聚糖的抑菌性在多种食品研究中已得到了证实。在液态培养基中，壳聚糖（浓度为0.01%）可抑制一些腐败菌如枯草杆菌、大肠杆菌、假单胞菌属和金黄色葡萄球菌的生长。在更高的浓度下，能够抑制肉发酵剂的生长。浓度为0.5%左右的壳聚糖可以全面抑制生猪肉末中的微生物的生长。壳聚糖及其衍生物能发挥抑菌作用是由于分子链上的活性基团—NH_2发生了质子化，生成有效抑菌基团—NH_3^+，进而吸附细菌细胞物。

肉品中含有大量不饱和脂类化合物，它们易被氧化而使肉品变质，缩短肉制品的货架期。在肉类食品中加入少量壳聚糖羧化物，它可以和肉中的自由铁离子生成螯合物，降低其对氧的活化性，阻断氧自由基与不饱和脂肪酸的双键发生反应，从而减缓肉类的变质和腐败，避免己醛难闻气味的形成。壳聚糖的抗氧化性主要取决于能螯合金属离子的—NH_2和—OH基团的含量。壳聚糖的分子量越小，越多的活性基团—OH暴露出来，水溶性越大，抗氧化性越强；壳聚糖的脱乙酰度越大，其分子链上含有的—NH_2基团越多，抗氧化性亦越强；金属离子的存在会大大提高壳聚糖的抗氧化性。研究表明，金属离子Cu^{2+}、Zn^{2+}的引入极大地增强了壳聚糖的抗氧化活性，表明金属离子对壳聚糖的抗氧化活性起了协同增效的作用。此外，壳聚糖中大量的游离—NH_2对肉中的蛋白质有一定的保护作用。例如，在烹调等环境中，壳聚糖可以与糖类发生反应，既改善了食品的风味，又不致使有效成分氨基酸类严重流失。

3. 作为液体食品澄清剂

在果汁、果酒工业中一般使用澄清剂除去悬浮于果汁、果酒中的果胶、蛋白质等胶体物质。目前果汁常用的澄清方法有自然澄清法、明胶单宁澄清法、加酶澄清法和冷冻澄清法等。我国果汁澄清通常采用酶法和过滤法，这些方法操作复杂、周期长、费用高，而且不能从根本上解决果汁在贮藏过程中引起的非生物性浑浊和褐变。用壳聚糖澄清果汁是一种新兴的方法，具有无毒无害、效果良好及在澄清过程中条件容易控制等优点。壳聚糖分子中含有活性基团氨基和羟基，在酸性溶液中带正电荷，与果汁中带有负电荷的阴离子电解质作用，从而破坏由果胶、蛋白质形成的稳定胶体结构，经过滤使果汁得以澄清。壳聚糖在制糖、酿酒和造醋等领域澄清方面的应用效果良好，能够去除糖、酒、醋等液体中的金属离子、单宁、蛋白质等杂质，防止糖、酒、醋的浑浊与沉淀物的产生，同时最大限度地保持了被澄清物的原有风味，性能稳定。壳聚糖应用于果汁的澄清，一般不需调节pH值，对温度要求也不高，操作方便、成本较低，有明显的经济效益。

☞ 课程思政

变废为宝，科学家打开了甲壳素领域的大门。生活中，人们享受过饕餮的海鲜大餐后，剩下的虾蟹壳成为水产工业生产中的废弃物。时至今日，在日新月异的科技创新支持下，作为垃圾污染源的虾蟹壳中蕴藏的宝贵生物资源逐渐被人们开发利用，在生物医疗、纺织服装，甚至农业食品、环保治理等众多领域发挥重要作用，这种宝贵生物资源就是甲壳素。甲壳素是人类利用智慧和科技从虾蟹壳中得到的生物质高分子材料，它的化学名称和它的结构一样复杂。实际上，甲壳素在地球上非常丰富。虾蟹等甲壳类动物的外壳，以及各类昆虫和很多水生物身上都含有甲壳素。甲壳素是一种化学性质稳定的天然高分子生物材料，是单体N-乙酰氨基葡萄糖缩聚成的氨基多糖，带有正电荷。中国科学院张俐娜院士、武汉大学甲壳素研究中心主任杜予民教授两个研究组共同发明的低温溶解甲壳素新方法，打开了开发利用甲壳素的广阔空间。杜予民教授研究发现，甲壳素及其衍生物全都具有带正电荷碱性多糖的性质，在生物医疗、纺织服装、农业食品、环保治理等众多领域都具有十分突出的特性。科学家们在研究实验中发现，甲壳素是人类迄今为止发现的唯一的天然带有阳离子基团的天然高分子生物材料，具有天然杀菌能力；甲壳素衍生物壳聚糖制成的微型导管可以使兔子断了的神经细胞自然衔接恢复功能；甲壳素及其衍生物的诸多特性经过科学家们的不断探索，日渐走入人们的视野，应用到与人们生活息息相关的各个领域，并展现出得天独厚的重要作用。从曾经被人们丢弃的虾蟹外壳，到具备多种生物学功能的天然高分子新材料，我国科研人员通过不断创新，让新材料在多个领域发挥出更大应用价值，为实现科技强国的中国梦做出新的贡献。

参考文献

［1］施晓文，邓红兵，杜予民. 甲壳素／壳聚糖材料及应用［M］. 北京：化学工业出版社，2015.

［2］彭湘红. 甲壳素、壳聚糖的改性材料及其应用［M］. 武汉：武汉出版社，2009.

［3］CHUNG W J，OH J W，KWAK K，et al. Biomimetic self-templating supramolecular structures［J］. Nature，2011，478：364-368.

［4］蒋挺大. 壳聚糖［M］. 2版. 北京：化学工业出版社，2007.

［5］王爱勤. 甲壳素化学［M］. 北京：科学出版社，2008.

［6］GHOSH B，URBAN M W. Self-repairing oxetane-substituted chitosan polyurethane networks ［J］. Science，2009，323（5920）：1458-1460.

［7］LIU T T，LIU Z X，SONG C J，et al. Chitin-induced dimerization activates a plant immune receptor［J］. Science，2012，336（6085）：1160-1164.

［8］DOMARD A. A perspective on 30 years research on chitin and chitosan［J］. Carbohydrate Polymers，2011，84（2）：696-703.

［9］XIN S J，LI Y J，LI W，et al. Carboxymethyl chitin/organic rectorite composites based nanofibrous mats and their cell compatibility［J］. Carbohydrate Polymers，2012，90（2）：1069-1074.

［10］LIU Kh，CHEN S Y，LIU D M，et al. Self-assembledhollow nanocapsule from amphiphatic carboxymethyl-hexanoyl chitosan as drug carrier［J］. Macromolecules，2008，41（17）：6511-6516.

［11］NISHIMURA T，ITO T，YAMAMOTO Y，et al. Macroscopically ordered polymer/CaCO$_3$hybrids prepared by using a liquid-crystalline template［J］. Angewandte Chemie （International Ed in English），2008，47（15）：2800-2803.

［12］LEE S J，HUH M S，LEE S Y，et al. Tumor-homing poly-siRNA/glycol chitosan self-cross-linked nanoparticles for systemic siRNA delivery in cancer treatment［J］. Angewandte Chemie（International Ed in English），2012，51（29）：7203-7207.

［13］FANG Y，DUAN B，LU A，et al. Intermolecular interaction and the extended wormlike chain conformation of chitin in NaOH/urea aqueous solution［J］. Biomacromolecules，2015，16（4）：1410-1417.

［14］DUAN B，ZHENG X，XIA Z X，et al.highly biocompatible nanofibrous microspheres self-assembled from chitin in NaOH/urea aqueous solution as cell carriers ［J］. Angewandte Chemie（International Ed in English），2015，54（17）：5152-5156.

［15］WEI J，JU X J，ZOU X Y，et al. Multi-stimuli-responsive microcapsules for adjustable controlled-release ［J］. Advanced Functional Materials，2014，24（22）：3312-3323.

［16］CUSTÓDIO C A，SANTO V E，OLIVEIRA M B，et al. Functionalized microparticles producing scaffolds in combination with cells ［J］. Advanced Functional Materials，2014，24（10）：1391-1400.

第六章　其他天然多糖材料

第一节　天然多糖材料概述

多糖（polysaccharide）是由多个单糖分子脱水缩合而成的，是一类分子结构复杂且庞大的糖类物质。多糖在自然界分布极广，是人类最基本的生命物质之一，凡符合高分子化合物概念的碳水化合物及其衍生物均称为多糖，除作为能量物质外，多糖的其他诸多生物学功能也不断被揭示和认识，如肽聚糖和纤维素是动植物细胞壁的组成成分，糖原和淀粉是动植物储藏的养分，有的具有特殊生物活性，像人体中的肝素有抗凝血作用，肺炎球菌细胞壁中的多糖有抗原作用。海藻酸钠、魔芋葡甘聚糖、黄原胶等多糖材料在医药、生物材料，食品、日用品等领域有着广泛的应用。

海藻酸钠又名褐藻酸钠、海带胶、褐藻胶，是褐色海藻中的海藻酸盐提取物，是一种天然多糖，易溶于水，具有良好的安全性及生物相容性，并且储量丰富、可再生，被广泛应用于医药、食品、纺织等领域中。魔芋是我国的特产资源，魔芋葡甘聚糖是应用于食品工业领域具有高特性黏度的多糖之一，魔芋葡甘聚糖具有良好的亲水性，凝胶性、增稠性、黏结性、凝胶转变可逆性和成膜性，其浓溶液为假塑性流体，当水溶液浓度高于7%时表现出液晶行为，并且还可形成凝胶。黄原胶又称黄胶，汉生胶，黄单胞多糖，是一种由假黄单胞菌属发酵产生的单胞多糖，1952年由美国农业部伊利诺伊州皮奥里尔北部研究所分离得到的甘蓝黑腐病黄单胞菌，并使甘蓝提取物转化为水溶性的酸性胞外杂多糖而得到。黄原胶是一种微生物多糖，可用作增稠剂，乳化剂，成型剂，应用于石油工业中可加快钻井速度、防止油井坍塌、保护油气田、防止井喷等。黄原胶已成功用于制备口服缓释制剂，将黄原胶与壳聚糖共混可制备盐酸普萘洛尔缓释药片。

多糖有着复杂的化学结构和功能性。多糖的生物活性、增稠增黏和凝胶化等流变学特性、乳化特性、物理化学改性或交联形成水凝胶等，一直是多糖相关研究的主要内容。多糖研究已经发展成为一个跨学科的研究网，21世纪生命科学的研究焦点是对多细胞生物的高层次生命现象的解释，作为体内细胞识别和调控过程的信息分子，糖链分子蕴涵着比核酸和蛋白质大几个数量级的"生物信息"。阐明其结构与功能的关系，特别是分子构象与物化特性和生物活性的关系是多糖研究的重要内容，这对于揭示生命现象的本质、多糖类创新药物和功能性食品的研制，以及开辟多糖新的工业应用领域都具有重要意义，也必将推动和深化生命科学及相关科学的交叉和发展。本章涉及一些重要的工业多糖，分别为魔芋葡甘聚糖、海藻酸盐、透明质酸、半乳甘露聚糖和黄原胶。

第二节 透明质酸

一、透明质酸的来源和制备

1934年，美国哥伦比亚大学眼科教授卡尔·迈耶（Karl Meyer）和约翰·帕尔默（John Palmer）从牛眼玻璃体中分离出一种未知的化学物质。他们发现这种物质含有两种糖单元，其中一种是糖醛酸（uronic acid），为方便起见，就取名为hyaluronic acid。该词由hyalo-（来自希腊文"hyalos"，玻璃）和uronic acid（糖酸）合成而来。为符合多糖的系统命名法，1986年巴拉兹（Balazs）引入"hyaluronan"（透明质酸）这一术语，这样就可以包含透明质酸分子的不同形式，如酸称为hyaluronic acid（透明质酸，简称HA），盐为sodium hyaluronate（透明质酸钠）。目前商业化的产品均为透明质酸钠。

透明质酸是大多数结缔组织细胞外基质的主要成分，广泛存在于动物的各种组织细胞间质中，如皮肤、关节滑液、软骨、眼玻璃体、鸡冠、鸡胚等。其中以人的脐带、公鸡冠、关节滑液与眼玻璃体含量最高。透明质酸的制备方法主要分为两大类，分别为以动物组织（如雄鸡冠、牛眼、脐带等）为原料的提取法和微生物发酵法。最初，HA来源于动物组织，如人的脐带与公鸡冠。动物提取法一般是将脐带或者鸡冠冷冻以破坏其细胞壁，然后用水提取，之后采用各种有机溶剂如乙醇、氯仿或氯化十六烷基吡啶将透明质酸沉淀分离出来。该方法制备的透明质酸往往含有一定量的蛋白质。微生物发酵法是利用某些种属的链球菌在生长繁殖过程中，向胞外分泌以透明质酸为主要成分的荚膜来制备的，1985年由日本资生堂首次报道。发酵法生产透明质酸不受动物原料的限制，成本较低，易于规模化生产，是当今化妆品和药用透明质酸的主要生产方法。此外，对不同来源的透明质酸进行结构测定表明，其结构均一致，没有种属差异，只存在分子量的差异。

目前，商品化的透明质酸产品一般为透明质酸的钠盐，即透明质酸钠。透明质酸钠为白色膏粉状物质，有微弱的香气，有吸湿性，能缓慢且完全地溶解于水，形成无色透明的高黏度溶液，pH略大于7。透明质酸不溶于醇、酮、乙醚等有机溶剂。透明质酸不具抗原性，无过敏性，不致炎，不发生免疫反应，并且能被生物体内的透明质酸酶降解。透明质酸的酶降解和代谢过程是生物体中天然存在的，因此不会产生任何有害的代谢产物。

二、透明质酸的化学结构

透明质酸是直链型聚阴离子糖胺聚糖（曾称黏多糖），由β-(1-4)-D-葡萄糖酸、β-(1-3)-D-N-乙酰氨基葡萄糖双糖重复单元组成，化学结构如图6.1所示。透明质酸的pK_a值约为2.9+0.1。一个伸展的、分子量约为6×10^6的透明质酸分子，链长度约为15μm，直径约为0.5nm。透明质酸分子链中双糖重复单元的平均长度为1nm，两个连续的羧基之间的距离约为12Å（1Å=1×10^{-10}m），透明质酸的固有持续长度为45~90Å。

早期的研究认为，透明质酸分子在水溶液中呈现刚性构象。随后的NMR实验证明，透明质酸分子在溶液中表现为部分刚性，刚性部分占整个分子链的55%~77%。分子链的柔顺性主要是由于β-(1-3)糖苷键和β-(1-4)糖苷键相互之间的旋转造成的。如今大量的研究表

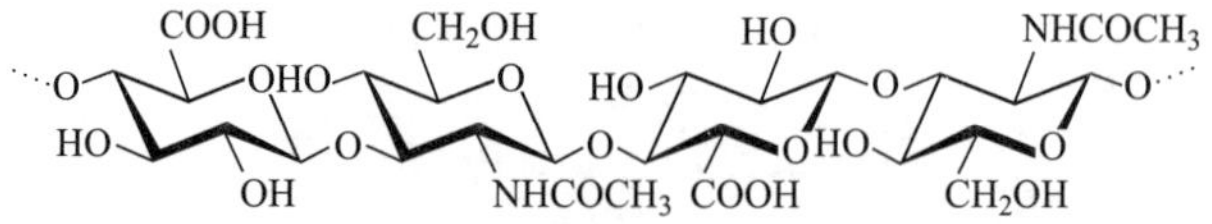

图6.1　透明质酸的化学结构

明，透明质酸分子在水溶液中的构象为蠕虫状链，为半刚性的线团状。更确切地说，透明质酸在水或者NaCl溶液中，通常表现为典型的半刚性链，其中较短的分子链呈现更加伸展的构象，而较长的分子链则为明显的线团构象。透明质酸为典型的聚电解质，分子链的刚性会受溶液离子强度的影响。透明质酸分子之所以呈现出半刚性构象与其二级结构密切相关。高碘酸盐对溶液中透明质酸的氧化反应显示，透明质酸葡糖醛酸单元中的乙二醇基团（如图6.2中箭头所示）被氧化的速率比糖胺聚糖中乙二醇基团被氧化的速率低50～100倍。基于此，斯科特（Scott）等提出了透明质酸在溶液中的稳定二级结构应包含分子内羧基、乙酰氨基和羟基间的氢键相互作用，这种构象可以抵抗高碘酸盐的氧化作用。但是透明质酸在水溶液中的二级结构［图6.2（a）］，与其在DMSO中的二级结构略有不同［图6.2（b）］。在水溶液中透明质酸N_2位乙酰氨基和G_1位羧基之间存在基于水桥的氢键，而在DMSO溶液中N_2位乙酰氨基和G_1位羧基之间为直接连接的氢键。上述二级结构已经在空间填充分子模型（space-filling molecular models）、计算机模拟和^{13}C NMR实验研究中得到了证实。如图6.2所示，上述稳定的二级结构使G_1、N_1位双糖单元相对于G_2、N_2位双糖单元在轴向上旋转了180°，因此透明质酸的分子链呈现出两折螺旋结构（two fold helix）。这种螺旋结构被分子链中大量的氢键连接，因而使得分子链具有刚性。稳定螺旋结构的氢键是在不断地形成和破坏的，这使透明质酸分子链上的片段处于刚性状态和柔性状态之间的连续平衡状态之中。因此透明质酸在溶液中表现为半刚性的线团构象。透明质酸还存在双螺旋构象，这种构象主要存在于pH=2.5条件下形成的黏弹性类凝胶干燥之后的固体中，以及一些特定的溶液如透明质酸的水/醇混合溶液

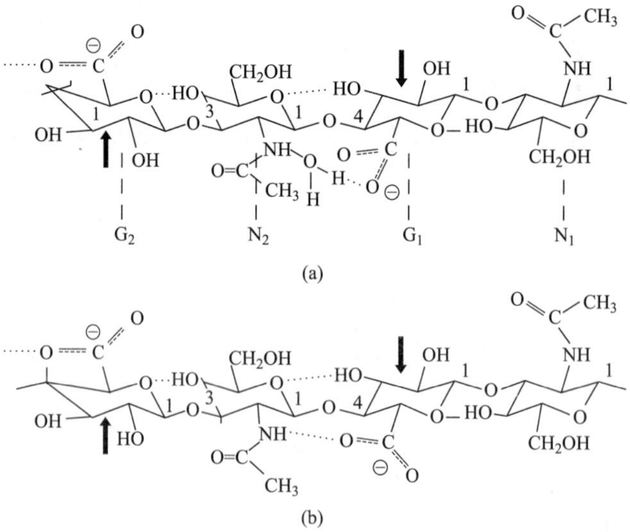

(a)

(b)

图6.2　透明质酸在水溶液中（a）和DMSO溶液中（b）的二级结构

中。碱可以使透明质酸分子中的羟基离子化而失掉氢原子，进而破坏其二级结构中的氢键，因此它在碱性溶液中的黏度会显著下降，构象也更为紧缩。

　　疏水作用已经被认为是决定生物大分子构象和性能的重要因素之一，这种作用在驱动多糖凝胶的形成，蛋白质的折叠，稳定药物分子与蛋白质、DNA等受体复合物中扮演着重要角色。透明质酸分子链的二级结构中存在疏水区的观点首先由Scott等提出。疏水区由8个CH基团组成，如图6.3所示，这样的疏水区交替分布在透明质酸单螺旋分子链的对应面上。计算机模拟和能量计算的结果表明，溶液中透明质酸的两折单螺旋分子链可形成双链缔合结构，其驱动力是透明质酸分子疏水区间的相互作用。透明质酸疏水区被认为可以稳定其双链缔合结构，而且是其网络结构和聚集体形成的基础。Scott等还通过计算机模拟和旋转阴影电子显微镜（rotary shadowing–electron microscopy）研究指出，透明质酸的分子聚集是由疏水和氢键相互作用共同驱动的，而静电排斥作用会阻碍这种聚集，这与DNA双螺旋结构的形成类似。Scott等通过对透明质酸以及硫酸皮肤素等阴离子细胞外基质黏多糖的研究发现，该多糖的钠盐溶于无水二甲基亚砜中可形成黏度极高的溶液（几乎为凝胶状），但如果将此多糖钠盐的钠离子换成癸基三甲基铵离子，则溶液不再黏稠。合理的解释为，癸烷链可以与黏多糖的疏水区产生相互作用，因此阻碍了多糖分子间疏水作用的发生。同时存在于多糖分子间的这种大脂肪链还在空间上阻碍了透明质酸分子间的氢键相互作用，进一步地减弱多糖分子间的相互作用。

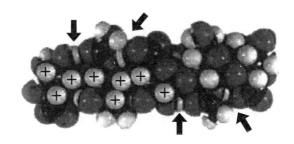

图6.3　透明质酸的空间填充模型（加号标记的8个H原子组成疏水区）

　　但是透明质酸是否具有疏水性却仍未有定论和共识。如格拉芬（Gribbon）等利用共聚焦—漂白后荧光恢复（FRAP）技术对透明质酸在浓溶液中的分子间相互作用进行了研究，并未发现透明质酸分子之间有疏水作用和分子聚集。此外，对短链透明质酸的黏度法研究，以及对透明质酸及其疏水衍生物稀释热的量热法研究也没有发现透明质酸存在分子内或分子间疏水聚集。通过透明质酸的一级结构也很难直观判断分子疏水性的来源，因为透明质酸不似甲基纤维素具有明显的疏水性基团。

　　氢键作用一直被认为是许多生物大分子在溶液中产生聚集的主要驱动力，而疏水作用在生物活性大分子的研究中尚未有深入的揭示。这主要是由于疏水作用是熵驱动的，其强度由体系是否能获得最大热力学稳定性所决定，疏水作用的热效应很小，难以直接探测。一般来说，对生物大分子疏水性的研究可采用有机溶剂法、盐离子序列法和荧光探针法，但是透明质酸不溶于有机溶剂，因此不适合采用有机溶剂法。利用荧光探针法并结合疏水作用色谱法和疏水吸附实验或可对透明质酸的疏水性获得进一步的认识。

三、透明质酸的分子表征

高分子的分子表征是高分子物理的一个重要研究内容，其中包括分子结构的表征和分子参数的测定两个方面。分子参数有分子量、分子量分布、分子尺寸等。对于透明质酸这种具有重要生物功能的天然生物高分子来说，分子参数的准确测定尤为重要，因为透明质酸的生理功能与其分子量密切相关。例如，用于眼科手术和关节炎治疗的透明质酸分子量需大于10^6，因为天然存在于关节滑液、眼睛玻璃体和雄鸡鸡冠中的透明质酸，其分子量可高达$(6\sim8)\times10^6$。有研究证实，低分子量的透明质酸由于无法提供持久的效果，在任何浓度条件下都不能满意地应用于骨关节炎的治疗，而当透明质酸用于创伤修复、防止术后粘连和化妆品（分子量小的透明质酸可渗入皮肤表皮层，起到深层补水的作用）中时，则需要采用分子量小于10^6的相对低分子量的透明质酸。透明质酸应用时需要与其在相关体系的天然状态相吻合，以达到生物学上的安全和使材料具有特定的性能。再如，分子量高于10^4的透明质酸被证明有抑制血管生成的作用；相反，分子量低于10^4的透明质酸则具有促进血管生成的作用。

分子量、分子量分布以及分子构象参数是透明质酸3个重要的分子参数。同多数天然高分子一样，透明质酸具有多分散性，并且透明质酸的许多特殊功能都依赖于其整体的分子量分布而不是平均分子量。因此对透明质酸的分离和分子量分布的表征同样非常重要。透明质酸样品的多分散系数可通过重均分子量和数均分子量的比值M_w/M_n得到。

四、透明质酸的改性及其改性材料

通过对透明质酸应用效果的研究（如对骨关节炎的治疗和术后粘连的预防）发现，由于透明质酸具有高水溶性，对自由基及透明质酸酶敏感，容易发生降解，因此透明质酸无法提供持久的治疗功效。透明质酸在体内保留时间短，在水体系中缺乏力学强度，应用受到限制，因此对透明质酸进行改性以提高其抗降解性和力学强度显得尤为重要。对透明质酸改性的研究由来已久，早在1940年哈迪安（Hadidian）等就合成了透明质酸的硝化和乙酰化产物，用以抵抗透明质酸酶的降解作用。目前许多学者对天然透明质酸进行了化学修饰或复合改性，以弥补上述不足，研发出了具有一定力学强度、高稳定性的衍生物，其中部分衍生物已被广泛应用于医药、食品和高级化妆品等领域。透明质酸可进行改性的基团包括羧基、羟基、乙酰氨基和还原末端。主要的化学改性方法有交联、酰化、接枝等，而物理方法有复合改性。

（一）交联改性

交联是透明质酸形成凝胶的最普遍的改性方式，可以发生交联的最重要的基团是羧基和羟基。羟基通过醚键交联，而羧基通过酯键交联。交联后，透明质酸分子量明显增加，根据交联程度的不同，交联产物的外观有明显的差异。

1. 羟基交联

（1）环氧化合物交联。透明质酸可与多种环氧化合物在碱性条件下发生交联反应，制备不同用途的凝胶。例如在碱性条件下，采用1,4-丁二醇二缩水甘油醚、1,4-二（2,3-环丙氧基）丁烷及1,4-二缩水甘油丁烷等环氧化合物交联透明质酸，制备软组织填充物。与传统的透明质酸合成物相比，这种交联的透明质酸更稳定，能承受高压灭菌等工序。采用多官能基团环氧化合物交联透明质酸，每1000个透明质酸双糖重复单元至少有5个交联的重复单元，该产物可用于治疗关节炎、皮肤美容或者制备医用模型。与未交联透明质酸相比，这种交联透明质酸更能抵抗透明质酸酶的降解。

（2）醛交联。醛类是常用的交联剂之一。透明质酸和双醛的交联反应被认为是通过形成缩醛和半缩醛基团而完成的。在含0.01mol/L HCl的丙酮/水混合溶剂中，透明质酸可以和戊二醛（GTA）发生化学交联形成非水溶性膜。这种膜在37℃、pH=7.4的磷酸盐缓冲液中可吸收自身质量60%的水分，并且两周内无明显降解。然而，利用GTA进行交联制得的生物材料易引起钙化并且毒性高，这主要是由于产物中残留的GTA无法完全去除。在酸性环境下用GTA蒸气作为交联剂，可制备交联PVA（聚乙烯醇）—透明质酸。体外研究结果显示，这种材料不具毒性，不影响细胞生存和增殖，对线粒体和溶酶体功能无损伤。使用GTA蒸气对透明质酸进行交联被认为是一种有效避免交联剂残留的方法。

（3）砜交联。室温下，透明质酸与二乙烯基砜（DVS）可在碱性水溶液中发生交联反应制得凝胶，反应在几分钟内即可完成。DVS交联的透明质酸凝胶具有高度生物相容性、非抗原性以及非免疫原性。透明质酸经DVS交联后力学性能得到大幅度提高，可用作组织工程的支架材料。利用DVS交联透明质酸和纤维素衍生物可制备具有微孔结构的水凝胶。和普通透明质酸凝胶相比，该凝胶对不同离子强度的水溶液的吸收量均有很大的提升，并且可以采用不同的脱水步骤来调节其平衡吸收量，在此过程中没有任何的脱乙酰化或者降解发生。该水凝胶对外部吸收媒介组分的变化很敏感，平衡吸收量比普通透明质酸凝胶高，因此有可能用于预防术后软组织粘连。

2. 羧基交联

（1）碳二亚胺（EDC）交联。在酸性条件下，透明质酸可与EDC发生交联反应。常用的EDC交联剂包括单碳二亚胺和双碳二亚胺。在酸性条件下，EDC与透明质酸的羧基反应生成不稳定的中间产物O-异酰脲，分子迅速重排成稳定的N-酰脲，再与相邻的羧基反应生成酐，所形成的酐再和附近的羧基反应发生分子内和分子间的交联。EDC交联得到的透明质酸膜密度大，建立的三维网络结构刚性强，因而能大大增强抗透明质酸酶降解的能力。经EDC交联的透明质酸凝胶膜的抗拉伸能力大幅提高，表面也更光滑、细胞毒性更小。EDC可用于制备结构稳定、力学强度高、可变形、透明、具有细胞相容性的凝胶薄膜，这种膜有可能用作角膜内皮细胞治疗的运载工具。与GTA交联的膜相比，EDC交联的透明质酸凝胶膜在鼠眼前房中的生物相容性更好，因此EDC交联的透明质酸凝胶是一种理想的可移植材料，可用于细胞薄膜运载体系。EDC催化的透明质酸交联反应可制备具有不同形态的衍生物，如薄膜、凝胶和纤维，可用于载体或者组织工程支架的材料等。EDC交联透明质酸优点显著，一是EDC本身并不进入最终产物中，仅作为交联反应的催化剂；二是EDC作为交联剂细胞毒性小，后处理比常用的戊二醛简单。

（2）酰肼交联。酰类化合物也是比较常用的交联剂。氨基与透明质酸的羧基发生的交联反应如图6.4所示。经过交联的透明质酸凝胶柔软性、流动性和溶解性降低，力学性能则有明显的提高。常用的酰肼包括单酰肼、二酰肼和多酰肼。二酰肼和多酰肼连接到透明质酸分子上后，酰肼上多余的氨基不仅可以与透明质酸分子的其他羧基反应，发生分子内或者分子间交联，或者和其他小分子或聚合物发生交联反应，还可用于搭载药物，作为药物载体。此外，透明质酸与单酰肼和多酰肼反应可制备生化传感器以及具有生物相容性的组织工程支架，还可用作防术后粘连的原位交联凝胶的前体。该方法还用于制备可持续释放红细胞生成素（EPO）的透明质酸凝胶。首先将己二酸二酰肼（ADH）接枝到透明质酸上得到透明质酸—乙二酸二酰肼（HA—ADH，修饰度可达69%），然后将选择性交联剂双磺基琥珀酰亚胺辛二酸酯和酰肼基团反应，从而将EPO原位包裹到HA—ADH水凝胶中。体外释放实验显示，在37℃的磷酸盐缓冲液中，该凝胶2天内迅速释放EPO，随后4天速率减慢。将凝胶在37℃下干燥一天后，EPO可持续释放3周。大鼠体内EPO释放测试显示，若把EPO的浓度提高至0.1ng/mL，则可持续释放7～18天，并且该凝胶植入后无不良反应。若先将透明质酸转化成己二酸二酰肼衍生物，再用带双官能基团的聚乙二醇—丙二醛作交联剂可制备出可在几秒内迅速膨胀、水化后柔软的凝胶干膜。这种新型的透明质酸衍生物有望用于伤口治疗的可控释药。

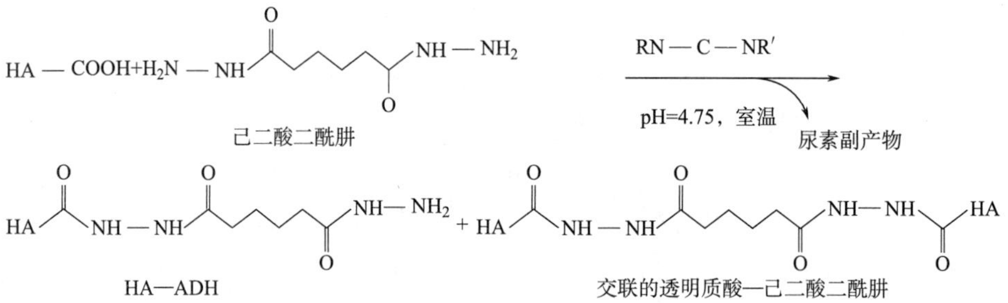

图6.4　透明质酸和ADH的反应式

3. 氨基交联

透明质酸用酸或碱处理可导致部分N-乙酰氨基中的乙酰基脱乙酰化而形成自由氨基。这种自由氨基可大大拓展透明质酸结构修饰的途径和方法。利用透明质酸脱乙酰化后的自由氨基可进行交联改性，例如通过对脱乙酰化透明质酸的交联及磺酸化，可利用部分脱酰基化的透明质酸上含有的羧基和氨基，在乌吉（Ugi）反应的基础上进行交联反应，得到水凝胶，再将其转化成四丁铵盐溶解于亚硫酸—二甲基甲酰胺（DMF—SO）中，得到deHA—硫酸盐化产物。研究发现，这种产物具有优异的抗凝结特性。

京尼平（Genipin）是一种新型的交联剂，可由传统中药杜仲的活性成分京尼平苷水解得到，也可人工合成。从结构上看，Genipin是杂环化合物，具有—OH、—COO$^-$等多个活性官能基团。Genipin可自发地与氨基发生反应，生成环烯醚萜氮化物，随后经过脱水作用，形成芳香族单体，该单体经自由基反应可形成环状的分子间和分子内交联结构，用其交联脱乙酰化透明质酸可制备环状交联的透明质酸。Genipin广泛应用于生物制品中，但是也有其缺点，比如其与氨基反应过程中，会生成一种深蓝色的色素，限制了其在制备浅色、透明等产品中的应用，且价格较为昂贵。

4. 内部化交联

透明质酸内部酯化衍生物是由透明质酸本身的羟基和羧基以分子内和分子间交联的方式得到的。由于是通过内部反应得到，因此未引入外来分子。这种自交联透明质酸（ACP）

凝胶是完全生物相容的，可延长体内驻留时间，改善力学性能，用于各种外科手术。标准化动物模型腹部手术测试ACP凝胶的抗粘连作用结果显示，ACP凝胶在含量为1%时就能防止腹部术后粘连。ACP凝胶在预防腹腔镜子宫肌瘤剔除术后粘连方面有一定效用。对患者术后60～90天内粘连情况观察发现，使用了ACP凝胶发生术后粘连的患者比例（27.8%）。远小于未使用ACP凝胶的比例（77.8%），表明ACP有作为防术后粘连剂的潜力。

（二）酯化改性

透明质酸的酰化改性在其羧基或羟基上进行。通过部分酯化和全酯化反应，可改善透明质酸的理化性质和生物功能，提高稳定性、溶解性。酯化透明质酸可通过挤出、冷冻干燥或者喷雾干燥制成具有不同功能活性的材料，如薄膜、纤维、海绵、微球等。这类新型材料有望用于临床的各个领域。此外，酰化类型和酯化程度也可影响这些材料的物理化学性质及生物特性。

（1）羟基酯化。有研究表明，丁酸盐能够诱导细胞分化、促进细胞凋亡、抑制人体肿瘤细胞生长，但其半衰期短，易经代谢排出体外，从而限制了其应用。通过丁酸和透明质酸的酯化反应可制备新型组蛋白脱乙酰基酶阻聚剂（HA-But）。透明质酸是细胞外基质的主要成分，可以有选择地识别跨膜受体CD44，CD44表达于大部分癌细胞，和肿瘤发展有关。透明质酸与CD44的特异性结合是含透明质酸的肿瘤靶向药物设计的基础。含透明质酸的靶向药物能够聚集于CD44的细胞表面并通过内吞作用进入细胞。体外实验已证明HA-But在抑制人类肿瘤细胞繁殖方面比丁酸有效10倍。在体内，HA-But疗法显示了在抑制初级肿瘤增长和转移性肺癌形成的显著能力。研究表明，HA-But是一种潜在的细胞靶向抗肿瘤剂，可用于治疗原发性和转移性肿瘤。

器官移植拯救了很多人的生命，但器官难寻、排异反应以及由此引发的道德问题，使这项技术存在弊端。不过，最近发展的"生物打印机（bi-printer）"为解决这些问题带来了希望。生物打印机的"墨水"是细胞聚集体或者多细胞的合成细胞外基质，"纸"是可为"墨水"提供支架或者基质的聚合物。斯卡达尔（Skardal）等利用甲基丙烯酸化的透明质酸（HA-MA）和明胶的甲基丙烯酸乙醇酰胺衍生物（GEMA），采用两步光交联技术制备了HA—MA/GE—MA凝胶，利用简单快速原型机系统（simple rapid prototyping system）来打印管状组织物。这种两步光交联生物材料解决了组织工程中打印凝胶来源不足的问题。

（2）羧基酯化。紫杉醇是一种重要的抗肿瘤药物，但单独应用时具有很多缺点，如溶解性低、有一定毒性等。为了克服这些缺陷，可通过制备透明质酸—紫杉醇共轭聚合物，以获得更好的药物溶解性、稳定性、靶向性和控释性。这些共轭聚合物在水溶液中可自组装形成纳米级胶束聚集体。在酸性条件下，紫杉醇能以完整的形式从胶束中释放出来，如图6.5所示。这种胶束对透明质酸受体过表达的癌细胞具有更显著的细胞毒性作用，而对透明质酸受体缺乏的细胞作用较小。实验表明，透明质酸—紫杉醇共轭聚合物是治疗特异肿瘤的潜在药物。通常用蓖麻油/乙醇作为溶剂增加商品化紫杉醇的溶解性，但是也因此产生了很多不良反应。一种新型的水溶性紫杉醇—透明质酸结合物（HYTAD1-p20）可由透明质酸的羧基和紫杉醇通过酰化反应合成制备。体内及体外研究表明，与传统的紫杉醇相比，HYTAD1-p20水溶性大幅提高，具有生物相容性和抗人类膀胱癌细胞的活性，可作为潜在的浅表性尿路上皮恶性肿瘤治疗剂。

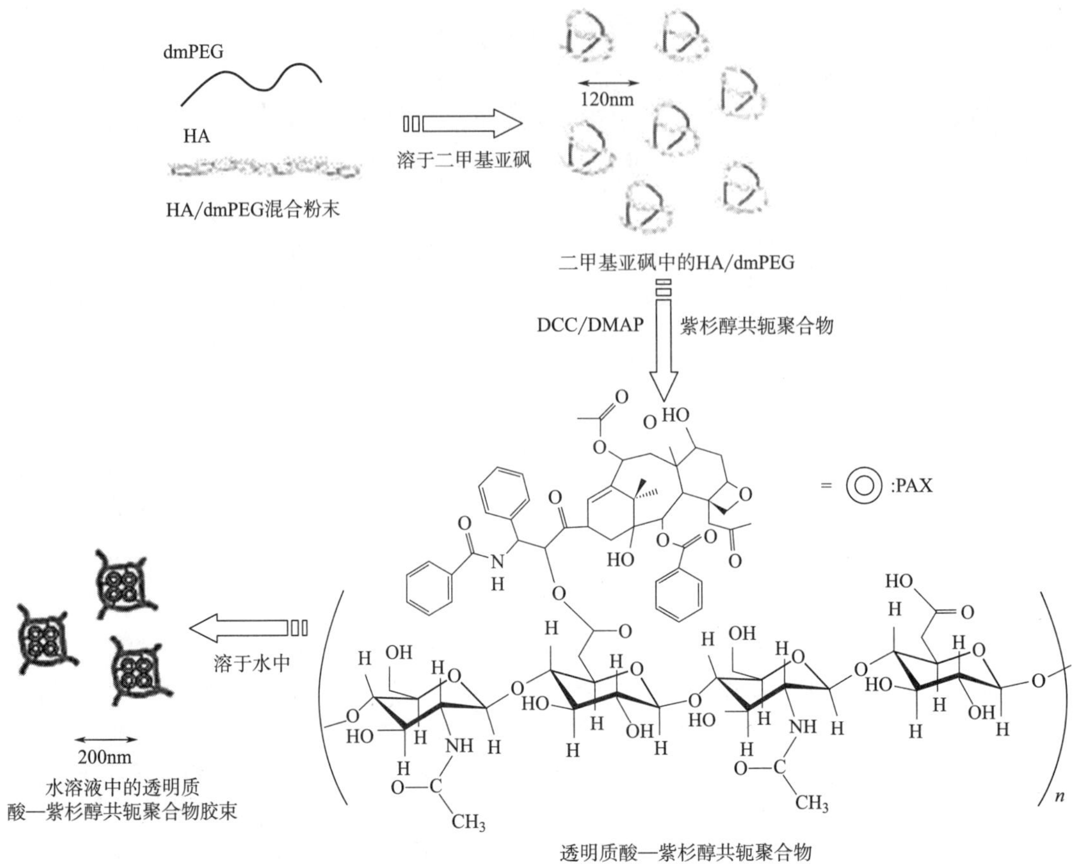

图6.5 透明质酸—紫杉醇共轭聚合物的合成

（三）接枝改性

透明质酸的接枝反应是将小分子物质或聚合物接枝到透明质酸主链上。经接枝改性的聚合物作为药物载体，可充分利用透明质酸与细胞表面受体CD44或其他透明质酸受体蛋白的结合能力，达到药物靶向运送的目的。

低分子量琼脂糖用环氧氯丙烷激活后和透明质酸接枝可合成琼脂糖接枝的透明质酸（Ag-g-HA）。pH=3～5时Ag-g-HA与胰岛素（INS）能通过静电作用形成聚电解质复合物。INS体外释放实验显示，pH=6.8时释放行为比较理想，因此Ag-g-HA具有作为多肽载体的潜力。利用EDC和N-羟基琥珀酰亚胺作偶联剂，将末端带氨基的泊洛沙姆接枝到透明质酸上可制备用于眼部药物的载体。接枝聚合物的凝胶温度可取决于透明质酸和泊洛沙姆的浓度。将透明质酸接枝到聚乳酸（PLA）和聚乙烯乙二醇（PEG）上，通过自组装形成两性分子透明质酸接枝共聚物，此共聚物能在水相中形成胶束，可包裹抗肿瘤药物。通过胼基化试剂，还可改性透明质酸。带有胼基和酰胼基团的双功能化透明质酸与经醛改性的透明质酸混合可在1min内形成水凝胶。与未带胼基的凝胶相比，这种水凝胶展现出了更高的储能模量，而且在磷酸盐缓冲液（PBS）中更稳定，可作为无毒、可生物降解的非病毒性基因/siRNA传递载体。通过"点击化学"可合成带有碳硼烷的新型透明质酸衍生物，反应示意图如图6.6和

图6.7所示。透明质酸叠氮酰胺—碳硼烷和透明质酸—炔丙基酰胺—碳硼烷和本体透明质酸一样，与CD44抗原间具有特定作用，当作用于癌细胞时，可释放足够硼原子用于硼中子捕获疗法。

透明质酸还可与高密度聚乙烯（HDPE）接枝共聚，制备有望用于组织修复的高分子共聚物材料。

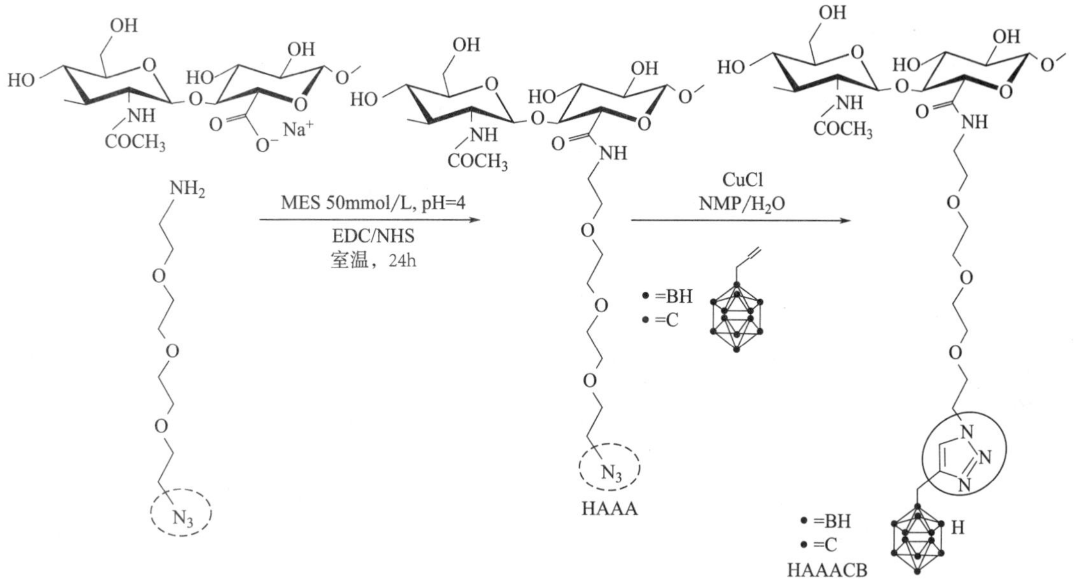

图6.6 透明质酸和11-叠氮-3,6,9三氧杂十一烷-1-胺以及透明质酸—叠氮
衍生物和炔丙基碳硼烷的反应示意图

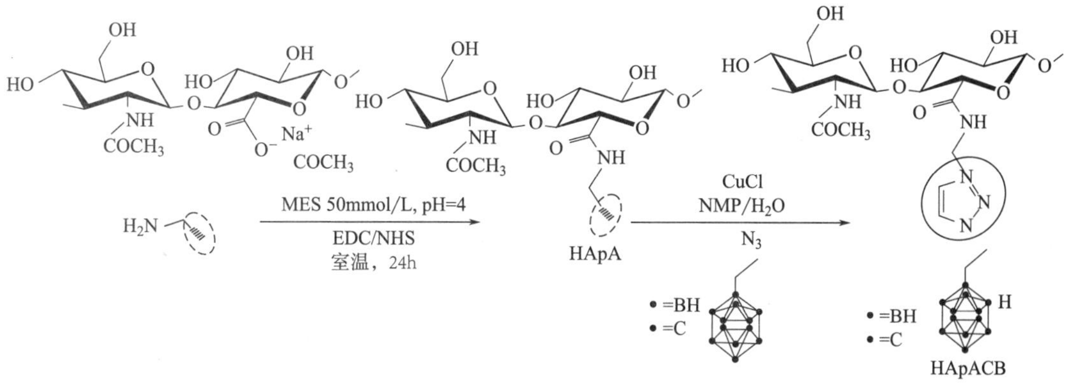

图6.7 HANa和炔丙胺以及HApA和叠氮基乙基碳硼的反应示意图

（四）疏水改性

通过甲硅烷基化反应合成的透明质酸衍生物，增加了透明质酸的疏水性及在普通有机溶剂中的溶解性，这有利于进一步的衍生化反应（如酯化反应）。控制反应条件可改变甲硅烷基化程度（DS），所得高DS（DS>3.2）的甲硅烷基化HA—CTA可溶于二甲苯和正己烷，而低

DS（3.2>DS>2.5）的甲硅烷基化HA—CTA只能溶于丙酮、THF和1,2-二氯乙烷。疏水改性的烷基化透明质酸的流变学性能会有明显的改变，通过形成胶束，在溶液中形成高度有序的超分子结构。

相关疏水改性还有很多，如夏洛特（Charlot）等合成了分别带有β-环糊精和金刚烷的透明质酸支化衍生物。此两种物质在水溶液中可以形成新型的"主—客"超分子自组装复合物，并且表现出显著的黏弹特性。

（五）复合改性

1. 与其他多糖复合

蛋白质在食品工业和医药领域的应用在不断地扩展，但是蛋白质本身的不稳定性限制了其应用。稳定蛋白质最常用的方法是冻干法，但是这种方法对蛋白质的结构和再水化后的活性具有不良影响。研究发现，透明质酸—海藻糖复合物是稳定胰激肽原酶（PKase）的有效辅料。透明质酸能提高其玻璃化转变温度（T_g）和冻干PKase的稳定性，而海藻糖能有效地保护PKase的活性，共同使用能很好地稳定PKase。

壳聚糖（CS）和透明质酸复合物可用于韧带和肌腱组织工程支架材料。此材料具有适当的生物相容性和生物降解性，动物实验表明，此支架材料无毒副作用。带正电荷的CS和带负电荷的透明质酸可通过离子作用自发地形成纳米粒子载体，这种载体可以包裹大分子药物肝素，适用于肺部释药。临床上，多佐胺（DH）和吗洛尔（TM）可用于青光眼的治疗，但其具有生物利用度低、药物接触时间短等缺点。可利用HA/CS纳米粒子（CS—HA—NPs）来装载TM和DH，和不含透明质酸的CS—NPs相比，CS—HA—NPs造成的眼内压力显著下降，黏着强度和效率大幅提高，更能满足眼部释药载体的要求。

将透明质酸引入壳聚糖—明胶（CSGel）体系也可制成CS—Gel—HA复合材料。这种复合材料可有效地缩短细胞在支架材料表面的适应期，抑制材料表面细胞的凋亡，使细胞尽快进入正常分裂周期，促进细胞增殖。

2. 与胶原蛋白复合

胶原蛋白是细胞外基质的一种主要结构蛋白，支持多种组织的生长，与透明质酸复合能赋予它良好的力学特性。经EDC修饰的透明质酸—胶原复合薄膜与用戊二醛作交联剂制得的膜相比，对酶解的抵抗力大幅提高，含水量高达98%，无明显细胞毒性，可用作组织工程中三维细胞培养的支架。

3. 与其他材料复合

聚乳酸—羟基乙酸共聚物（poly lactic-co-glycolic acid，PLGA）是一种获美国FDA批准可应用于人体的高分子合成材料，具有良好的生物力学强度，容易加工，而且药物控释可持续几天到几个月，已广泛用于组织工程支架等领域。将透明质酸固定到多孔、可降解的PLGA支架表面，制成透明质酸改性的PLGA支架，可增强软骨组织中软骨细胞的黏附、增殖和分化。超高分子量聚乙烯（UHMWPE）具有优良的力学性能、生物相容性和化学稳定性，在临床上被用作人工关节软骨—关节臼材料。但是此材料的抗磨性并不理想，应用过程中会不断产生微米尺寸磨屑，影响使用效果和寿命。将UHMWPE与硅烷化的透明质酸复合制备的微复合材料与不添加透明质酸的UHMWPE聚乙烯材料相比，最高可降低56%的磨损。

五、透明质酸的应用

透明质酸具有多种重要的生理功能和物化性质，在医药、食品、化妆品等诸多领域已有着广泛的应用。对透明质酸凝胶化是拓展其功能性一个重要的方面。目前对于透明质酸凝胶材料的开发和应用研究主要是利用透明质酸本身或者化学改性的透明质酸所带有的官能基团进行化学交联凝胶化。基于透明质酸的其他功能性材料的研究开发也方兴未艾，应用前景广阔。

（一）医药领域中的应用

透明质酸分子是细胞外基质的主要构成成分，其特有的生物相容性，以及多重的生理功能使其在生物医药领域有广泛应用。在这些应用中，一部分侧重于将透明质酸作为主体材料，利用其优异的性能，构筑成凝胶、薄膜等材料用于组织修复、关节润滑、术后处理等。另一部分将透明质酸作为某种功能性成分与其他材料如聚乙烯、聚氨酯、壳聚糖以及磁性纳米粒子通过化学或物理的结合一起构筑新型生物材料。透明质酸用于骨关节炎的治疗是其最为成功的医学应用之一。透明质酸是关节滑液及软骨的重要组成成分，研究证实，青年人、老年人和骨关节炎患者关节腔内透明质酸的浓度和分子量依次递减（图6.8）。因此，在关节病患者的关节腔内补充外源性高浓度高分子量的透明质酸，可提高关节滑液的流变学功能，减轻患者病痛。透明质酸是眼睛玻璃体最重要的组成成分。随着巴拉兹（Balazs）将透明质酸作为眼科黏弹性保护剂先后应用于复杂的视网膜剥离等眼科手术，眼科界逐渐产生了黏性手术（viscosurgery）这一新领域，并被认为是20世纪70~80年代眼科界重大进展之一。透明质酸用于眼科手术可起到减少机械损伤、维持眼前房形状、防止粘连、降低炎症反应、清除自由基等重要作用。如今，透明质酸在眼科上的临床应用已逐渐扩展到囊外及囊内白内障摘除术、角膜移植术、角膜复置术等20余种眼科手术。

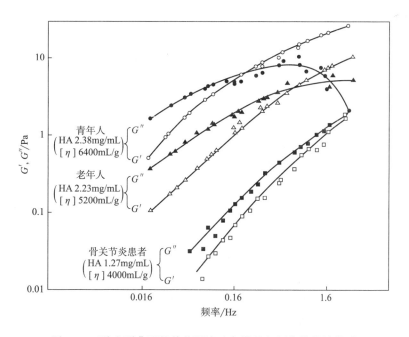

图6.8　三种人群典型的关节滑液动态模量与频率依赖性关系
（浓度和本征黏度列于方括号中）

除医学领域应用外，透明质酸在给药体系中也有着重要的应用。透明质酸在人体内存在多种特异性受体，如CD44、RHAMM、HARE和LYVE-1等，而CD44、RHAMM在多种肿瘤（如上皮、卵巢、直肠、胃部肿瘤）中都会过量表达。因此透明质酸及其衍生物已被用作类固醇类药物、多肽和蛋白类药物及各种抗癌药物的运送载体，在鼻腔、肠胃外和淋巴系统中递送药物，以实现对患病处的靶向给药治疗。此外，透明质酸还可以作为药物助剂进行应用，如透明质酸用于滴眼液中可以提高滴眼液的黏稠度，增加药物（如毛果芸香碱）在角膜前的存留量，延长作用时间。除此之外，许多疾病会导致透明质酸的血清含量水平明显升高，可反映各种疾病的变化。因此透明质酸还可作为临床诊断学的诊断指标，如血清中透明质酸含量是卵巢上皮癌的一种潜在标志物。

（二）食品领域中的应用

透明质酸在食品领域的应用起始于日本和美国。巴拉兹（Balazs）早年还申请了一项采用透明质酸取代蛋清用于面包制品的专利。1996年，日本厚生劳动省公布的既存添加物名单里就包含了鸡冠提取法和微生物发酵法两种来源的透明质酸。实际上，透明质酸在动物源性的食品中本就普遍存在。布琦（Bucci）和图里宁（Turpin）对透明质酸在食品中的应用进行了概述。透明质酸在食品中应用的基本理论依据是：透明质酸通过口服消化吸收，可增加体内透明质酸前体的含量，使皮肤和其他组织中的透明质酸合成量增加，增加内源性透明质酸的含量，发挥全身作用。

含有透明质酸的食品除了包括果汁、豆奶、茶饮料、饼干、果冻、色拉酱、口香糖等在内的普通食品，还包括改善皮肤水分、美容养颜或改善关节功能的保健品。透明质酸能吸收和保持其自身质量1000倍的水分，是人体组织保持水分最重要的物质。透明质酸在胞外基质中与胶原蛋白、弹性纤维等共同组成含大量水的胶状物质，成为细胞代谢的物质交换介质，正是这种介质使皮肤柔韧、富有弹性。随着年龄的增长，人体合成透明质酸的速率逐渐小于其分解速率，皮肤中的透明质酸减少，胶原蛋白由于失水硬化，从而使皮肤变得粗糙、失去弹性，进而出现皱纹。口服含有透明质酸的美容保健品，可以补充体内的透明质酸，增加由真皮至表皮透明质酸的含量，具有增加皮肤保水性、减少皱纹、延缓皮肤衰老等功效，可发挥由内而外的全身美容作用。改善关节功能也是含有透明质酸食品的主要功能。随着人口老龄化的加剧，很多人的关节都会出现问题，口服透明质酸保健品可以对关节起到保健作用，并且可以改善关节炎患者关节的润滑机能，减轻关节疼痛。此外，口服透明质酸保健品还可以延缓其他组织器官因透明质酸减少而导致的衰老和功能减退。2008年，我国卫生部（现已撤销）按照新的《新资源食品管理办法》，公布了第一批新资源食品名单，名单中就包含了透明质酸钠这种新原料。随着人们对透明质酸认识的不断深入，含有透明质酸的食品将有可能得到快速发展。

（三）化妆品及其他领域中的应用

透明质酸由于其具有良好的保湿作用被广泛应用于化妆品中，被誉为理想的天然保湿因子。透明质酸与其他保湿剂相比，保湿性受周围环境相对湿度的影响较小。化妆品常用的保湿剂有甘油、丙二醇、山梨醇、聚乙二醇、乳酸钠、吡咯烷酮羧酸钠等。实验表明，与这些保湿剂相比，透明质酸在低相对湿度（33%）下的吸湿量最高，而在高相对湿度（75%）下的吸湿量最低。这种独特的性质，正适应皮肤在不同季节，不同环境湿度下，对化妆品保湿作用的要求。透明质酸的保湿性与其分子量有关，分子量越高保湿性能越好，而分子量较小的透明质酸可渗入皮肤表皮层，发挥深层保水作用，同时透明质酸还具有清除自由基的作用，阳光中的紫外线照射会使皮肤表皮中产生活性氧自由基，而氧自由基与皮肤的色素沉着有关，透明质酸可与氧自由基发生反应，自身被降解的同时清除了自由基，因此透明质酸还具有防晒功能。透明质酸在水溶液中具有很高的黏度，添加在化妆品中可起到增稠和稳定作用；透明质酸的水溶液具有很强的润滑感和成膜性，因此，含透明质酸的护发品可在头发表面形成一层薄膜，起到保湿、润滑、护发、消除静电等作用。此外，由于透明质酸是人体中天然存在的成分，生物相容性好，安全性高，还可经皮下注射用于即时消除皱纹。

透明质酸除了在医药、食品和化妆品领域应用外，还可应用于组织工程领域。支架材料一直是组织工程研究的重点之一，而包含生物大分子凝胶网络结构的支架材料是其中的典型。但是在实际应用过程中，通常是预制支架材料后，再将种子细胞扩散到支架材料中，但由于扩散能力等限制，种子细胞在支架材料中分布不均匀，影响使用效果。解决办法是在支架材料合成过程中就将种子细胞加入体系中，但是还要解决通常合成过程中的加热和毒性等难题。克雷森齐（Crescenzi）等以透明质酸为原料，利用"点击化学"手段，在含有种子细胞的溶液中原位形成了一种新型凝胶，解决了上述难题，成功地合成了种子细胞分布均匀的支架材料，此材料有望用作药物释放体。还可将透明质酸基组织工程支架材料用于喉气管重建，这种支架材料的应用与组织微环境密切相关。利用壳聚糖和透明质酸的复合物也可制备具有适当生物相容性和生物可降解性、无毒副作用、用于韧带和肌腱的组织工程支架材料。

第三节　海藻酸钠

海藻酸钠是存在于褐藻中的天然高分子，是从褐藻类的海带或马尾藻中提取碘和甘露醇之后的副产物。海藻酸钠是线型的聚糖醛酸高分子电解质，所有的海生褐藻细胞壁和一些特定的细菌中都存在这种亲水性的天然高分子。海藻酸钠被FTO（粮食农业机构）、WHO（世界卫生组织）等国际机构认为具有高度的安全性。海藻酸钠具有抗肿瘤、消除自由基和抗氧化、调节免疫能力、抗高血脂、降低血糖、抗辐射、防护等作用，在体内有抗凝血作用，可用来治疗心血管疾病，在体外具有止血作用，可用来开发外用医疗敷料。

一、海藻酸的结构

海藻酸是海藻细胞壁和细胞间质的主要成分，海藻酸（alginic acid）是由单糖醛酸线型聚合而成的多糖，单体为β-D-甘露醛酸（M）和α-L-古罗糖醛酸（G）。M和G单元以M—M、G—G或M—G的组合方式通过1,4-糖苷键相连成为嵌段线型多糖聚合物，M单元和G单元是C_5的差向异构体，海藻酸钠的结构在分子水平上有4种连接方式：MM、GG、MG和GM。分子式为$(C_6H_7O_6Na)_n$，分子量范围从1万到60万不等。海藻酸钠是海藻酸用碱中和后的产物，海藻酸钠G单元和M单元的序列及其含量主要取决于海藻酸钠的产地和海藻的成熟程度。古罗糖醛酸和甘露糖醛酸两种单体的结构式非常相似，区别仅仅是C_5上羧基位置不同。G单元中的羧酸基团位于C—C—O原子组成的三角形峰顶部，而M单元中的酸基团会受到周围原子的束缚，这样就使得G单元比M单元易于与金属离子结合而M单元的生物相容性较G单元的要好。海藻酸的大分子链是由三种不同的片段，即(G—G)$_n$片段、(M—M)$_n$片段、(M—G)$_n$片段构成，其结构如图6.9所示。海藻酸用碱中和可得到海藻酸钠，海藻酸钠在水中溶解性良好，具有很高的电荷密度，属于具有生物降解性、生物相容性的聚电解质。海藻酸的性能受G和M含量的影响。例如，两种单体与钙离子的结合力不同，形成的凝胶性能也有差别：高G型海藻酸盐形成的凝胶硬度大但易碎，高M型海藻酸盐形成的凝胶则正好相反，胶体软，但弹性好，所以通过调整产品中M和G的比例可以生产不同强度的凝胶。

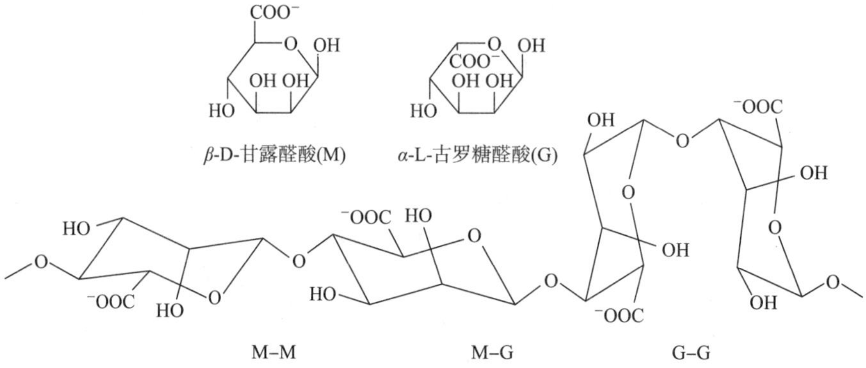

β-D-甘露醛酸(M)   α-L-古罗糖醛酸(G)

M—M   M—G   G—G

图6.9   海藻酸的结构式

海藻酸的结构中均聚的MM嵌段韧性较大且易弯曲，是由于两个M的O$_5$（环内氧）和O$_3$–H间存在较弱的链内氢键。均聚的G段为双折叠螺旋构象，其分子链结构扣得很紧，形成的锯齿形构型灵活性低，不易弯曲，两G间以直立键的糖苷键相连，O$_2$–H和O$_6$（羧基氧，分子负电荷比M的环内氧大）间存在链内氢键。两均聚的G段中间形成了钻石形的亲水空间，当这些空间被Ca^{2+}占据时，Ca^{2+}与G上的多个O原子发生螯合作用，Ca^{2+}像鸡蛋一样位于"蛋盒"中，与G嵌段形成了"蛋盒"结构（图6.10），海藻酸链间结合更紧密，产生较强协同作用，链间的相互作用会形成三维网络结构凝胶，GM交替嵌段在生成凝胶的过程中起着将各嵌段连接起来的作用。均聚的M嵌段在Ca^{2+}浓度非常高的情况下，由羧基阴离子按聚电解质行为反应，生成伸展的交联网状结构，不能与Ca^{2+}形成类似的"蛋盒"结构。

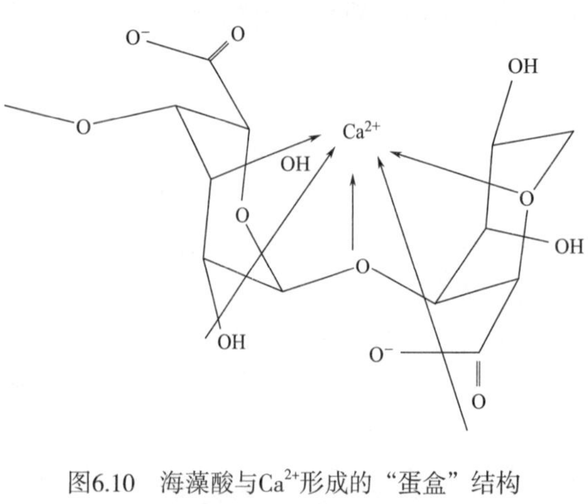

在海藻酸分级提纯中，纯M段、纯G段海藻酸产品非常重要。古洛糖醛酸G和甘露糖醛酸M具有完全不同的分子构象，G段呈螺旋卷曲型构象，M段呈展型构象。两种糖醛酸在分子中的比例、所在的位置都会直接导致海藻酸的性质差异，如黏性、胶凝性、离子选择性等。M段、G段和MG交替段性质不同：G段因为具有凝血、止血的特点，适宜织成纱布涂覆止血剂、止血粉等生产止血

图6.10   海藻酸与Ca^{2+}形成的"蛋盒"结构

纱布；M段的特点是其抗凝血性，适宜用作心脑血管及抗凝血药物。水溶液中海藻酸盐的弹性按MG、MM、GG的顺序依次减少，在酸性环境中M段可溶，G段难溶，MG嵌段比其他两种嵌段共聚物的溶解性能更好。海藻酸在M段含量较高时，具有较快的酯化速率，酯化度高达90%以上，乳化稳定性能也较为突出。

二、海藻酸钠的性质

海藻有红藻、绿藻、褐藻（海带、马尾藻）等种类。海藻酸钠的分子式为$C_3H_7O_4COONa$，分子量理论值为198.11，分子量平均真实值为222.00，聚合度为80～750，海藻酸钠是无臭、无味、白色或淡黄色无定型粉末。海藻酸钠易溶于水，海藻酸钠的水溶液具有较高的黏度，加入温水使之膨化，吸水后体积可膨胀10倍，其水溶液黏度主要随聚合度和浓度而变，糊化性能良好，水溶液在pH=6～9时黏性稳定，吸湿性强，持水性能好，不溶于乙醇、乙醚、氯仿和酸（pH<3）。海藻酸的单元糖环上具有羧基和羟基等功能基团，是一种阴离子聚电解质，海藻酸钠溶液含有呈负离子的基团（—COO⁻），故有负电荷，疏水性悬浊液有凝集作用，海藻酸钠可以和大多数添加剂分子共溶（带正电荷分子除外），已被用作食品的增稠剂、稳定剂、乳化剂等。聚阴离子型聚合物的生物黏附性要优于聚阳离子型和非离子型聚合物，海藻酸钠溶液具有一定的黏附性，可作为治疗黏膜组织的药物载体（黏性药物释放系统通过增加药物在病灶部位的停留时间提高药物吸收利用率），在食品中常用作增稠剂。海藻酸钠是链锁状高分子化合物，具有形成纤维和薄膜的能力。

古洛糖醛酸和甘露糖醛酸两种糖单元立体构象和物理化学性质也不同，这使得它们在分子中的比例和序列顺序变化，导致海藻酸的黏性、胶凝性、离子选择性等性质存在差异，海藻酸钠的pH敏感性源于海藻酸钠中的—COO⁻基团，这种基团在酸性条件下会逐渐形成海藻酸凝胶，—COO⁻转变成—COOH，电离度大大降低，使海藻酸钠的亲水性降低，海藻酸钠水溶液遇酸会析出强度较弱、较软的海藻酸凝胶，可溶于碱溶液中，恢复原先黏度。pH增加时海藻酸会溶解，恢复原先黏度，—COOH基团会不断地解离，海藻酸钠的亲水性增加，海藻酸钠能够耐受短暂的高碱性（pH>11），但较长时间的高碱性会使黏度下降。海藻酸钠的稳定性以pH=6～11较好，pH<6时海藻酸析出，pH>11时凝聚，pH为7时黏度最大，但随温度的升高而显著下降。海藻酸钠的这一pH依赖性对于口服药相当有利，在胃液中，海藻酸钠会发生收缩，形成致密不溶解的膜，包裹的药物不会释放出来，当到达高pH的肠道时，海藻酸钠膜会溶解，释放出所包裹的药物。

调低pH时，海藻酸形成具有较弱凝胶强度的、较软的凝胶，可以与二价离子发生配合作用，可以作为螯合剂在温和条件下与二价阳离子（Ca^{2+}、Zn^{2+}）等形成凝胶，如将少量的Ca^{2+}添加到溶液中时，Ca^{2+}与海藻胶体系中部分Na^+和H^+发生交换，G单元堆积形成交联网络结构，得到海藻酸钙热不可逆凝胶。海藻酸钠形成凝胶的条件温和，可以避免敏感性药物、蛋白质、细胞和酶等活性物质的失活。海藻酸钠可以经受短暂的高温杀菌，但长时间高温会使其黏度下降，海藻酸钠是链锁状高分子化合物，具有形成纤维和薄膜的能力。

三、海藻酸钠的提取

降解是限制海藻酸钠提取与应用的一个重要因素。海藻酸钠在水溶液或含一定量水分的干品中会发生不同程度的降解，低于60℃时降解速率较慢，性质较稳定。海藻酸钠在近中性（pH6～7）条件下较稳定，降解速率较慢。海藻是一种天然产物，品种不同，成分差别很大，在一定程度上增加了海藻酸钠的提取难度，致使海藻酸钠的提纯步骤繁杂、产品成本高。酸凝—酸化法、钙凝—酸化法、钙凝—离子交换法以及酶解法等海藻酸钠提取工艺各有优点和不足。由于钙凝—离子交换法产品提取率、纯度较高，稳定性较强，是目前较理想的可用于工业化生产的工艺。酸凝—酸化法工艺流程中，酸凝的沉降速率很慢，沉淀颗粒也很小，不易过滤，且过程中海藻酸易降解、提取率低、纯度低、工艺复杂，此法已逐渐被淘汰。钙凝—酸化法是目前我国大部分生产厂家采用的海藻酸钠提取工艺，此工艺流程中钙析速率比较快，沉淀颗粒较大，在脱钙过程中加入的盐酸使海藻酸易降解，造成产物提取率、黏度低。钙凝—酸化法工艺烦琐，目前有被淘汰的趋势。钙凝—离子交换法钙析速率快，沉淀颗粒大，用离子交换法脱钙减少了工序，产品收率明显提高，稳定性较强，均匀性好，所得产品在储存过程中黏度稳定。酶解法提取是在一定条件下用纤维素酶溶液浸泡海藻，海藻细胞壁被分解，加快海藻酸钠的溶出。超滤法提取海藻酸钠是将膜处理技术用于海藻酸钠提取工艺，可降低能耗、降低杂质质量分数，提高产量，是一种较理想的新工艺。

四、海藻酸钠的改性

（一）物理交联

通过缠结点、微晶区、氢键等物理结合的方式形成水凝胶，物理交联的水凝胶在生物材料方面具有一定的应用前景。

1. 离子交联

海藻酸钠的分子中含有—COO⁻基团，当向海藻酸钠的水溶液中添加二价阳离子时，海藻酸钠溶液中G单元中的Na^+会与这些二价阳离子发生交换，溶液向凝胶转变。海藻酸钠与多价阳离子结合的能力遵循以下次序：$Pb^{2+} > Cu^{2+} > Cd^{2+} > Ba^{2+} > Sr^{2+} > Ca^{2+} > Co^{2+}$，$Ni^{2+}$，$Zn^{2+} > Mn^{2+}$。虽然$Ca^{2+}$的螯合能力弱于$Pb^{2+}$和$Cu^{2+}$，但是没有生物毒性，因此，$Ca^{2+}$常用作海藻酸钠水凝胶的交联剂。

原位释放法、直接滴加法和反滴法是用Ca^{2+}交联制备海藻酸钠水凝胶的常见方法。葡萄糖酸内酯（GDL）与碳酸钙（$CaCO_3$）或硫酸钙（$CaSO_4$）组成复合体系，作为钙离子源制备水凝胶的方法称为原位释放法。葡萄糖酸内酯在溶解过程中会缓慢地释放出H^+，H^+可以分解碳酸钙释放出钙离子，形成均匀的凝胶。把海藻酸钠的水溶液直接滴加到含有Ca^{2+}的水溶液中的方法称为直接滴加法，该方法中钙离子由外向内渗透，凝胶粒子的外层交联密度较大。将含有Ca^{2+}的水溶液滴加到海藻酸钠的水溶液中的方法称为反滴法，该方法中钙离子由内向外渗透，凝胶粒子的内层交联密度较大。直接滴加法和反滴法制备的凝胶粒子交联密度不均匀。

2. 离子交联双网络凝胶

离子交联海藻酸钠还可以与其他物质制备双网络复合功能材料，如采用原位聚合方法制备丙烯酰胺/羧甲基壳聚糖/海藻酸钠双网络凝胶，这种凝胶的断裂强度为111kPa，最大伸长为原来长度的11.5倍，而海藻酸钠凝胶的断裂强度是3.7kPa，最大伸长为原来长度的1.2倍，聚丙烯酰胺凝胶的断裂强度是11kPa，最大伸长为原来长度的6.6倍。丙烯酰胺/羧甲基壳聚糖/海藻酸钠双网络水凝胶的断裂强度和最大伸长都超过了单一原料，这是因为海藻酸钠中的高伸缩性离子键和共价交联共同形成了双网络结构，所以它的力学性能优于传统凝胶。反应体系中包括单体丙烯酰胺、交联剂（亚甲基双丙烯酰胺）、引发剂（过硫酸钾）和海藻酸钠、羧甲基壳聚糖。其中，由丙烯酰胺单体接枝羧甲基壳聚糖和交联剂形成网络，海藻酸钠大分子以物理缠结方式贯穿于羧甲基壳聚糖接枝丙烯酰胺交联网络中，聚合体系中的溶剂水被交联网络和海藻酸钠组分吸收，形成海藻酸钠和羧甲基壳聚糖接枝丙烯酰胺水凝胶。

3. 静电、氢键及疏水作用

海藻酸钠是一种聚阴离子电解质，可以与聚阳离子电解质通过静电作用形成聚电解质复合物，该过程是可逆的，常采用静电作用力作为主要驱动力驱动其与聚阳离子〔壳聚糖、聚（L-赖氨酸）、聚（丙烯酰氧乙基三甲基氯化铵-co-甲基丙烯酸羟乙酯）、聚烯丙基胺、聚（L-鸟氨酸），聚（甲基丙烯酸二甲氨基乙酯-co-甲基丙烯酸酯）等〕形成聚电解质复合物。海藻酸钠与聚阳离子的物质的量之比，多糖的分子量以及溶液的pH、离子强度等因素会影响聚电解质复合物微囊或微粒的性能。

壳聚糖溶解于稀醋酸后分子链上产生大量带正电荷的伯氨基，海藻酸钠溶解于水后可形成大量带负电荷的羧基，壳聚糖溶液和海藻酸钠溶液可以通过正、负电荷吸引形成聚电解质膜。海藻酸钠/壳聚糖的聚电解质复合物对茶碱等难溶性药物具有较好的缓释效果（接枝疏水性的聚己内酯到海藻酸钠的骨架上，可提高对茶碱的负载量），若聚电解质复合物的内核或内表面为海藻酸钠，则该聚电解质复合物对带有正电荷的药物的负载量高，若壳聚糖为内核，则聚电解质复合物较适用于带有负电荷的药物的缓释系统。

常见的海藻酸钠/壳聚糖聚电解质复合物制备有一步法、两步法和复合法。将海藻酸钠溶液和含有钙离子的壳聚糖混合溶液以滴加的方式缓慢混合形成聚电解质复合物微囊的方法称为一步法。先将海藻酸钠用钙离子交联制备成凝胶粒子，再利用壳聚糖的溶液在凝胶粒子的表面形成一层聚电解质复合物膜的方法称为两步法。此方法形成的复合物内部和外部分别是海藻酸钙凝胶珠层和壳聚糖—海藻酸钠复凝层。复合法是先制备海藻酸钠/壳聚糖复合物微囊，再以双官能团小分子交联剂对微囊表面进行修饰，如：首先将海藻酸钠溶液、乳化剂和芯材高剪切制备乳剂，然后加入氯化钙形成凝胶；其次，凝胶化海藻酸盐与壳聚糖进行反应形成微囊；最后，用醛类、酸类等对微囊进行表面修饰交联。这种方法形成的复合物内部、中间和最外层分别是海藻酸钙凝胶珠、壳聚糖与海藻酸钠的复凝层、壳聚糖与成二醛等固化剂形成的固化交联层。

快速降低海藻酸钠水溶液的pH可以得到海藻酸，当缓慢或者可控地释放出氢质子时可以得到海藻酸凝胶。葡萄糖酸内酯、过硫酸钾等均可以释放出H^+，海藻酸钠在葡萄糖酸内酯、过硫酸钾存在的情况下可以得到均匀的海藻酸凝胶。以采用过硫酸钾为质子源为例，过硫酸钾在加热的情况下缓慢分解，为海藻酸钠缓慢提供氢质子，海藻酸钠中的—COO^-接受氢质子，逐渐转变成—COOH的形式，海藻酸钠自组装形成胶束。—COOH会降低海藻酸钠的亲水性，—COOH之间还可以形成氢键，使海藻酸钠的部分链段变得不溶而形成疏水性内核，含有—COO^-的链段形成亲水性的壳层，此时的海藻钠自组装形成胶束。随着过硫酸钾分解时间的延长，海藻酸钠自组装体由核壳结构的胶束逐渐转变成结构致密的粒子。

（二）化学交联

小分子交联剂和其他聚合物的活性官能团可以与海藻酸钠的糖醛酸单元的羟基和羧基发生反应，形成三维网络结构，以此来制备化学交联的海藻酸钠水凝胶。

1. 羟基的交联

戊二醛、环氧氯丙烷、硼砂等小分子交联剂可以与海藻酸钠糖醛酸单元的两个羟基发生反应。如海藻酸钠与戊二醛在盐酸的催化作用下发生缩醛反应，可制得交联的凝胶网络。戊二醛交联的海藻酸钠水凝胶可以在一定程度上改善钙离子交联的海藻酸钠凝胶粒子对药物的"突释"现象，但是存在药物负载率低的问题。向凝胶网络中引入瓜尔胶（GG）等亲水性非离子聚合物可解决这个问题，如海藻酸钠/瓜尔胶水凝胶对蛋白质的负载率有很大程度提高而且缓释性更好。海藻酸钠交联环氧氯丙烷后黏度较大，通过交联作用，质量分数为1%的海藻酸钠溶液的黏度从560mPa·s上升到680mPa·s，热稳定性较好，以每分钟15℃的速度从20℃升温到70℃，交联产物黏度下降95mPa·s，而未经交联的海藻酸钠黏度下降280mPa·s。

硼砂是一种弱碱，溶于水后会生成硼酸（H_3BO_3），硼酸与氢氧根结合生成硼酸根离子，聚合物中的羟基与硼酸根离子发生缩合反应而交联。将硼砂加入硬葡聚糖和海藻酸钠的水溶液中可以制备药物释放凝胶。戊二醛、环氧氯丙烷、硼砂等交联剂均具有生物毒性，在水凝胶使用前应完全除去。在不使用有毒小分子引发剂和交联剂的情况下将海藻酸钠溶于NaOH的水溶液中，海藻酸钠中的羟基在NaOH的作用下，转变成$SAONa^+$的形式。再加入聚丙烯腈（PAN）线型分子，$SAONa^+$中的氧负离子进攻—CN中的碳原子，—CN键上的孤对电子又会进攻相邻单元中的腈基，PAN水解为丙烯酸钠和丙烯酰胺的共聚物。海藻酸钠—聚（丙烯酸钠–co–丙烯酰胺）水凝胶具有较好的耐盐性和pH敏感性，在蒸馏水中的溶胀比最高可达610g/g。

2. 羧基的交联

海藻酸钠水溶后，其分子结构中的羧基以—COO^-的形式存在，用1–乙基–（3–二甲基氨基丙基）碳二亚胺/N–羟基琥珀酰亚胺（EDC/NHS）将羧基活化，再与带有伯胺的分子（乙二胺、蛋白质等）发生羧基缩合反应。当海藻酸钠、乙二胺、EDC和NHS的物质的量之比为2∶1.5∶2∶1时，凝胶结构最为紧密，溶胀度最低，压缩模量最高。以人血清白蛋白（HAS）作为交联剂制备海藻酸钠水凝胶，作为药物载体，对带有正电荷的二丁卡因（局部麻醉药）具有较大的负载量。

3. 席夫碱作用

$NaIO_4$会氧化海藻酸钠分子糖醛酸单元的顺二醇结构中的C—C键，生成两个醛基，醛基的反应活性高于—OH和—COO^-，因此海藻酸钠与二胺或多胺类物质发生席夫碱交联反应的速率更快。部分氧化会减小海藻酸钠的分子量，使降解产物易于排出体外，且采用多官能团的大分子交联剂可以明显改善凝胶的机械性能。如部分氧化的海藻酸钠经聚乙二醇—二胺交联制得的水凝胶，具有较高的弹性模量。明胶分子链中含有大量氨基，可以与部分氧化的海藻酸钠中的醛基反应生成席夫碱，制备成可注射的无毒的原位凝胶。海藻酸钠的氧化度越大，凝胶的交联密度越大，溶胀比越小。采用乙二胺对明胶进行改性以提高氨基的含量，改性明胶与氧化海藻酸钠在37℃的条件下10s即可在原位形成凝胶。

4. 双键的交联

过硫酸铵（APS）作用于海藻酸钠中的羟基可以生成SA-O自由基，该自由基可以引发带烯烃类单体聚合。N,N'-亚甲基双丙烯酰胺（NNMBA）是带有两个双键的小分子交联剂，常用于制备合成类水凝胶。若体系中同时存在引发剂［APS或硝酸铈铵（CAN）］、交联剂NNMBA和单体，则可制备海藻酸钠的接枝共聚物水凝胶。以APS为引发剂制备具有pH敏感性、盐敏感性的海藻酸钠/羧甲基纤维素钠（CMC）水凝胶，水凝胶在pH=8.0时溶胀比最大，一价阳离子盐溶液中的溶胀比遵循下列顺序：LiCl>NaCl>KCl。

甲基丙烯酸-2-氨基乙酯单体中的氨基与氧化海藻酸钠中的羧基在EDC的催化作用下可发生缩合反应，得到带有双键的氧化海藻酸钠，改性的氧化海藻酸钠中既有醛基，又有双键，可以作为交联剂使用，带有双键的氧化海藻酸钠制备的水凝胶生物相容性更好。

紫外光光致交联制备原位凝胶的反应条件温和，副产物少。采用紫外光交联制备海藻酸钠水凝胶，通常是先将海菜酸钠中的羧基进行修饰，以便可以交联，如用甲基丙烯酸酐对海菜酸钠进行修饰，得到带有双键的甲基丙烯酰化海藻酸钠（MA-LVALG），然后以2-羟基-4-（2-羟乙氧基）-2-甲基苯丙酮（光引发剂2959）为光引发剂，MA-LVALG在紫外光照射下交联形成水凝胶。这种方法虽然可以提高凝胶的稳定性和机械强度，但缺点是凝胶的吸水能力降低、凝胶中的光敏引发剂较难清除干净。

5. 施陶丁格（Staudinger）反应

制备两个端基为叠氮基团的聚乙二醇（PEG），再将一个端基还原成氨基（N_3-PEG-NH_2）。N_3-PEG-NH_2中的氨基与海藻酸钠中的羧基发生缩合反应，得到含有叠氮基团的海藻酸钠（alginate-PEG-N_3）。Staudinger反应的基团为叠氮与三苯基膦，制备两个端基为三苯基膦基团（MDT-PEG-MDT）的PEG，将alginate-PEG-N_3和MDT-PEG-MDT的水溶液混合，加热，使其中的叠氮基团与三苯基膦基团反应一定时间后即可形成水凝胶。

（三）酶交联

采用酶交联法制备水凝胶可以避免使用有毒的小分子交联剂、提高凝胶的强度、提高水凝胶的生物相容性。酶具有高效、专一、反应条件温和的特点，避免副反应的发生。通过辣根过氧化物酶（HRP）催化，将酪胺接枝到海藻酸钠或羧甲基纤维素钠的骨架上，制得含有苯酚基团的海藻酸钠（SA-Ph）或羧甲基纤维素钠（CMC-Ph），然后将辣根过氧化物和H_2O加入SA-Ph或SA-Ph/CMC-Ph的水溶液中，室温反应30s即可得到交联的海藻酸钠水凝胶或海藻酸钠/羧甲基纤维素钠微囊。

（四）互穿聚合物网络

离子交联的海藻酸钠凝胶是刚性的，易碎，不能以膜或者纤维形式保存，通过互穿聚合物网络向海藻酸钠凝胶中引入柔软性较好的链段如聚乙烯醇（PVA），可以增加凝胶的弹性。将海藻酸钠的PVA水溶液滴加到含有Ca^{2+}的水溶液中可以制得凝胶粒子，再经反复冷冻—解冻，可得到具有互穿网络结构的海藻酸钙/PVA水凝胶。

海藻酸钠的凝胶网络中引入温度敏感性高分子聚（N-异丙基丙烯酰胺）［最低临界溶解温度（LCST）约为32℃］可以使水凝胶具有温度敏感性。海藻酸钠/聚（N-异丙基丙烯酰胺）半互穿聚合物网络水凝胶中海藻酸钠与聚（N-异丙基丙烯酰胺）均可分别为线型分子或者交联网络，该水凝胶只有在温度低于相转变温度（33℃）时，才表现出较明显的pH敏感行为，SA在水凝胶中的含量越多，水凝胶对温度和pH的响应速率越快。

互穿聚合物网络水凝胶的机械强度得到了提高，响应速率相应减慢，水凝胶响应外界温度或pH值的变化而发生溶胀或退溶胀的过程主要是高分子交联网络吸收或释放水分子的过程。多孔结构的互穿聚合物网络水凝胶中，水分子的扩散通道增多，可以解决响应速度减慢的问题。如将互穿聚合物网络水凝胶在蒸馏水中溶胀，然后在-55℃下冷冻，真空干燥制得具有多孔结构的互穿聚合物网络水凝胶，水凝胶溶胀或退溶胀的速率相应变快，响应外界温度或pH值的变化也相应变快。

五、海藻酸钠的应用

海藻酸钠是一种线型天然生物大分子，在单元糖环上具有羧基和羟基等功能基团，作为食品乳化剂、稳定剂、增稠剂广泛地用于农业、食品加工、药品和工业领域中。由于海藻酸钠具有良好的增稠性、成膜性、稳定性、絮凝性和螯合性，因此应用十分广泛，目前主要应用在以下几方面。

（一）在食品工业中的应用

海藻酸钠具有低热无毒易膨化、柔韧度高的特点，将其添加到食品中可发挥凝固、增褐乳化、悬浮、稳定和防止食品干燥等功能，已被广泛应用于食品工业。海藻酸钠是一种可食用但不被人体消化的大分子多糖，在胃肠中具有吸水性，吸附性、阳离子交换和凝胶过滤等作用，可以降血压、降血脂、降低胆固醇、预防脂肪肝，阻碍人体对放射元素的吸收，有助于排出体内重金属、增加饱腹感，还具有加快肠胃蠕动，预防便秘等功能。海藻酸钠是人体不可缺少的一种营养素——食用纤维，对预防结肠癌、心血管病、肥胖病，以及铅、镉等在体内的积累具有辅助疗效作用，早在公元前600年，人类就已经把海藻当作食物了。海藻酸钠代替明胶、淀粉可作为冰激凌等冷饮食品的稳定剂；作为蛋糕、面包、饼干等的品质改良剂；增加包装米纸的拉力强度，作为乳制品的增稠剂；作为啤酒泡沫稳定剂和酒类澄清剂；用于固体饮料中，悬浮效果良好；食品涂上一层海藻酸钠薄膜进行冷藏保鲜储存，可阻止细菌侵入，抑制食品的水分蒸发。

（二）在医学上的应用

海藻酸钠本身对高血压、便秘等慢性病有一定疗效，并可降低血压、血脂，减少胆固醇，具有防癌、抗癌、抗肿瘤、调节免疫能力、消除自由基和抗氧化、抗高血脂、降低血糖、抵抗放射等作用，可用于治疗缺血性心脑血管疾病、冠心病和眩晕症，亦可用作降低血液黏度及扩张血管的药物、牙科咬齿印材料、止血剂、涂布药、亲水性软膏基质、避孕药等。海藻还具有消除和抑制脂肪生成等效果，可以健胃，降低血脂、胆固醇，治疗脂肪肝。应用海藻酸钠制备的三维多孔海绵体可替代受损的组织和器官，用来作细胞或组织移植的基体。海藻酸钠是一种天然植物性创伤修复材料，用其制作的凝胶膜或海绵材料，可用来保护创面和治疗烧、烫伤。

（三）在水处理领域的应用

生物相容性和可降解性良好的海藻酸及其盐具有低毒性、增稠性、成膜性和凝胶性，对金属离子具有很强的整合和吸附作用，使海藻酸及其盐在水处理上也有很好的应用前景。海藻酸钠与钙离子、铁离子等可形成凝胶沉淀，具有较强的吸附性，因此可用作水的净化剂。

海藻酸钠与具有多孔结构的碳纳米管等纳米材料复合后，对污水中重金属离子的吸附能力良好，如碳纳米管海藻酸钠复合材料能较好地吸附铜离子，常温下单分子层铜离子最大吸附量为80.65mg/g。海菜酸钠/纳米羟基磷灰石复合膜对Pb^{2+}的吸附能力较强，水溶液pH为5.0时纳米硅粉与海藻酸钠的复合物对Pb^{2+}的吸附能力最强，达到了36.51mg/g（溶液中Pb^{2+}的初始浓度为50g/L）。活性炭包埋海藻酸集合了活性炭和海藻酸的优点，若体系中同时含有矿物离子和重金属离子，活性炭对甲苯甲酸有吸附作用，海藻酸部分的作用是吸附金属离子。

（四）其他应用

海藻酸钠富含阴离子，可应用于纺织印花，作为棉织物活性染料印花中的糊料，使染料容易上染纤维，得色量高，色泽鲜艳，洗涤后布面残留率低，手感柔软。海藻酸钠可用于牙膏基料、洗发剂、整发剂等的制造，在造纸工业上可作为施胶，在橡胶工业中用作胶乳浓缩剂，还可以制成水性涂料和耐水性涂料。海藻胶可用作农药的稳定剂，也可用作肥料成型剂调节剂。

第四节　魔芋葡甘聚糖

魔芋（amorphophallus konjac）古时称蒟蒻，又蒟头、鬼头、鬼芋等，属天南星科多年生草本植物，原产地不详，一般认为其原产于东南亚或印度等国家。魔芋品种很多，有花魔芋、白魔芋和黄魔芋等。我国魔芋种植历史悠久、资源丰富，种植分布广，并有一些特有品种。我国最早对魔芋的描述和利用出现在公元前3世纪。李时珍在《本草纲目》中也有"出蜀中，施州亦有之，呼为鬼头，闽中人亦种之，宜树荫下掘坑积粪，春时生苗，至五月移之"的记载。

魔芋作为食品工业上一种难得的优质原料，加工所得的魔芋葡甘聚糖理化性质独特、应用广泛、开发价值高。魔芋葡甘聚糖的水分散液具有高黏的特性，在加碱加热的情况下能够形成热不可逆凝胶。另外，魔芋葡甘聚糖可以和其他多糖例如黄原胶、k-卡拉胶、改性淀粉等产生协同凝胶化作用。

美国食品和药品管理局及欧盟分别于1989年和1998年批准允许魔芋葡甘聚糖用作食品添加剂。魔芋葡甘聚糖（KGM）具有诸如生物相容性、生物可降解性、保水性、成膜性、可塑性、增稠性和成胶等特性，已被广泛应用于食品、医药、化工、石油、化妆品、纺织印染等诸多领域，用作食品添加剂、被膜剂、崩解剂、悬浮剂、乳化剂和保水剂，还可制成保健食品等。

一、魔芋葡甘聚糖的结构和组成

多糖结构复杂，特别是植物来源的杂多糖。对这些多糖结构的解析和确认一般都花费了较长时间，且表征结果常多有差异。这方面，魔芋葡甘聚糖是一个典型例子，果胶也类似。

魔芋葡甘聚糖是魔芋精粉的主要成分。人们很早就发现魔芋富含甘露糖。早期的结构分析认为，魔芋葡甘聚糖为杂多糖，含甘露糖（M）和葡萄糖（G），但不同学者对这两种糖单元比值（M/G）的报道不同，也与具体测定方法有关。1911年，梅达（Maeda）发现水解魔芋粉中M/G为2：1，并据此将其命名为魔芋甘露糖（konjacmannan）。1922年后藤（Goto）测定得到的M/G为5：2，并建议将其称为魔芋葡甘聚糖（konjac glucomannan）。这是魔芋葡甘聚糖这一名称的最早由来。色谱分析法测得的魔芋酸降解产物的M/G为3：2。也有认为KGM中D-甘露糖和D-葡萄糖比例为1.6：1，随后的色谱分析进一步确认了这一比值。在2002年和2003年分别采用^{1}H、^{13}C核磁共振法所得的测定值为1.68：1。

虽然已经确认魔芋葡甘聚糖中两种糖单元的比例，但迄今对葡甘聚糖具体的结构单元序列尚不完全了解。有的学者认为KGM分子链的重复单元为G-G-M-M-M-M-G-M或者G-G-M-G-M-M-M-M，有的学者通过酶解方法推断的结构重复单元为G-G-M-M-G-M-M-M-M-G-G-M。

关于KGM主链上葡萄糖和甘露糖的连接方式，有人推断它们是通过β-D-（1,4）连接的，无1,6连接，支链发生在1,3位，碳柱层析法研究分析证实了这一推断。1980年，梅达（Maeda）提出，KGM的主链是由D-甘露糖和D-葡萄糖通过1,4位链接而成，这一结论目前得到了广泛认可，并为^{13}C核磁共振研究所证实。图6.11为冲岛（Okimasu）和岸田（Kishida）推测的KGM分子结构，但分子有无支链尚无定论。有报道称，支链存在于每11～16个己糖长度上甘露糖的C3位上，也有通过测定甲基化KGM推测在甘露糖和葡萄糖的C3位上都会发生支化。2003年的核磁共振研究认为，支化发生在葡萄糖基的C6位上，且支链的含量约为8%。

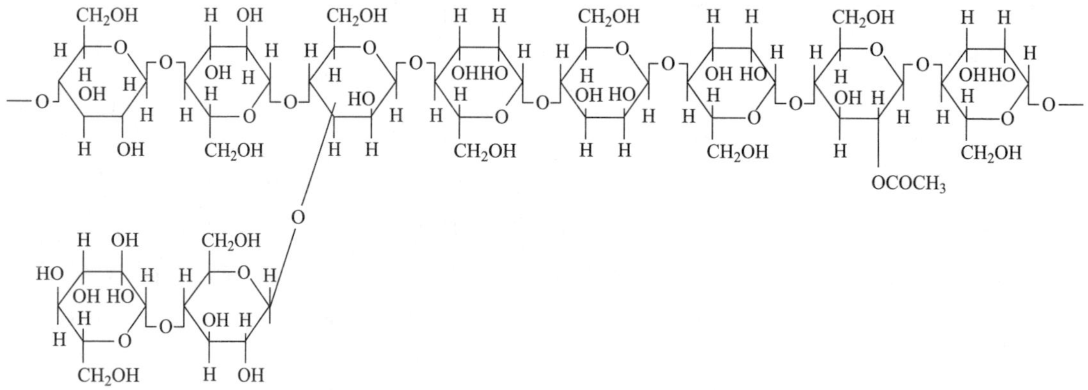

图6.11　KGM分子结构推测图

早在1951年就有报道称，KGM分子主链上含有少量乙酰基、葡萄糖醛酸和磷酸基团，并推测这些基团的脱除使KGM水溶性下降，进而导致凝胶形成。马德卡吉（Madkaji）发现KGM的红外谱图上存在1720cm^{-1}的乙酰基特征峰，并依据液相色谱，进一步测出KGM分子链上每19个糖残基就含有一个乙酰基，且乙酰基是通过醚键连接于糖单元上的。核磁共振研究表明，链上每20个糖残基含有一个乙酰基团，也有认为链上每个糖残基的乙基化率为0.07。

目前，对于魔芋葡甘聚糖的化学结构信息，一般公认的是，魔芋葡甘聚糖的分子链由D-甘露糖和D-葡萄糖通过β-D-（1,4）连接而成，两者含量的比值为1.6：1，分子链上每19个糖残基含有一个乙酰基。一般认为魔芋葡甘聚糖为中性糖。至于链重复单元及链上糖单元序列，以及有无支链及支链位置尚无定论，这可能与样品来源有关。

二、魔芋葡甘聚糖的改性

（一）物理改性

KGM能与其他多糖如黄原胶、k–卡拉胶、结冷胶、乙酰胶通过发生协同增效作用而增黏或形成凝胶。此外，KGM与纤维素、淀粉等也能发生相互作用。

不同多糖之间产生协同增效作用的机理各不相同。魔芋葡甘聚糖和黄原胶之间产生协同相互作用的机理已经有了很多研究。几种有代表性的机理如图6.12所示。黄原胶分子的有序双螺旋排列与魔芋葡甘聚糖分子上不带支链的平滑片段以次级键的形式相互结合形成三维网状结构，从而产生强烈的协同增效作用，导致凝胶的产生。

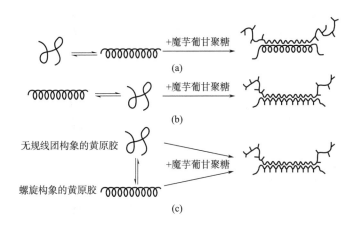

图6.12 魔芋葡甘聚糖与黄原胶分子可能的几种协同作用示意图

（二）化学改性

1. 酯化反应

KGM的酯化反应是利用KGM糖单元环上C2、C3、C6位羟基在适宜条件下与酸、酸酐反应生成相应的酯。苯甲酸、乙酸、马来酸酐、磷酸盐、水杨酸钠、棕榈酸、没食子酸、黄原酸酐等都可用来对KGM进行改性。如用乙酸进行酯化反应，可获得不同乙酰化程度的KGM，这些产物不溶于水，但可溶于氯仿。经过酯化的KGM耐剪切、耐酸碱的性能显著提高，特别是乙酰化KGM，具有良好的黏度稳定性、高的胶液透明度、很好的黏附纱线特性、高抗张强度和柔韧性。

2. 接枝共聚

由于KGM中含有功能基团—OH和—CH_3CO，借助引发剂可将不饱和烯烃单体接枝到KGM聚合物的主链功能基上，如与丙烯腈、丙烯酰胺、丙烯酸、甲基丙烯酸甲酯等单体进行接枝共聚反应，形成接枝共聚魔芋葡甘聚糖。不同的接枝单体、接枝率、接枝效率，可制得各种具有独特性能的产品，最典型的应用是制备高吸水树脂。

3. 脱乙酰基反应

KGM主链上具有乙酰基，脱除乙酰基往往会对其性能造成很大的影响，传统的魔芋凝胶食品就是脱乙酰反应的实际应用之一。但只有少数的研究是有关脱乙酰反应的，如有报道研究了脱乙酰基诱导反应的速率方程和诱导反应的影响因素。乙酰基化可以显著降低KGM的水溶性，当乙酰基化度达到1.0时，KGM的水溶性降低为原先水溶性的10%。利用脱乙酰基反应可以制备一些膜材料。

4. 醚化反应

醚化改性的多糖往往具有较好的稳定性、黏结性及较高的黏度，广泛应用于增稠、絮凝、保鲜等方面，如羧甲基纤维素钠、羧甲基淀粉等。对KGM进行醚化改性时选择不同的醚化剂，会形成不同的物质结构，从而具有独特的性质。目前，对羧甲基魔芋葡甘聚糖的研究较多一些。

5. 交联反应

KGM分子中存在多个可反应的羟基，可与多种交联剂发生交联反应。KGM交联的形式有酰化交联、酯化交联和醚化交联等，常用的交联剂有三聚磷酸钠、三氯氧磷、氯乙酸。对原始魔芋葡甘聚糖胶粒可直接进行交联处理，所得的交联颗粒的形状虽与原魔芋葡甘聚糖相近，但性质发生了很大的变化。原始魔芋葡甘聚糖颗粒分子间由氢键结合，在热水中受热时，颗粒吸水溶胀，氢键强度会减弱，黏度上升，继续受热则黏度下降。而对于化学交联的胶粒，由于交联作用抑制了颗粒的溶胀、破裂和黏度下降，因而交联度高的魔芋葡甘聚糖对热、酸、冷冻和冻融具有很高的稳定性。

三、魔芋葡甘聚糖的应用

（一）魔芋葡甘聚糖作为食品添加剂

在食品加工中，许多食品的形状和质构依赖于亲水性胶体物质的胶凝性质。作为一种常见的食品添加剂，KGM在食品中主要起到增稠和凝胶化的作用。由于KGM能形成高黏度的水分散液，具有剪切变稀的性质，且黏度不受电解质的影响，在pH=3.5～8.5时基本稳定，因而在饮料及乳制品的加工中，可以赋予体系稳定的结构，增加口感的真实度，使固相大颗粒均匀悬浮稳定于液相中。高强度魔芋葡甘聚糖凝胶（魔芋胶）可确保所期望的熔化温度和增强风味的释放。小麦面粉中添加魔芋葡甘聚糖还可提高小麦面粉的表观面筋值。魔芋葡甘聚糖的持水性也能使小麦面粉制品口感柔软，弹性、韧性增加。魔芋葡甘聚糖的持水性可抑制粗颗粒冰晶的生成，改善冻结食品的口感。此外，魔芋葡甘聚糖还可制成水晶软糖、仿生食品、酸奶、罐头、果酱、冰激凌雪糕的冰壳外套等。利用它的膨润作用及增稠和悬浮特性可以改善一些冷饮制品的品质和工艺特性。

（二）魔芋葡甘聚糖的健康促进作用

KGM是天然、优质、可溶的膳食纤维。由于KGM是一种高黏度的可溶性膳食纤维，即使作为食品添加剂少量使用，仍能为人体提供一定量的优质膳食纤维，帮助人体获得更合理的膳食营养结构，减少现代"成人病"的发生机会。现代研究认为，魔芋葡甘聚糖是人体不能消化的膳食纤维，本身具有一系列的生物活性，可作为一种理想的减肥保健食品原料。KGM的这些特性在调整减肥人士、糖尿病患者的碳水化合物代谢、降低胆固醇、改善维生素B_6营养状态、改善肠道中微生物代谢以及降低大鼠血浆中的胆固醇含量方面均有显著效果。在膳食中加入KGM纤维也有助于人体代谢调控。

（三）魔芋葡甘聚糖改性材料的应用

KGM及其衍生物在包装和薄膜的生产、药物、化妆品、土壤改良剂、建材、水处理等领域发挥着越来越大的作用。与单一的KGM膜材料相比，KGM与其他高聚物共混形成的复合膜材料更具有优势，复合膜材料可以在原有基础上进一步提高或改变膜的性能，满足不同材料参数所需。关于KGM膜材料的研究越来越受关注，研究集中于开发新型安全无毒的可生物降解包装膜或具有更高生物活性的可食用膜。

凝胶性能是KGM独特且较其他天然高分子更有优势的性能，因此KGM凝胶材料和水凝胶缓释材料具有极大的发展空间。KGM作为药物释放载体具有价廉、安全无毒的优点，在释放药物的过程中不存在突释行为。基于KGM纳米凝胶制备控制释放材料也备受关注。KGM还是一种具有良好发展前景的酶固定化载体。KGM作为天然功能高分子，可改性强，所得材料安全无毒，已成为食品、医药、化工等领域具有十分广阔应用前景的新型功能高分子材料。但目前国内对魔芋葡甘聚糖新材料的开发及多学科协同研究还很少。生物新材料的开发，还需要开发的终端，特别是工业界提出对材料的要求，在这方面，研究和实际应用还有很大脱节。生物新材料的研究开发，需要材料、高分子、化学、医学、化工、分子生物学等领域专家相互合作，以及工业界的参与，才能得到真正有市场应用前景的新材料。我国是魔芋的主产国，魔芋是我国具有悠久种植历史的特产，魔芋资源的高附加值综合利用，特别是魔芋葡甘聚糖功能性和材料属性的深层次协同研究开发还待加强。

第五节 半乳甘露聚糖

一、半乳甘露聚糖的性质

半乳甘露聚糖的主链是由β-D-吡喃甘露糖残基通过1,4-糖苷键相连的直链多糖，其侧链由单个α-D-吡喃半乳糖残基通过1,6-糖苷键与主链中吡喃甘露糖的C6相连接，半乳糖与甘露糖的比例因种子来源而有差异，其分子精细结构和水不溶物含量也不尽相同，从而导致不同品种半乳甘露聚糖胶理化性质的差异。但半乳甘露聚糖胶在性质上仍有如下共性。

（一）溶解度

水是半乳甘露聚糖胶的通用溶剂，半乳甘露聚糖胶都能在水中溶胀。瓜尔胶、葫芦巴胶和田菁胶在冷水中几乎全部溶解，而槐豆胶、决明胶仅部分溶于冷水。要使半乳糖侧链含量低的胶完全溶解分散于水中，可以通过加热的办法实现。商品胶的溶液通常是浑浊的，浑浊度主要由带入不溶物引起。在实验室中采用非工业的方法提纯胶，可制得清晰度与水相近的溶液。

（二）流变特性

半乳甘露聚糖胶是有效的水增稠剂，其溶液为假塑性流体（非牛顿型液体）。胶液加热时可逆地稀化且当保持升高的温度时，又随时间不可逆地降解。半乳甘露聚糖胶常用的浓度在1%以下，此时溶液是浓稠的，如果浓度达到3%，则看上去像凝胶而不像溶液。半乳甘露聚糖胶在常用的浓度范围内塑变值为零，因此只要施加轻微的切变力，溶液就开始流动。溶液的表观黏度将随切变速率的增加而急剧下降，然后趋于稳定并接近最低极限值。

（三）衍生物

半乳甘露聚糖具有羟基官能团，易进行醚化和酯化反应，如羧甲基反应、羟烷基反应等。羧甲基反应改变了胶与无机盐、水合矿物质和纤维素的表面以及有机染料的反应方式，从而提高或降低絮凝作用。随着羟烷基反应的深化，胶的生物降解性逐步降低，通过适当的取代成为高度抗降解和黏度稳定的胶体，胶溶液的溶解度和清澈度明显改变。

（四）硼砂反应

半乳甘露聚糖大分子链中每一个单糖残基都有两个顺式羟基，这使它可与游离的硼酸根离子进行反应，发生水合和增稠，反应在酸性条件下进行。当多糖胶溶液呈碱性且有足够多的解离硼酸根离子则引起胶凝作用。

（五）氢键作用

半乳甘露聚糖含有许多羟基官能团，易形成强氢键，且为线型分子结构，在许多作用点上都能发生接触，因此半乳甘露聚糖对水化矿石和纤维素表面有强亲和力。

二、半乳甘露聚糖的应用

半乳甘露聚糖属于中性多糖胶，是工业上有着广泛用途的植物多糖胶，主要存在于植物种子的胚乳中。半乳甘露聚糖胶水溶液为假塑性流体，大分子在自然状态下呈缠绕的网状结构，因此在许多工业中被用作增稠剂、稳定剂、乳化剂、黏结剂和调理剂等。半乳甘露聚糖用量和应用范围位居天然多糖胶之首，主要用于石油和天然气、纺织、造纸、食品、炸药、矿业等工业领域。

（一）在食品中的应用

植物胶具有多种物理、生物和化学活性，价廉易得，并且对人体无害，对环境无污染，在食品中得到大量应用，也很有发展前景。

1. 增稠剂

植物多糖胶为水溶性高分子，可溶于水中产生很高的黏度，具有增稠作用，能够使食品的稠度增加，可作为馅饼馅、饮料、果酱等的填充剂，宠物食品的黏合剂，还可利用其胶黏性挂糖衣、上光、结霜，并能使某些果汁及啤酒的持气性增强。瓜尔胶为天然胶中黏度最高者，是已知胶体中增黏效果最好的胶体，吸水性也最好，因此瓜尔胶可以作为各种食品的增稠剂，但单独使用仍有许多缺点，因此常常与其他增稠剂复配。瓜尔胶作为增稠剂常用于面制品中，增稠剂与蛋白质结合形成大分子基团，淀粉嵌在网络中间，形成坚实的整体结构。瓜尔胶是通过糖苷键结合的胶体多糖，并且无臭无味，能分散在热水或冷水中形成黏稠液，用于饮料中有增稠和稳定作用，可防止制品分层、沉淀，并使产品富有良好的滑腻口感，添加量为0.05%~0.5%。在控制用量的条件下，瓜尔胶—琼脂复配稳定剂用作饮料中的增稠剂，使饮料具有较好的悬浮效果和口感。瓜尔胶比淀粉增稠剂更能增加果汁的固含量。

2. 稳定剂

植物多糖胶能稳定多相系统（油、水、固体物），也能使黏度稳定，也可稳定胶体及降低表面张力，因而能使乳油液及悬浊液保持稳定，并能稳定泡沫液。瓜尔胶作为稳定剂广泛用于乳制品和食品蛋白质乳浊液体系中。瓜尔胶在溶液中的高黏度特性对食品体系的流变特性及稳定性有显著的影响，常常和其他物质复配，通过复配可以降低单一稳定剂的添加量，实现性能的叠加。亚麻籽胶、瓜尔胶和变性淀粉制成复配稳定剂应用在搅拌型酸奶中，可使酸奶的保质期延长至27天。采用明胶、瓜尔胶、羧甲基纤维素钠（CMC-Na），单甘酯4种物质复合作为乳化稳定剂，可获得良好的效果。CMC-Na、刺槐豆胶、瓜尔胶3种稳定剂单体存在一定程度的交互性，在控制调配型酸性乳饮料稳定性效果相同的情况下，复配稳定剂的添加量相对于单一添加量减少约20%。

在冰激凌中添加稳定剂可提高冰激凌浆料的黏度，改善油脂及含油脂固体微粒的分散度，延缓微粒冰晶的增大；改善冰激凌的口感、内部结构和外观状态，提高冰激凌体系的稳定性和抗融性。在冰激凌中添加少量瓜尔胶能赋予产品滑糯的口感。另外一个好处是使产品融化缓慢，提高产品抗骤热的性能。用植物胶稳定的冰激凌可以避免由于冰晶生成而引起颗粒。复配稳定剂可采用瓜尔胶+魔芋精粉、瓜尔胶+明胶+黄原胶、瓜尔胶+黄原胶+卡拉胶+CMC等，从而使冰激凌成品具有优良的膨胀率、抗融性、抗热波动性以及保形性。稳定剂对于非冷冻部分的水起到增稠与持水的作用，控制产品的水分移动，这使冰激凌有咀嚼的质构。不添加稳定剂的冰激凌质构非常粗糙，水分的移动使冰晶易长大产生冰屑。此外，稳定剂有助于悬浮风味颗粒，并具有稳定泡沫的作用，防止冷冻产品的收缩、阻滞冷冻产品中的水分析出。罐头食品应尽可能不含流动态的水，可用植物胶稠化产品中的水分，使肉菜固体部分表面包一层稠厚的肉汁。植物胶有时还用于限制装罐时的黏度。在软奶酪加工中植物胶能控制产品的稠度和扩散性质，由于植物胶具有结合水的特性，使涂敷奶酪有可能带更多的水，更滑腻和均匀。

3. 保鲜剂

天然涂膜保鲜法是用可食性天然化合物溶液处理果蔬，在其表面包裹一层膜的方法，这层膜能够保持水果、蔬菜的新鲜度，防止病菌感染，减少水分的挥发，推迟果蔬的生理衰老。许多植物多糖胶可用作被膜剂，它们可覆盖于食品表面，形成一层保护性薄膜，保护食品不受氧气、微生物的氧化，从而起到保质、保鲜、保香或上光等作用。瓜尔胶黏度大，容易在固体食品表面稳定成膜，达到保护食品的作用。用0.2%瓜尔胶、0.15%卡拉胶、0.1%蔗糖酯和适量助剂涂膜草莓，该保鲜剂可食用，可以在草莓表面形成较好的半透膜气调环境，明显减小草莓的呼吸强度，延长草莓货架期。魔芋葡甘聚糖（KGM）与瓜尔胶共混后成膜，共混膜的强度、抗水性、耐洗刷性、透明度、感官性能等各项性能显著提高。用KGM和瓜尔胶共混液对葡萄的涂膜保鲜试验表明，该共混膜具有良好的保鲜效果，可望应用于食品保鲜领域。

以刺槐豆胶与黄原胶复配胶为成膜基质，柠檬酸、CMC-Na和吐温80等为成膜助剂，配以丁香、艾叶和大黄等具有抗菌作用的中草药制剂配制成可食性中草药复合涂膜保鲜剂，可在低温下对荔枝进行涂膜保鲜。在低温储藏条件下，刺槐豆胶复合涂膜保鲜剂能有效阻止荔枝水分散失和果实腐烂，在一定程度上减慢了果皮的褐变速度，抑制果实的呼吸作用及可溶性固形物、有机酸和维生素C等营养物质的消耗，延缓了采后荔枝果实衰老的速度，起到了较好的保鲜作用。利用刺槐豆胶复合涂膜保鲜剂保鲜荔枝，既达到了较好的保鲜效果，又具有使用方便、实用性好等特点，而且制作工艺简单、成本低、可食、易降解、对环境不产生污染，符合人们对食品安全的需求，可进一步在生产实践中进行检验推广。

4. 保油剂

瓜尔胶在肉制品中应用较多，它的增稠性、稳定性、持水性、凝胶性可提高低温蒸煮肉制品的品质，改善肉制品的组织结构、口感和风味，同时可降低生产成本、增加经济效益，与其他多糖复配使用可以达到更好的效果。复配胶能够大大改善单一亲水胶体的性能，进一步降低用量和成本，目前在肉食行业使用较为广泛。瓜尔胶、黄原胶、卡拉胶的比例为4：1：1，作为新型复配保油剂添加到火腿肠制品当中，可消除火腿肠表面的出油现象。添加植物胶可使饼干光滑，防止油渗出，并使饼干破碎率降低，口感细腻，添加量为0.2%～0.5%。

5. 乳化剂

植物多糖胶添加到食品中后，体系黏度增加，体系中的分散相不容易聚集和凝聚，因而可使分散体系稳定。在食品中起乳化作用的植物胶或亲水胶体并不是真正的乳化剂，它们的单个分子并不具有乳化剂所特有的亲水、亲油性，植物胶增加体系的黏度而使乳化液稳定，作用方式也与一般乳化剂的亲水—亲油平衡机制不同，而是以好几种其他方式来发挥乳化稳定功能，主要是通过增稠来阻止或减弱分散的油滴发生迁移和聚合倾向方式来完成。阿拉伯胶和明胶可以通过保护、覆盖胶体的作用方式达到稳定乳化的功能，即胶粒被体系吸收后在分散的小球粒或颗粒周围形成一覆盖膜层，并将表面电荷均匀分配给覆膜颗粒，使其相互排斥而形成稳定的分散体系。另外，也有一些亲水胶体能起到表面活性剂的作用，可以降低体系的表面张力以达到乳化稳定的效果。

蛋白质与多糖共价复合作为一种安全可靠的蛋白改性方式被广泛关注，是最有应用前景的改善蛋白质功能特性的方法。蛋白质与多糖共价结合后形成的产物具有良好的乳化性、溶解性、抗菌性和抗氧化性。瓜尔胶作为一种多糖，与蛋白质复合后是一种很好的乳化剂，而且瓜尔胶价廉易得，应用前景广阔。大豆蛋白与瓜尔胶复合物的乳化活性要高于原大豆蛋白，该复合物在碱性、高温条件下乳化活性最好。瓜尔胶与大豆分离蛋白反应10天所得的共聚物具有优良的乳化性能。亚麻籽胶的性质与阿拉伯胶相似，可取代阿拉伯胶，作为乳化剂用于巧克力奶中。10g/L的亚麻籽胶稀溶液具有良好的起泡性和流体特性，在乳状液中添加0.5%～1.5%的亚麻籽胶即可取得良好的稳定和增稠效果。对W/O型乳状液，亚麻籽胶的乳化功能比吐温80、阿拉伯胶、黄芪胶效果好。亚麻籽胶与蛋白质结合，具有良好的吸油性、起泡性、乳化性及乳化稳定性。

6. 膳食纤维

根据1976年特罗威尔（Trowell）对膳食纤维的定义，即"不被人体消化吸收的多糖类碳水化合物和木质素"，植物多糖胶均属多糖类物质，摄入后一般不能被人体消化、吸收，尽管部分可被肠道微生物分解，甚至将它们归为可部分消化的纤维物质，但可以肯定多糖类植物胶均属于膳食纤维。膳食纤维大致可分为两类：不溶性膳食纤维和水溶性膳食纤维。前者典型的例子为纤维素，它存在于绝大多数植物中（谷物、蔬菜、水果等），后者包括被认为是增稠剂或乳化剂的一系列多糖，如瓜尔胶、刺槐豆胶、罗望子多糖、苹果果胶、柑橘果胶，以及海藻提取物卡拉胶和琼脂等。普遍认为，水溶性膳食纤维比不溶性膳食纤维具有更好的生理作用。膳食纤维有许多重要的生理功能：膳食纤维能增加饱腹感，减少食物摄入量，有预防肥胖症的作用；膳食纤维通过改变肠内菌群的构成与代谢，诱导大量好气菌的繁殖，从而对预防结肠癌与便秘有重要作用；膳食纤维通过降低血清胆固醇和血脂，对预防和改善冠状动脉硬化造成的心脏病具有重要的作用；膳食纤维可以改善末梢组织对胰岛素的感受性，降低对胰岛素的需求，起到调节糖尿病患者血糖水平的作用；膳食纤维具有预防胆结石、乳腺癌等作用。近年来，膳食纤维已作为对人类健康重要的营养组分而引起关注。虽然膳食纤维被认为具有各种生理功能，但它的日均摄入量一年年趋向下降。

瓜尔胶是一种水溶性膳食纤维，水溶性膳食纤维对人体肠道的消化吸收很有帮助，其单独使用有许多缺陷，所以在实际应用中常用水溶性膳食纤维和非水溶性膳食纤维复配以达到性能互补，发挥膳食纤维的综合保健作用。瓜尔胶具有较好的降血糖、减体重的作用，在降低血清、胆固醇水平方面有显著功效。瓜尔胶作用迅速且稳定，在用瓜尔胶喂食大鼠15天后，就表现出良好的降胆固醇作用，而与之对照的燕麦可溶性纤维组在实验30天后才显示出降胆固醇作用。用酶法部分水解瓜尔胶制备的产品具有水溶性和低黏度，容易应用于食品中，可改善便秘、调节脂类代谢和控制血糖。食物中含有浓度为10%～20%的瓜尔胶时，可以有效降低进食者的摄食量并减少体重，并且减少血液中胆固醇和甘油酯的总量，提高高密度质蛋白-胆固醇的含量并减少低密度质蛋白-胆固醇的含量，降低肝脏中胆固醇的浓度。此外，值得注意的是，添加瓜尔胶会不同程度地影响人体对钙、锌和铁的吸收。采用大豆纤维素为基料，水溶性天然植物胶——瓜尔胶、果胶为辅料复合，可制备一种兼有水溶性和非水溶性双重特性的复合膳食纤维素，性能良好。以质量分数为2∶3的大豆非水溶性纤维素和瓜尔胶配制固形物含量为5g/200mL的复合纤维素溶胶，发现水溶性和非水溶性纤维素复合对抑制葡萄糖的渗透具有明显的协同增效作用。罗望子胶中的多糖是葡萄木糖，它是一种理想的膳食纤维来源，具有防治高血压的作用，另外还可增加小肠非扰动层的厚度，减弱糖类物质的吸收，防止糖尿病的发生和发展。亚麻籽胶用作膳食纤维具有营养作用，在降低糖尿病和冠状动脉心脏病的发病率、防止结肠癌和直肠癌、减少肥胖病的发生率方面有积极作用，可以制作营养保健食品。另外，亚麻籽胶对某些重金属中毒的解毒效果较好，其作用机理是亚麻籽胶能与某些重金属结合成稳定的配合物。

7. 保水剂

植物多糖胶具有良好的持水作用，能够防止面包、蛋糕等焙烤制品老化失水，延长保质期，亦可用于冷冻食品、布丁及酸乳酪中。瓜尔胶易溶于水，用于固体食品时可以很好地吸收食品中的水分，从而成为食品的保水剂。随着羟甲基纤维素钠（CMC-Na）、瓜尔胶、黄原胶添加量的增加，方便面的断条率减少，吸水率增大。烹煮损失随瓜尔胶、黄原胶添加量的增大呈现先减小后增大的趋势，当其添加量为0.3%时，面条烹煮损失达到最小值。瓜尔胶保水剂可以提高鸡胸肉的保水率。

（二）在石油和天然气中的应用

石油工业生产实践中，经常使用水基压裂液破裂以增加油和气的生产率，植物胶及其衍生物的高黏度胶体可以带着筛选过的砂子进入裂缝的岩石中，当施加水压时，砂子撑开了岩石。因为含碳氢化合物的多孔岩石暴露出更多的表面积，同时通过裂缝连接到钻井的渠道也恰好形成，油和气以更高速度被开采出来。植物胶产品为这种作业提供了所需的黏度，它们具有广泛的配伍范围，而且能够调整配方，以可控制的速率降低黏度这样当作业完成流动反向时液体便于从钻井内迅速地流出。此外，植物胶还可以控制断裂过程中多孔岩层结构液体的流失，降低液体输送过程中摩擦压力损失。石油和天然气井中一般使用1%～1.2%（重量计）的植物胶水溶液。

葫芦巴胶因其品质优良、价格低廉在石油工业引起广泛的重视。国内目前有多家工厂（吉林、西安、新宜）生产葫芦巴胶（香豆胶），主要在石油工业中用作胶凝剂。葫芦巴胶作为水基压裂中的悬浮剂和携带剂，摩阻较低。由于其剪切稳定，因此在大排量和湍流状态下减阻作用更为明显。葫芦巴胶分子中含有邻位顺式羟基，可与硼、钛、钴交联形成大分子三维网状结构冻胶，同时可以控制破胶时间，快速反排。由于葫芦巴胶水不溶物含量较低，所以破胶后的残渣含量也较低，对地层伤害小。葫芦巴胶黏度高，携砂比例大，这两点都优于瓜尔胶。塔里木油田超深井上试用表明，采用葫芦巴胶交联的压裂液具有延迟交联、耐温、耐剪切、低滤失、快速彻底破胶、助排、破乳、残渣低、伤害小等特点，现场施工摩阻低、携砂性能强、破胶水化彻底反排快、增产效果明显，可满足低、中、高温不同温度储层要求。近年来，我国已累计生产出葫芦巴胶近万吨，分别在大庆、胜利、吉林、克拉玛依、中原、塔里木、大港、长庆、延安等油田成功压裂油井几千口，使用效果极好。

田菁胶与环氧丙烷在碱性条件和有机复合催化剂作用下可制得羟丙基田菁胶，其水不溶物含量低、溶解速率快、耐温性好、耐剪切，是油田高温深井、低渗透油气层水基压裂液的主要稠化剂，在中原油田、华北油田已规模应用。将羟丙基田菁胶用于油田压裂液，单井日增产原油至少是原产量的2倍，最高甚至可达20倍。钛交联羟丙基田菁胶在不同温度下生成的冻胶都具有良好的耐温性、抗盐性和抗剪切性；滤失受压力影响很小，有较好的造壁能力和控滤能力；冻胶对地层岩芯伤害较轻；田菁冻胶的破胶行为被认为是一种自由基式的链式反应，所以仅需添加少量氧化剂即能完成解聚反应。破胶后的水化液表面张力和界面张力比清水分别降低63.2%和89.1%以上，有利于施工后液体反排，减少地层污染。

（三）在炸药中的应用

使用硝酸盐，各种有机和无机的敏化组分、水及水溶性的可交联增稠剂可制造浆状炸药或水凝胶炸药。这类炸药使用起来比以前的炸药更安全，并且可调整配方，可以满足各种需要，价格低廉。植物胶及其衍生物用于配制这种产品是由于植物胶能在各种困难条件下有效地增稠并且容易交联形成凝胶。浆状炸药是一种有效抗水炸药，用植物多糖胶作为胶凝剂，添加交联剂形成的凝胶具有不吸水、不渗水的特点，且能使炸药的各个组成均匀分散于凝胶体系中。炸药抗水性能的好坏主要取决于胶凝剂的质量、数量和交联技术，其他性能也在不同程度上受胶凝剂的影响。不同配制方法的浆状炸药形态各异，可以是松散、有黏结性、可浇铸的凝胶体。浆状炸药的配制应由技术熟练的人员在适当的控制条件下操作。

（四）在纺织印染中的应用

针织面料印花需要使用糊料，其主要原料为植物胶或淀粉，低档印花糊料可以以羟乙基化淀粉、羧甲基化淀粉和田菁胶粉等为原料，作为毛毯、棉布的印花使用，而丝绸、丝绒、高档羊毛衫、出口针织品、纺织品印花要使用高档的印花糊料，以瓜尔胶等优质植物胶作为原料。胶植物胶及其衍生物可用作纺织品印染中染料溶液的增稠剂，主要是植物胶的羧甲基和羟烷基醚衍生物。它们在一定条件下可被氧化，使产品增稠能力与浓度的关系能够预测。衍生作用促进溶解，能防止植物胶及其衍生物在印花网板上的沉积，有助于印花之后对胶质的清洗。国外以瓜尔胶或其改性产品为原料生产的针织物，印花糊料一直占据着高端糊料市场，作为纺织品大国，我国每年需大量进口。目前，以葫芦巴胶替代瓜尔胶，已开发出丝绸印染专用糊料，经羧甲基化改性后的葫芦巴胶持水性能优于海藻酸钠，可替代海藻酸钠用作活性染料印花的糊料。

植物胶在地毯工业中的应用包括染色和印花两个方面。染色时，植物胶的使用浓度应低于0.3%，以控制染料的泳移，使染料在地毯纱束中上色更均匀。根据方法、纤维和图案的不同，空间印花法中胶的使用浓度在0.4%～0.55%，黏度在2500～5000mPa·s。

以一氯乙醇或环氧乙烷为醚化剂，乙醇或异丙醇为分散剂，在碱性介质中与田菁胶缩合可制得羟乙基田菁胶。研究表明，羟乙基田菁胶具有冷水溶胀性强、成糊率高、制糊与脱糊方便，流动性、保水性、相容性、稳定性和透网性好等特点，其主要性能及印制效果已基本达到进口的同类优质糊料因达尔卡PA-40的水平，适用于真丝、合纤和棉布等多种织物的直接或拔染印花工艺，在手工热台板、筛网及滚筒印花机上的印花效果均良好。

第六节 黄原胶

生物来源多糖是具有新颖功能特性的新型生物高分子，微生物多糖黄原胶是其典型代表。黄原胶的发现开辟了胶体物质的新来源，其后的生物来源多糖依次有结冷胶、可德胶、透明质酸等，而在此之前工业利用的多糖类胶体主要来自陆上植物和海藻。

黄原胶具有耐酸碱、耐盐、耐酶解的能力，形成的水分散液具有触变性、高黏度和高稳定性，因此黄原胶一经发现即广受关注。自20世纪60年代末开始应用以来，黄原胶作为具有独特功能特性的生物多糖，在石油工业领域有大量应用，并占据了作为增稠剂、稳定剂等食品添加剂的主要市场。利用黄原胶与其他多糖共混的物理改性，还可以获得增稠和凝胶化方面的新特性。近年来，黄原胶的接枝和醚化改性有了一些进展，黄原胶的独特流变学性质也在吞咽困难患者的饮食护理研究方面受到重视。

一、黄原胶的来源

黄原胶是由野油菜黄单胞杆菌分泌的一种胞外酸性多糖，它于20世纪50年代初被发现，60年代末即开始被应用，是一种水溶性功能胶体。1961年，CP Kelco成为第一个采用发酵法将黄原胶商业化生产的公司，经过严格的毒物学测试和安全研究，黄原胶于1969年正式被美国FDA批准为食品添加剂。工业上黄原胶大多采用菌种含氧发酵间歇法生产，也有采用持续法。黄原胶通常是在发酵液中通过酒精沉降提取，在沉降前必须去除菌种以得到澄清的溶液。目前，黄原胶有精细的不同分级产品。

二、黄原胶的结构
（一）黄原胶的分子结构

如图6.13所示，黄原胶是由D-葡萄糖、D-甘露糖、D-葡糖醛酸、乙酸和丙酮酸组成的"五糖重复单元"结构的聚合体。天然黄原胶的分子量很高，一般大于10^6。黄原胶分子的一级结构由主链（β-1,4-糖苷键）和侧链（一个D-葡萄糖醛酸和两个D-甘露糖交替键接）组成。部分侧链末端的甘露糖4、6位C上连接有一个丙酮酸基团，而部分连接主链的甘露糖在C6被乙酰化。末端甘露糖上在丙酮酸盐的位置上可能带有一个O-醋酸盐。丙酮酸和乙酰基团的含量取决于黄原胶的品种以及后处理过程。在不同溶氧条件下发酵所得的黄原胶丙酮酸含量会有十分明显的差异，通常情况下如果黄原胶的溶氧速率小，其丙酮酸含量低。黄原胶中丙酮酸取代基的含量通常在30%～40%，乙酰化基团为60%～70%。两者在链上的分布并无规律，但对于黄原胶的构象及物化性质有很大影响。脱去乙酰基和脱去丙酮酸基团都会使黄原胶的性质发生显著变化。脱去丙酮酸基团后的黄原胶分子间作用力显著减小，丙酮酸基团在黄原胶分子中可能相互之间形成氢键，并与邻近侧链的乙酰基产生氢键，以此来稳定黄原胶的分子结构。而乙酰基团通常被认为是提供分子内相互作用的来源，因为脱去乙酰基后黄原胶分子会变得更加柔顺。

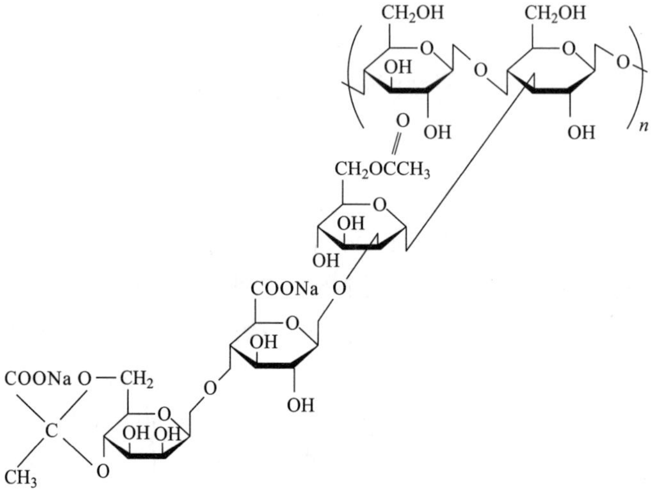

图6.13　黄原胶的分子结构

黄原胶分子的精细结构仍然存在疑点，即不确定是否每个黄原胶分子都具有不完全取代的结构形式，或者是否有部分黄原胶分子具备了完全取代的结构形式。不同天然菌种产生了各种各样的黄原胶结构，其中包含四聚体和三聚体结构。黄原胶裂解酶可以分离带有丙酮酸的甘露糖基团而产生黄原胶的四聚体，黄原胶生产过程中起作用的基因片段已经被确认，其生物合成机理也已为人所知。黄原胶的重复单元能以连接在脂类载体上的线型低聚糖的形式合成，当新的低聚糖连接到生长中的链段上时，结构上就形成了支链。利用现代分子生物技术，有可能去除黄原胶分子非糖取代基团，或者侧链上多余的糖单元，从而获得可控结构的黄原胶分子。

（二）黄原胶在溶液中的构象

黄原胶的二级结构如图6.14所示，是由侧链绕主链骨架反向缠绕，通过氢键静电作用等所形成的五重折叠的棒状螺旋结构，螺旋间距为4.7nm。研究表明，位于D葡萄糖主链C3位置的支链是影响黄原胶构象的主要构成因素，它们可能发生折叠并依附在主链骨架上，从而稳定螺旋结构，不受外界环境的影响。普遍认为，在低离子强度下，黄原胶在热处理过程中能够发生螺旋—线团链的转变，也称为有序—无序的转变。而分子模型研究显示，黄原胶分子单螺旋和双螺旋构象在空间排布上都是可以存在的，螺旋以非共价键力如氢键、静电作用力、空间位阻效应保持稳定。此外，核磁共振和旋光性研究表明，黄原胶的构象转变范围比较宽，且对浓度不敏感。早期研究认为黄原胶是单螺旋链。然而随着研究深入，也有实验证明黄原胶是双螺旋链，证据如下：电子显微镜和原子力显微镜观察显示，硬直的分子链可拆解成更加柔顺的单链；光散射和流变学研究表明，黄原胶在"纤维素溶剂"氢氧化镉乙二胺溶液中表现为柔顺的线团链，而在0.01mol/L和0.1mol/L氯化钠溶液中分子量小于300000的黄原胶呈杆状链，分子量更高的则为硬直的蠕虫卷曲链；黄原胶在水溶液中单位分子长度的分子量为2000nm，这个数值是黄原胶单分子链理论值的2倍；光散射表明，黄原胶在氯化钠溶液中的分子量是在氢氧化镉乙二胺溶液中的2倍。

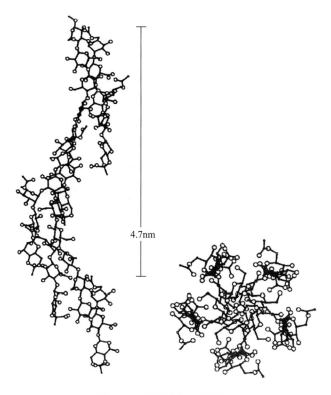

4.7nm

图6.14　黄原胶的二级结构

　　结合目前单螺旋和双螺旋的各种理论，总的来讲，黄原胶在水溶液中具有三种构象：天然黄原胶可能具有一个相对较规整的双螺旋结构；经过长时间的热处理，黄原胶螺旋链会伸展为无序的线团链结构，发生该转变的热处理温度称为构象转变温度；冷却后，螺旋和线团链在体系中均有相当程度的存在。也有研究认为，未经任何处理的天然黄原胶呈现单螺旋结构，而经过长时间加热—冷却处理的黄原胶为双螺旋结构，这是因为在实际工业生产过程中，黄原胶必须经加热处理。

　　此外，不同离子的存在能显著影响黄原胶的构象。在构象转变过程中，盐离子影响效果序列为：Ca^{2+}、Mg^{2+}、Ba^{2+}、K^+、NH_4^+、Na^+，通过分子内和分子间的盐桥作用连接分子链，促进黄原胶向双螺旋构象转变。虽然目前还无法确认到底哪一种模型符合实际情况，但相对而言，将双螺旋和单螺旋模型结合起来更能解释黄原胶的一些功能特性。

　　黄原胶的三级结构是棒状螺旋靠非共价键形成的螺旋复合体。这种结构一方面可以使主链免受外界环境如酸、碱、酶、温度和其他离子的破坏，保持黄原胶溶液的稳定性；另一方面，在较低分子量和相对高浓度（含量为10%左右）下，该结构状态又会使其在一定浓度的水溶液中形成溶致液晶。

因此，黄原胶分子在水溶液中可呈现出有序结构和无序结构两种构象。这两种构象在性质上存在很大差异。有序结构可以阻止其他物质与主链发生化学反应，有助于保持黄原胶溶液的热稳定性。旋光光度法、圆二色谱及NMR的研究表明，黄原胶水溶液的有序—无序构象转变是热诱导的，黄原胶分子构象在这一过程中由原始的棒状向屈曲状结构的转变导致体系黏度发生变化。这一转变是热可逆的，冷却后结构会转变回复至初始状态。这种构象转变与溶液浓度无关，主要受环境因素（如温度）的支配，与黄原胶的分子量、羧基和缩酮基的含量也有关。具体来说，黄原胶分子量的升高，缩酮基含量的减少，羧酸基含量的增加，都会使构象变化的转变温度（T_m）上升。此外，在一定温度下呈无序状态的黄原胶的溶液中加入一定量的盐（一价或二价盐）后，黄原胶会转变为有序结构。一价盐（Na^+）和二价盐（Ca^{2+}）的物质的量浓度对T_m的影响，可分别由$T_m=122+30lg[Na^+]$和$T_m=310+70lg[Ca^{2+}]$两式表示。比较两式可以看出，二价盐对转变温度有强烈影响。例如，在3%（质量分数）的NaCl溶液中T_m为113℃，而在3%（质量分数）的$CaCl_2$溶液中T_m值约为200℃。图6.15也显示出转变温度是随着盐浓度的升高而升高。在实际应用中，常用盐来控制黄原胶分子在水溶液中的构象。

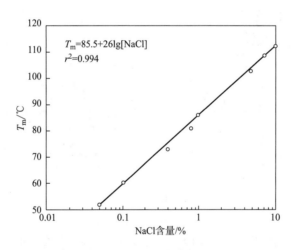

图6.15　1%黄原胶溶液的构象转变温度T_m与NaCl盐离子浓度的关系

黄原胶的结构和构象特点决定了其溶液的功能特性。黄原胶复杂的聚集态结构及分子间作用力决定了其溶液在低剪切、低浓度下具有高黏度，相对其他多糖溶液具有更高的模量，且具有假塑性流变行为。黄原胶分子链的刚性和分子链上的氢键、阴离子、缠绕的侧链能对主链起到有效的保护作用，使其溶液具备良好的耐热和耐盐性能，对酸、碱以及酶解也具有良好的稳定性。

三、黄原胶溶液的性质

（一）黄原胶的水合和溶液的制备

黄原胶功能性的发挥主要依赖于胶体溶液的正确制备。不适当的胶体制备过程将导致功能性不能有效发挥。不仅仅是黄原胶，本书涉及的魔芋葡甘聚糖、可德胶、结冷胶和果胶或多或少都存在这类问题。为了得到最佳的功能性，黄原胶在使用前必须充分水合。水合过程与分散程度、溶剂的搅拌速率、溶剂组成和黄原胶颗粒大小这四个因素有关。

为充分水合，胶体颗粒必须很好地分散。分散混合不好，黄原胶颗粒会发生聚集，形成部分溶胀的胶体结块（称为"鱼眼"）。严重的聚集会阻止水合过程，降低胶体的功能性。理想情况下，黄原胶在高速剪切混合条件下能够有效分散和水合，胶体磨、色散漏斗或者高速搅拌桨式混合器等设备非常适合于制备黄原胶胶体。

糖、淀粉或者盐等分散剂的加入能辅助黄原胶的水合，也可以通过加入乙醇甘油或者油脂等非溶剂分隔黄原胶颗粒以提高分散性。将悬浮于这些非水液体中的黄原胶导入水中同时搅拌，可获得理想的胶体。

若水中的盐浓度超过1%～2%，则将会减缓黄原胶的水合，因此不能在过量盐存在的条件下水合胶体。然而，黄原胶水合后，即使加入10%～20%的盐也不会产生负面影响。特定级别的黄原胶可以直接在20%盐含量（质量分数）时水合。黄原胶也可在许多酸性溶液中水合，比如它能直接溶解在5%的醋酸溶液、5%的硫酸溶液、5%的硝酸溶液或25%的磷酸溶液中。另外，黄原胶可以在含量（质量分数）高达5%的氢氧化钠溶液中水合，但在加入酸或碱之前，需先在水中分散黄原胶以提高水合速度。

（二）黄原胶溶液的聚电解质行为

黄原胶侧基上有羧基而呈现聚电解质的性质，在离子化溶剂（如水）中，黄原胶的性质与一般聚合物有很大差别。在无另外加盐的情况下，黄原胶的解离常数pK随基解离程度a的减小而减小，可外推得到非解离态溶液的pK为3.10，而在0.1mol/L的NaCl中，pK不随解离程度而变化，基本上保持在3.05左右，另外，聚电解质溶液的黏度行为常显示特有的浓度依赖性。当黄原胶溶液的浓度较高时（如大于0.2g/L），离子化作用并不引起高分子链构象的变化，比浓黏度随浓度的增加而上升。但将溶液稀释时（如浓度低于0.2g/L），离子化作用产生的反离子脱离高分子链向纯溶剂扩散，将使高分子链带负电荷，产生的静电排斥作用使高分子链变得伸展，此时溶液的比浓黏度升高。

（三）黄原胶溶液的流变学性质和触变性

黄原胶的性质与其结构和构象密切相关，黄原胶水分散液独特的流变学性质使其在工业中具有广泛的应用。黄原胶可以作为增稠剂或者稳定剂，在适当的情况下还可以作为凝胶剂。触变性和凝胶化作用是黄原胶最重要的两种流变学性质。黄原胶在不同浓度、不同应变条件下的流变学模型也多有报道。

黄原胶溶液是具有高度假塑性的流体。当剪切速率增加时，溶液黏度迅速降低，但是当移除剪切的时候，几乎立刻可恢复至其起始黏度，这是因为黄原胶分子在溶液中能够通过氢键作用和分子间缠结形成分子聚集体。高度有序的缠结网络结构以极高的黄原胶分子刚性度使其溶液在低剪切速率时具有高黏度，而当剪切速率增大时，这些聚集体结构迅速被剪切作用破坏，因此黄原胶溶液显示出高假塑性流体的特征。

在微观结构上，黄原胶分子链内以及分子链间通过氢键等非共价键形成微凝胶网络结构，这些键的数量足以支撑该网络结构在一定条件下不被外加剪切力所破坏。黄原胶的这种黏弹性类似于弱凝胶体系，黄原胶通过分子链柔顺部分的缠结和分子链硬直部分的氢键作用形成暂态的网络结构（图6.16）。如果缠结和形成的氢键足够多，就形成弱凝胶。这种弱凝胶在剪切力作用下，内部的缠结和氢键可以被轻易破坏（图6.17），表现出类似低浓度溶液的剪切变稀性质。

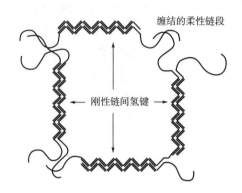

图6.16　弱凝胶态时黄原胶的网络结构示意图

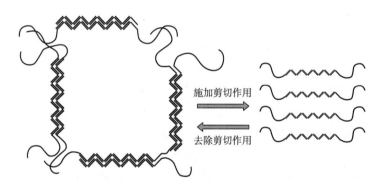

图6.17　剪切对于黄原胶在弱凝胶态时网络结构的作用

　　需要说明的是，黄原胶水分散液的流变性质与黄原胶的热处理历史密切相关，黄原胶的水合溶液通常不遵从Cox–Merz规则，而从发酵液中直接提取的黄原胶却与该定律仅有微小的偏差。随着浓度逐渐升高，黄原胶分子链聚集结构会从离散的硬直链转变形成弱凝胶网络结构，在流变学性质上表现出浓度依赖关系的突变。

　　图6.18显示了11个数量级变化的剪切速率与0.5%黄原胶溶液的黏度变化关系，并分别显示低、高剪切速率时黄原胶大分子的网络结构状态，黄原胶在整个剪切速率范围内显示出假塑性流体的性质，黏度从最低剪切速率时的$1 \times 10^6 mPa \cdot s$到最高切速率时的$1.7 mPa \cdot s$。在高极限剪切速率时，出现了一个第二牛顿区的黏度平台区。在此平台区，网络结构完全被破坏，分子沿流动方向高度取向，呈现牛顿流体特征。1%或者更高含量的黄原胶溶液在静置的时候表现出类凝胶的性质，然而这些溶液很容易倾倒，且对于混合和抽吸具有非常弱的抵抗力。在典型的使用含量0.1%～0.3%范围内，也会观察到同样的性质。黄原胶溶液这种在低剪切速率下的高黏度显示了黄原胶能够对胶体系统提供长期的稳定性。随剪切速率增加而黏度迅速降低的性质，对于分散液和乳化液的倾倒性质非常重要。

　　图6.19是一些常用胶体相同浓度时在整个剪切速率范围内黏度的大小和变化程度的对

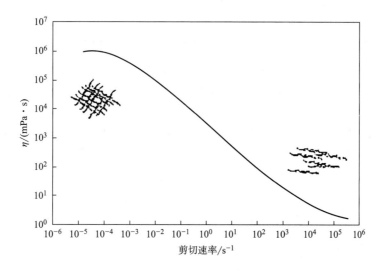

图6.18 0.5%的黄原胶水溶液的流动曲线

比。可以看到,在低剪切速率时黄原胶溶液的黏度约为瓜尔胶溶液的15倍,且明显大于羧甲基纤维素和海藻酸钠溶液。这一特点凸显了黄原胶在稳定分散液方面的优异性质。当剪切速率达50~100s⁻¹时,所有的胶体具有相近的黏度值。然而,剪切速率超过100s⁻¹时,相比于其他的胶体,黄原胶溶液黏度的降低更迅速,这一性质使其更易于倾倒、抽吸或喷射。

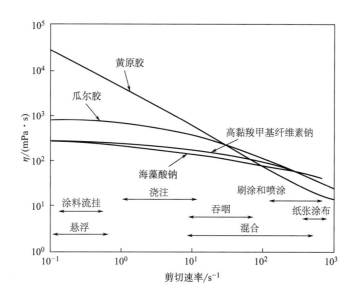

图6.19 黄原胶与其他多糖亲水胶体溶液的流动曲线对比(含量均为0.5%)

(四)黄原胶流变学性质的影响因素

虽然黄原胶的流变性质相对于其他多糖而言比较稳定,但是它也会在一定程度上受到外界条件的影响。尤其是在食品、石油及其他工业应用中,pH、盐度、温度、酶等因素都对黄原胶溶液的流变学性质有影响,了解这些影响的具体情况对于其在工业中的应用十分重要。

1. 盐的影响

盐对黏度的影响依赖于黄原胶在溶液中的浓度。在黄原胶含量不大于0.25%的情况下，一价阳离子盐如氯化钠的加入会使黏度有轻微降低。在稍高浓度时，黏度随着盐的加入而升高。在氯化钠含量为0.1%时，黏度达到一平台值，进一步添加盐对黏度的影响比较小。二价金属盐离子如Ca^{2+}和Mg^{2+}对黏度有类似的影响，三价离子Al^{3+}则能够促进黄原胶的凝胶化。为形成具有最佳流变学性质的均一溶液，体系中必须存在一些类型的盐，自来水中存在的盐通常足以产生这些效果。

钙离子作为二价阳离子，在促进黄原胶双螺旋链的形成方面更为有效。以钾离子为代表的一价阳离子和钙离子为代表的二价阳离子对黄原胶体系影响程度的大小遵循盐离子序列的规律，这些阳离子能在黄原胶分子体系中形成盐桥，在分子内和分子间都有存在，盐桥结合无序链形成双螺旋结构。

2. pH的影响

黄原胶溶液的黏度虽对pH敏感，但相对稳定。pH低于4的情况下，黄原胶溶液随pH降低，黏度逐渐降低，其程度在低剪切速率时较明显，如图6.20所示。然而，当溶液的pH接近中性时，黏度能够完全恢复。黄原胶是阴离子高聚物，其黏度对pH的敏感性源于pH的改变能够导致黄原胶分子链上电荷密度的变化，进而影响黄原胶分子之间的相互作用。pH的降低使黄原胶的羧基从电离态逐渐转变为非电离态，其结果是抑制了黄原胶侧链的静电排斥作用，使其分子链形状更加紧凑，黏度降低。升高pH能够使羧基重新离子化，使黄原胶恢复至其初始构象，溶液黏度也恢复到初始值。

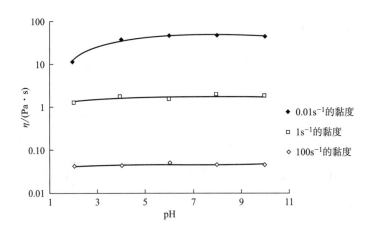

图6.20 不同剪切速率下0.3%的黄原胶在1%的NaCl溶液中其黏度随pH的变化

3. 温度及其他因素的影响

黄原胶溶液在一定的温度范围内（−4～100℃）反复加热和冷冻，其黏度相对于其他多糖溶液变化较小。温度升高，黄原胶溶液的黏度下降，但在冷却之后溶液的黏度会有所恢复。对于高浓度的黄原胶溶液，温度对其黏度的影响变小。长时间的高温，会加剧黄原胶的酸水解，导致溶液黏度值降低。黄原胶在一定的温度下还会发生螺旋—无规线团的构象转变。由于黄原胶的双螺旋结构以黄原胶主链为骨架、由侧链的三糖单元间的作用力支撑，因此这个构象转变与黄原胶侧链上乙酰基、丙酮酸及离子的变化有很大的关系。若原始黄原胶在溶液中是螺旋链状态，在加热作用下，分子活动的激烈程度超过分子内导致缠结的力的影响，这些螺旋链会解缠结。温度较低时缠结部分解开，但体系中仍然以螺旋硬直链为主，解开的无序链在溶液中可能相互接触产生缠结点，而当温度升高达到一定程度时，螺旋链完全解缠结成为无序链。体系内产生的所有缠结点均由这些无序链形成。图6.21显示了黄原胶分子在不同热处理温度下分子构象转变和分子缠结情况。

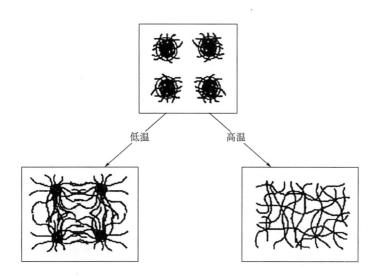

图6.21　溶胶态黄原胶在热处理过程中的分子结构变化

黄原胶溶液的黏度会随时间的延长而逐渐下降，在高温下尤为明显。黏度降低的原因是分子链发生降解，而造成降解的因素是多方面的。黄原胶在酸碱性较强的环境中会发生主链断裂。

黄原胶分子的构象对溶液黏度的稳定性有直接影响。黄原胶溶液在构象转变温度（T_m）以下，即分子有序结构的情况下，黏度保持稳定，而在T_m以上时（黄原胶分子无序结构）黏度下降很快。pH为7～8时黄原胶溶液最稳定。此外，微量氧的存在不利于黄原胶的稳定性。氧分子生成的自由基在黄原胶的降解中起着重要作用。为了尽量减少这种作用，添加一些混合抗氧剂（如硫脲、异丙醇、亚硫酸盐和NaCl的混合物），可使黄原胶溶液在97℃下的稳定性大为提高。提高黄原胶溶液稳定性的方法还有增加矿化度（水中的含盐量）。

黄原胶本身的降解温度在200℃以上。尽管黄原胶的主链分子组成与纤维素相同，但是由于其侧链的保护及构象的稳定性，常见的酶如蛋白酶、淀粉酶、纤维素酶和半纤维素酶等都不能使黄原胶降解。纤维素酶可以降解无序链构象的黄原胶主链，但是几乎不能降解规整的双螺旋构象的黄原胶链。但也有报道有些酶可降解黄原胶。

（五）黄原胶溶液的液晶行为

某些物质从各向异性的晶态转入各向同性的液态时，要先经过各向异性的液态阶段。处于此阶段的物质称为"液晶"。溶致液晶是指某种物质要制备成一定浓度的溶液后才显示出液晶性质。

黄原胶能形成液晶取决于它在溶液中的浓度。当一定浓度下形成液晶时，溶液中的黄原胶分子呈层状排列，为螺旋状结构，这种结构的液晶属于胆甾型液晶。固体状态的黄原胶分子呈螺距为4.7nm的右手螺旋，为棒状结构。相似的分子构象在溶液条件下同样存在，且只有具备棒状和板状的分子（分子长度和宽度的比值R>1）才具有液晶特征的有序排列。黄原胶分子具备形成液晶的几何形状，形成液晶的临界浓度（黄原胶含量）为2.9%。7.5%黄原胶水溶液有近似于胆甾型液晶的长程有序结构。胆甾型液晶特征HV图像为四叶瓣形S，当黄原胶溶液中胶含量>3%时，其HV图像均为四叶瓣，低于3%时则不出现这种现象，此时偏光显微镜整个视野全为暗场，黄原胶溶液处于各向同性状态。黄原胶液晶的形成与温度也有强烈的依赖性，含量为3.5%水溶液中的黄原胶形成的胆甾型液晶，在室温下就有较大的散射强度，随温度的升高，溶液中胆甾区域扩大，散射强度变强，直至68℃液晶依然存在。当温度升高至95℃时，散射强度才出现最小值，降温时散射强度再次增大。散射强度的变化反映了黄原胶形成液晶的程度。采用拉曼光谱研究黄原胶的液晶特征还显示，液晶的形成只影响拉曼光谱的强度而不影响波数。

（六）黄原胶在多孔介质中的吸附

黄原胶具有在多孔介质中的吸附特性，作为驱油剂在三次采油中有重要应用。黄原胶侧链上的阴离子基团与岩石表面的正电荷作用即可发生吸附。由于聚合物分子链上含有众多阴离子基，每一个基团与岩石表面的弱亲和力加和在一起是巨大的，因此这种吸附不可逆。有报道称，剪切速率要增加到2000s以上时，才能观察到黄原胶有显著的脱附现象。

多孔介质的渗透率对黄原胶的吸附有一定影响。当渗透率很高时（孔隙尺寸大于分子长度），聚合物分子仅在孔隙壁上形成薄吸附膜。而当渗透率较低时，聚合物在孔隙喉道中发生桥联，黄原胶吸附严重。多孔介质的黏土含量对黄原胶在多孔介质中的吸附也有很大影响。当介质中含有15%的高岭土时，流出液黏度达到初始黏度一半时的总流量为9个孔隙体积，而含有20%的高岭土时为15个孔隙体积。

对吸附有很大影响的还有矿化度。（以NaCl为例，当含量小于1%时，黄原胶在多孔介质中的吸附量很小。以0.5%的NaCl配制的黄原胶溶液（初始浓度0.32kg/m）可顺利地通过渗透率为0.1pm的岩芯，而以4%的NaCl配制的黄原胶溶液却使同样的岩芯很快被堵塞。此外，pH、温度和黄原胶聚合物的电荷密度也对吸附有一定影响。

（七）黄原胶的凝胶化

以前一般认为，黄原胶溶液虽然表现出弱凝胶的性质，但通常无法独立形成凝胶。近年的研究发现，黄原胶经过长时间退火处理（长时间在构象转变温度以上加热，然后冷却）后，能够独立形成凝胶。退火处理后的黄原胶分子链趋向于形成均质化的网络结构，具有很多连接点。在冷却过程中，这种网络结构吸收结合水形成凝胶。黄原胶溶液也能通过冷冻解冻循环处理形成凝胶。这种凝胶的主要成因是黄原胶无规线团结构在冷冻过程中转变为有序的五折螺旋结构，这有利于分子链堆积形成网络结构。在三价阳离子或者硼酸盐阴离子作用下，黄原胶也可以独立形成弱凝胶。

黄原胶能与许多多糖如淀粉、刺槐豆胶、瓜尔胶、卡拉胶、魔芋葡甘聚糖及结冷胶等互溶，混溶后发生协同增黏或凝胶化作用，混合液黏度会显著提高或直接形成凝胶。

黄原胶可以与一些半乳甘露聚糖如刺槐豆胶和塔拉胶混合形成热可逆的凝胶。研究表明，黄原胶与半乳甘露聚糖侧链间相互作用可形成这种凝胶，凝胶化的能力取决于半乳甘露聚糖侧链的数量和分布，而黄原胶链的无序程度也会对凝胶过程产生影响。

黄原胶与半乳甘露聚糖瓜尔胶的混合物不能独立形成凝胶，然而通过酶的修饰，改变瓜尔胶的侧链分布，则可以生成黄原胶、改性瓜尔胶混合凝胶，且在较高温度下，发生的协同作用会明显增强。

黄原胶与魔芋葡甘聚糖也能形成凝胶。阳离子的作用对凝胶化程度有不同影响。黄原胶还能够与壳聚糖共混形成聚电解质凝胶，对于负载木聚糖黄原胶与其他多糖的协同效应很有意义。

四、黄原胶的改性

（一）黄原胶的复配改性

黄原胶与其他食品胶在一定条件下物理共混可以得到令人满意的凝胶化和协同增黏效果。黄原胶具有良好的配伍性，能与绝大多数食品、化妆品和药物配伍，且这种配伍性在酸、碱、高浓度盐条件下同样有效。黄原胶也可与其他增稠剂相容，如淀粉、卡拉胶、果胶、明胶、琼脂、海藻胶、纤维素衍生物等。由此，黄原胶可用于多种稳定溶液中。黄原胶与多糖协同相互作用可赋予多糖共混体系新的功能。黄原胶主要与半乳甘露聚糖、葡萄甘露聚糖有协同作用。目前普遍认为这类复合凝胶形成的原因是黄原胶分子与半乳甘露糖或葡萄甘露糖主链之间的结合。

（二）黄原胶与魔芋葡甘聚糖的复配效应

黄原胶与魔芋葡甘聚糖在溶液中有明显的协同增效作用，共混后混合液的黏度比单一胶的黏度高数倍，或直接呈凝胶状。此性质称为黄原胶与魔芋葡甘聚糖分子的协效增稠性或协效凝胶性。黄原胶与魔芋葡甘聚糖混合溶液的圆二色谱和DSC研究表明，协同作用最大时溶液中黄原胶的含量（质量分数）为55%。黄原胶侧链参与凝胶网络的形成，并且黄原胶与魔芋葡甘聚糖分子复合物中的局部有序结构是形成凝胶网络结构的关键。分子链中的有序构象部分是形成凝胶网络中连接区域的前驱体，黄原胶侧链部分直接伸入魔芋葡甘聚糖区域，促进了这种分子链有序构象的形成。基于构象分析所建立的魔芋葡甘聚糖与黄原胶分子的自组装模型如图6.22（b）和图6.22（c）所示。

图6.22（b）为组分比为1∶1的混合体系。混合液中，黄原胶与魔芋葡甘聚糖的分子复合物为双螺旋排列。类比于黄原胶的双螺旋链，模型中的分子链是一种反向平行的右手螺旋五折链，此时黄原胶的有序双螺旋链处于受限扰动状态。黄原胶与魔芋葡甘聚糖分子链之间的范德华力以及分子间的氢键作用促进了这种1∶1组分比体系网络结构的稳定。在组分比为2∶1的混合体系中，两个平行的魔芋葡甘聚糖分子链与黄原胶分子链反方向平行排列，黄原胶主链为五折螺旋构象，侧链则处于一种介于平行于主链和完全伸展排列的中间状态，通过消弭螺旋链的对称性来增进分子间的相互作用。黄原胶侧链和魔芋葡甘聚糖之间以及两条魔芋葡甘聚糖分子之间形成了新的氢键，加之一些分子内固有氢键被保留，这些氢键作用力促进了该组分比混合体系中分子结构的稳定性。

黄原胶与魔芋葡甘聚糖发生协同作用时分子链构象发生了变化，其机理在魔芋葡甘聚糖一章也有介绍。

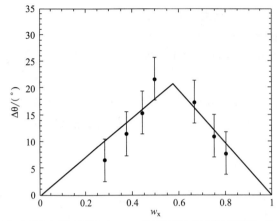

(a) 黄原胶/魔葡甘聚糖混合溶液在210nm处椭圆率随黄原胶质量分数w的变化规律
（样品总质量体积比为0.3%，pH=8.0，T=20C）

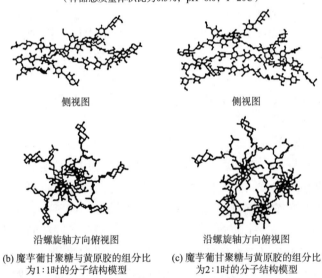

侧视图　　　　　　　　　　　侧视图

沿螺旋轴方向俯视图　　　　　沿螺旋轴方向俯视图

(b) 魔芋葡甘聚糖与黄原胶的组分比　　(c) 魔芋葡甘聚糖与黄原胶的组分比
为1:1时的分子结构模型　　　　　　为2:1时的分子结构模型

图6.22　黄原胶与魔芋葡甘聚糖的复配效应和分子复合模型

（三）黄原胶与刺槐豆胶的协同增效作用

刺槐豆胶是一种半乳甘露聚糖，主链为甘露糖，部分甘露糖的C6位被半乳糖取代，分子中的甘露糖（M）与半乳糖（G）之比（M/G）因其来源和提取方法不同而异。半乳糖侧链在主链上分布不均匀，分布密集区域称为毛发区（hairyregions），没有半乳糖侧链分布的区域称为光滑区（smooth regions），毛发区和光滑区相间存在。

黄原胶与刺槐豆胶的相互作用很强，可形成黏弹性凝胶。其协同作用机理已经有不少研究。当两种胶的0.005%～0.1%（质量分数）溶液以1:1混合时，就能形成黏性胶体。而当胶体浓度较高时，可形成弹性凝胶。这种凝胶在高于50～55℃时熔化，温度降低后会重新形成。黄原胶与刺槐豆胶在总含量为1%，共混比例为6:4时协同作用最大。无论黄原胶/刺槐豆胶的共混比例如何，凝胶的最高强度都发生在中性或弱碱性条件下。室温下制备的复合凝胶，其强度需一定时间后才能达到最大值。

黄原胶和半乳甘露聚糖的增黏协同作用被认为是黄原胶分子双股螺旋和刺槐豆胶分子的光滑区相互嵌合的结果，结合后形成三维网状结构，网眼中结合了大量水分子，使溶液黏度数倍增加或产生凝胶化。

（四）黄原胶与瓜尔豆胶的协同增效作用

瓜尔豆胶也是一种半乳甘露聚糖（半乳糖和甘露糖组成比例为1：2），黄原胶与瓜尔豆胶也有良好的协同效果。它们复配虽然不能形成凝胶，但可以显著增加体系黏度和耐盐稳定性。黄原胶与瓜尔豆胶的协同作用较弱。瓜尔豆胶/黄原胶的协同增效作用机理和刺槐豆胶/黄原胶的增效机理可能类似，但由于瓜尔豆胶分子上半乳糖支链较多，其协效性不如刺槐豆胶。

此外，黄原胶与瓜尔豆胶和刺槐豆胶，或黄原胶与魔芋精粉和瓜尔豆胶三者共混，在获得高耐盐性方面也有效果。通过聚电解质络合机制也可制备复合凝胶，壳聚糖溶于酸性水溶液中，其氨基在酸性溶液中带正电荷，可与带负电的阴离子多糖黄原胶通过聚电解质络合作用形成共混凝胶。

（五）黄原胶与木聚糖的协同增效作用

木聚糖是从罗望子种子中提取得到的一种多糖。木聚糖自身不能够形成凝胶但是可以在乙醇、糖环境中或者在添加多酚的情况下形成凝胶。木聚糖与结冷胶混合可以发生协同作用形成凝胶，同样，黄原胶与木聚糖也具有协同增效作用，在一定条件下形成热可逆的物理类凝胶结构。

黄原胶与木聚糖的混合液在冷却到22℃左右时储能模量和损耗模量迅速增大，此温度下的DSC曲线上出现一个明显的放热峰，但是两者单独的水溶液中并不出现上述行为。核磁共振研究给出了这种相互作用的精细信息。图6.23为天然黄原胶侧链中的乙酰基和丙酮酸基团在混合液中随温度变化的¹H NMR图谱。可以看到，随着温度的降低，化学位移为2.17处的乙酰基团峰和化学位移为1.45处的丙酮酸基团峰逐渐变宽，20℃时基本消失，而峰位置基本没有改变（化学位移变化量<0.01）。这说明在20℃左右时，乙酰基团和丙酮酸基团的运动受到

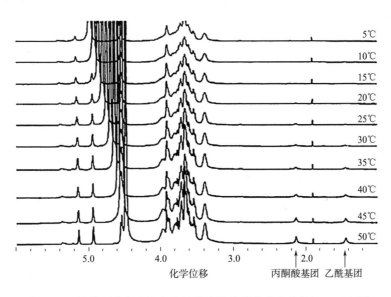

图6.23　天然黄原胶与降解木聚糖混合溶液随温度变化的¹H NMR图谱
（乙酰基化学位移：2.17，丙酮酸基化学位移：1.45）

了限制，当温度低于25℃时这两个峰的横向弛豫时间急剧下降。将木聚糖与不含乙基团的黄原胶混合，两者的协同作用与木聚糖和天然黄原胶混合溶液的协同效应基本相同，但是将木聚糖与无丙酮酸基团的黄原胶混合却没有观察到协同作用。这一结果说明，处于黄原胶侧链末端甘露糖上的丙酮酸基团对于两者的协效性能起了关键作用，位于相互作用区域的黄原胶侧链形成了一种既不同于无规线团也不同于螺旋结构的新形态。

五、黄原胶的应用

黄原胶无毒、安全，其溶液具有悬浮性、假塑性，低浓度下呈高黏性。近些年，黄原胶的价格也大幅下降。

（一）食品工业中的应用

黄原胶已成为食品工业中理想的增稠剂、乳化剂、成型剂、润滑剂等。1962年黄原胶就已经开始被应用于食品工业中作为增稠剂和乳化剂。1969年美国FDA、1974年欧洲、1983年世界卫生组织（WHO）和联合国粮食及农业组织（FAO）分别批准黄原胶可作为食品添加剂使用。我国于1987年批准黄原胶用于食品，如饮料、汤料、点心、啤酒、奶制品、肉制品等。

（二）石油工业中的应用

除用于食品工业外，黄原胶也大量用于石油工业。作为油田化学助剂，黄原胶的流变性质、耐盐性、增黏、增稠效果比聚丙烯配胶、羧甲基纤维素、变性淀粉、瓜尔豆胶、田普胶等都好。目前，在美国和西欧有30%～40%的黄原胶用于钻井泥浆处理剂、压裂液和三次采油。

钻井使用泥浆是为了冷却、润滑钻头和钻杆，将钻屑带出地面，形成泥饼保护井壁和防止井喷。以黄原胶为主体的聚合物泥浆体系，具有良好的泥浆剪切稀释性，良好的井眼清洗能力及加重材料的悬浮能力，可使设备获得最佳的水马力分配，对提高机械钻速和喷射速率有帮助，还能润滑钻头，延长钻头寿命。黄原胶在增黏、增稠效果，抗盐、抗污染能力方面比其他聚合物好，尤其在海洋、海滩、高岗层和永冻土层钻井时，用黄原胶泥装处理能达到理想的效果。压裂液需具备黏度高、摩擦阻力小、滤失量低、不损害地层等性能，用黄原胶水溶液的压裂液在国外使用已经很广泛。除了用作水基压裂液和压裂波添加剂外，黄原胶还可用作完井液和修井液的添加剂，并且由于其与盐兼容，可与氯化钙、氯化钡一起配制成重型完井液。

虽然有多种增稠剂可用作石油三采油的流动控制剂，但是油井下的自然条件复杂，有的油田温度高达80～102℃，含盐量10%，压力2040MP，一般聚合物无法长时间保持性能稳定。而黄原胶在低浓度下可获得高黏度的特性，以及其假塑性、耐温性、抗盐性等特性，所以非常适合在这种环境的聚合物驱油中使用。

（三）纺织印染工业中的应用

在纺织印染业中，黄原胶能控制浆的流变性，防止染料迁移，使图案清晰，用作黏附、载色的印花糊料制成高档纺织品，其印花均匀鲜艳。黄原胶与其他胶的相容性好，配合使用时具有极其稳定的物化性能和理想的流变性，而且与印染浆料中的其他成分互溶。加之它本身的洗出特性，可广泛用于纺织印染业中的增黏剂、上胶剂、稳定剂、上光剂和分散剂。

（四）农业中的应用

黄原胶可用作农药的悬浮剂、稳定剂、乳化剂、增稠剂，比如用作油性农药的乳化剂和农药喷雾的黏合剂，还可作为种子胞衣的最佳成膜剂、化肥的乳化剂和稳定剂、鱼虾高档饲料的黏合剂等。

表面活性剂溶液在添加了黄原胶以后，还可用来治理被非水相流体污染的土壤。添加了黄原胶的表面活性剂溶液黏度显著提高，恢复非水相流体的效率大大提高。黄原胶和刺槐豆胶的复配混合胶在农业中也有广泛应用，如将两者的复配胶用作除草剂、杀菌剂，使溶于油的组分产生稳定的乳化作用，促进农用喷洒物质黏着在农作物表面，增加农用喷洒物质的效果。两者的复配物还有助于使农用泡沫材料产生微细的泡沫结构，通过增加黏度增加农用泡沫材料的稳定性。

☞ 课程思政

说起海洋生物纤维，有位关键人物不容忽视，那就是青岛大学海洋纤维新材料研究院院长夏延致。早在20年前，夏延致团队就开始尝试利用海藻资源制取纤维。夏延致惊喜地发现，海藻纤维是一种天然阻燃材料，同时具有抑菌防霉、环保无毒、可降解、舒适性好等优点，自此开始了长达20年的创新研究工作。夏延致说，传统纤维主要包含棉、麻、丝、毛等天然纤维，以及以石油、煤炭等为原料加工而成的合成纤维。然而，生产天然纤维需要占用大量土地，合成纤维则极易造成污染，无害化处理难度较大。相比之下，海洋生物原材料比较容易获得，比如一亩海田可产5～10t海带，能够提炼出1～2t纤维级海藻酸钠，而99%的纤维级海藻酸钠可加工成海藻纤维，几乎没有副产品。照此计算，一亩海田的纤维产量大概是一亩棉花田的5倍以上。研发初期，以海藻纤维为代表的海洋类纤维虽然天然优势明显，却也存在不耐洗涤、强度差、染色难等难题，这在一定程度上阻碍了海藻纤维在纺织领域的大规模产业化应用。"我们能不能突破关键技术，将海藻纤维做成纺织用纤维？"夏延致在和团队成员讨论时，提出了建设"海上棉仓"的设想。为此，他带领团队扑下身子，一步一个脚印，在实验室里反复试验，寻求关键技术从"0"到"1"的突破。一项科研成果从无到有需要漫长的过程，在团队成员共同的努力下，他们突破了一项项关键技术，也成为海藻纤维领域的领跑者。2023年，夏延致团队申报的"一种耐盐、耐洗涤剂海藻纤维的制备方法"项目获中国专利银奖，解决了海藻纤维及其纺织品不可洗涤的技术难题，将海藻纤维的可洗涤时间从几分钟提高到超过70h。与此同时，他们还将海藻纤维的强度提升到棉花的1.2～1.5倍，研发出吸水率最高为自身重量200倍的高吸水海藻纤维。随着纤维技术的不断进步和应用场所的扩大，夏延致团队开始将技术研发与产业化应用同步推进。目前海藻纤维正处于"蓄势待发"阶段，随着消费者对衣着家居功能性、时尚性和舒适性体验的需求越来越普遍，具有环保、抑菌、自然降解等优异性能的海藻纤维将迎来良好的发展机遇，海藻纤维产量将持续提升，产业盈利能力也会大幅度提升，"海上棉仓"未来可期。

☞ 参考文献

[1] 张洪斌. 多糖及其改性材料 [M]. 北京：化学工业出版社，2014.

[2] DESBRIÈRES J, HIRRIEN M, ROSS-MURPHY S B. Thermogelation of methylcellulose: Rheological considerations [J]. Polymer, 2000, 41 (7): 2451-2461.

[3] YIN Y M, ZHANG H B, NISHINARI K. Voltammetric characterization on the

hydrophobic interaction in polysaccharide hydrogels [J]. The Journal of Physical Chemistry B, 2007, 111 (7): 1590-1596.

[4] RICCIARDI R, D' ERRICO G, AURIEMMA F, et al. Short Time Dynamics of Solvent Molecules and Supramolecular Organization of Poly (vinyl alcohol) Hydrogels Obtained by Freeze/Thaw Techniques [J]. Macromolecules, 2005, 38 (15): 6629-6639.

[5] GIANNOULI P, MORRIS E R. Cryogelation of xanthan [J]. Food Hydrocolloids, 2003, 17 (4): 495-501.

[6] LOZINSKY V I, DAMSHKALN L G, BROWN R, et al. Study of cryostructuration of polymer systems. XVI. Freeze-thaw-induced effects in the low concentration systems amylopectin-water [J]. Journal of Applied Polymer Science, 2000, 75 (14): 1740-1748.

[7] MA D, TU K, ZHANG L M. Bioactive supramolecular hydrogel with controlled dual drug release characteristics [J]. Biomacromolecules, 2010, 11 (9): 2204-2212.

[8] TAMESUE S, TAKASHIMA Y, YAMAGUCHI H, et al. Photochemically controlled supramolecular curdlan/single-walled carbon nanotube composite gel: Preparation of molecular distaff by cyclodextrin modified curdlan and phase transition control [J]. European Journal of Organic Chemistry, 2011, 2011 (15): 2801-2806.

[9] SUN J Y, ZHAO X H, ILLEPERUMA W R K, et al. Highly stretchable and tough hydrogels [J]. Nature, 2012, 489: 133-136.

[10] LIU J H, LIN S Q, LI L, et al. Release of theophylline from polymer blend hydrogels [J]. International Journal of Pharmaceutics, 2005, 298 (1): 117-125.

[11] LIANG H F, HONG M H, HO R M, et al. Novel method using a temperature-sensitive polymer (methylcellulose) to thermally gel aqueous alginate as a pH-sensitive hydrogel [J]. Biomacromolecules, 2004, 5 (5): 1917-1925.

[12] CHENITE A, CHAPUT C, WANG D, et al. Novel injectable neutral solutions of chitosan form biodegradable gels in situ [J]. Biomaterials, 2000, 21 (21): 2155-2161.

[13] ATES S, CORTENLIOGLU E, BAYRAKTAR E, et al. Production of L-DOPA using Cu-alginate gel immobilized tyrosinase in a batch and packed bed reactor [J]. Enzyme and Microbial Technology, 2007, 40 (4): 683-687.

[14] SPAGNUOLO P, DALGLEISH D, GOFF H, et al. Kappa-carrageenan interactions in systems containing casein micelles and polysaccharide stabilizers [J]. Food Hydrocolloids, 2005, 19 (3): 371-377.

[15] THAIUDOM S, GOFF H D. Effect of κ -carrageenan on milk protein polysaccharide mixtures [J]. International Dairy Journal, 2003, 13 (9): 763-771.

第七章　蛋白质

第一节　蛋白质概述

蛋白质（protein）存在于一切动植物细胞中，是由多种氨基酸组成的天然高分子化合物，分子量为30000～300000Da。Protein这个词由希腊语proteios一词派生而来，意思是"最重要的部分"。蛋白质是生命体的基本组分，是形成生命和进行生命活动不可缺少的基础物质，没有蛋白质就没有生命，同时蛋白质也是现代生命科学研究的重点和关键。1963年，诺贝尔化学奖得主梅里菲尔德提出了蛋白质的固相合成法，推动了实用蛋白质合成技术的巨大进步。1965年，中国科学院生物化学研究所、北京大学化学系、上海有机化学研究所合作，在世界上首次用完全化学方法由非生命的物质人工合成蛋白质——具有生物活性的蛋白质分子结晶牛胰岛素。该胰岛素由两段肽链共51个氨基酸组成，是当时唯一已知一级序列的蛋白质。中科院生物化学所负责30肽的B链的合成和两段链间的拆合，北京大学化学系和上海有机化学研究所负责21肽的A链的合成，该成果于1982年7月获国家自然科学奖一等奖。如今，利用蛋白质自动合成仪和相应试剂已经可以非常容易地合成70个氨基酸以下的小蛋白质分子。

蛋白质由碳、氢、氧、氮、硫等元素组成，特种蛋白质还含有铜、铁、磷、铂、锌、碘等元素。组成蛋白质的单体为氨基酸，蛋白质水解得到各种α-氨基酸的混合物。仅有大约20种氨基酸是维持生命存在所必需的。在这20种氨基酸中，有11种可以在人体中合成，其余9种必须从食物中获得。不同的组合方式使蛋白质具有众多不同的种类，也具有不同的性能。蛋白质在生命体内担负着物质输送、代谢、光合成、运动和信息传递等重要功能。在材料领域中，正在研究与开发的蛋白质主要包括大豆分离蛋白、玉米醇溶蛋白、菜豆蛋白、面筋蛋白、角蛋白和丝蛋白等，而这些蛋白质材料多应用在黏结剂、生物可降解塑料、纺织纤维和各种包装材料等领域。

蛋白质从组成上可以分为两类，一类是纯蛋白质，另一类是含有其他有机化合物的复合蛋白质。纯蛋白质有白朊、球朊、硬朊（键骨胶原、爪与毛发的角朊）。复合蛋白质有核蛋白质（加核酸）、核糖蛋白质（加磷脂质）、糖蛋白质（加糖）、色素蛋白质（加铁、铜、有机色素，如血红朊和细胞色素等）。蛋白质从形态上可以分为纤维蛋白质（fibrous protein）和球蛋白质（globular protein）两种，前者由分子内氢键键接，后者则由分子间氢键键接。纤维蛋白质是一种长形、呈丝状的蛋白质粒子，仅存在于动物体内。如毛发和指甲中的角蛋白，结缔组织中的骨胶原和肌肉中的肌球蛋白等均属纤维蛋白，它们是不溶于水的高强度聚合物。球蛋白质一般呈球状，结构紧密，溶于水，如酶、激素、血红蛋白和白蛋白等，是水溶性的低强度聚合物。纤维蛋白质分子的形状为线形，按构象可分为三类：α-螺旋结构，如羊毛角蛋白、肌蛋白、血纤维蛋白、胶原蛋白；β-片层结构，如羽毛中的β-角蛋白、蚕丝中的丝心蛋白（silk fibroin）；无规线团，如花生蛋白、酪蛋白和卵蛋白。这类蛋白质可应用到食品、化妆品、服装以及环境友好型材料中。而球状蛋白质是由多肽链扭曲折叠成特有的球形，如肌红蛋白、血红蛋白、酶等。这类蛋白质具有较高的生理活性，常被应用于药物、保健品中。

第二节　蛋白质的结构与性质

蛋白质结构分为四个层次，依次为一级结构、二级结构、三级结构和四级结构。多肽链中氨基酸特征序列称为蛋白质的一级结构（primary structure）；链结构单元之间的分子内和分子间作用力（如氢键）使蛋白质分子链段产生了固有的空间构象，称为蛋白质的二级结构（secondary structure）；蛋白质分子处于天然折叠状态的三维构象，称为蛋白质的三级结构（tertiary structure）；具有两条或两条以上独立三级结构的多肽链组成的蛋白质，多肽链间通过次级键相互结合而形成的空间结构称为蛋白质的四级结构（quarternary structure）。

一、蛋白质的一级结构

1969年，国际纯粹与应用化学联合会（IUPAC）规定：蛋白质的一级结构指蛋白质多肽链中氨基酸的排列顺序，包括二硫键的位置。其中最重要的是多肽链的氨基酸顺序。一级结构是蛋白质分子结构的基础，包含了决定蛋白质分子所有结构层次构象的全部信息。蛋白质一级结构研究的内容包括蛋白质的氨基酸组成、氨基酸排列顺序和二硫键的位置、肽链数目、末端氨基酸的种类等。

每一种蛋白质分子都有特有的氨基酸组成和排列顺序，即一级结构，这种氨基酸排列顺序决定其特定的空间结构。也就是说，蛋白质的一级结构决定了蛋白质的二级结构、三级结构等高级结构。一个蛋白质分子是由一条或多条肽链组成的，每条肽链由氨基酸按照一定顺序以肽键首尾相连而成。一个氨基酸的羧基与另一个氨基酸的氨基失水形成的酰胺键称为肽键，通过肽键链接起来的化合物称为肽（Peptide）。由两个氨基酸组成的肽称为二肽，由几个到几十个氨基酸组成的肽称为寡肽，由更多氨基酸组成的肽则称为多肽。多肽骨架是由重复肽单位排列而成的，称为主链骨架，不同肽链的主链结构相同，只是侧链R基的顺序不同。组成肽链的氨基酸由于参加了肽键的形成而不再是完整的分子，故称为氨基酸残基（Residue）。第一个和最后一个氨基酸残基和其他残基不同，分别有一个游离的氨基和羧基，分别称为氨基末端（Amino terminal，N-末端）和羧基末端（Carboxyl terminal，C-末端）。氨基酸序列是从N-末端氨基酸残基开始一直到C-末端氨基酸残基为止。

多肽氨基酸数量一般小于100个，超过这个界限的多肽就称为蛋白质。蛋白质的氨基酸含量可以从一百到数千。最大的多肽分子量为10000Da，是可以透过天然半透膜的最大分子。所以，多肽可以透过半透膜，蛋白质不可以。肽键是蛋白质分子的主要共价键。除此之外，某些蛋白质分子一级结构中，存在肽链间或肽链内的二硫键（图7.1）。有些蛋白质不是简单的一条肽链，而是由两条以上肽链组成的，肽链之间通过二硫键连接，还有的在一条肽链内部形成二硫键。二硫键在蛋白质分子中起着稳定空间结构的作用。

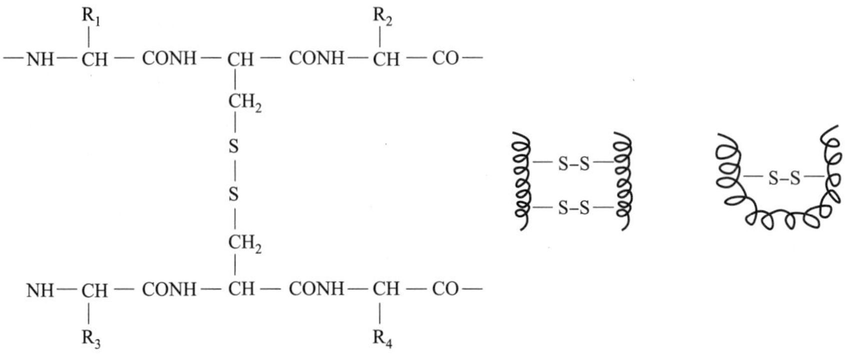

图7.1　蛋白质肽链内和肽链间的二硫键

一般来说，蛋白质分子中氨基酸的排列是十分严格的，每一种氨基酸的数目与序列不能轻易变动，否则就会改变整个蛋白质分子的性质与功能。由于蛋白质的一级结构决定了高级结构，因此，了解蛋白质的一级结构是研究蛋白质分子结构的基础。

二、蛋白质的二级结构

蛋白质的二级结构是指借助主链上的氢键维持的肽链有规律的螺旋或折叠形态，它是多肽链局部的空间结构（构象），不涉及各R侧链的空间排布。蛋白质的二级结构主要有α-螺旋、β-折叠、无规卷曲、β-转角等几种形式，它们是构成蛋白质高级结构的基本要素。构象（conformation）是因分子中单键自由旋转形成的某些基本基团在空间上的相互位置。具有生物活性的蛋白质在一定条件下往往只有一种或很少几种构象，这是由蛋白质分子中肽键的性质决定的。

天然的蛋白质都有特定的构象，构象问题是蛋白质研究的一个核心问题。蛋白质是由按照特定顺序排列的氨基酸构成的长链，并且通过长链的弯曲、折叠形成一定的立体形状。特定的几何形状会使蛋白质具有特殊功能，不同的功能要求蛋白质具有不同的几何形状。蛋白质构象的核心问题是：蛋白质的几何形状是如何形成并维持稳定的？为什么不同的蛋白质产生不同的几何形状？蛋白质的几何形状与氨基酸序列结构之间的关系如何？

（一）蛋白质构象的立体化学原理

肽键的立体化学主要特征是：肽键具有部分双键的性质，不能自由旋转；肽单位是刚性平面结构（肽单元上6个原子位于同一平面）；在肽单位平面上，相邻两个原子呈反式排布（含有脯氨酸或羟脯氨酸的肽单位相邻两个原子呈顺式排布）。二面角形成的构象是否存在主要取决于两个相邻肽单位中非键合原子之间的接近有无阻碍（空间位阻）。

构成肽键的四个原子和其相邻两个原子构成一个肽单位。由于参与肽单元的原子位于同一平面，故又称肽键平面。其中肽键（C—N）的键长为0.132nm，介于C—N单键长（0.147nm）和C=N的双键长（0.127nm）之间，具有部分双键性质，不能自由旋转。而C与

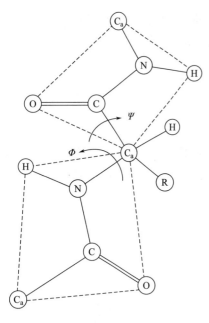

图7.2　肽单位二面角

羰基碳原子和C与氮原子之间的连接（C—C和C—N）都是单键，可以自由旋转，它们的旋转角度决定了相邻肽单位的相对空间位置，于是肽单位就成为肽链折叠的基本单位。如图7.2所示，C_a称为旋转点，C—N键旋转的角度通常用Ψ表示，C—C键旋转的角度用Φ表示，它们被称为C原子的二面角（dihedral angel）或肽单位二面角。肽单位二面角可以在$0°\sim180°$内变动。相邻的两个肽平面通过C相对旋转的程度决定其相对位置。蛋白质的构象取决于肽单位绕C—N键和C—C键的旋转状态，于是肽平面就成为肽链盘绕折叠的基本单位，也是蛋白质会形成各种立体构象的根本原因。

因为C—N键和C—C键旋转时受到α-碳原子上的侧链R的空间阻碍，所以肽链的构象受到限制。如果每一个氨基酸残基的Ψ和Φ已知，多肽链主链的构象能完全确定。肽平面的存在大大限制了主链所能形成的构象数目，但如果没有肽平面，蛋白质多肽链主链的自由度过大，则会导致蛋白质不能形成特定的构象。

（二）主链构象分子模型

1. α-螺旋

α-螺旋是一种典型的螺旋结构，由鲍里和科恩于1951年提出，是指多肽链的主链骨架围绕中心轴螺旋上升，形成类似螺旋管的结构。按照螺旋延伸的方向，分为左手螺旋和右手螺旋。

α-螺旋的主要特征是多肽链主链骨架围绕中心轴右旋上升，3.6个氨基酸残基转一圈，每个氨基酸残基升高0.15nm，螺旋上升一圈的高度（即螺距）为0.54mm（3.6×0.15mm），如图7.3所示。天然α-角蛋白是典型的α-螺旋构象。α-螺旋在相邻螺圈之间形成链内氢键，即肽链的氨基氢原子与向N-末端方向第三个肽单元（即第四个氨基酸残基）的C—O基上的氧原子之间形成氢键，这种氢键大致与螺旋轴平行。多肽链呈α-螺旋的原因就是所有肽键上的酰胺氢和羰基氧之间形成的链内氢键，若氢键破坏，螺旋构象就会伸展开来。在α-螺旋中，C连接的所有侧链基团（R）均位于螺旋外侧，具有上述特点的右手α-螺旋是一种特别稳定的构象。主要原因是所有C—C的键角均在一个平面，体系能量最低，且非键合原子接触紧密，但不小于最小接触距离，同时氢键中的C、H、O、N原子位于同一直线上且氢键键长为0.286nm。

2. β-折叠

将头发（由α-角蛋白构成的纤维）浸入热水中用力拉伸，长度可以伸长一倍，拉伸后的角蛋白不可能继续保持α-螺旋，而转变成更为伸展的构象，即β-折叠。

β-折叠是一种肽链主链较为伸展的另一种有规则的构象，其特点是相邻两个肽平面间折叠呈折扇状，肽链主链骨架充分伸展呈锯齿形，相邻肽单位的成对二面角键角分别为$\Phi=139°$、$\Psi=135°$。因此，主链不仅沿折叠平面上下折叠，而且也有一定程度的左右折

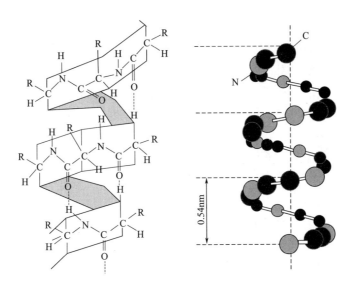

图7.3 *α*-螺旋

叠。这种方式有利于在主链之间形成有效氢键，并避免相邻侧链基团的空间阻碍。不同于*α*-螺旋，*β*-折叠的稳定是借助相邻肽链间的主链氢键，*β*-折叠允许所有的肽单位参与氢键形成。在*β*-折叠中，所有侧链基团均位于相邻肽单位折叠平面的交线上，并与之垂直，即所有侧链基团交替排列在折叠链的上下方。

3. 胶原螺旋

胶原螺旋是胶原蛋白特有的二级结构形式。对天然胶原和化学模拟胶原的相似物进行X射线晶体分析，可以确定胶原为三股螺旋构象，即由三条呈左手螺旋的肽链形成的右手复合螺旋。其中，单条肽链的左手螺旋是一种较伸展的螺旋构象，螺距为0.9nm，每圈含3个氨基酸，每个氨基酸在螺旋轴线上的投影约为0.3nm，明显大于*α*-螺旋的螺距（0.54nm）和每一氨基酸投影长度（0.15nm）。右手复合螺旋的螺距为2.86nm，每圈含10个氨基酸残基。在胶原螺旋中，所有肽单元的羧基C=O键均垂直于螺旋轴向外伸展，所以不能在链内形成氢键。因此，胶原螺旋结构依靠肽链之间形成的氢键维系构象稳定。

4. *β*-转角

β-转角（*β*-turn）又称为*β*-卷曲（*β*-bend）、*β*-回折（*β*-reverse turn）、发夹结构（Hairpin structure）和U形转折等。蛋白质分子多肽链在形成空间构象时，经常会出现180°的回折（转折），回折处的结构就称为*β*-转角，一般由四个连续的氨基酸组成。在构成这种结构的四个氨基酸中，第一个氨基酸的羧基和第四个氨基酸的氨基之间形成氢键（图7.4）。甘氨酸和脯氨酸容易出现在这种结构中。某些蛋白质中也有三个连续氨基酸形成的*β*-转角，第一个氨基酸的羧基氧和第三个氨基酸的亚氨基氢之间形成氢键。

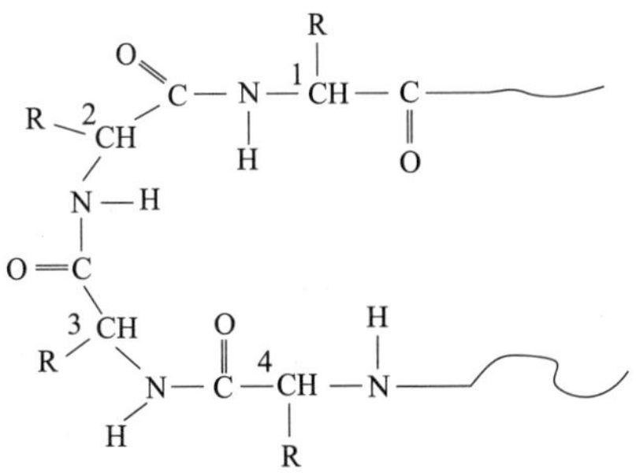

图7.4 *β*-转角

5. 无规卷曲

与α-螺旋、β-折叠、胶原螺旋等有规律的构象不同，某些多肽的主链骨架中，常常存在一些无规则构象，如无规线团、自由折叠、自由回转等，统称为无规卷曲。

在有规则构象中，所有相邻肽单位的成对二面角的取值都在固定点上，而无规则构象的二面角取值却散布于不同的点，因此同一条肽链中会产生许多不同的构象，形成无规卷曲。在一般的球蛋白分子中，除了含有螺旋和折叠构象，还存在大量无规卷曲肽段，无规卷曲连接各种有规则构象形成球形分子。

三、蛋白质的三级结构

（一）蛋白质三级结构的定义及特点

蛋白质的三级结构（tertiary structure）是指多肽链在二级结构、超二级结构以及结构域的基础上，进一步卷曲、折叠形成复杂的球状分子结构。三级结构包括多肽链中一切原子的空间排列方式。蛋白质多肽链如何卷曲、折叠成特定的构象，是由其一级结构即氨基酸序列决定的，是蛋白质分子内各种侧链基团相互作用的结果。维持这种特定构象稳定的作用力主要是次级键，它们使多肽链在二级结构的基础上形成更复杂的构象。多肽链中的二硫键可以使两个的远离肽段连在一起，所以对三级结构的稳定也起到重要作用。

目前，确定了三级结构的蛋白质并不多。1955年，英国科学家肯德韦（Kendwer）等利用X射线结构分析法第一次阐明鲸肌红蛋白的三级结构。在这种球状蛋白质中，多肽链不是简单地沿着某一个中心轴有规律地重复排列，而是沿多个方向卷曲、折叠，形成一个紧密的近似球形的结构。肌红蛋白是哺乳动物肌肉中运输氧的蛋白质，由一条多肽链构成，包含153个氨基酸残基和一个血红素（Heme）辅基，分子量为17800Da。肌红蛋白多肽链中约有75%的氨基酸残基以α-螺旋存在，形成8段α-螺旋体，分别用A、B、C、D、E、F、G、H表示，每个螺旋的长度为7~8个氨基酸残基，最长的由约23个氨基酸残基组成。多肽链拐弯处都有一段1~8个氨基酸残基的松散肽链，使α-螺旋体中断，脯氨酸、异亮氨酸及多聚精氨酸等难以形成α-螺旋体的氨基酸也存在于拐弯处。由于侧链的相互作用，多肽链盘绕成一个外圆中空的紧密结构，疏水性残基包埋在球状分子的内部，而亲水性残基则分布在分子的表面，使肌红蛋白具有水溶性。血红素辅基垂直伸出分子表面，并通过多肽链上的第93位组氨酸残基和第64位组氨酸残基与肌红蛋白分子内部相连。

虽然各种蛋白质都有独特的折叠方式，但大量研究结果发现，蛋白质的三级结构具有以下共同特点：分子排列紧密，内部只有很小或者完全没有空间容纳水分子；大多数疏水性氨基酸侧链都埋藏在分子内部并相互作用，形成一个致密的疏水核，这对稳定蛋白质的构象具有十分重要的作用，且这些疏水区域通常是蛋白质分子的功能或活性中心；大多数亲水性氨基酸侧链都分布在分子表面，它们与水接触并强烈水化，形成亲水的分子外壳，从而使球蛋白分子可溶于水。

（二）维持蛋白质构象的作用力

蛋白质的构象包括从二级结构到四级结构的所有高级结构，其稳定性主要依赖于大量的非共价键（又称为次级键）。此外，二硫键也对维持蛋白质构象的稳定起重要作用。

1. 氢键（hydrogen bond）

氢键对维持蛋白质构象的稳定具有决定性作用，形成氢键有两个必要条件，即有氢的供体和受体。以X表示氢的供体，X必须是电负性较大、半径较小的原子；以Y表示氢的受体，Y必须是电负性较大、半径较小、含孤对电子的原子。与氢供体相连的氢原子带有正电荷，很容易与电子供体Y原子的孤对电子相互吸引，形成氢键。氢键本质上仍属于弱的静电吸引作用。在蛋白质分子中，邻近的羰基氧原子与亚氨基氢原子之间均可形成氢键。

2. 离子键（ionic bond）

离子键具有一定的防水作用，能促进整个分子结构的稳定。离子键是带相反电荷的基团之间的静电引力，也称为盐键。蛋白质的多肽链由各种氨基酸组成。部分氨基酸残基带正电荷，如赖氨酸和精氨酸；部分氨基酸残基带负电荷，如谷氨酸和天冬氨酸。另外，游离的N-末端氨基酸残基的氨基和C-末端氨基酸残基的羧基也分别带正电荷和负电荷，这些带相反电荷的基团，如羧基和氨基、胍基、咪唑基等基团之间都可以形成离子键。羧基和氨基之间形成的离子键在无水情况下稳定，遇水时，会因离子强烈水化而削弱蛋白质分子的疏水部分。

3. 疏水键（hydrophobic bond）

蛋白质分子含有许多非极性侧链和一些极性很小的基团，这些非极性基团因疏水作用相互聚集在一起而产生的作用力称为疏水键，也称为疏水作用力。疏水键对维持蛋白质的三级结构起到重要作用，例如，缬氨酸、亮氨酸、异亮氨酸、苯丙氨酸、色氨酸等氨基酸的侧链基团具有疏水性，在水溶液中它们会离开周围的溶剂聚集在一起，在空间上紧密且稳定地接触，从而在分子内部形成疏水区。疏水键可以在非极性侧链之间、非极性侧链和主链骨架间的α-碳原子之间形成。当蛋白质溶于水时，位于分子表面的离子化或极性侧链与水亲和接触，而分子内部保持"干燥"。

4. 范德瓦耳斯力（van der waals force）

范德瓦耳斯力即静电引力，主要由侧链基团偶极之间的取向力、极性基团的偶极与非极性基团的引力构成，在静电引力的作用下，相反偶极相互靠近。当靠得太近时，又因电子的斥力作用而分开，只能保持一定距离。氢键实际上是一种特殊的范德华力，范德瓦耳斯力比离子键弱，但在生物体系中非常重要。

这些次级键的键能都较弱，但它们广泛存在蛋白质分子中，对维持蛋白质的二级结构、三级结构和四级结构的稳定起着非常重要的作用。如果外界因素影响或破坏了这些次级键的形成，则会引起蛋白质构象的变化。

5. 二硫键

二硫键是两个半胱氨酸巯基之间经氧化生成的强共价键，它可以把不同的肽键或同一肽键的不同部分连接起来。二硫键是蛋白质分子中最强的化学键之一，对提高蛋白质分子的热稳定性、抗酶水解性能及机械强度有十分重要的意义。在具有生物活性的蛋白质分子中，二硫键对其生物活性所要求的特殊构象至关重要，二硫键被破坏一般会导致活性丧失。

当上述化学键和分子间作用力单独存在时，键能较弱；但当其大量同时存在时，总键能足以维持蛋白质构象的稳定。一般情况下，蛋白质中二硫键的数量并不多，但对维持构象的稳定十分重要。图7.5为维持蛋白质构象稳定的主要化学键和分子间作用力。

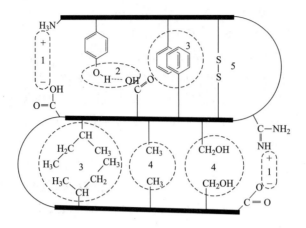

图7.5　维持蛋白质构象稳定的主要化学键合分子间作用力
1—离子键　2—氢键　3—疏水键　4—范德瓦耳斯力　5—双硫键

四、蛋白质的四级结构

有些蛋白质分子含有多条多肽链，每一条多肽链都有各自的三级结构。这些具有独立三级结构的多肽链通过非共价键相互连接而形成的聚合体结构就是蛋白质的四级结构（quaternary structure）。在具有四级结构的蛋白质中，每一个具有独立三级结构的多肽链称为该蛋白质的亚单位或亚基（subunit）。亚基之间通过其表面的次级键连接在一起，形成完整的寡聚体蛋白质分子。亚基一般只由一条多肽链组成，亚基单独存在时没有活性，缺少某一个亚基的具有四级结构的蛋白质也不具有生物活性。有些蛋白质的四级结构是均一的（homogeneous），即由相同的亚基组成；而有些则是不均一的，即由不同亚基组成。亚基一般以 α、β、γ 等命名。亚基的数量一般为偶数，个别为奇数。亚基在蛋白质中的排布一般是对称的，对称性是具有四级结构的蛋白质的重要性质之一。由两个亚基组成的蛋白质一般称为二聚体蛋白质，由四个亚基组成的蛋白质一般称为四聚体蛋白质，由多个亚基组成的蛋白质一般称为寡聚体蛋白质或多聚体蛋白质。并不是所有的蛋白质都具有四级结构，有些蛋白质只有一条多肽链，如肌红蛋白，这种蛋白质称为单体蛋白。维持四级结构的作用力与维持三级结构的作用力是相同的。

血红蛋白（hemoglobin）是由4条多肽链组成的具有四级结构的蛋白质分子。血红蛋白的功能是在血液中运输 O_2 和 CO_2，分子量为65000Da，由2条 α 链（含141个氨基酸残基）和2条 β 链（含146个氨基酸残基）组成。在血红蛋白中，每个亚基含有一个血红素辅基。α 链和 β 链在一级结构上的差别较大，但它们的三级结构都与肌红蛋白相似，形成近似球状的亚基，每条多肽链都含有约70%的 α-螺旋部分，并且每个亚基中都含有8个肽段的 α-螺旋体，都有长短不一的非螺旋松散链。多肽链弯曲的角度和方向也与肌红蛋白相似。每个亚基都与一个血红素辅基结合。血红素是一个取代的卟啉，中央有一个铁原子，血红素中的铁原子可以处于亚铁（Fe^{2+}）或高铁（Fe^{3+}）形式，只有亚铁形式才能结合 O_2。血红蛋白的亚基和肌红蛋白在结构上相似，这与它们在功能上的相似性是一致的。

四级结构对蛋白质的生物功能非常重要。具有四级结构的寡聚体蛋白质在某些因素（如酸，热或高浓度的尿素、胍）作用下，构象发生变化。先是亚基彼此解离，即四级结构遭到破坏，然后分开的各个亚基伸展形成松散的肽链。如果处理条件温和，寡聚体蛋白质的几个亚基彼此解离，但其正常的三级结构不被破坏，若恢复原来的条件，分开的亚基又可以重新合并，并恢复活性。但如果处理条件剧烈，则分开后的亚基完全伸展成松散的多肽链，这种情况要恢复原来的结构和活性更加困难。

纤维蛋白不同于球蛋白，其螺旋或折叠多肽链都是沿螺旋或折叠平面顺长排列，不存在像球蛋白那样的三级结构。纤维蛋白主要通过分子之间的侧向相互作用及首尾相接方式构成纤维。由于非极性侧链的疏水性、大分子间的相互作用以及存在于分子内和分子间的交联结构，纤维蛋白一般不溶于水，且较球蛋白有更高的热稳定性和耐酶水解能力。

五、蛋白质的性质

氨基酸是蛋白质大分子的基本结构单元，蛋白质的理化性质与氨基酸在等电点、两性电离、成盐反应、呈色反应等方面相似，又在变性、胶体性、分子量等方面与氨基酸存在显著差异。

（一）蛋白质的胶体性质

蛋白质的分子量通常在1万到100万之间，其分子的大小已达到胶粒直径$1 \sim 100nm$。蛋白质溶液具有胶体溶液的典型性质，如丁达尔现象、布朗运动等。由于蛋白质分子表面有许多亲水性极强的极性基团，因此分子表面会被多层水分子所包围而形成水化膜，从而阻止蛋白质颗粒的相互聚集，形成稳定的亲水胶体溶液。蛋白质分子与小分子物质相比扩散速度慢，黏度大，较难透过半透膜。这一性质在蛋白质进行分离与提纯的过程中具有重要应用，如果蛋白质溶液中混有小分子杂质，就可以通过半透膜将小分子杂质从半透膜中透出，剩下的即是纯化的蛋白质，这种方法常称作透析（dialysis）。此外，蛋白质大分子溶液在一定条件下会产生沉降，故可以根据沉降系数来分离和鉴定蛋白质。

（二）蛋白质的两性电离和等电点

蛋白质分子两端具有游离的羧基和氨基，蛋白质分子中氨基酸组成不同，侧基也不相同，如赖氨酸残基中含有氨基，天门冬氨酸、谷氨酸残基中含有羧基，精氨酸及组氨酸残基中分别含有胍基和咪唑基。蛋白质分子中含有的酸性、碱性氨基酸的含量和溶液的pH都会影响蛋白质在溶液中的带电荷状态。在特定pH的溶液中，蛋白质游离的正、负离子数量相等，该pH称作该蛋白质的等电点，各种蛋白质分子组成不同，等电点各异。当蛋白质溶液的pH大于或小于等电点时，蛋白质分别带负电荷和正电荷。碱性氨基酸及酸性氨基酸含量高时蛋白质的等电点分别偏碱性及偏酸性。

（三）蛋白质变性

天然蛋白质在某些物理因素（加热、加压、脱水、搅拌、振荡、紫外线照射、超声波等）或化学因素（强酸、强碱、尿素、重金属盐、十二烷基磺酸钠等）作用下，其空间结构被破坏，从而理化性质改变，丧失生物活性（如生物酶失去催化活力，激素失活），这种现象称为蛋白质的变性。蛋白质变性是分子中的次级键二硫键被破坏，引起蛋白质空间构象变化，这个过程中不涉及蛋白质一级结构变化，因此变性的蛋白质分子量不变。蛋白质变性会导致部分生物学活性丧失、黏度增加及溶解度降低。当变性程度较轻时，如去除使蛋白质变性的因素，部分蛋白质仍能恢复或部分恢复其原有功能及空间构象，这种蛋白质变性后又复原的变化称为蛋白质复性。例如，在3-巯基乙醇和尿素作用下，核糖核酸酶中的二硫键及氢键发生变化，生物学活性丧失，若将体系中的3-巯基乙醇、尿素除去，并将巯基氧化成二硫键，该蛋白质又恢复原有的生物学活性及空间构象。如果蛋白质变性后，性质不能恢复，这样的过程称为不可逆性变性。

（四）蛋白质沉淀

蛋白质沉淀（precipitation）是指蛋白质分子从溶液中凝聚析出的现象。蛋白质所形成的亲水胶体颗粒表面具有电荷及水化层，颗粒稳定，不会凝集。若通过调节溶液pH到等电点，蛋白质分子间同性电荷相互排斥作用消失，通过脱水去除水化层，蛋白质便会凝聚析出。若只去除一个因素，蛋白质一般不会生成凝聚沉淀，如在等电点，蛋白质表面不带电荷，但还存在水化膜的保护作用，蛋白质也不会沉淀，如果这时除去蛋白质分子的水化膜（如加入脱水剂），蛋白质分子就会互相凝聚而析出沉淀。中性盐｛硫酸铵 [$(NH_4)_2SO_4$]、硫酸钠（Na_2SO_4）、氯化钠（$NaCl$）等｝、重金属盐｛硝酸银（$AgNO_3$）、氯化汞（$HgCl_2$）、醋酸铅 [$Pb(CH_3COO)_2$]、三氯化铁（$FeCl_3$）等｝、生物碱试剂（单宁酸、苦味酸、磷钨酸、磷钼酸、鞣酸、三氯醋酸及磺基水杨酸等）、有机溶剂 [甲醇（CH_3OH）、乙醇（CH_3CH_2OH）、丙酮（CH_3COCH_3）等]、加热等都可以引起蛋白质沉淀。

蛋白质分子中含有较多的负离子，易与重金属离子如汞、铅、铜、银等结合成盐沉淀，沉淀的条件以pH稍大于等电点为宜。重金属沉淀的蛋白质常是变性的，但若控制低温、低浓度等条件也可用于分离不变性的蛋白质。误服重金属盐而中毒的病人，在临床上可以利用蛋白质与重金属盐结合的性质来解毒。在蛋白质溶液中加入大量中性盐（如硫酸铵、硫酸钠、氯化钠等）破坏蛋白质胶体稳定性而使其析出的方法称为盐析，盐析沉淀的蛋白质经透析除盐，蛋白质可以保持活性。利用每种蛋白质盐析需要的浓度及pH不同可以对混合蛋白质进行组分的分离。如血清中的球蛋白可以通过半饱和的硫酸铵沉淀出来；血清中的白蛋白可以通过饱和硫酸铵沉淀出来。在pH小于等电点的情况下，蛋白质可以与苦味酸、钨酸、鞣酸等生物碱试剂及三氯醋酸、过氯酸、硝酸等酸结合成不溶性的沉淀，这一性质可以应用于尿中蛋白质检验、血液中的蛋白质去除。酒精、甲醇、丙酮等与水亲和力很大的溶剂可以破坏蛋白质颗粒的水化膜，在等电点时可以使蛋白质沉淀。分离制备各种血浆蛋白质要在低温条件下进行，因低温下蛋白质变性较缓慢。酒精消毒灭菌就是利用了有机溶剂沉淀蛋白质在常温下易变性的特点。加热等电点附近的蛋白质溶液，蛋白质变性，肽链结构的规整性被破坏，变成松散结构，疏水基团暴露，蛋白质将发生凝固，凝聚成凝胶状的蛋白块而沉淀。变性蛋白质只在等电点附近才沉淀，沉淀的变性蛋白质也不一定凝固。例如，蛋白质被强酸、强碱变性后仍然带有大量电荷，故可溶于强酸或强碱之中，若将此溶液的pH调节到等电点，则变性蛋白质凝集成絮状沉淀物，继续加热此絮状物，则变成较为坚固的凝块。

（五）蛋白质的颜色反应

蛋白质的颜色反应可以用来定性、定量测定蛋白质（表7.1）。蛋白质与水化茚三酮（苯丙环三酮戊烃）作用时，呈现蓝色。蛋白质在碱性溶液中与硫酸铜发生双缩脲反应呈现紫红色。向含有酪氨酸的蛋白质溶液中加入米伦试剂（亚硝酸汞、硝酸汞及硝酸的混合液）会发生沉淀，继续加热沉淀则变成红色。此外，蛋白质溶液还可与酚试剂、乙醛酸试剂、浓硝酸等发生颜色反应。向蛋白质溶液中加入NaOH或KOH及少量的硫酸铜溶液，会呈现从浅红色到蓝紫色的一系列颜色反应。

表7.1 蛋白质的重要颜色反应

反应名称	试剂	颜色	反应基团	蛋白质种类
双缩脲反应	稀碱、稀硫酸铜	粉红色至蓝紫色	两个以上肽键	各种蛋白质
黄色反应	浓硝酸	黄色至橙黄色	苯基	含苯基的蛋白质
乙醛酸反应	乙醛酸、浓硫酸	紫色	吲哚基	含色氨酸的蛋白质
米伦反应	米伦试剂	砖红色	酚基	含酪氨酸的蛋白质

第三节　玉米醇溶蛋白

玉米是我国传统的农作物，2021年种植面积达到4260万公顷，年产量高达27255万吨。玉米湿法生产淀粉的主要副产品是含玉米醇溶蛋白50%～60%的玉米蛋白粉。玉米醇溶蛋白是玉米中的主要储藏蛋白，具有溶解、成膜、生物降解、抗氧化、黏结性和凝胶化等特性。美国的福睿曼（Freeman）公司和日本的昭和产业株式会社是目前世界上规模较大的两家生产玉米醇溶蛋白的公司。我国也有一些公司生产玉米醇溶蛋白，主要应用于药用辅料。

一、玉米醇溶蛋白的组成结构

玉米醇溶蛋白存在于玉米胚乳细胞的玉米醇溶蛋白体内，玉米中约含干重10%的蛋白质，其中50%～60%为玉米醇溶蛋白。玉米醇溶蛋白在玉米胚体组织细胞中以蛋白颗粒形式存在，玉米醇溶蛋白体的直径约为1mm，分布于直径为5～35mm的淀粉粒之间。玉米醇溶蛋白富含多种氨基酸（表7.2），如谷氨酸（21%～26%）、亮氨酸（约20%）、脯氨酸（约10%）和丙氨酸（约10%）等，但缺乏碱性氨基酸和酸性氨基酸。

表7.2 水解玉米醇溶蛋白所得的氨基酸组成

氨基酸种类	含量/（g/100g）	氨基酸种类	含量/（g/100g）
蛋氨酸	2.4	丙氨酸	9.8
苏氨酸	2.7	酪氨酸	5.1
亮氨酸	19.3	脯氨酸	9.0
异亮氨酸	6.2	苯丙氨酸	7.6
丝氨酸	1.0	半胱氨酸	0.8
精氨酸	1.6	组氨酸	0.8
天门冬氨酸	1.8	谷氨酸	21.4
色氨酸	0.2	缬氨酸	1.9

玉米醇溶蛋白是由分子量、溶解度和所带电荷不同的肽通过二硫键连接起的非均相混合物，平均分子量约为4200Da，若将二硫键还原，分子量降低。根据结构和性质可以将玉

米醇溶蛋白分为α-玉米醇溶蛋白（α-zein）、β-玉米醇溶蛋白（β-zein）、γ-玉米醇溶蛋白（γ-zein）和δ-玉米醇溶蛋白（δ-zein）。α-zein和β-zein为主要的组分，α-zein的含量最多，占总量的75%~85%。通过氨基酸序列分析可知，α-zein能溶于95%的乙醇，分子量为2.3×10^4~2.7×10^4Da；β-zein富含甲硫氨酸，可溶于60%的乙醇而不溶于95%的乙醇，占总量的10%~15%，分子量约为1.7×10^4。β-zein的性质不太稳定，易沉淀和凝结。α-zein的组氨酸、脯氨酸和蛋氨酸含量较β-zein少。γ-zein占总量的5%~10%，含有半胱氨酸，可分为γ-zein 1和γ-zein 2，平均分子量分别为2.7×10^4Da和1.8×10^4Da。δ-zein含量很少，分子量约为1.0×10^4Da。

玉米醇溶蛋白的氨基酸组成、分子形状和结构对其性质有较大的影响，玉米醇溶蛋白具有棒状或扁长椭圆球体结构，有较大的轴径比［（7~28）：1］。根据玉米醇溶蛋白的分子螺旋结构模型可知，玉米醇溶蛋白由9个连续肽链按照反向平行的方式在氢键的作用下形成稳定结构，在圆柱体的表面分布着亲水性残基，导致玉米醇溶蛋白具有对水的敏感性。在浓度为50%~80%的乙醇溶液中螺旋结构的含量为33.6%~60%，α-zein与β-zein的含量大致相等。

玉米醇溶蛋白在乙醇溶液里聚集形成一个个小球，这些小球的大小主要集中在50~150nm，这些球体不是玉米醇溶蛋白单体，而是由很多蛋白单体聚集而成。将醇溶蛋白稀释可得到分散性极好，而且大小均匀一致的蛋白结构，它们的大小集中在15~50nm。均质化程度越高、乙醇浓度越大，得到的玉米蛋白颗粒越小。在羧甲基纤维素钠溶液中，玉米醇溶蛋白和溶质交联，黏度随着pH的增加而不断增加，玉米醇溶蛋白在乙醇中沉淀后相互交联形成纤维状结构。

二、玉米醇溶蛋白的性质

玉米醇溶蛋白具有生物可降解性，能被微生物及蛋白酶分解。利用碱性蛋白酶催化玉米醇溶蛋白，可以水解成可溶性肽，这使得玉米醇溶蛋白得到进一步开发利用。玉米醇溶蛋白的玻璃化转变温度与体系湿度呈非线性的反比例关系。玉米醇溶蛋白膜的使用温度优于普通塑料薄膜，分解温度在262℃左右，玻璃化转变温度为171℃。成膜后在酸性条件下稳定，在中性及碱性条件下不稳定，具有肠溶性（溶于肠而不溶于胃）。α-zein和β-zein的降解产物玉米多肽（Leu-Gin-Gin，Val-Sex-Pro，Leu-Gin-Pro，Leu-Ala-Tyr，Val-Aal-Tyr等）具有降血压的作用。各种可塑剂（脂肪酸、酯、乙二醇类等）可赋予玉米醇溶蛋白柔软性及黏着性，增强其热可塑性。玉米醇溶蛋白不溶于水，但可转变为能保存水分的玻璃态，对脂质具有强抗氧化性，且其溶液及凝胶具有强黏结性。玉米醇溶蛋白成膜后在酸性环境下稳定，在中性及碱性环境下不稳定，具有肠溶性。玉米醇溶蛋白可溶于50%~90%乙醇，不溶于无水醇溶液（甲醇除外）、酮类（如甲酮、乙酮、丙酮）、酰胺溶液（如乙酰胺）、高浓度的盐溶液（NaCl、KBr）、酯和二醇类化合物。在HCl和NaOH溶液中，玉米醇溶蛋白中的谷氨酰胺和天冬酰胺通常转换为盐，溶解性增加。

玉米醇溶蛋白的理化性质见表7.3。玉米醇溶蛋白含有高比例的非极性氨基酸，具有独特的溶解性和疏水性，在水、低浓度的盐溶液中不溶解，在醇溶液、高浓度的尿素溶液、高浓度的碱溶液（pH>11）、阴离子洗涤剂中溶解。玉米醇溶蛋白在溶液中含有大量由肽主链上的羟基与亚氨基的氢键作用形成的a-螺旋体，因此具有较强的疏水性。

表7.3 玉米醇溶蛋白的物理化学性质

性质	特征	性质	特征
热裂解温度	320℃	比重（25℃）	1.25
沉降系数	1.5s	物理形态	无定形粉末
比容	0.771	等电点，pH	6.2（5～9）
分子量	35000Da（9.6～44.0K）	扩散系数	$3.7 \times 10^{14} m^2/s$
介电常数（500V，25～90℃）	4.9～5.0	爱因斯坦黏度系数	25

玉米醇溶蛋白中有许多含硫氨基酸，这些氨基酸可以形成很强的分子内二硫键，它们和分子间的疏水相互作用，一起构成了玉米醇溶蛋白成膜特性的分子基础。玉米醇溶蛋白成膜液涂布后，随着乙醇的挥发，薄膜变得干燥，成膜液中蛋白质浓度增大，当浓度超过一定值时，分子间形成维持薄膜网络结构的氢键、二硫键、疏水相互作用，玉米醇溶蛋白凝聚成膜。疏水性成分的比例影响蛋白质在膜表面的分布和排列，蛋白质的分子排列和自组装行为将影响玉米蛋白膜的性质。单一的玉米蛋白膜具有强的水蒸气渗透性，按照70%的比例加入糖（果糖、半乳糖、葡萄糖），水蒸气渗透性降低，加入半乳糖的玉米蛋白膜水蒸气渗透性最低，在玉米蛋白膜中加入一定量橄榄油，膜的表面会更加平滑，水蒸气渗透性有所降低。添加油酸可提高膜的抗张强度，添加甘油可提高膜的透明度。玉米醇溶蛋白的玻璃化转变温度随着湿度增大而不断下降，当湿度大于16%时，玻璃化转变温度不再发生改变。因此，以玉米醇溶蛋白质制备的蛋白膜可以作为水溶性药物的抗湿性缓释剂。

在玉米醇溶蛋白的醇溶液中添加脂肪酸可作为黏合剂用于干燥食品、粉末、木材、金属、树脂等各种材料的黏合。对含10%～30%的玉米醇溶蛋白乙醇溶液进行加热，凝胶化后混合形成的膏糊液也具有黏合作用。根据作用对象的不同，还可利用玉米醇溶蛋白的热可塑性进行熔融压黏，对粉末可直接作为压片黏合剂使用。玉米醇溶蛋白对玻璃表面有较好的胶黏性，首先将玉米醇溶蛋白溶解在醇溶液中，在一定的湿度下具有良好的胶黏性，可以用于黏合玻璃。

用酸、碱对玉米蛋白进行处理，玉米蛋白的结构（包括二级结构、表面电荷、分子量、离子大小和形态）、流变性和抗氧化特性变化显著，在酸性或碱性条件下，玉米蛋白的α-螺旋、β-折叠、β-转角含量降低。

pH和乙醇含量会影响玉米醇溶蛋白溶液的流变性，pH越大越有益于二硫键形成，随着pH增加，凝胶时间缩短。玉米蛋白中半胱氨酸会影响蛋白的凝胶特性，经过稳定性剪切试验和振荡，γ-zein出现剪切稀化。

三、玉米醇溶蛋白的提取

制备玉米醇溶蛋白的第一步就是使用恰当的溶剂将其从玉米中提取出来。由于醇溶蛋白的氨基酸组成主要为非极性氨基酸，所以采用溶剂应为含有极性和非极性基团的混合溶剂。从玉米胚乳、玉米粉中提取玉米醇溶蛋白成本较高，因此现阶段一般以玉米黄粉（CGM）为原料进行提取。黄粉作为湿法生产玉米淀粉的副产物，制备玉米醇溶蛋白成本低且产率较高

（从玉米粉的5%提高到黄粉的30%）。常用非水溶剂法、含水溶剂法、酶法改性法、防胶凝化法等多种方法从玉米黄粉中提取玉米醇溶蛋白。

工业上提取玉米醇溶蛋白的一种常用流程为：当pH>12时，将玉米黄粉与乙醇或异丙醇混合加热，经过离心、过滤、冷却、添加溶剂（如苯、甲苯或正己烷），去除玉米黄粉中的色素和脂肪（甲苯可以有效去除玉米醇溶蛋白中的油脂和色素提高产品纯度），然后经过闪蒸、过滤、粉碎等步骤，最终制得纯的玉米醇溶蛋白。另一种常用流程为将异丙醇与玉米黄粉混合均匀，经过离心、过滤、冷却、沉降等处理后分成两个部分。一部分物料经干燥、粉碎处理得到含2%油脂的玉米醇溶蛋白；另一部分物料经处理干燥、粉碎，得到含0.6%油脂的玉米醇溶蛋白。提取工艺中选用的溶剂是异丙醇、乙醇，异丙醇作溶剂提取玉米醇溶蛋白的产率较高。另外，改进索氏提取器或结合超声技术可以提高玉米醇溶蛋白的产率。

四、玉米醇溶蛋白的改性

（一）玉米醇溶蛋白的共混改性

玉米醇溶蛋白的共混主要有物理共混与化学共混两种方式。物理共混是指通过加热、加压等简单的物理方式赋予蛋白质特定的功能性质。物理共混工艺具有连续、低耗能、高效等优点，如采用BC45型双螺杆挤压机对玉米粗蛋白进行挤压改性，螺杆转速越快，物料水分越少，膨化温度越低，越有利于获得高氮溶解指数的玉米醇溶蛋白，产品的色泽、气味也得以改善。化学共混是将蛋白质在介质中与改性剂进行类似化学反应的操作，但两者之间并无分子层面的结合作用，如利用表面活性剂十二烷基硫酸钠的增溶作用，使之与玉米醇溶蛋白络合，从而使络合物的溶解度提高。

玉米醇溶蛋白含有大量羟基，可与部分化合物形成氢键，从而改变其性质。例如，山梨醇、丙三醇、甘露醇等多羟基化合物可以对玉米醇溶蛋白进行改性。例如，山梨醇改性制得的玉米醇溶蛋白成膜后有相对较高的极限抗拉强度和拉伸断裂应力值；随着山梨醇和丙三醇的含量增加，玉米醇溶蛋白薄膜的氧渗透性下降；丙三醇改性的薄膜表面光滑，粗糙度指数（R）低；丙三醇可被玉米醇溶蛋白吸收，并与蛋白质的氨基形成氢键。用30%（质量分数）的聚乙二醇与玉米醇溶蛋白共混，可提高玉米醇溶蛋白薄膜的抗拉强度，并增强其耐水性。

油酸和亚油酸与玉米醇溶蛋白共混后成膜，可增加玉米醇溶蛋白薄膜的伸长率，增强柔韧性，降低杨氏模量和吸水量。例如，添加3%（体积分数）的油酸可使玉米醇溶蛋白膜的柔韧性大大提高（抗拉强度提高30%，伸长率提高20倍），吸水率降低1/2以上，膜的表面结构更加光滑，透明度得到提高。

将果糖（fructose）、半乳糖（lactose）和葡萄糖（glucose）等糖类与玉米醇溶蛋白共混，可改变玉米醇溶蛋白的脆性。与各种糖类（如果糖、半乳糖、葡萄糖，用作增塑剂）共混后制备的玉米醇溶蛋白树脂的玻璃化温度没有明显差别。含有半乳糖的玉米醇溶蛋白膜比其他薄膜的拉伸性能更好，有较高的抗拉强度、拉伸断裂应力值和杨氏模量。纯玉米醇溶蛋白膜具有较高的水汽渗透性，但在其中加入一定量糖类时，其水汽渗透性将会降低，加入半乳糖的玉米醇溶蛋白膜具有最低的水汽渗透性和最高的水接触角。

（二）玉米醇溶蛋白的化学改性

天然玉米醇溶蛋白结构中高比例的非极性疏水氨基酸和较多的含硫氨基酸，决定了玉米醇溶蛋白具有强亲油性和溶解性，并可溶于一定浓度的醇溶液中，具有良好的成膜特性。天然玉米醇溶蛋白形成的薄膜材质较脆，其物理力学性能相对于传统的石油基产品较差，且性能受环境温湿度的影响较大，利用玉米醇溶蛋白的多羟基化合物、脂肪酸、糖类、戊二醛等对玉米醇溶蛋白进行化学改性，提高其溶解度、乳化性、流动性等功能特性是增加玉米醇溶蛋白附加值的重要方向。

1. 酰化改性

玉米醇溶蛋白的亲核基团（如氨基、羟基、巯基、酚基、咪唑等）可以与琥珀酸酐、乙酰酐等酰化试剂的亲电基团发生酰化反应，离子化溶剂（惰性溶剂）（如氯化1-丁基-3-甲基咪唑鎓等）也可以与玉米醇溶蛋白发生酰化反应，生成苯甲酰化衍生物。酰化反应可改变玉米醇溶蛋白的性能，在蛋白质中引入乙酰基，乙酸酐中的乙酰基结合在蛋白质分子亲核残基（如氨基、巯基、酚基、咪唑等）上，静电荷增加，分子伸展，改性后的玉米醇溶蛋白的解离为亚单位的趋势增强，使衍生物溶解度等都有明显变化。赖氨酸（Lys）的氨基酰化反应活性最高，其次是酪氨酸（Tyr）的酚羟基，组氨酸（His）的咪唑基和半胱氨酸（Cys）的巯基只有相当少一部分可参与反应，丝氨酸（Ser）和苏氨酸（Thr）的羟基是弱亲核基，基本不发生酰化反应。

利用酰化反应可以引入疏水基团或聚合物等，实现对玉米醇溶蛋白的改性。例如，引入亲水基团（如—SH、—OH、—COOH、—NH$_2$等）可提高玉米醇溶蛋白的亲水性；引入聚己内酯预聚物与玉米醇溶蛋白进行酰化反应，可以显著提高玉米醇溶蛋白的可塑性，并能很好地改善玉米醇溶蛋白的力学性能；采用油酸、聚乙二醇类对玉米醇溶蛋白膜进行酰化改性，膜的增塑效果较好，增塑膜的玻璃化转变温度下降，增塑剂使分子间的柔性增大。

2. 交联反应

玉米醇溶蛋白是由各种氨基酸组成的天然高分子，富含氨基、羧基、羟基等多种基团，通过一系列合适的反应，可实现玉米醇溶蛋白的交联，生成具有不同性质的交联聚合物。可采用柠檬酸、二异氰酸酯、1-乙基-3-（3-二甲基氨基丙基）碳二亚胺盐酸盐（EDC）、N-羟基丁二酰亚胺（NHS）、硼砂、戊二醛等作为玉米醇溶蛋白的交联剂。在玉米醇溶蛋白膜中引入交联剂可提高其拉伸强度，一般可提高2~3倍，还可改善玉米醇溶蛋白的其他理化性质（如透水汽性、光热稳定性等）。例如，以20%的聚二醛淀粉作为交联剂对玉米醇溶蛋白进行交联改性，所得玉米醇溶蛋白成膜后具有良好的水蒸气阻隔性能；采用柠檬酸为交联剂对玉米醇溶蛋白进行交联，成膜后具有较好的黏附性、伸展性，可用于聚乳纤维支架材料的增强；以异氰酸酯和二异氰酸酯作为交联剂交联玉米醇溶蛋白，可以改变其疏水性；将1-乙基-3-（3-二甲基氨基丙基）碳二亚胺盐酸盐和N-羟基丁二酰亚胺两种温而而不导致蛋白质变性的交联剂加入玉米醇溶蛋白乙醇溶液，可以交联玉米醇溶蛋白使其成膜，且明显改善成膜性能；采用硼砂作为玉米醇溶蛋白的交联剂，可制得性能优良的玉米醇溶蛋白黏合剂。

戊二醛是醛类中最好且最常用的蛋白质交联剂。玉米醇溶蛋白缺少赖氨酸，具有三个巯基基团，因此能与戊二醛反应的亲核官能团为N-末端的α-NH$_2$、组氨酸的咪唑环、酪氨酸的酚基团。以戊二醛对玉米醇溶蛋白进行交联，可增强玉米醇溶蛋白成膜后的耐水性。交联改性后的玉米醇溶蛋白膜的玻璃化转变温度升高，拉伸强度比未交联时提高了1.8倍，伸长率提高了1.8倍，杨氏模量提高了1.5倍。

辐射对蛋白质的结构有显著影响，可导致蛋白质发生降解与交联作用，通常情况下，交联作用大于降解作用。蛋白质经辐射后会发生辐射自交联，巯基氧化生成分子内或分子间的二硫键。辐射也可以导致酪氨酸和苯丙氨酸的苯环发生偶合反应。辐射交联会导致蛋白质发生凝聚作用，甚至出现不能溶解的蛋白质聚集体。

3. 磷酸酯化反应

玉米醇溶蛋白可与磷酸化试剂（磷酰氯、三氯氧磷、五氧化二磷和多聚磷酸钠等）中的无机磷（P）发生酯化反应，形成磷酸化蛋白质衍生物。

磷酸化试剂可以和玉米醇溶蛋白质上的特定氧原子（Ser、Thr、Tyr中的羟基）或氨基氮原子发生酯化反应。磷酸酯化作用能改善蛋白质的溶解性、吸水性、凝胶性及表面性能，如玉米醇溶蛋白的溶解度随磷酸化程度的增大而增大。

4. 脱酰胺反应

蛋白质通过酶、酸、碱等催化水解，可发生脱酰胺反应。脱酰胺反应通过羰基上O和H^+的质子化作用得到羧酸根离子，蛋白质结构变化后，引起蛋白质空间构象的变化，分子间氢键作用力减少，可提高蛋白质的溶解度。对于具有表面疏水性的玉米醇溶蛋白质，随着脱酰胺程度增加，其表面疏水性先增加，后趋于平衡，且增加幅度较大。此外，脱酰胺反应还可以改变玉米醇溶蛋白的某些功能特性。

五、玉米醇溶蛋白的应用

玉米醇溶蛋白作为一种天然高分子，在医药、包装材料、木材工业等领域具有很大的应用潜力。玉米醇溶蛋白材料化应用有助于减少对传统石油基产品的依赖，显著降低碳排放，其生物可降解性也对实现可持续发展与"碳中和"目标具有积极意义。

（一）药物缓释材料

利用玉米醇溶蛋白良好的成膜性、抗微生物性，以及抗热、抗磨损性等，可将其作为药片外覆的包衣，隐藏药片本身的气味，并具有药物缓释功能。玉米醇溶蛋白成膜后还可以提高药片的硬度，并在相对湿度较低的情况下阻挡氧气进入。玉米醇溶蛋白与药物相容性较好，是生产药片包衣的最佳材料，可应用于药物输送系统（如玉米醇溶蛋白制备的膜作为药物成膜剂，已被制成微球结构广泛用于运输胰岛素、肝素、伊维菌素、乳酸菌素等），也可用于抗癌药物、阻凝剂、杀寄生虫药物的输送。

玉米醇溶蛋白包衣药片的特性是其有良好的肠溶性和缓释性。玉米醇溶蛋白不会被胃液消化分解，因此其在片剂中可作为缓释药剂的壁材、糖衣等。阿司匹林与乳糖、玉米醇溶蛋白可制成缓释片剂，玉米醇溶蛋白和乳糖可以控制阿司匹林的释放速度（玉米醇溶蛋白含量越低，释放速度越快）。使用玉米醇溶蛋白对阿司匹林包衣后，可使释药时间延长至6h。

玉米醇溶蛋白形成凝胶状的涂层和网状结构可以在药片溶解过程中阻止药片破碎缓慢并释放药物。在口服药物中，玉米醇溶蛋白纳米颗粒可以保护治疗性蛋白（如过氧化氢酶、超氧化物歧化酶等），抵抗胃肠道的恶劣条件，清除体外巨噬细胞产生的活性氧，充分发挥药物作用。玉米醇溶蛋白颗粒可以促使大部分番茄红素在胃里被释放出来。由盐酸平阳霉素、玉米醇溶蛋白、蔗糖醋酸异丁酸酯组成的原位凝胶注射对于治疗静脉畸形相当有效。

（二）膜材料

玉米醇溶蛋白能够形成透明、柔软、均匀的薄膜，具有较强的保水性和保油性，是理想的天然保鲜薄膜。基于环保、资源等方面考虑，开发可降解的膜包装对生态环境具有重大意义。作为食品包装，可食用、可生物降解的薄膜和涂层不仅能够控制水分、氧气、二氧化碳的传输，保留香味成分，还可以防止品质劣化，增加食品的货架寿命。例如，以丙二醇作为增塑剂，将10%的丙二醇与10%的玉米醇溶蛋白共混后可作为涂层用于苹果保鲜，这种玉米醇溶蛋白基涂层可有效增加苹果的光泽度，与没有涂层的苹果相比有较长的货架期。玉米醇溶蛋白还可以作为膜涂层用于草莓保鲜，不仅可延长草莓的储藏期，还可减少草莓在储藏过程中营养成分的损耗，具有可食用性。将玉米醇溶蛋白与其他天然增塑剂和抗氧化剂共混，可作为保鲜膜涂层用于冷却肉的保鲜，最佳涂膜配方为8%玉米醇溶蛋白、10.2%植酸、12.0%柠檬酸和80%乙醇溶液。

玉米醇溶蛋白膜具有脆性，可利用酚类化合物（如儿茶素、没食子酸、对羟基苯甲酸等）对玉米醇溶蛋白改性，以改善成膜后的力学性能。玉米醇溶蛋白与多酚反应成膜后，可制成具有生物活性的包装材料，表现出良好的抗菌性和抗氧化性。

除了酚类，其他增塑剂也可以改善玉米醇溶蛋白成膜后的力学性能。例如，采用甘油—聚丙二醇（1∶3）与玉米醇溶蛋白共混成膜后，所得膜材料的断裂伸长率显著提高，超过普通玉米醇溶蛋白膜15倍以上。分别以聚乙二醇—甘油（1∶1）和油酸作为增塑剂与玉米醇溶蛋白共混后成膜，前者所得膜材料的抗张强度高于后者。这主要是由于聚乙二醇可减轻蛋白质分子键间的相互吸引作用，链的伸展得以进行，同时末端羟基的氢键作用可维持蛋白质分子间的水分。

具有一个以上羧酸基的羧酸也是玉米醇溶蛋白的有效增塑剂，可降低玉米醇溶蛋白的黏度并延缓黏度的增加，这些试剂比传统的增塑剂（如聚乙二醇）更能改变玉米醇溶蛋白的黏度。此外，将糖与玉米醇溶蛋白共混也可改善其力学性能。向玉米醇溶蛋白膜中加糖可改变其脆性，如用果糖、半乳糖和葡萄糖作为增塑剂与玉米醇溶蛋白共混，所得复合膜没有出现结晶峰和熔融峰，半乳糖比果糖和葡萄糖增塑的玉米醇溶蛋白膜的抗张强度和杨氏模量大。

对玉米醇溶蛋白进行交联反应也可显著改善其成膜性能。例如，采用N-羟基丁二酰亚胺（NHS）或1-（3-二甲氨基丙基）-3-乙基碳二亚胺（EDC）对玉米醇溶蛋白进行交联处理可改善成膜性，抑制其在溶液中的聚集。玉米醇溶蛋白交联改性后可制得坚硬、表面光滑平整的薄膜，拉伸强度明显提高。采用聚己酸内酯己二异氰酸酯的预聚物（PCLH）交联玉米醇溶蛋白，含有10% PCLH的玉米醇蛋白改性衍生物成膜后的断裂伸长量较未改性时增加了15倍，而断裂力降低了1/2。随着PCLH含量的增加，改性玉米醇溶蛋白膜的柔韧性明显增强，而强度几乎不变。如果在此基础上进一步加入增塑剂如二丁基酒石酸盐（DBT）进行增塑处理，可以进一步改善玉米醇溶蛋白膜的耐水性。

此外，玉米溶蛋白还可以与部分酶结合，引入酶的性质。例如，玉米醇溶蛋白与溶菌酶共混，成膜后在4℃时可以抑制奶酪中单核细胞增生李斯特氏菌的产生，这种具有抗菌性的玉米醇溶蛋白包装材料能显著增加新鲜奶酪的安全性，提高奶酪的品质。将聚羟基丁酸酯和戊酸酯的混合物作为外层结构，玉米醇溶蛋白静电纺丝纳米纤维作为夹层结构，形成多层结构复合膜，无论是压缩成型还是浇铸，其氧气阻隔性均有所增强。利用大豆蛋白和玉米醇溶蛋白进行物理共混，可形成一种具有热封性的可食用复合膜层，能有效阻隔氧渗透。氧气阻隔性较好的膜可用于橄榄油包装，减少橄榄油氧化酸败。

（三）高分子材料

作为一种植物蛋白质，玉米醇溶蛋白可用于生产具有热塑性的塑料产品，但其具有较大的脆性，只有加入一定的增塑剂进行物理共混或通过蛋白质的化学反应进行改性，才能获得性能良好、满足应用需求的产品。

采用物理共混方法将玉米醇溶蛋白与其他天然高分子复合，可有效提高玉米醇溶蛋白材料的力学性能。例如，在工业领域，玉米醇溶蛋白与黄麻纤维的复合物可以用于模具生产，与传统聚丙烯树脂制成的模具相比具有更强的弯曲和拉伸性能。

采用酯类化合物对玉米醇溶蛋白进行化学交联，可以得到抗张强度较高、通透性较低的玉米醇溶蛋白材料。采用柠檬酸、丁烷四甲酸、甲醛等交联剂处理玉米醇溶蛋白，可以使其抗张强度提高2~3倍。采用环氧氯丙烷、甲醛等交联剂处理玉米醇溶蛋白和淀粉，可以得到防水性较好的塑料膜。采用亚油酸或油酸处理玉米醇溶蛋白，可以制得抗张性能及耐受性良好的塑料。

玉米醇溶蛋白还可以作为高分子胶黏剂广泛应用于粉末、干燥食品、木材、树脂、金属等材料的黏合。例如，将玉米醇溶蛋白溶于醇制成溶液，再添加脂肪酸进行化学交联，可制得玉米醇溶蛋白黏合剂，具有优良的黏合效果。另外，根据对象物的不同，还可利用玉米醇溶蛋白的热可塑性进行熔融压黏。

（四）纤维材料

玉米醇溶蛋白纤维最早于1919年通过对玉米醇溶蛋白溶液进行机械处理而获得，但这种方法成本高，无法实现商业化生产。经一系列方法改进后，将玉米醇溶蛋白的乙醇溶液挤压至水、空气（干法制丝）或其他液体（湿法制丝）中，进一步通过凝固浴制成纤维。这种方法制得的玉米醇溶蛋白纤维强度和硬度可以通过添加直链聚酰胺、成品丝浸入改性剂（甲醛、硫酸铝、钠及氯化物的混合物）等方法进一步提高。如在凝固浴中使用乙酸，可以极大地改善玉米醇溶蛋白纤维的拉伸强度。通过玉米醇溶蛋白水混合物生产纤维的方法可以避免酸和碱的使用，该法将玉米醇溶蛋白和水在低温下混合，加热后挤压成丝。

20世纪40年代，湿法纺丝开始应用于制备玉米醇溶蛋白纤维。该法使用碱水溶解玉米醇溶蛋白，然后将它挤压成丝。预塑化处理时间在该工艺中会显著影响成品纤维的力学性质，预塑化时间越长，纤维的拉强度越大，伸长率越小。乙酰处理后的纤维较柔软，耐水性良好。

20世纪50年代，部分美国公司开始商业化生产玉米醇溶蛋白纤维产品，并广泛应用于纺织、服装、美容等行业。其中，维卡（Vicara）纤维是应用最广的一种玉米醇溶蛋白纤维，其质地柔软，半透明，耐热和酸碱性好，可经受热水、蒸汽以及化学药品的洗涤、熨烫和印染等处理。

（五）涂料

利用玉米醇溶蛋白良好的耐久性和抗油性，可将其作为涂料应用于建筑、包装等行业。例如，玉米醇溶蛋白的抗油性较好，与疏水性能较好的松脂共混后可作为涂料用于船用发动机室、各类发动机舱等对涂料抗油、抗水性能有特殊需求的场景。玉米醇溶蛋白还可以作为涂料涂抹于纤维板容器、包装纸等，用于油炸食品、高盐食品的包装。20世纪40年代，玉米醇溶蛋白已代替虫胶用于生产磁漆、油漆和涂料。与虫胶涂料地板相比，玉米醇溶蛋白/松脂共混涂料可以改善地板的抗磨性，使地板保持高亮泽，玉米醇溶蛋白含量越高，地板的抗磨性越好。玉米醇溶蛋白也可以作为涂层涂布于光滑纸表面，以增加纸张的光滑度和抗油性。

（六）食品用材料

玉米醇溶蛋白具有良好的生物相容性，还可以作为食品用材料加以应用。例如，溶菌酶是最常用的抗菌物质之一，普遍应用于纸质包装材料，利用玉米醇溶蛋白可以控制溶菌酶的分布和释放，在玉米醇溶蛋白中加入溶菌酶、白蛋白、EDTA二钠，可以制备具有抗菌性、抗氧化性，并能清除自由基的功能性食品添加材料。

玉米醇溶蛋白表面具有疏水性，可作为油脂模拟品替代部分奶油，所以玉米醇溶蛋白可作为食品添加剂制作冰激凌，也可以替代色拉油制作蛋黄酱。与普通油脂相比，玉米醇溶蛋白的加入会显著降低成品的热量，可有效预防高热量饮食引起的健康问题。

玉米醇溶蛋白可作为澄清剂降低浊度，可用于酿酒行业（如葡萄酒），除去酒体中所含酚类化合物而不改变葡萄酒的颜色，具有成本低、无毒副作用等优点。玉米醇溶蛋白还可作为涂层材料用于糖果、干鲜水果、坚果和口香糖的生产。

第四节　大豆蛋白

大豆是我国主要的农作物之一，兼有食用油脂资源和食用蛋白资源的特点，具有很高的营养价值。大豆蛋白是自然界中含量最丰富的蛋白质，所含氨基酸组成与人体必需氨基酸组成相似，还含有丰富的钙、磷、铁、低聚糖及各种维生素，被誉为"生长着的黄金"。工业化的大豆蛋白产品包括大豆蛋白粉（SF）、大豆浓缩蛋白（SPC）、大豆蛋白（SP1）及大豆组织蛋白（TSP）。由于大豆蛋白具有高产量和良好的性能，因此以其制备材料并应用于生产受到广泛关注。

一、大豆蛋白的组成结构

大豆蛋白是存在于大豆种子中的诸多蛋白质的总称，大豆籽粒中含有40%的蛋白质，用水抽提脱脂大豆可得纯度为90%的蛋白质。大豆蛋白主要是球蛋白，在pH≈4.5的等电点区域内不溶解，用等电点沉淀法析出大豆蛋白后，可再进行离心分离，根据大豆蛋白在离心机中的沉降速度可以将不同分子量的球蛋白分离，主要分为2s、7s、11s和15s四组，主要成分见表7.4。

表7.4 大豆中主要蛋白质组成

分离组别	分离蛋白占总蛋白比例/%	主要成分	分子量/Da
2s	22	胰蛋白酶抑制剂	8000～21500
		细胞色素C	12000
7s	37	血球凝集素	110000
		脂肪氧化酶	102000
		β-淀粉酶	61700
		7s球蛋白	180000～210000
11s	30	11s球蛋白	350000
15s	11	待测定	600000

从表7.4可以看出，2s和15s两组中蛋白含量相对较少，大豆蛋白的主要组分在7s（β-浓缩球蛋白）和11s（球蛋白）两组，两者约占球蛋白的67%，两种球蛋白的比例随品种而异。按分子量由大到小排序：15s＞11s＞7s＞2s。在提取分离蛋白质时，小分子蛋白质分散于水溶液，而大分子蛋白质因难溶而残留在残渣中。

7s大豆蛋白往往是指β-浓缩球蛋白，7s大豆蛋白在离子强度发生变化时是不稳定的，甚至会发生聚合和析离作用。7s大豆蛋白的次单元结构较复杂，7s大豆蛋白中也存在少量γ-浓缩球蛋白，它受离子强度及酸碱性的影响非常显著。例如，当离子强度为0.1和pH为中性时，7s大豆蛋白会聚合成9s大豆蛋白和12s大豆蛋白，而在低离子浓度溶液中仍保持7s大豆蛋白。7s大豆蛋白在pH接近其等电点时会发生更显著的聚合作用，生成18s大豆蛋白。

11s大豆蛋白由球蛋白组成，是一种不均一的蛋白质，其分子量为340000～375000Da，是大豆蛋白的主要成分之一，其构型容易受pH、碱浓度、尿素、温度及乙醇浓度等因素的影响。这种蛋白质具有复杂的多晶现象，对构成四级结构起着重要作用。11s球蛋白的等电点为4.64，蛋氨酸含量低，而赖氨酸含量高，疏水的丙氨酸、脯氨酸、异亮氨酸和苯丙氨酸总量与亲水的赖氨酸、组氨酸、胱氨酸、天冬氨酸和谷氨酸总量的比例为23.5%：46.7%。

11s大豆蛋白和7s大豆蛋白含量最多的氨基酸是谷氨酸和天门冬氨酸，两者共占比45%左右，其中谷氨酸相对较多。7s大豆蛋白中含必需氨基酸中的色氨酸、蛋氨酸、半胱氨酸。11s大豆蛋白和7s大豆蛋白的主要差异为7s大豆蛋白中含有糖蛋白（包括含有3.8%甘露糖和1.2%氨基葡萄糖的糖蛋白），而11s大豆蛋白则不含糖，因此，通过亲和色谱法可分离纯化不含糖的11s大豆蛋白。

大豆蛋白的基本结构及各类化学基团所占比例见表7.5。如上文所述，在11s大豆蛋白及7s大豆蛋白的氨基酸中谷氨酸和天门冬氨酸含量最多，两者共占45%左右且以谷氨酸居多，大豆蛋白中酸性氨基酸约一半为酰胺态。就人体必需氨基酸中的色氨酸、蛋氨酸、半胱氨酸的含量而言，11s大豆蛋白比7s大豆蛋白多5～6倍，赖氨酸则以7s大豆蛋白较多，含硫氨基酸较少。大豆蛋白中胱氨酸含量与双硫键（S—S结合）的解离与结合相关，对物性影响很大，7s大豆蛋白的胱氨酸含量相当少。

表7.5 大豆蛋白的基本结构及各类化学基团所占的比例

基本结构	R	结构	含量
$\left(NH-CH-\overset{\overset{O}{\parallel}}{C}\right)_n$ $\underset{R}{\vert}$	酰胺	$-CONH_2$	15%~40%
	酸性基团	$-COOH$ $-CH_2OH$	2%~10%
	中性基团	$-CH_2OH$ $-CH(OH)CH_3$ $-C_6H_4OH$	6%~10%
	碱性基团	$-NH_2$ $-NHCH(OH)CH_3$ (咪唑基)	13%~20%
	含硫基	$-CH_2SH$	0%~3%

大豆蛋白同时具有一、二、三、四级结构，其多肽链构象有α-螺旋和β-折叠两种。在大豆蛋白的三级结构中，非极性基团转向分子内部形成疏水键，极性基团或转向分子内部形成氢键，或者转向分子表面与极性水分子作用。

二、大豆蛋白的性质

大豆蛋白在溶解状态下具有许多功能特性，如溶解性、吸水性、起泡性、凝胶性、乳化性等。大豆蛋白的溶解性部分决定了某些相关物理性质，一般来说，溶解性越好，其胶体形成能力、乳化性、起泡性等越佳。

（一）溶解性和吸水性

大豆蛋白溶液的pH和离子强度对大豆蛋白的溶解性影响很大。当溶液pH=0.5时，约50%的大豆蛋白溶解；当溶液pH=2.0时，约85%的大豆蛋白溶解，pH继续增大，大豆蛋白的溶解度降低；当pH为4.2~4.3时，大豆蛋白的溶解度最小，约为10%，这时大豆蛋白基本不溶解，则该pH为大豆蛋白的等电点。随着溶液pH的继续增大，大豆蛋白的溶解度再次提高，当pH=6.5时，大豆蛋白的溶解度可提高到85%左右；当溶液pH=12.0时，大豆蛋白的溶解度达到最大，约为90%。大豆蛋白的溶解度可通过调节pH、离子种类、强度与温度等条件来控制，这种溶解性能的利用与调控是进行材料加工的基础。

大豆蛋白溶液的离子强度会显著影响大豆蛋白的溶解度。例如，当pH小于4时，向大豆蛋白溶液中加入一定浓度的盐，会使溶液形成贫蛋白和富蛋白两个分离的液相。可利用这一性质将大豆蛋白浓胶挤压到热水中制造蛋白纤维。

大豆蛋白的吸水性是指在一定湿度的环境中，蛋白质（干基）达到水分平衡时的含水量。一般说来，每100g大豆蛋白可吸水35g。大豆蛋白的吸水性会使其在加工制备时容易吸湿、吸潮，不利于材料化应用，因此，有效提高大豆蛋白的耐水性和防潮性，对于其材料化应用十分重要。

（二）凝胶性

大豆蛋白的凝胶性是指大豆蛋白首先分散于水中形成溶胶体，在一定条件下，单个蛋白质分子可相互作用形成凝胶状三维网络结构。凝胶化是蛋白质的三级结构和四级结构的变化，大豆蛋白凝胶的形成受多种因素的影响，如蛋白质浓度、组成、温度变化、pH变化以及有无盐类和巯基化合物存在等。

大豆蛋白浓度和组成是凝胶能否形成的决定性因素。浓度为8%～16%的大豆蛋白溶液经加热、冷却后即可形成凝胶，且浓度越高，形成的凝胶强度越大。当浓度低于8%时，仅用加热的方法不能形成凝胶，必须在加热后及时调节pH或离子强度，才可能形成凝胶，其强度也较低。在浓度相同的情况下，大豆蛋白的组成不同，其凝胶化性能也不相同。大豆蛋白中，只有7s大豆蛋白和11s大豆蛋白才有凝胶性，且11s大豆蛋白凝胶的硬度和组织性明显高于7s大豆蛋白凝胶。这可能是两种组分所含巯基和二硫键的数量及其在凝胶形成过程中的变化不同所致。

加热是大豆蛋白凝胶形成的必要条件。在大豆蛋白溶液中，蛋白质分子通常是一种卷曲的紧密结构，表面被水化膜包围，因而具有相对稳定性。加热会使蛋白质分子呈舒展状态，使包埋在卷曲结构内部的疏水基团暴露在外，处于卷曲结构外部的亲水基团相对减少。加热还会加速蛋白质分子的运动，使分子间接触机会增多，导致蛋白分子间通过疏水键、二硫键结合的概率上升，从而形成中间留有空隙的立体网状结构。加热和冷却的温度与时间会影响大豆蛋白凝胶的结构和性质。一般来说，当大豆蛋白的浓度为7%时，其凝胶化的临界温度为65℃。凝胶化率与凝胶硬度随加热温度、时间和蛋白质浓度会发生显著变化。大豆蛋白的凝胶特性有助于其材料化应用，对材料加工过程具有重要意义，尤其有助于其在食品和生物医用材料领域的应用。

（三）乳化性

大豆蛋白溶液具有乳化性。大豆蛋白溶液经过均质器处理后，生成的细微离子表面会被蛋白质形成的低表面能膜覆盖，从而阻止油滴的物理性凝集，强化周围的水化层或双电层。以酶处理大豆蛋白，可提高其乳化性能，增加乳化容量，但会降低乳化稳定性。

蛋白质的起泡性包括泡形成性与泡稳定性两部分。在等电点附近，蛋白质的泡形成性最小，泡稳定性最高。蛋白质浓度上升，泡形成性增加，泡稳定性减小。当蛋白质浓度为3%时，泡稳定性基本丧失，泡形成性达到最大。大豆蛋白中分离蛋白的泡形成性最好，乳化稳定性也好；大豆蛋白中浓缩蛋白的泡形成性次之。

三、大豆蛋白的物理改性

利用热、电、磁、机械剪切等物理作用改变蛋白质高级结构和分子间聚集方式的方称为物理改性，一般不涉及蛋白质一级结构变化。大豆蛋白的物理改性具有成本低、无毒副作用、作用时间短等优点。例如，干磨后的大豆蛋白粉与未研磨的相比，吸水性、溶解性、吸油性和起泡性等都得到了改进；用豆乳均质处理大豆蛋白，可提高其乳能力；挤压处理使大豆蛋白分子在高温高压下受定向力的作用而定向排列，最终压力释放，水分瞬间蒸发，形成具高咀嚼性和良好口感的纤维状蛋白。常用的大豆蛋白物理改性方法有热处理、超高压处理、超声处理、辐射处理、物理共混等。

（一）热处理

对大豆蛋白进行热处理，蛋白质分子之间的共价键被破坏，内部结构被打开，溶解性、持水性、乳化性、乳化稳定性、起泡性、凝胶性等方面均可得到改善。适度的热处理还可改善大豆蛋白的功能性和营养特性，如大豆蛋白在85℃下热处理2min，可提高其表面活性、乳化性和凝胶作用。

（二）超高压处理

超高压处理最主要的特点是破坏或形成蛋白质的非共价键，从而对蛋白质的结构和性质产生影响。超高压处理仅破坏蛋白质分子间的氢键、离子键等非共价键，使蛋白质改性。如400MPa的压力可使7s大豆蛋白解离为部分或全部变性的单体，使11s大豆蛋白的多肽链伸展而导致絮凝，明显改善大豆蛋白的溶解性。超高压均质处理可提高大豆蛋白的溶解性，其溶解度随压力的增大而提高。经过超高压处理的大豆蛋白，溶解度在中性介质中明显高于酸性介质。

（三）超声处理

超声处理也可实现大豆蛋白的物理改性。大豆蛋白在200W超声功率下处理5s后，溶解度可比未经超声处理的提高86%，这是由于大功率超声的"声空化"作用，在水相介质中产生强大的压力、剪切力和高温，使蛋白质发生裂解，并加速某些化学反应，破坏蛋白质的四级结构，使小分子亚基或肽被释放出来，从而显著提高大豆蛋白的溶解性。超声处理大豆蛋白还能提高其乳化性能、表面疏水性和起泡性等，例如，当超声功率为320W时，大豆蛋白的乳化性可提高17%，乳化稳定性可提高49%；当超声功率为640W时，大豆蛋白的表面疏水性可提高39%；当超声功率为960W时，大豆蛋白的起泡性可提高70%；当超声功率为800W时，大豆蛋白的起泡稳定性可提高7%。

（四）辐射处理

辐射处理也会导致大豆蛋白变性。通过频率为300MHz～300GHz的电磁波（微波）的高速振荡对大豆蛋白中的极性分子产生热作用和机械作用，改变大豆蛋白的结构和功能性质。当微波频率较低时，大豆蛋白部分极性分子结构发生改变；当频率继续增大时，大豆蛋白分子构型相继发生变化，溶解性随频率的增大和辐射时间的延长而提高；当频率过高时，大豆蛋白分子将聚集沉淀，溶解性急剧下降。

（五）物理共混

物理共混是一种良好的大豆蛋白物理改性方法。将大豆蛋白与壳聚糖、纤维素、淀粉等可降解高分子材料共混制备复合材料，能有效提高大豆蛋白的疏水性、加工性能、力学性能。

大豆蛋白与滑石粉、膨润土、沸石等黏土矿物共混，可以得到拉伸强度显著提高、水汽渗透性下降的材料。通过水性聚氨酯（WPU）与大豆蛋白共混制膜，能得到具有高抗水性、高弹性的材料，这种材料在湿度较大的环境中有较好的应用性能。将琼脂与大豆蛋白共混制备复合材料，拉伸强度可由纯大豆蛋白材料的4.1MPa增加到24.6MPa。用水作增塑剂，将大豆蛋白与40%的黄麻纤维共混制得复合材料，即使在湿度为90%的条件下，其弯曲强度、拉伸强度和拉伸模量也要高于聚丙烯—黄麻纤维复合材料。

四、大豆蛋白的化学改性

组成大豆蛋白的主要元素为C、H、O、N、S、P等，包含的主要化学基团包括氨基

（—NH$_2$）、羟基（—OH）、巯基（—SH）及羧基（—COOH）等。这些基团可以参与一系列化学反应，包括酰基化、脱酰胺化、磷酸化、氨基酸共价连接、烷基化、硫醇化、羧甲基化、磺酸化、糖基化、胍基化、氧化、接枝共聚、共价交联、水解等。大豆蛋白基团常见的化学反应和功能效果见表7.6。

表7.6 大豆蛋白基团常见的化学反应方法和功能效果

基团	化学反应	功能效果
—NH$_2$	酰化	改善抗凝聚性、溶解性
—NH$_2$	磷酸酯化	改善乳化性、溶解性、发泡性
—NH$_2$	硫醇化	改善黏弹性、韧性
—NH$_2$	乙酰化	改善起泡性、乳化性、溶解性、黏度
S—S—SH	磺酸化	改善溶解性、抗凝聚性、乳化性
—OH	羧甲基化	改善溶解性、乳化性、抗菌性

（一）酰化反应

大豆蛋白的酰化反应是琥珀酸酐或乙酸酐等的酰基与大豆蛋白氨基酸残基上的氨基反应。例如，以琥珀酸酐作为酰化试剂，可在大豆蛋白中引入琥珀酸亲水基团。进一步通过接枝反应为大豆蛋白引入亲油基团使其具有两亲性，可制备大豆蛋白基表面活性剂。酰化反应会影响大豆蛋白的等电点和溶解性等性能，使等电点向低pH移动，提高大豆蛋白在pH为4.5～7.0时的溶解度和稳定性。酰化反应后的大豆蛋白可直接成膜，也可热压成型制备塑料。

（二）磷酸酯化反应

大豆蛋白的磷酸酯化反应实质是大豆蛋白赖氨酸残基的氨基与磷酸化试剂在弱酸性环境中进行的氨基磷酸酯化反应。常用的磷酸化试剂有环状磷酸三钠（Na$_3$P$_3$O$_9$，STMP）、三聚磷酸钠（Na$_5$P$_3$O$_{10}$，STP）和三氯氧磷（POCl$_3$）等。磷酸化反应可改善大豆蛋白的溶解性、乳化性、发泡性及流变性等。

（三）交联反应

大豆蛋白可通过甲醛、乙醛、戊二醛、甘油等交联剂发生交联反应，将大豆蛋白本身或与其他高分子连接起来。用醛类交联时，生成的醛亚胺中的碳氮双键与碳碳双键形成共轭体系的稳定结构，可提高材料的疏水性。例如，戊二醛可与大豆蛋白中的赖氨酸和组氨酸的e-氨基残基反应，使其发生分子内和分子间交联。双醛淀粉是一种特殊的高分子量醛类交联剂，一般用于制备可食性交联蛋白塑料，所得材料的拉伸强度和耐水性同时提高。非醛类交联剂如环氧氯丙烷、碳化二亚胺等也是适于制备无毒性大豆蛋白生物材料的交联剂。交联反应一般用来增加蛋白质膜的耐水性、内聚力、刚性、力学性能和承载性能，但会延长其生物降解时间。

（四）接枝共聚

接枝共聚是一种可将多种高分子链引入大豆蛋白的有效方法。在乳液聚合反应中，以过硫酸铵作为引发剂，大豆蛋白可以和乙烯基单体发生接枝共聚反应，得到接枝共聚物。

（五）糖基化反应

大豆蛋白与多羟基化合物形成共价键可增加蛋白质的功能性（溶解性等），用席夫碱还原，使单糖或低聚糖与e-氨基酸发生美拉德反应，可生成新的糖蛋白。例如，大豆蛋白与半乳糖、甘露聚糖经过美拉德反应可形成结合体，在pH为1~12时都有良好的溶解性、热稳定性和乳化性，大豆蛋白溶液的抗氧化能力也相应得到有效改善，长时间放置不会变质腐败。

五、大豆蛋白的酶处理

动物蛋白酶、植物蛋白酶、微生物蛋白酶等可以使蛋白质发生部分降解，通过大豆蛋白分子间、分子内交联反应或链接功能基团，对蛋白质进行改性。许多化学改性方法包括去酰胺、磷酸酯化反应，都可用酶处理代替，如从酵母Yarrowia lipolytica分离的酪蛋白激酶Ⅱ（CK Ⅱ）可用于大豆蛋白的磷酸酯化改性。蛋白酶作用于大豆蛋白，当水解度小于6%时，产物乳化性随其溶解性的增加而改善。许多碱性内切蛋白酶（如Alcalase）可对大豆蛋白进行酶解改性，其机理属于大豆蛋白的脱酰胺化。

用动物蛋白酶如胰酶（胰凝乳蛋白酶、胰蛋白酶）对大豆蛋白进行水解，可提高大豆蛋白的表面疏水性，改善其溶解性、乳化性。用疏水专一性蛋白酶（胃蛋白酶、胰凝乳蛋白酶等）对大豆蛋白进行水解，可降低大豆蛋白水解物的苦味。

用木瓜蛋白酶等植物蛋白酶对大豆蛋白进行处理，当水解度为3%、13%、17%时，大豆蛋白分别具有溶解度100%、起泡性好、乳化性好的特点。

微生物蛋白酶可以较快地水解大豆蛋白，改进大豆蛋白的乳化性、起泡性、溶解性等。用谷氨酰胺转氨酶催化11s大豆蛋白（pH为7.0~8.0，低于50℃）和乳清蛋白，可发生分子内或分子间交联，交联蛋白质形成的膜的强度比未交联蛋白质高2倍。枯草杆菌蛋白酶也是一种较常用的微生物蛋白酶，来源丰富，作用底物较广泛，能水解大豆蛋白，制备小分子肽。

MTGase是一种能催化多肽或蛋白质的谷氨酰胺残基的γ-羟胺基团与伯胺化合物酰基受体之间的酰基转移反应的酶，通过该转移反应，可以共价键的形式在异种、同种蛋白质上接入多肽、氨基酸、氨基糖类、蛋白质、磷脂等，有效改变蛋白质的功能性质。如热稳定性高、溶解度大的乳清蛋白—大豆球蛋白聚合物要以MTGase为催化剂制备。

六、大豆蛋白材料及其应用

大豆蛋白具有生物可降解性、可加工性（如挤出和注塑的模具设备），以及优良的力学性能，阻隔性能和对水的敏感性等，作为表面活性剂、塑料添加剂、油漆、胶黏剂、涂料等广泛用于照相产品、汽车外壳、纤维、化妆品、造纸工业等。目前，基于大豆蛋白的各种材料已广泛应用于多个领域。部分大豆蛋白工业产品结构与性能的关系详见表7.7。

表7.7 大豆蛋白工业产品的结构与性能

产品类型	产品特性	所需性质	性能要求
涂料	油漆/墨汁	黏结性能	暴露特殊基团
	纸/包装涂料	膜力学强度	缠结
		防水性能	交联

续表

产品类型	产品特性	所需性质	性能要求
胶黏剂	热熔	黏结强度	缠结
		防水性能	交联
	水溶性	加工	可溶性
塑料	包装	拉伸强度	缠结
		防水性能	交联
表面活性剂	润湿剂	界面稳定性	暴露特殊基团
	乳化/去污剂	表面张力	暴露特殊基团

（一）用于黏合剂

脲醛树脂胶、酚醛树脂胶和三聚氰胺甲醛树脂胶等传统的合成胶黏剂，对石油有很强的依赖性，并且会在生产、运输和使用过程中不断释放甲醛，严重影响人们的健康，大豆蛋白胶黏剂可以解决这一问题。通过对大豆蛋白进行相应改性可以得到黏结强度和耐水性良好的胶黏剂，这类胶黏剂原料是可再生资源，环境友好，设备简单，调制和使用方便，胶合强度较好，能满足一般室内使用的人造板及胶合制品的要求，胶合板胶黏剂是大豆产品的主要用途之一。用碱和胰蛋白酶改性大豆蛋白，大豆蛋白胶黏剂的黏结强度和耐水性都有明显的提高。用尿素对大豆蛋白改性制备的胶黏剂比用碱改性制备的胶黏剂耐水性更强，用水解大豆粉与酚醛树脂反应制得的胶黏剂可用于中密度纤维板和刨花板的黏结，板材的物理力学性能优于商业酚醛树脂胶黏剂CP-A，琥珀酰化和乙酰化改性方法大豆蛋白所得胶黏剂可以用于纸张涂布，用缓慢冷冻和融化的方法可以生产植物蛋白胶黏剂，用于纺织、纸箱包装及水基涂料等行业，用硼酸交联脱脂大豆粉中的多糖可以提高小麦密度板的耐水性，NaOH和乙醇都可导致大豆蛋白变性，使蛋白质分子内部的疏水性氨基酸残基暴露出来，形成更多的活性基团，从而提高大豆蛋白胶的黏接强度和耐水性。以尿素和亚硫酸钠改性大豆蛋白，与醋酸乙烯酯进行接枝共聚，再通过金属盐改性，可制得具有良好综合性能的乳液胶黏剂。

（二）用于制备可降解塑料

加工成本较低的大豆蛋白用于制备可降解塑料可以在一定程度上缓解环境污染和能源危机问题。按照加工的最终形态及蛋白质含量，大豆蛋白可分为脱脂大豆粉（SF）、大豆浓缩蛋白（SPC）和大豆分离蛋白（SP），其中大豆分离蛋白具有较高（不低于90%）的蛋白质含量，成为研究大豆蛋白可生物降解材料的主要原料。大豆分离蛋白具有肽键、氢键、二硫键、空间相互作用、范德瓦耳斯相互作用、静电相互作用和疏水相互作用等结构稳定因素，逐渐被用于改性制备生物降解材料。如利用氢键的蛋白质改性，利用尿素分子的氧原子和氢原子能与蛋白质分子中的羟基作用，破坏蛋白质分子中的氢键，使蛋白质分子空间结构解体，将原来包埋于球状分子内部的官能团裸露出来，与水分子发生溶剂化作用，提高大豆蛋白塑料熔体的流动性，使大豆蛋白具有良好的加工性能。改性大豆蛋白具有较好的力学性能、耐水性能和透光率，其断裂伸长率能达到200%，饱和吸水率在10%以下。采用马来酸酐、邻苯二甲酸酐对SPI进行化学改性，能使大豆蛋白材料的力学性能、耐水性能和透光率得到明显改善。用脲和SDS处理SPI，改性后的SPI表面疏水性明显提高。

（三）用于复合材料

将大豆蛋白作为热塑性工程塑料应用的途径之一，就是将其加工成共混物或者复合材料。大豆蛋白与20%的聚磷酸盐复合，可将材料的弯曲模量从1.7GPa提高到2.1GPa，且聚磷酸盐的加入使材料由脆性断裂转变为假塑性断裂，用硅烷偶联剂对聚磷酸盐预处理，能够进一步提高复合材料的弯曲模量并降低吸水率。大豆蛋白与麦草复合，改性的大豆蛋白作为黏结剂压制的板材力学性能最好，其拉伸强度和压缩强度分别为4.888MPa和4.286MPa。大豆分离蛋白和麻纤维复合，复合材料的断裂应力、杨氏模量随着纤维长度的增长和质量分数的增加而提高（添加10% 5mm长的短纤维没有明显的增强作用，短纤维作为增强材料反而成为瑕点降低了材料的拉伸性能）。大豆分离蛋白与改性淀粉共混，改性淀粉与大豆分离蛋白之间发生了交联，对大豆分离蛋白材料起到了增强作用，提高了大豆分离蛋白在水中的抗破碎能力。在大豆分离蛋白/聚（乙烯—丙烯酸酯—马来酸酐）复合材料中聚（乙烯—丙烯酸酯—马来酸酐）用量增加会导致材料的吸水率、拉伸强度和模量降低，硬度及伸长率增加。聚氨酯、黄原胶、多糖、纤维素等与大豆蛋白复合制备材料，可以应用于保鲜材料、泡沫包装材料及黏结剂等。

第五节　蚕丝材料

蚕丝是人类最早利用的天然蛋白质之一，享有"纤维皇后"之誉，具有良好的吸湿性和独特的光泽。丝绸服装穿着舒适、优美、典雅，对人体有很好的保健功能，深受国内外人们的喜爱。随着科学技术的发展，蚕丝近年来经历了巨大的变化与更新，蚕丝不只用于编织用途，自20世纪70年代至今，国内外的研究人员一直在积极地探索开拓蚕丝的新的用途。

随着对蚕丝结构研究的不断深入，其开发利用的研究领域也不断地拓宽。逐渐延伸到食品、发酵工业新材料、生物制药、临床诊断治疗、环境保护、能源利用、医用材料及化妆品等领域，并呈现出欣欣向荣的景象。如蚕丝蛋白在生物医药领域制成人工皮肤、人造角膜及生物传感器等；在日用化工领域可用作具有优良特性的护肤、护发品及皮肤外用药等；在食品工业领域还可以生产丝蛋白果冻等新型保健食品，具有良好的应用前景和经济价值。

一、蚕丝蛋白的组成结构

蚕丝是一种高分子量的纤维蛋白，由丝素（fibroin）和丝胶（sericin）组成，还含有少量的脂肪、蜡质、色素和无机盐等。其中柞蚕丝中丝素占70%~80%，丝胶占20%~30%。丝胶和丝素都属于蛋白质，水解后的最终产物是a-氨基酸。

（一）丝素的结构

丝素由重复的蛋白序列组合而成，分子量比较大，为36万~37万Da，主要是由轻链（分子量46000Da）和重链（分子量390000Da）通过二硫键以1:1的比例连接。丝素蛋白重链序列中包含结构高度重复并富含甘氨酸的中间区，和2个结构重复性差的C端和N端，GAGAGS是中间区的主要部分［甘氨酸（Gly）、丙氨酸（Ala）和丝氨酸（Ser）］，是蚕丝中3折叠微晶的构成单位，这3种氨基酸的质量比为4:3:1，质量分数占全部氨基酸的80%左右。

蚕丝可视为高分子链沿纤维长轴高度取向的半结晶高分子材料，丝素蛋白包括结晶区和非结晶区两部分，丝素蛋白的晶态结构和结晶度在决定丝素蛋白的机械性能和生物医学应用的性能方面起到了至关重要的作用。丝素蛋白的结晶部分为较为紧密的 β-折叠结构，在水中仅发生膨胀而不能溶解，也不溶于乙醇等有机溶剂。无定形链段由结晶区的 β-折叠晶体连接成丝素蛋白网络结构，蚕丝无序结构中含18%的 β-折叠结构，蛋白质的晶体结构主要由其二级结构来决定，无规卷曲结构在剪切力的作用下更加松散，而 β-折叠微晶结构未发生变化。

丝素蛋白有两种结晶形态，分别称为Silk I（主要在非结晶区）和Silk II（主要在结晶区）。Silk I 具有水溶性，是亚稳态的结构，包括无规线团和 α-螺旋结构，丝素的肽链排列不整齐且疏松，存在弯曲和结，当有外力作用并且拉伸时，可以伸直变长，去除外力又可以恢复原状，有很好的弹性性能。在Silk II 结构中，丝素蛋白的分子链主要是按 α-螺旋和 β-平行结构交替堆积形成，在这种分子链结构中，其晶胞属于正交晶系。Silk I 的 α-螺旋结构中氨基、羧基侧链向外伸出，使相邻的螺旋圈之间形成链内氢键，氢键的取向与中心轴平行。在Silk I 的分子链模型中，分子链重复单元为二肽，且整个分子链呈现出曲轴型，呈 β-平行的丙氨酸与纤维轴平行，而呈 α-螺旋的甘氨酸则与纤维轴垂直。无规卷曲结构的链段之间结合力较弱，导致丝素结晶度低、易溶于水、在水中易溶胀、机械性能差、柔软度高，对盐、酶、酸、碱及热的抵抗力较弱，Silk I 遇热水、稀碱、剪切作用力时会被拉长伸展，链内氢键被破坏，形成更为稳定的具有 β-折叠的结构，即Silk II 结构。如将蚕丝蛋白薄膜样品从192℃加热至214℃，β-折叠结构的含量从0.11上升至0.43，这是无规卷曲结构向 β-折叠转变的结果。Silk II 属于水不溶性结构，是以反平行 β-折叠的伸展肽链形式存在的，肽链排列整齐，此晶胞属于单斜晶系，分子链由"丙氨酸—甘氨酸"的重复单元结构构成并作反向平行并列，链段排列比较整齐，结合紧密，结构较稳定。这种结构被外力拉伸时拉伸应力强，柔软度低，在水中较难溶解，并且抵抗盐、酶、酸、碱及高温的能力较强。

（二）丝胶的结构

丝胶覆盖在丝素的外层，丝胶在蚕体内对丝素的流动起润滑剂作用，在茧丝中对丝素起到保护和胶黏作用，约占茧层质量的25%，并含少量的蜡质、碳水化合物、色素和无机成分。丝胶是一种球状蛋白，以鳞状粒片不规则地附着于丝素外围。分子量为1.4万～31.4万Da。丝胶蛋白中的极性侧链氨基酸占约74.61%，其中丝氨酸（Ser）、天门冬氨酸（Asp）和甘氨酸（Gly）的含量较高，相对质量分别达到33.43%、16.71%和13.49%。丝胶的二级结构以无规卷曲为主，含有部分 β-折叠构象，几乎不含 α-螺旋结构，故丝胶分子空间结构松散、无序。丝素内层丝胶中含 β-折叠结构的比例比外层丝胶高，但是外层丝胶在环境条件特别是湿度的影响下，部分无规卷曲能向 β-折叠结构发生不可逆转变。

由于极性侧链氨基酸含量较高，丝胶表现出较好的水溶性和吸水性，可在水中膨润溶解，在热水中能逐步溶解，而人工制作的易溶性丝胶粉末在冷水中即能溶解。将溶于水的丝胶在自然条件下放置，可得到可逆性的丝胶凝胶。改变丝胶溶液的浓度、pH、温度等参数，或加入各种添加剂，可得到具有不同性能的各种凝胶状丝胶。液胶向凝胶转化的温度一般在60℃以下，凝胶向液胶转化的温度为50～70℃。液胶向凝胶转化的过程伴随着部分无规卷曲向构象的不可逆转化，凝胶强度与凝胶的浓度呈正比。丝胶向凝胶转化的过程中，伴随着部分无规卷曲向构象的不可逆转化，凝胶强度与凝胶的浓度呈正比。丝胶能抑制酪氨酸酶和多酚氧化酶的活性，其机理可能是丝胶中高比例的羟基氨基酸与微量元素如铜、铁的络合影响酶活性的正常发挥。

二、丝素蛋白的提取

提取丝素蛋白的途径主要有两种：从五龄蚕的丝腺中直接获得丝素蛋白；从天然蚕丝或茧壳中提取丝素蛋白。从蚕丝腺中提取丝素蛋白的操作难度比较大，所以在需要大量制备丝素蛋白的情况下，多数采用第二种方法，即从天然蚕丝或茧壳中提取丝素蛋白。

从天然蚕丝或茧壳中提取丝素蛋白分为两个步骤：蚕丝或茧壳的脱胶和丝素纤维的溶解。

（一）脱胶的方法

1. 马赛热皂液法（Marseilles soap）

把干燥的桑蚕茧壳放入0.5%的马赛热皂液和0.3%的Na_2CO_3混合液中，在100℃下煮沸1h，再用去离子水冲洗数次，即得到丝素纤维。

2. Na_2CO_3脱胶法

用Na_2CO_3脱胶有3种操作方法：第一种，在0.05% Na_2CO_3溶液中于98～100℃下加热30min，重复3次；在0.05% Na_2CO_3溶液中，脱胶液的体积（mL）与蚕壳的质量（g）之比为50，煮沸60min，重复2次；第二种，在0.5% Na_2CO_3溶液中，脱胶液的体积（mL）与蚕壳的质量（g）之比为50，煮沸30min，重复2次。脱胶后用苦味酸胭脂红溶液来检测精练丝是否脱胶完全，样品呈黄色表明丝胶脱尽，呈红色表明丝胶尚未脱尽；第三种，用0.5%的$NaHCO_3$煮沸30min进行脱胶，重复此操作一次后，用去离子水洗净，得到丝素纤维。

3. 酶解脱胶法

将蚕壳或蚕丝以2.5mg/mL放入1%（质量浓度）的Alkalase溶液中，在60℃下煮30min，其中脱胶液的体积（mL）与蚕壳的质量（g）之比为50。

4. 尿素脱胶法

脱胶液为8mol/L尿素溶液、0.04mol/L Tris和硫酸盐缓冲液（pH=7）、0.5mol/L巯基乙醇的混合溶液，其中脱胶液的体积（mL）与蚕壳的质量（g）之比为30。

5. 皂液脱胶法

将茧壳或蚕丝放入0.05%的皂液中，在100℃下煮30min，其中脱胶液的体积（mL）与蚕壳的质量（g）之比为100。

6. 水脱胶法

将茧壳或蚕丝放入100℃的水中，常压下煮5～60min，或用高压灭菌锅在120℃下煮5～30min，其中脱胶液的体积（mL）与蚕壳的质量（g）之比为30。

（二）丝素纤维的溶解

1. 阿吉萨瓦（Ajisawa）法

是将脱胶后的丝素纤维放入Ajisawa试剂［$CaCl_2$：EtOH：H_2O=111：92：144（质量比）］中，在75℃下不断搅拌，直至丝素纤维全部溶解，其中，丝素纤维的体积（mL）与Ajisawa试剂质量（g）的比为15。溶解液用去离子水透析，直到用$AgNO_3$检测不到Cl^-为止，视为溶解完全。Ajisawa法的溶解温度和时间可根据反应情况和要求进行适当的调节。用40%的高含量

$CaCl_2$溶液也能将丝素蛋白溶解，溶解后蛋白的分子量分布与加热时间有关。

2. LiBr溶解法

LiBr溶解法的溶解液可分为3种：m（LiBr）：m（C_2H_5OH）：m（H_2O）=45：44：11；m（LiBr）：m（C_2H_5OH）=40：60；9.5mol/L的$LiBr_2$—H_2O溶液。

3. 硫氰酸锂（LiSCN）溶解法

将生丝或茧壳放入饱和的（9mol/L）LiSCN溶解液中不断搅拌，直至溶解，丝素纤维/LiSCN=30/100（体积/质量）。得到的丝素溶液用水或5mol/L的尿素透析2h。由于LiSCN在中性、室温的条件下即可把丝素溶解，不引起肽键的水解，所以它是一种比较理想的溶解试剂。

除了LiSCN外，NaSCN、十二烷基磺酸锂也是很好的丝素溶解液。有报道称，LiCl/N,N-二甲基乙酰胺在室温条件下对丝素的溶解非常好，而且完全溶解仅需1～2h。

4. $Ca(NO_3)_2$溶解法

将脱胶蚕丝放入$Ca(NO_3)_2$—MeOH—H_2O体系中，m[$Ca(NO_3)_2 \cdot 4H_2O$]：m（CH_3OH）=3：1，加热并不断搅拌，直至溶解。其中$Ca(NO_3)_2$—MeOH—H_2O的配比、反应温度、加热时间可根据反应情况作适当调整，但应注意，这些条件的改变对最终所得的可溶性丝素蛋白的构象和蛋白的裂解程度有很大的影响。

（三）丝胶蛋白的提取

丝胶的获得有两种途径。一种是以下茧、废丝为原料，除去杂质后，用高温水浴脱胶。然后，将丝胶溶液浓缩、干燥，可制得固体粉末丝胶。或先用温热的纯碱溶液浸渍，再高温脱胶，经提纯、脱色、降解、浓缩、干燥，可得到含杂质极少的易溶丝胶粉。另一种是从煮茧和精炼的废液中提取。绢丝制绵、丝煮茧与副产品加工、丝绸印染精炼等生产废水中含有大量的蛋白质，其中含有大量的丝胶，但通常都作为废水排放。含丝胶的废水中同时还含有大量的盐类和表面活性物质，化学需氧量（chemical oxygen demand，COD）超过6000mg/L，因此提取有一定的难度。采用超滤和反渗透的方法处理废水，可回收97%的丝胶和70%的水，COD降低到50mg/L的低水平，这种方法不仅有效地回收了废水中的丝胶，还降低了用传统方法处理污水的成本。

1. 冷冻法

在丝胶蛋白溶液加入5%的活性炭，80℃条件下脱色30min，过滤；将滤液真空浓缩；浓缩液在pH=7，−20℃冰冻11～13h取出，自然解冻，过滤得到沉淀。滤液重新冰冻、解冻，过滤后合并沉淀；沉淀用无水酒精抽滤，干燥得白色结晶，即丝胶蛋白。用冷冻法提取柞蚕丝胶蛋白的回收率能达到58%，提取桑蚕丝胶的回收率可达75%。该法成本低，工艺简便，回收率较高。

2. 透析法

在丝胶蛋白溶液加入5%的活性炭，80℃条件下脱色30min，过滤；将滤液真空浓缩；将浓缩液放入透析袋，流水透析2d，然后用去离子水透析1d。过滤得沉淀；用无水酒精抽滤，干燥得白色结晶，即丝胶蛋白。在所用透析膜为8000～20000Da的情况下，柞蚕丝胶蛋白的回收率为20.0%，而桑蚕丝胶蛋白的回收率高达81.5%。

三、蚕丝蛋白的改性

蚕丝制品的质地轻柔飘逸、光泽优雅、手感柔软、外观华丽、吸湿透气性好，深受消费者青睐。但在穿着、洗涤过程中存在易泛黄、不耐磨、难打理、染色牢度欠佳等缺点，严重困扰着丝绸产业的发展，因此需对蚕丝纤维及其制品进行改良。研究人员对蚕丝纤维的改性已有较长的历史，改性的方法可以分为物理改性、化学改性以及基因技术，其中最主要的方法是接枝和共混。

（一）物理改性

1. 特殊热处理

蚕丝经过高温特殊处理后，可以大幅度改善光泽，提高强力和水耐洗色牢度。周岚等以温度、张力、助剂等为主要工艺因素，探究特殊热处理对蚕丝丝素结构和性能的影响，在湿热条件下，张力作用能增加蚕丝纤维的取向度和结晶度，从而提高蚕丝的断裂强度和耐洗色牢度；润湿保护剂对蚕丝纤维有良好的润湿膨化作用和一定的高温保护作用，有助于上述处理效果的提高。

2. 等离子体技术

等离子体是正负带电粒子密度相等的导电气体，其中包含离子、激发态分子、自由基等多种活性粒子，这些高速运动的活性粒子流和材料表面发生能量交换，使材料发生热蚀、蒸发、交联、降解、氧化等过程，并使表面产生大量的自由基或极性基团，从而使材料表面获得改性。等离子体技术具有节水、节能、无污染和工艺简单等特点，在现代科学技术各领域得到广泛的应用。它可改善聚合物表面性质而不改变聚合物母体性质。等离子体技术作为一种新的改性技术被广泛应用于棉、麻、丝、毛等纺织纤维改性研究，并已取得一定的成效。李永强等运用D4（八甲基环四硅氧烷）低温等离子体对桑蚕丝纤维进行表面改性，有效提高蚕丝织物的交织阻力和抗皱性能，改善桑蚕丝织物的柔软性；并获得良好的拒水效果。张菁证实了用等离子对蚕丝进行处理，在1%左右丙烯酰胺接枝率时，桑蚕丝织物的折皱回复角可提高20%~30%。在丙烯酸接枝时，可提高对阳离子染料的上染能力及色牢度。

3. 蒸汽闪爆技术

关于蒸汽闪爆技术，人们最初是把它用在植物纤维的高效分离和闪爆制浆上，目前在国内和日本均有纤维素闪爆改性的研究报道。蒸汽闪爆这一物理方法可以对蚕丝进行预处理，改变蚕丝的超分子结构及形态，得到化学反应性能强、溶解性能好的蚕丝纤维。柯贵珍，王善元等采用蒸汽闪爆技术对蚕丝进行物理改性，结果表明经蒸汽闪爆处理后，蚕丝表面形态、结晶结构、溶解性能有较大的改变，蚕丝的化学反应性能有了一定的改善，为进一步改善蚕丝的服用性能与染色性能找到了一条有效的预处理途径。

（二）化学改性

蚕丝纤维的无定形区中，氨基酸大侧链上含有很多活性基团可以作为活性反应点，因此蚕丝纤维的改性还是以化学改性为主，人们一直在寻求各种化学技术改善蚕丝。

1. 浸渍法

浸渍法是利用蚕丝纤维在盐、有机溶剂等溶液中结构和性能的变化情况，合理控制反应条件，实现对蚕丝纤维性能改良的方法。常用的溶剂主要有单宁酸（TA）、乙二胺四乙酸（ED-TA）、溴化锂、Ag⁺或Cu²⁺金属离子盐溶液以及氯化钙或硝酸钙。蚕丝纤维在氯化钙溶液中的溶解过程具有阶段性，王建南利用这一溶解机理，将蚕丝纤维放入一定条件的氯化钙溶液中进行微溶解处理，研究其形态结构和力学性能的变化规律。在氯化钙溶液中处理15～25min时，丝纤维内部的微孔穴明显增多，强伸力、弹性、初始模量、应力松弛等力学性能稍有下降。

2. 利用活性基团的改性

蚕丝蛋白分子链上有多个活泼基团，如羟基、酚羟基、羧基和氨基等。这些基团可与多种化学试剂进行反应，使蚕丝改性（图7.6）。利用重氮甲烷（CH_2N_2）为甲基化试剂使蚕丝改性，蚕丝纤维甲基化可使丝的活性基团变成不活泼基团，抑制丝泛黄；蚕丝纤维酰基化可改善丝的弹性和绝缘性，使吸湿性降低；蚕丝甲醛交联可提高丝的耐碱性和湿强度。

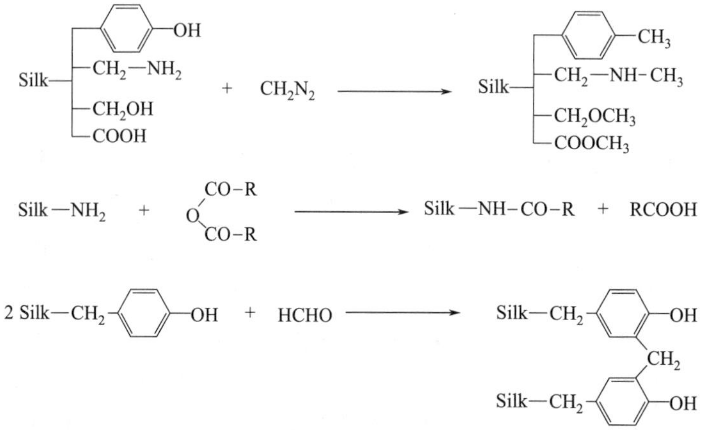

图7.6　利用活性基团反应对蚕丝进行改性

3. 化学接枝改性

蚕丝纤维通过接枝共聚改性来改善性能，可以赋予真丝织物厚实、丰满的手感，增加悬垂性。由于蚕丝接枝后增加重量，所以蚕丝接枝又称增重改性。接枝不会破坏蚕丝纤维主链，可保持原有的蚕丝特性，共聚后生成接枝链分布于纤维分子的结构中。所以，不同性能的单体可使接枝纤维在黏弹力、抗水性、染色性、尺寸稳定性、加热稳定性等方面得到增强。

对于蚕丝化学整理的接枝技术，目前研究较多的接枝单体主要有：乙烯类（丙烯氰、苯乙烯等）、甲基丙烯酸酯类（甲基丙烯酸甲酯、甲基丙烯酸羟乙酯、甲基丙烯酸丁酯层合板等）、丙烯酰胺类（甲基丙烯酰胺、羟甲基丙烯酰胺、甲基丙烯羟甲基酰胺）等。引发方法分为物理引发和化学引发。物理引发方法有热引发法、紫外光辐射法、γ射线辐射法、微波法等。常用的化学引发体系有三类：高价金属离子及还原剂组成的氧化还原引发体系；非金属化合物组成的氧化还原引发体系；光敏剂引发体系。其中，以Ce^{4+}及还原剂组成的引发剂的接枝共聚效率最高。丝素蛋白由18种氨基酸构成，除最简单的Gly，每种氨基酸的侧基结构不同，因而对丝纤维接枝共聚中的接枝部位有不同的结论。有人认为，Ala和Ser存在聚合活性，也有人认为活性中心与丝纤维中的羟基和氨基有关。此外，还有人认为接枝发生在甲硫氨酸（Met）上或半胱氨酸（Cys）的巯基（—SH）上。事实上，在丝素蛋白纤维的接枝共聚中，接枝部位可能是多种因素所决定的，引发剂体系、单体、反应介质不同，可能引发的接枝部位均不同。

4. 生物法改性

基因技术的出现和发展，为蚕丝的改性提供了一种新的途径。借助基因技术，蚕丝的改性将取得突破性进展。日本信州大学纤维学部蚕遗传研究室正在进行家蚕吐蜘蛛丝的研究。通过基因打靶的方法将蚕的丝素基因的外显子的一部分用蜘蛛丝基因插入或大部分由蜘蛛丝基因代替，以改造家蚕的丝素基因，让蚕吐出与蜘蛛丝相类似的丝。我国研究人员利用同源重组改变家蚕丝新蛋白重链基因。在家蚕丝新蛋白重链基因序列之间插入绿色荧光蛋白（green fluorescent，protein GFP）基因与人工合成丝素蛋白样基因的融合基因，利用电穿孔方法导入蚕卵中，培育出可在紫外灯照射下发光的亮茧，利用转基因蚕吐高附加值"抗菌丝"。

（三）蚕丝的功能化

1. 蚕丝微纤维化

静电纺丝是制备超细纤维和纳米纤维的重要方法，可获得直径从几十纳米至几微米不等的纳米级纤维。用静电纺丝法制备的丝素纤维与以其他蛋白质如胶原蛋白、弹性蛋白和血纤维蛋白为原料制备的蛋白纤维的直径相当，甚至更小，并具有良好的生物相容性和生物降解性，可作为组织工程的支架、伤口包扎材料和药物释放的载体，是生物医学、电子和纺织领域中很好的代用材料。邱芯薇等将丝素在温度为75℃时溶于 n（$CaCl_2$）：n（CH_3CH_2OH）：n（H_2O）为1：2：8的溶液中，然后在水中透析3d，过滤后在低于30℃的条件下自然干燥成膜。取适量丝素膜溶于甲酸中，得到一定浓度的再生丝素溶液。将再生丝素溶液倒入纺丝管中，调整喷丝头到接收屏板间的距离（C-SD）和高压发生器的电压，负极由接收屏接地，高压发生器使纺丝液带电，并使泰勒锥与接收屏间产生高压电场。调节毛细管中纺丝液的流量至纺丝口处无液滴自然下垂，使纺丝液形成稳定的细流，细流在静电力的作用下加速运动并分裂成细流簇，在接收屏处形成纳米级纤维毡。随C-SD值的增加，酰胺I的 β-折叠构象的特征峰强度和酰胺Ⅲ中无规和 a-螺旋构象特征峰强度的变化趋势完全相反，前者有减小的趋势，而后者有增大的趋势。从特征峰的位置来看，酰胺Ⅲ中无规与 a-螺旋构象特征峰的位置没有太大的偏移；酰胺Ⅰ的 β-折叠构象特征峰随C-SD的增加向高波数方向偏移。总体来看，随着C-SD的增加，静电纺丝素纤维内无规与 a-螺旋构象的分子含量增加。对质量分数为9%的再生丝素溶液而言，当C-SD取10cm，电压为12kV时，分子链伸展状态比较理想。

将脱胶丝素溶液加入单壁碳纳米管（SWNT）的甲酸溶液，超声分散1h，随后机械搅拌1h，然后对SWNT—丝素溶液进行静电纺丝，得到的SWNT增强纳米丝素纤维表面光滑，截面近似圆形，可观察到伸直的纤维结构和无规排列的纤维结构及网状结构，其中的网状结构被认为是SWNT被包裹入丝素纤维所形成的。

2. 丝蛋白微粒化

用喷雾干燥法获得丝素微球的操作简单方便，在喷雾过程中丝素的构象从无规卷曲转变为 β-片层结构。丝素微球具有很好的皮肤亲和力，比其他合成材料在生物材料方面具有更好的应用前景。杨（Yeo）等将脱胶丝素溶解在氯化钙中配成不同浓度的溶液，用微型喷雾干燥器在流速为20mL/min、85℃条件下获得丝素蛋白微球所得的丝素微球尺寸为2～10μm，平均粒径为4～10μm。将脱胶的丝素纤维在氯化钙/乙醇/水混合溶剂或高浓度溴化锂溶液中溶解，获得各种分子量分布范围不同的液态丝素。用10mL注射器抽取一定量质量体积分数为0.5%～5.0%的丝素溶液，在磁力搅拌下快速注入40℃恒温的过量丙酮中，立即变性形成乳白色悬浮液，此时液态丝素从无规卷曲和a-螺旋瞬间转变成反向平行的β-折叠构造。经定性滤纸过滤，并用去离子水反复冲洗过滤物，直到完全去除丙酮为止。或者转移至离心管置于高速冷冻离心机中，以16000r/min的速度离心30min，弃去上清液后，沉淀物用去离子水反复冲洗，重复操作离心3～4次得到丝素颗粒。得到的丝素颗粒不溶于水，但是经过分散或超声处理可以很好地分散在水或水溶液中。SEM观察其外形呈球形，粒径分布在50～120nm，平均粒径为80nm左右。

3. 蚕丝微孔化

蚕丝纤维本身就具有微孔结构，在此基础上采用一定的方法可以使其内部产生更多的微孔。从蚕丝纤维的氨基酸组成看，蚕丝本身就含有大量极性基团，可作为药物接枝的桥梁，为药物的填充或载入提供条件。采用药物与微胶囊或毫微胶囊相结合的方法，将微胶囊充填入有空穴的纤维内，或使微孔纤维吸入药物，开发蚕丝药物纤维。

桑蚕丝脱胶后的丝纤维经过超低温冷冻后，内部水分子极易形成微结晶。冷冻后再微波辐照处理，丝纤维的内部结构受到水分子的激振，其自由基团的活性振动在瞬间得到恢复并加速，使纤维分子结构发生变化，同时随着水分子激振挥发，局部纤维分子结构变得松弛，易形成微空隙。丝纤维纵向表面出现明显的分裂现象，原纤与原纤之间空隙增大，由于水分子的激振，纤维发生热胀作用。将蚕茧在0.02mol/L的Na_2CO_3溶液中煮30min，用水充分洗涤以除去丝胶。将丝素溶解在60℃、9.3mol/L LiBr溶液中，将20mL 8%的丝素溶液与8mL 5.0%的聚氧化乙烯（PEO）溶液共混，将制得的丝素/PEO溶液进行静电纺丝。将获得的丝素/PEO纳米纤维在室温下的甲醇/水为90/10（体积比）的溶剂中浸泡10min，然后在37℃下用水洗涤48h，将PEO从纤维中去除，可得到具有微孔结构的丝素纤维。

（四）共混与复合改性

1. 与其他高分子材料共混复合

陆（Lu）等采用冷冻干燥的方法制备了三维丝素蛋白/胶原共混支架。研究发现，丝素蛋白在冷冻干燥时，结构会发生自分离组装现象，而引入的胶原与丝素蛋白形成的氢键能阻止丝素蛋白在冷冻干燥过程中结构的改变。他们重点讨论了pH对共混支架的影响，试样选用的pH范围是4.0～8.5。当pH为7.0时，制出的复合支架有着较高的连通性并且孔隙结构尺寸均一；在其他pH条件下也能成功地制备出三维复合结构支架，但孔隙结构不均匀。力学测试表明，在中性条件下，支架具有最好的力学性能指标，且在其他酸碱度下复合支架的力学性能都优于纯丝素蛋白支架。为了拓展支架的功能性，在复合支架中还可以引入其他生物高分子，如壳聚糖、肝素等，以应用于生物医学领域，如药物释放和组织工程。

陆（Lu）等利用溶液共混法制备了丝素蛋白/胶原三维支架。随着丝素蛋白体系中胶原蛋白的加入，两相间产生相互作用，共混体系黏度增加。丝素蛋白体系与胶原的作用限制了冷冻过程中丝素蛋白的聚集。当共混溶液中含有20%胶原蛋白、4%丝素蛋白时，测得浓缩物的孔隙率大于90%，屈服强度和模量分别达到了（354±25）kPa和（30±0.1）MPa。通过调节孔隙的尺寸、分布和支架的含水量，可以进一步改善支架的性能。研究者将HepG2细胞引入体系研究支架材料的生物相容性，比较发现，丝素蛋白/胶原支架上培养细胞的数量和分散性均较单纯丝素蛋白支架更好。王曙东等将再生丝素蛋白和水溶性胶原蛋白溶解于甲酸中进行共混静电纺丝，研究发现，在其他工艺参数相同的条件下，丝素蛋白与水溶性胶原蛋白共混静电纺丝时，随着纺丝液质量分数的提高，黏度增大，纤维直径和离散程度都呈上升趋势，纤维变得不规整、分布不均匀。纯丝素蛋白纳米纤维主要呈无规构象，含有少量β-折叠构象。丝素蛋白与水溶性胶原蛋白之间存在氢键作用，导致丝素/胶原蛋白共混纳米纤维β化程度提高。

2. 与纳米颗粒共混复合

纳米尺寸的增强物可在较宽范围内提高材料的性能，而纳米ZnO、TiO_2具有抗菌、紫外线屏蔽、除臭、自清洁、无毒等优点，应用开发前景广阔。

程友刚等采用平均粒径为53.16nm的纳米ZnO分散液对桑蚕丝进行整理加工，处理后的蚕丝纤维纵向表面出现纳米ZnO吸附，纤维内部构象有向β-折叠转化的趋势。整理后的蚕丝织物对金黄色葡萄球菌和大肠杆菌抑菌率分别达到了94.1%和90.9%。对比空白对照组和经纳米ZnO处理的丝织物对金黄色葡萄球菌的抗菌效果，空白样的周围没有抑菌圈出现，而经过纳米ZnO处理后的蚕丝织物的周围有明显的抑菌圈，说明纳米ZnO处理的蚕丝织物对金黄色葡萄球菌有良好的抗菌效果。采用振荡法测试的经纳米ZnO处理后蚕丝织物的抑菌率见表7.8。由表中的零接触时间活菌浓度W_a和18h后的空白样活菌浓度W_b可知，$\lg W_b - \lg W_a > 1.0$，说明试验菌活性较强。经纳米ZnO处理后，蚕丝织物对金黄色葡萄球菌和大肠杆菌的抑菌率分别为94.1%和90.9%，对金黄色葡萄球菌抑菌率高于对大肠杆菌的抑菌率。这可能是因为金黄色葡萄球菌是属于革兰氏阳性菌，其等电点pI为2~3，大肠杆菌是属于革兰阴性菌，其等电点pI为4~5，故在近中性或弱碱性环境（营养琼脂NA的pH为7.4）中，细菌均带负电荷，尤以革兰氏阳性菌所带负电荷更多。而纳米ZnO表面是带正电荷的，更容易将带负电荷较多的革兰氏阳性菌——金黄色葡萄球菌吸附到其表面，破坏菌体的细胞结构从而使其死亡，达到抑菌的目的。

表7.8 纳米ZnO处理蚕丝织物对金黄色葡萄球菌和大肠杆菌的抑菌率

项目	振荡18h后活菌浓度/（cfu/mL）		项目	振荡18h后	
	金黄色葡萄球菌	大肠杆菌		金黄色葡萄球菌	大肠杆菌
标准空白样W_b	2.12×10^5	2.43×10^5	抑菌率/%	94.1	90.9
纳米ZnO处理桑丝织物W_c	1.26×10^5	2.21×10^5			

注 零接触时间空白样的金黄色葡萄球菌浓度为1.93×10^4cfu/mL，大肠杆菌浓度2.07×10^4cfu/mL。

四、蚕丝及其改性材料的应用

蚕丝为蛋白质纤维，孔隙较多，透气性好，吸湿性极佳，如果采用不同的组织结构，可以生产出既轻薄凉爽又可厚实丰满的织物，一直是化学纤维仿生的主要对象。近年来，学者们对蚕丝及改性材料不断进行研究，扩展了其应用范围，已涵盖食品、医药、精细化工、生物技术等诸多领域，如应用于手术后的缝合线、涂料、化妆品、药物的缓慢释放、分离膜及生物活性物的固定化和生物传感器的制作等。

（一）在服装领域的应用

蚕丝纤维与棉、麻、毛并称为四大天然纤维，其制品质地轻柔飘逸、光泽优雅、手感柔软、外观华丽，被誉为"纤维皇后"。真丝织物不仅具有穿着舒适、手感柔软滑爽、色泽和谐、华丽高贵等特点，而且具有保健功能，这是合成纤维不能比拟的，一直为人们所青睐。

服装材料吸湿性与透湿性的好坏，不仅影响人体的舒适度，而且影响人体的卫生与健康。在这方面，真丝织物具有很大的优势。纺织材料的吸湿、透湿性的好坏，通常用"回潮率"指标来衡量，常见纺织纤维的回潮率见表7.9。由表7.9可知，蚕丝的公定回潮率为11%，具有比纯棉还高的吸湿性和透湿性，因此，穿着丝织服装，人体肌肤会感到特别舒适。

一些合成纤维如涤纶，可制成仿真丝产品，在外观、手感等方面与蚕丝差不多，但吸湿性和透湿性差，在高温湿热的环境下，人体的汗液难以散发，随汗排出的代谢废物逐渐积聚在人体汗孔和皮肤表面，形成"湿阻"，对人体皮肤产生刺激，影响人体健康，甚至使人体产生皮肤过敏反应。真丝绸由于蚕丝的特殊物理构造和化学结构，许多微细单纤维的孔网和缝隙以及多肽链上的许多处于分子空间表面的亲水性基团，能把体表的水分适当地吸收并保持，再逐步向空气中散发，因此，真丝绸具有依据外界温度变化及时调节湿度的作用，使人体始终保持一定的水分，可防止皮肤干裂又能保持皮肤湿润，不产生"湿阻"现象。

表7.9 常见纺织纤维的回潮率

纤维	标准状态下的回潮率/%	公定回潮率/%	纤维	标准状态下的回潮率/%	公定回潮率/%
蚕丝	10～12	11	锦纶66	4.2～4.5	4.5
原棉	7～8	11.1	涤纶	0.4～0.5	0.4
苎麻	12～13	12	腈纶	1.2～2.0	2.0
细羊毛	15～17	15	维纶	4.5～5.0	5.0
黏胶纤维	13～15	13	丙纶	0	0

蚕丝纤维很细，由许多微细单纤维组成，在微细纤维之间的许多微小的孔网与间隙中充满了空气，且丝素大分子具有柔曲性结构，使蚕丝具有质轻、柔软和保暖的优良特性。纤维的保暖性一般由热导率和吸湿热指标来衡量。在物体内部垂直于导热方向取两个相距1m，面积为$1m^2$的平行平面，若两个平面的温度相差1K，则在1s内从一个平面传导至另一个平面的热量规定为该物质的热导率，单位为W/（m·℃·h）或CLO/（m·℃·h）。吸湿热是1g完全干燥的纤维在吸湿时放出的热量。几种常见纤维在20℃时的热导率和吸湿热如表7.10所示。蚕丝的热导率比其他纤维都小，说明散发热量的速度比较慢，所以降温慢，保暖性能好。同时，由于空气的热导率比任何纤维都低，所以，纤维的含气率越高，热导率越小，则保暖性

能越好。而蚕丝纤维具有多孔性，含气率比较高，所以有很好的保暖性能。夏天穿上真丝服装，由于体外的热量传到皮肤的速度比较慢，故人体受热也慢，所以人们穿丝制服装有冬暖夏凉之感。从纤维的吸湿热性能来看，蚕丝除低于羊毛外，比其他纤维都高。因此，当人们在高温高湿的环境中穿着真丝服装，身体的湿热会透过衣服很快地排出，使人体感到舒适，不会有闷热感。真丝服装对温度变化有很好的缓冲作用，所以，冬季可用真丝服装和丝绵来保暖御寒，夏季可用真丝服装来防暑降温。

表7.10 几种常见纤维在20℃时的热导率和吸湿热

纤维	热导率/〔kcal/（m·℃·h）〕	吸湿热/cal	纤维	热导率/〔kcal/（m·℃·h）〕	吸湿热/cal
蚕丝	0.043～0.047	16.5	涤纶	—	1.35
棉纱	0.061～0.063	11.0	腈纶	—	1.70
羊毛	0.045～0.047	27.0	丙纶	0.19～0.26	—
锦纶	0.18～0.29	7.6	黏胶纤维	0.047～0.061	—

（二）在生物医药领域的应用

蚕丝具有良好的力学性能和优异的生物相容性，在体内和体外均可生物降解，因此，蚕丝在生物医用方面具有广阔的应用前景。丝胶中丝氨酸、天门冬氨酸和甘氨酸含量丰富。丝氨酸能降低血液中胆固醇的浓度，防治高血压；对结核菌病有效果，可治疗肺病。天门冬氨酸能降低血氨，保护肝脏；对心肌有保护作用，可治疗心绞痛，对心肌梗死等有防治效果。甘氨酸也能降低血液中的胆固醇浓度，防治高血压；能降低血液中的血糖，防治糖尿病；防治血凝、血栓；还能提高肌肉活力，防止胃酸过多；对治疗呼吸道疾病有效。用含1.5%或3%丝胶的食物对鼠添食5星期，并在最初的3个星期里每周注射一次二甲肼（1,2-dimethylhydrazine），鼠结肠中异常隐性病灶的发育随丝胶添食数量的增加而逐步受到抑制。用含3%丝胶的食物添食115天，并在最初的10周里每周注射一次二甲肼，鼠结肠致癌的概率及数量明显受到抑制，因此丝胶有望被开发成为结肠癌化学预防药剂。将丝素、丝胶及两者混合物制得的各种膜用于小鼠成纤细胞的培养，然后调查膜与细胞的附着状况和成纤细胞的增殖速度。由丝胶和丝素分别制作的膜均表现出良好的附着和增殖性，与常用哺乳动物细胞培养基胶原质的性能基本相同，但丝胶对增殖细胞的形状有一定影响，需要进一步改进。表7.11列出了丝素蛋白在生物医学方面的应用形式。

表7.11 丝素蛋白在生物医学方面的应用形式

应用	丝素蛋白形式	应用	丝素蛋白形式
伤口敷料	膜，海绵	肝组织工程	膜
骨组织工程	海绵，膜，水凝胶，非织造布	连接组织	非织造毡
血管组织工程	多孔，海绵，水凝胶	内皮和血管组织	非织造毡
韧带组织工程	纤维	抗凝血	膜
肌腱组织工程	纤维		

（三）在食品工业中的应用

丝素经过酶降解或酸水解后，可以成为氨基酸与低聚肽的混合物。实验发现，水解后的丝素肽和氨基酸易被小肠吸收，并且具有多种功能，可以用来开发功能性食品。丝胶含有18种氨基酸，90%以上的氨基酸能被人体吸收，含有人体所必需的氨基酸达17%以上，高于一般食品，因此将丝胶添加到食品中，是一个很好的氨基酸补充途径。日本已先后开发出许多添加丝素成分的机能性健康食品，如含丝素蛋白的糕点、糖果、果冻、豆腐、面条等产品，由于营养丰富、老少皆宜，在市场上备受消费者的青睐。

丝素粉加水分解可变成由几个氨基酸结合成的200~300个小肽键，易被人体吸收利用。这种粉末有甜味、酸味和香味，具有独特的气味，另外还有很强的吸湿性，添加这种粉末的点心、糖、面类、粥、豆腐、冷饮等也已在市场上销售。日本在20世纪80年代初就已制成了柠檬味、咖啡味等的丝素果冻，迈出了蚕丝食品开发的第一步，至今，日本已设立了专门加工食用丝素粉和丝素食品的工厂，生产丝素酱油、丝素饮料、丝素饼干、丝素糖果等，也有公司生产丝素蛋白并推向市场。丝素蛋白在改善食品的物理形态上也有一定的作用，我国科研人员在开发丝素蛋白荞麦面的试验中，发现添加丝素蛋白的荞麦面成型性好，荞麦面成品率由普通荞麦面的不足80%上升到90%以上，且色泽鲜亮，口感滑爽，品质大为提高。

（四）在化妆品领域的应用

蚕丝具有强效持久的保湿力、保温性、抗紫外线作用，能帮助皮肤调节水分，而且具有抗炎症能力，因此蚕丝蛋白是很好的化妆品基材。皮肤角质层中应保持10%~20%的水分，才能使皮肤丰满且富有弹性。当皮肤角质层中的水分在10%以下时，皮肤即会变得干燥甚至开裂。丝胶具有良好的吸放湿性能，能自然成膜，加入化妆品中，能起到类似天然保湿因子（natural moisturizing factor，NMF）的作用，防止皮肤起皱。丝胶中的酪氨酸（Tyr）、色氨酸（Trp）、苯丙氨酸（Phe）等能有效吸收紫外线，防止日光中紫外线对皮肤的损伤。丝胶具有抑制酪氨酸酶活性的特性，能阻止皮肤中黑色素的形成，美白肌肤。因此丝胶是一种宝贵的天然化妆品配料，可将丝胶为主要添加剂，在润肤霜、洁面乳、洗面奶、沐浴露、洗发香波、护发素等产品中加以应用。在化妆品方面，丝素蛋白的应用主要有两种形式：丝素粉和丝肽。丝素粉保持了蚕丝蛋白的原始结构和化学组成，且仍然具有蚕丝蛋白特有的柔和光泽和吸收紫外线抵御日光辐射的作用。丝素粉光滑、细腻、透气性好、附着力强，能随环境温湿度的变化而吸收和释放水分，对皮肤角质层水分有较好的保持作用，因此丝素粉是美容类化妆品如唇膏、粉饼、眼霜等的基础材料。资料表明，采用物理方法制取的丝素粉碎成粒径为7~8μm的微粉，这种微粉具有良好的肌肤触感、延展性、附着性和保湿性。

（五）在生物技术领域的应用

酶是生物体内一类具有高效催化功能的特殊蛋白质，酶的高活性源于许多由极性基团组成的活性中心，在空间上与反应过渡状态的构象匹配。但酶对热、pH等外界条件的变化较敏感，遇到一些杂菌极易失活，因此须将酶进行固定，使一些游离蛋白固定化。生物活性酶的固定化是几乎所有类型的生物传感器制备过程中必经的步骤。固定酶的思路是寻求另一种与生命体高度适应的材料，材料表面存在与酶活性中心的极性基团能够形成键合的活性基团，丝素膜是一种优良的酶固定剂，它的优点在于不需要任何交联剂，只需通过物理作用和化学处理就可以完成酶的固定，减少酶的失活并扩大酶活性的范围，提高了酶的利用效率，能用作疾病诊断的生物传感器。用丝素膜作为生物传感器的诊断系统可以测定糖尿病病人的血糖值。日本钟纺公司成功开发的癌症自动诊断系统就是用了蚕丝蛋白膜，研究人员先将蚕丝溶解，然后干燥成膜，在这种膜上固定着只与抗原反应的单克隆抗体，在容器内加入血液和过氧化氢酶标抗体，用装有氧电极的免疫传感器，通过释放出氧的数量来诊断是否患有癌症。丝素蛋白膜上的抗原与抗体反应形成一对固定的抗原—抗体复合物，应用电子技术监测这一反应，可开发特种传感器。丝素独特的结构使人们考虑到用丝素材料固定酶和生物传感器。丝素蛋白质包括一条分子量较大的肽链（H链）和1～3条分子量小的肽链（L链），H链交替穿越结晶区和非结晶区，L链只存在于非结晶区，占L链中较大比例的天门冬氨酸（14.9%）、谷氨酸（8.7%）、酪氨酸（4.0%）丝氨酸（8.5%）含有的大量的活性基团，这四种氨基酸在H链的非结晶区占比近20%，这些丝素蛋白的活性部位可成为酶固定的反应位置。丝素蛋白膜固定化酶与游离酶相比，耐热性、pH范围、操作条件及贮存稳定性均有效改善，可在保存中长时间抑制活性，对外界的抵抗力也随之增加；葡萄糖和乳酸是细胞生长的主要因素，用丝素固定葡萄糖酶膜、乳酸氧化酶膜制作的生物传感器可以准确、有效地确定细胞培养过程中的葡萄糖和乳酸的含量。此外，蚕丝素蛋白从水溶性的Silk I 结构转变为稳定的水不溶的Silk II 结构即可完成酶的固定化，而不需要任何交联剂，只要改变溶剂、温度等因素即可。

（六）在智能材料中的应用

用丝素或丝胶制备的水凝胶可具有对温度、pH等响应的功能，在生物医用等方面具有重要的应用。邵正中等对壳聚糖—丝素蛋白合金膜中的壳聚糖进行交联，使之成为一种semi—IPN的结构，结果表明，共混膜在不同的pH缓冲溶液和不同浓度的盐溶液（特别三价离子盐溶液，如Al^{3+}溶液）中均表现出良好的敏感性，具有智能水凝胶的性能。此外配合物膜在不同pH缓冲溶液或不同浓度的Al^{3+}溶液中交替溶胀、收缩的行为具有良好的重复可逆性，符合作为人工肌肉的条件；而控制异丙醇—水体系中添加的Al^{3+}浓度，可以控制配合物膜的溶胀，进而控制膜的自由体积，以达到作为化学阀门控制膜的渗透蒸发通量的目的，应用前景宽广。

吴雯等采用同步互穿网络方法制备丝胶蛋白（SS）/聚甲基丙烯酸（PMAA）为组分的互穿网络（IPN）水凝胶，研究了互穿网络水凝胶对介质pH的刺激响应性能。IPN水凝胶具有强烈的pH刺激响应性能。在pH=9.2的碱性缓冲溶液中，–COOH解离成–COO^-，渗透压与网络之间的静电排斥作用会导致IPN的溶胀度增大；当pH减小时，溶胀度随之减小。IPN水凝胶具有快速退溶胀速率及可逆溶胀—收缩性能，是一种潜在的药物控释的高分子载体。

第六节　蜘蛛丝材料

蜘蛛丝是由蛋白质构成的，可生物降解，蜘蛛丝是自然界产生的最好的结构材料之一。蜘蛛丝的耐低温和耐高温性能好，在200℃以下表现出热稳定性，300℃以上才开始变黄，在–40℃时仍有弹性，只有在更低的温度下才变硬。蜘蛛丝具有特别优异的力学性能，如强度高，弹性、柔韧性、伸长度和抗断裂性能好，以及比重小、耐低温、较耐紫外线、可生物降解等优点。蜘蛛丝的优良综合性能是各种天然纤维和合成纤维所无法比拟的，天然蜘蛛丝纤维，特别是牵引丝，是力学性能最优异的天然蛋白质纤维，其比模量优于钢而韧性强于凯夫拉（Kevlar）纤维，被认为是降落伞、防弹衣等的理想材料。蜘蛛丝具有高韧性与高强度相结合的特异力学性能，在军事应用及运动器材等方面有很大的潜力，蜘蛛丝还具有很好的生物可降解性和生物相容性，在生物医用材料上也具有潜在的应用价值，可应用于生物医学的人造肌腱、人工器官、组织修复以及手术缝合线等，蜘蛛丝因为优秀的综合力学性能在高性能材料领域应用前景巨大。

蜘蛛丝蛋白在蜘蛛丝腺体腔内被水包裹，呈液晶态，当蜘蛛丝与空气接触时，就固化成不溶于水的状态。蜘蛛丝的弹性很强，其断裂延伸率达30%～40%，而钢的延伸率只有8%，尼龙为20%左右。每种织网型的蜘蛛都能吐七种以上的丝蛋白，这些丝蛋白都有着不同的功能：牵引丝是蜘蛛走动时腹部拖着并固定在蜘蛛网或其依靠物一端的丝；框丝是蜘蛛网外围的框架；辐射状丝是蛛网纵向的骨架；捕获丝是蜘蛛缚住活的猎物用的丝；包卵丝是蜘蛛用来裹住蜘蛛卵的丝；附着盘由大量的卷曲细丝构成，用以将牵引丝以一定的间隔固定在物体上；而蜘蛛的主腺体产生的丝蛋白纤维由于具有高强度和高弹性，受到材料学家和生物学家的青睐。

一、蜘蛛丝的组成与结构

（一）蜘蛛丝的化学组成

蜘蛛丝的主要成分是丝蛋白，基本组成单元为氨基酸。尽管不同腺体分泌出的丝以及不同种类蜘蛛吐出的丝，氨基酸的组成存在较大的差别，但所有的蜘蛛丝最重要的组成单元均为甘氨酸（约占42%）和丙氨酸（约占25%）（图7.7），其他的还有丝氨酸、谷氨酸盐、脯氨酸和酪氨酸等几种氨基酸。

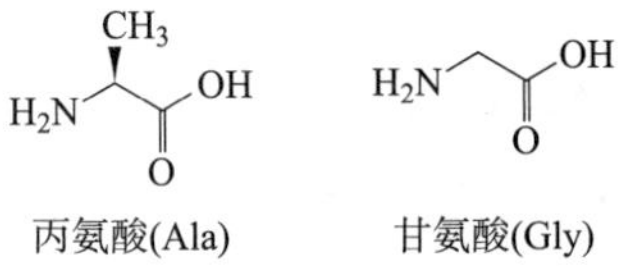

图7.7　蜘蛛丝蛋白中的主要氨基酸

氨基酸序列分析结果表明，不同种类蜘蛛丝的氨基酸组成和结构有很大的不同，使不同腺体产生的蛛丝具有不同的力学性能特征，以适应不同的生理学功能。例如，牵引丝蛋白主要由甘氨酸和丙氨酸组成，其中甘氨酸占氨基蜘蛛丝蛋白中酸总量的37%，丙氨酸占18%。而捕获丝蛋白的主要氨基酸是甘氨酸和脯氨酸，甘氨酸占氨基酸总量的44%，脯氨酸占21%。其他氨基酸如谷氨酸、丝氨酸、亮氨酸、酪氨酸和缬氨酸等，在这两种丝蛋白中也占有一席之地。所以，这两种蜘蛛丝蛋白的功能大不相同，牵引丝主要用于构成蜘蛛网的牵丝和轮状网面，捕获丝则用来黏附昆虫并在昆虫挣扎时提供强大的弹性，以免强大的动能导致反弹，将捕捉到的食物弹出去。

（二）蜘蛛丝的聚集态结构

蜘蛛丝的主要成分为蛋白质，其蛋白质分子的单元为带不同侧链R的酰胺结构，蜘蛛丝所含氨基酸种类为17种左右。牵引丝、包卵丝中主要的氨基酸成分都是甘氨酸、丙氨酸、谷氨酸、丝氨酸，牵引丝中甘氨酸含量最多，其次是丙氨酸，同时含有较多的脯氨酸、谷氨酸。包卵丝中含有较多的亮氨酸、苏氨酸、天门冬氨酸、丝氨酸。聚丙氨酸分子链段为β-折叠结构，主要存在于结晶区，脯氨酸有利于分子链形成类似于转角的弹性螺旋状结构，增加纤维的弹性。中国大腹圆蜘蛛的牵引丝、框丝及包卵丝中都存在β-折叠、α-螺旋及无规则卷曲和β-转角构象的分子链。包卵丝中β-折叠构象的含量比牵引丝和框丝多，框丝中α-螺旋含量比牵引丝多，而β-折叠构象比牵引丝少。蜘蛛丝的结晶部分主要是聚丙氨酸链段，其分子构象为β-折叠结构，纤维出吐丝口，经过在空气中的进一步拉伸，无规则卷曲结构和螺旋结构进一步减少，纤维内分子链的β-折叠构象显著。

蜘蛛丝内存在结晶区、非结晶区和中间相的结构模式，结晶区分布于非结晶区中，中间相连接结晶区和非结晶区，从而对蜘蛛丝纤维起增强作用。蜘蛛牵引丝的结晶度为12%，在外力作用下，结晶区明显发生再取向，非结晶部分然也有部分再取向，但受应变范围的限制，取向不明显。蜘蛛丝蛋白分子一级结构的特征决定了蜘蛛丝是一类由微小的结晶区（丙氨酸的重复序列）分散在相连的非结晶区（取代基较大的氨基酸残基及富含甘氨酸残基片段组成的分子链部分）而形成的复合材料。沿纤维轴方向高度取向的结晶部分赋予了蜘蛛丝很高的强度，无定形态部分在受到应力作用时则吸收了大部分能量而使蜘蛛丝又具有惊人的韧性。

蜘蛛丝结晶度和桑蚕丝结晶度的比较见表7.12。

表7.12 蜘蛛丝结晶度和桑蚕丝结晶度比较

试样	蜘蛛牵引丝	蜘蛛包卵丝	桑蚕丝
结晶度/%	7.93	4.34	22.5

蜘蛛丝是一种纳米微晶体的增强复合材料，纤维中结晶部分含量约为10%，晶粒尺寸为$2nm \times 5nm \times 7nm$，作为增强材料分散在蜘蛛丝无定形蛋白质基质中。无定形区由柔韧的甘氨酸富集的聚肽链组成，无定形区内的聚肽链间通过氢键交联，由一定硬度的疏水性的聚丙氨酸组成的晶粒所增强，这些晶体列成氢键连接的β-折叠片层，折叠片层中分子相互平行排列，组成了类似橡胶分子的网状结构。

蜘蛛丝、桑蚕丝的结晶度分别为10%～15%、50%～60%，蜘蛛丝结晶度略小。蜘蛛丝力学性能突出源于其链状分子的结构、特殊的取向和结晶结构，当纤维丝在外界拉力作用下，随着无定形区域的取向，蜘蛛丝晶体的取向度也随之增加，如当纤维拉伸为10%时，纤维结晶度不变，结晶取向增加，横向（即垂直于纤维轴向）晶体尺寸有所减少。

（三）蜘蛛丝的形态结构

从外观看，蜘蛛丝呈金黄色，包卵丝的断面形状基本为圆形，蛛网框丝和牵引丝的断面形状均为圆形，外层包卵丝比内层包卵丝粗得多。牵引丝具有皮芯结构，且皮层比芯层稳定，皮层和芯层可能是由两种不同的蛋白质组成的，皮层和芯层分子排列的稳定性也不同，皮层蛋白的结构更稳定。

蜘蛛丝蛋白构成微原纤，多个微原纤的集合体形成原纤，原纤的纤维束组成了蜘蛛丝。蜘蛛丝是一根单独的长丝，直径只有几微米。在显微镜下观察发现蜘蛛丝是一根极细的螺线，看上去像长长的浸过液体的"弹簧"一样，当"弹簧"被拉长时它会竭力返回原有的长度，但是当它缩短时液体会吸收全部剩余能量，同时使能量转变成热量。

二、蜘蛛丝的性质

（一）物理性质

大腹圆蜘蛛牵引丝、框丝为白色，表面光滑，有光，具有和桑蚕丝素类似的光泽特征，外层包卵丝和内层包卵丝均为深棕色，包卵丝经清水、肥皂水、丙酮或石油醚清洗后不褪色。蜘蛛丝的横截面呈圆形，平均直径为6.9μm，约为桑蚕丝的一半。大腹圆蜘蛛丝比桑蚕丝素回潮率高，蜘蛛丝属于轻质材料，络新妇属蜘蛛的牵引丝密度为1.13~1.29g/cm³，比桑蚕丝（1.33g/cm³）低，囊状腺中液态丝蛋白分子量与蚕丝丝素H链的分子量相当，其密度与其他相关纤维的数值见表7.13。蜘蛛丝表面光滑柔和、有光泽，抗紫外线能力强，是耐高温、低温的理想纤维材料，蜘蛛丝在200℃以下热稳定性良好，300℃以上才会黄变，−40℃时仍有弹性，只有在更低的温度下才变硬。

表7.13　蜘蛛丝与其他相关纤维的密度

种类	牵引丝	蛛网框丝	内层包卵丝	外层包卵丝	桑蚕丝	凯夫拉纤维
密度/（g/cm³）	1.3325	1.3526	1.3036	1.3059	1.33~1.45	1.43~1.45

蜘蛛丝材料几乎完全由蛋白质组成，所以可以作为生物降解材料使用。蜘蛛丝不溶于稀碱、稀酸，溶于溴化钾、甲酸、浓硫酸等，并且抗大多数的水解蛋白酶。蜘蛛丝在加热处理时能在乙醇中微溶，不能被大部分蛋白酶分解。在碱性条件下，其黄色会加深；在酸性条件下，其性能会受到破坏。蜘蛛丝摩擦系数小，抗静电性能优于合成纤维，导湿性、悬垂性优于桑蚕丝，且具有优异的力学性能，即高强度、高弹性、高柔韧性、高断裂能，见表7.14。大腹圆蜘蛛的牵引丝、框丝和外层包卵丝的断裂强度均比桑蚕丝大，断裂伸长率是丝素的3~5倍。蜘蛛丝的断裂伸长率是钢丝的5~10倍，是凯夫拉纤维的10~20倍。蜘蛛丝在干燥状态和潮湿状态下都有很好的性能，如高回潮率、耐高低温性能、可生物降解等。

表7.14　大腹圆蜘蛛各种丝与凯夫拉纤维和钢丝等的拉伸性能比较

种类	断裂强度/（cN/mm²）	断裂伸长率/%	截面积/μm²
凯夫拉（Kevlar）纤维	4000.0	4.0	—
钢丝	2000.0	8.0	—
内层包卵丝	816.0	50.8	46.98
牵引丝	713.8	37.5	20.28
框丝	678.6	83.1	39.59
外层包卵丝	488.4	46.2	95.8

蜘蛛丝的主要成分是蛋白质，由甘氨酸、丙氨酸、丝氨酸等小侧链的氨基酸组成。大侧链的氨基酸（如脯氨酸和亮氨酸）的含量也较高。卵茧丝、包裹丝、框丝在氨基酸组成上有很大差异。丝蛋白在蜘蛛的丝腺腺管中呈现液晶状态，浓度高且高度有序轴向排列，在水中溶解性能良好。蛛丝纤维中β−折叠结构部分由于其高度有序的结构、分子间较强的氢键和范德瓦耳斯力等因素而具有较强的疏水性，导致蛛丝纤维不溶于水、稀酸、稀碱、尿素和大多数有机溶剂，同时它们对大多数蛋白酶也具有较强的抵抗力，大多数能溶解球蛋白的溶剂都不能溶解蛛丝纤维。

（二）力学性能

蜘蛛丝成为关注焦点的主要原因在于其独特的既强又韧的力学性能。蜘蛛丝所特有的强伸性能和环保优势预示着一旦实现商业化生产，将有可能成为现有高性能纤维材料的有力竞争者，并在一些特殊用途上发挥作用。据报道，蜘蛛丝的强度相当于相同截面积钢丝的5~10倍，比化学合成纤维轻25%，表7.15列出了蜘蛛丝与其他材料力学性能的比较。蜘蛛丝独特的皮芯结构使丝在外力作用下，由外层向内层逐渐断裂，使结构致密的皮层在赋予丝一定刚度的同时，在拉伸起始阶段承担较多的外力，一旦内层的原纤及原纤内的分子链因外力作用而沿纤维轴向方向形成新的排列结构后，纤维内层即可承担很大的负荷，并逐渐断裂，因此纤维表现出很高的拉伸强度和优异的延展性。蜘蛛丝的弹性很强，显示出蜘蛛丝惊人的延展能力。

表7.15　蜘蛛丝与其他材料的力学性能比较

材料	屈服强度/GPa	断裂伸长率/%	断裂韧性/（MJ/m^3）
牵引丝	1.1	30	160
梨状腺丝	0.5	270	150
桑蚕丝	0.6	18	70
肌腱	0.15	12	7.5
橡胶	0.05	850	100
尼龙	0.95	18	80
Kevlar 49纤维	3.6	2.7	50

（三）超收缩性能

一些蜘蛛丝特别是大囊状腺丝，当与水接触时，丝的直径会收缩到原来的1/2，而长度会伸长到原来的2倍，这种现象被称为超收缩现象。超收缩是丝对溶剂的可逆吸收过程，导致丝纤维延展性增加，刚性减小。超收缩是氢键被破坏的结果，导致分子链明显的转动和解取向，氢键破坏得越严重，收缩率就越大，丝蛋白分子转变为无规线团。

蜘蛛丝的大分子链之间以氢键结合维持构象，当将其置于水中后，水分子首先进入无定形区域，切断无定形区呈转角构象分子链间的氢键结合，使分子链逐渐转化为无规卷曲的结构。随浸润时间的增加，水分子逐渐向结晶区渗透，切断结晶区分子间的氢键和二硫键结合，分子间的作用力下降，分子链可以自由运动，向无规卷曲的空间构象转化，分子构象及结构的这些变化导致丝线长度的缩短。蜘蛛丝内部为由数十根微细纤维构成的多孔结构层，使水分子更易渗透到纤维内部，因此蜘蛛丝表现出一般纤维所没有的超收缩性能，尽管蜘蛛丝的二级结构发生了变化，但整个分子链的次序并没有发生很大的变化，这是由蛛丝的亚聚集态决定的。缩水的蜘蛛丝可以通过再伸展来获得它原有的力学性能，水分子也不能渗入到结晶区。

在湿态下，蜘蛛大囊状腺分泌丝的横截面增加约60%。牵引丝在不同极性溶剂中的收缩能力有较大差异，在水中，牵引丝的收缩率达50%左右，在乙醇中的收缩率最小，其次是甲醇。同时，收缩的程度和蜘蛛丝纤维的预伸长有很大关系，当给纤维一定的预伸长时，在溶剂中的收缩率下降。牵引丝的这种超收缩性能与氨基酸成分有关，对于解决仿生蜘蛛丝的加工和蜘蛛丝的基础研究中纤维性能多变性有重要作用，通过控制牵引丝的收缩可以预测和重演蜘蛛丝纤维的拉伸行为。虽然天然牵引丝的力学性能有较大的分散性，但对人工卷取的牵引丝进行不同程度的收缩可以获得力学性能与各种天然丝纤维十分接近的纤维，因此通过人工卷取和控制牵引丝在水中收缩程度的方法可以得到具有不同力学性能的蜘蛛丝，并且这些纤维的力学性能有良好的重现性，如果人造蜘蛛丝在水中也具有超收缩性，则可以将控制蜘蛛丝在水中收缩率的工序引入丝纤维的后加工中，从而获得具有不同力学性能、满足不同用途要求的蜘蛛丝纤维。

（四）化学性质

蜘蛛丝蛋白具有良好的化学稳定性。由于其高度有序的结构、分子间较强的氢键和范德华力等因素，蜘蛛丝纤维中的 β-折叠结构部分具有较强的疏水性。蜘蛛丝不溶于水、稀酸、稀碱及大多数有机溶剂，溶于某些高浓度的盐溶液，如溴化锂、硫氰酸锂、氯化钙等，另外，高浓度的甲酸、丙酸和盐酸混合物可以溶解蜘蛛丝。蜘蛛丝蛋白被溶解后，可放在变性剂溶液、水或缓冲液中透析，然而蛛丝蛋白分子又可能很快重沉淀而不溶于水，出现这种现象的原因是蛛丝蛋白分子内或分子间 β-折叠二级结构的形成。

蜘蛛丝所显示的橙黄色遇碱则加深，遇酸则褪色。蜘蛛丝蛋白对蛋白水解酶具有抵抗性，但在特殊的酶的作用下，蜘蛛丝可以生物降解。

三、蜘蛛丝蛋白的制备

1900年的巴黎世界博览会上，展出了一块由25000只蜘蛛生产的91440m（100000码）24股（每只蜘蛛产一股丝）纱织成的16.46m（18码）长0.46m（18英寸）宽的布，其生产成本很高，根本无法进行商业生产。蜘蛛丝产量非常小，且蜘蛛具有同类相食的个性，难以饲养，无法高密度养殖，因此科学家们只能利用其他各种方法制备蜘蛛丝蛋白。

第一种方法是利用生物技术制造蜘蛛丝蛋白。例如，加拿大魁北克NEXIA生物技术公司将蜘蛛丝蛋白合成基因转移给山羊，使羊奶中生产的蛋白质类似于蜘蛛丝蛋白。这种基因重组的蛋白质在羊奶中含量为2～15g/L，其强度比芳纶大3.5倍。美国科学家将黑寡妇蜘蛛丝蛋白基因放入奶牛的胎盘内进行特殊培育，使牛奶含有黑寡妇蜘蛛丝蛋白，用此蛋白纺成的纤维，其强度比钢高10倍。

第二种方法是将能生产蜘蛛丝蛋白的基因移植给微生物，使微生物在繁殖过程中产生类似蜘蛛丝蛋白的蛋白质。用毕赤酵母菌可分泌出与蜘蛛丝相似的蛛丝蛋白且没有不均匀的问题。俄罗斯科学家则将蜘蛛丝蛋白合成基因移植到一种酵母菌Saccharomyces cerevisiae中生产蜘蛛丝蛋白，产量可观。

第三种方法是将蜘蛛丝蛋白的合成基因移植到植物中，如烟草、土豆和花生等，使这些植物能大量产生类似蜘蛛丝蛋白的蛋白质，如德国的植物遗传与栽培研究所将能复制蜘蛛丝蛋白的合成基因移植给烟草和土豆，转基因烟草和土豆的叶子、块茎中含有数量可观的基因编码与蜘蛛丝蛋白相似的蛋白质，90%以上的蛋白质分子长度在420～3600个氨基酸。这种经基因重组的蛋白质有极好的耐热性，便于提纯与精制。

第四种方法是利用转基因蚕生产蜘蛛丝，如上海生化研究所将蜘蛛的基因采用电穿孔的方法注入很小（只有半粒芝麻大小）的蚕卵中，使培育出的家蚕可分泌含有蜘蛛丝基因的丝。中科院上海生命科学院生物化学与细胞生物学研究所实现了绿色荧光蛋白与蜘蛛牵引丝融合基因在家蚕丝基因中的插入，这种转基因蚕丝在紫外光下会发出绿光。

四、蜘蛛丝及其改性材料的应用

作为一种高分子蛋白纤维，蜘蛛丝具有其他纤维不可比拟的强度大、弹性好、柔软、质轻、抗断裂、耐紫外线等优点，被誉为"生物钢"。蜘蛛丝具有良好的生物相容性和生物降解性，在生物医用方面具有广阔的前景。蜘蛛丝可再生，绿色环保，是生产绿色织物优异的纺织材料。与蚕丝相比，蜘蛛丝的理化性质具有非常明显的优势，在强度方面，蜘蛛丝纤维与目前应用最广泛的对强度要求最高的碳质纤维以及其他化学合成纤维（如芳纶等）的强度接近，但韧性更好。因此，除了临床应用外，蛛丝纤维在国防、建筑等重要领域均有着广阔的应用前景。

（一）在纺织工业中的应用

蜘蛛丝被用于纺织品可上溯至18世纪，最具代表性的是当时由巴黎科学院展出的织成于1710年的蜘蛛丝长筒袜和手套，这是人类历史上有记载的第一双用蜘蛛丝织成的长筒袜和手套；1864年美国制作了另外一双薄蛛丝长筒袜，所用的蜘蛛丝是从500个蜘蛛的喷丝头中抽取出来的；1900年的巴黎世界博览会上，展示了一块由2.5万只蜘蛛生产的91400m的蜘蛛丝织成的长16.46m、宽0.46m的布。然而，获取大量天然蜘蛛丝十分困难，直接用蜘蛛丝作为纺织原料成本极高。

（二）在军事、民用等防御体系中的应用

蜘蛛丝具有强度大、弹性好、柔软、质轻等优良性能，是目前人类已知强度最大的材料，具有吸收巨大能量的能力，因此许多科学家乐观地认为，蜘蛛丝是制造防弹衣的绝佳材料，然而，用蜘蛛丝制造防弹衣依旧任重道远。防弹衣是用于保护人体免受子弹或弹药破片伤害的个体防护用品，其防弹机理主要是通过防弹层在受侵袭过程中的变形、破坏，消耗弹丸或弹药破片动能，达到阻隔弹丸或弹药破片对人体的贯穿性伤害，并同时避免子弹冲击波对人体造成严重非贯穿性损伤的目的。用于防弹衣等防弹装备的纤维材料通常具有下述基本要求。首先，应用的纤维材料应具有足够高的拉伸断裂强度，以抵御弹丸的冲击力，防止弹丸贯穿。目前认为用于防弹衣、防弹头盔等装备的纤维强度应高于2.2GPa。军用和警用防弹衣实际应用的芳纶1313强度通常在3.38GPa以上；而超高分子量聚乙烯纤维的强度通常为2.7GPa。其次，这种纤维材料应具有适当的变形能力，即较高的模量和较低的拉伸断裂伸长率。如果防弹材料的模量过高、拉伸断裂伸长率过小，断裂功过小，则无法有效吸收弹丸和破片的动能（故碳纤维虽强度高，但不能用作防弹材料）；如果模量过低，拉伸断裂伸长率过高，则受弹击后防弹材料容易变形，即使弹丸未贯穿防弹材料，弹着点的凹陷变形也可使人体受到伤害，发生非贯穿性损伤。此外，纤维应具有良好的冲击波传递能力，以便将冲击能量及时地扩散到防弹靶板上弹着点附近的较大面积，以分散冲击能分布，避免集中受力。最后，防弹材料的力学性能不应该对湿度、含水率敏感，以避免在潮湿环境中发生性能变化，蜘蛛丝具有较高的强度和很大的断裂伸长率，其力学滞变性具有良好的能量吸收作用。但与芳纶1313对比，其强度仅为Kevlar l29的10%~55%；与超高分子量聚乙烯纤维相比，强度仅为迪尼玛（Dynemmas）K76的8%~50%，不符合作为防弹材料的强度要求；而蜘蛛丝的断裂伸长率要比典型的防弹纤维高3~10倍，不符合作为防弹材料的变形要求。可以认为，蜘

蛛丝的高吸能功能是以大变形为前提的，如果将蜘蛛丝用于制作防弹衣，则在可以接受的整衣重量下，弹丸对人体的贯穿性损伤和非贯穿性损伤均无法防御。而且蜘蛛丝对湿度敏感。因此，如果要将蜘蛛丝应用于防弹衣等弹道防护产品，则至少应与其他高强高模纤维合理搭配，形成合理的结构，方可达到防弹要求。目前看来，蜘蛛丝尚不可能大量应用于防弹衣等防弹装备。相比之下，蜘蛛丝的轻质、高强、高韧特性可应用在体育运动器材、降落伞、航空航天材料以及要求生物相容性的医疗卫生领域。

（三）在生物医药领域的应用

蜘蛛丝在医学和保健方面用途尤其广泛。蜘蛛丝具有强度大、韧性好、可降解、与人体的相容性良好等优点，因而可用作高性能的生物材料，制成伤口封闭材料和生理组织工程材料，如人工关节、人造肌腱、韧带、假肢、组织修复、神经外科及眼科等手术中的可降解超细伤口缝线等产品。这些产品最大的优点在于几乎不会和人体组织产生排斥反应。

作为自然界最优良的纤维，蛛丝蛋白在医学尤其是组织工程方面具有十分诱人的应用前景。一般来说，作为令人满意的生物材料必须具备以下几个条件：①具有三维网状空间骨架结构，以提供机械稳定性和足够的空穴，促进营养物质的流动和吸收；②具有非凝血酶解性质，以免激活淋巴细胞和血小板；③具可湿性、电荷分布和亲水性等表面性质，以诱导种子细胞正确的细胞应答。作为一种组织工程的新材料，蜘蛛丝在这几个方面都具有得天独厚的条件，可通过转基因技术制成伤口封闭材料和生理组织工程材料，如人工关节、韧带、人类使用的假肢、人造肌腱、组织修复、神经外科及眼科等手术中的超细伤口缝线等产品，具有韧性好、可降解等特性。

目前蜘蛛丝在组织工程中的应用主要是作为缝合线来使用的。经过特殊处理的蜘蛛丝因能与人体组织有机地结合在一起，无感染、排斥等副作用而备受青睐。并且在完成其使命后就会被机体降解吸收。蛛丝蛋白在用来替代人体的其他组织方面也有不可估量的前景。蜘蛛丝子材料具有强度高、韧性大的优点，其拖丝的断裂压力可达1500MPa，且抗张力强度大大超过钢材，所以可用蛛丝来替代缺损的韧带、肌腱等软组织。蛛丝蛋白有很好的三维空间结构，在替代人体组织时并不影响组织之间的物质交换以及免疫反应的进行，因而可以很好地与人体组织融为一体。此外，蛛丝蛋白具有自装配行为，可在器官移植和组织修复时用来介导细胞与组织或者它们相互之间的连接，以促进器官组织的复原，也可利用蛛丝蛋白的这种特点来进行人工生物膜以及细胞表面科学的研究，以了解细胞之间的相互作用和大量潜在的生物膜信息。目前外科医生在处理骨折、骨碎等急症时，一般采用小钢丝或小螺钉进行固定，但是由于钢丝等不能自动降解，当骨组织愈合后它就成为一种多余的累赘甚至隐患，必须通过手术取出。如果采用蜘蛛丝作为固定材料则可使手术更精细，修复更完整。手术后通过一定的方法使其降解，就可吸收，因而无须再进行一次痛苦的手术。此外蛛丝还可用来介导药物对特殊的细胞组织和器官进行治疗，尤其是在神经细胞、神经组织和脑组织的修复时可望得以应用。

近年来，蜘蛛丝在基因识别、人工合成以及基因表达上取得的成果引发了研究者模拟天然蜘蛛丝优秀性能的兴趣。薛永峰等采用静电纺丝技术制备了漏斗网蛛丝再生纤维膜，在体外与猪动脉内皮细胞供培养，采用MTT法（四甲基偶氮唑盐比色法）检测对纤维膜细胞的增殖活性，观察细胞的形态变化。结果表明，通过静电纺技术得到的纳米尺寸的多孔蛛丝再生纤维膜具有与天然细胞外基质相近的微观结构，极高的比表面积为活性因子的释放提供了理想平台。再生蜘蛛丝纤维膜热分解起始温度为279℃，在单轴拉伸时断裂强度和断裂伸长率分别为（3.61±0.18）MPa和（33.20±4.86）%。内皮细胞能够在纤维表面黏附并显示良好的生长形态，MTT结果显示内皮细胞在材料上增殖活跃，培养7天后，纤维膜上的细胞增殖为对照组的两倍多。说明细胞能够很好地在材料上生长，具有良好的生物相容性。所制备的再生纤维膜的力学性能可以满足某些特定部位组织对材料的要求，并且经过4周的降解，从形态上看出材料只是出现了微细纤维和较粗纤维的分支断开，较粗的纤维没有断裂，材料能够满足组织支架材料支撑细胞生长时间的需要，提供较长时间的机械支撑力，保证替代物在体内承受周围组织压力时，再生细胞有足够的时间再生。这些研究表明，漏斗网蜘蛛丝再生纤维膜具有稳定的热性能和高的延展性，并能有效促进内皮细胞的黏附和增殖，具有良好的生物相容性，可以作为组织工程和生物医学应用的需要。

（四）智能材料及功能材料

为了制造纳米级直径的超细中空光纤，严（Yan）等利用天然的蜘蛛丝作为工具，得到了中空的玻璃质纤维，其内径仅2nm。具体的工艺过程是：取一段1cm长的蜘蛛丝，两端粘到钢丝刷上，然后把蜘蛛丝在原硅酸四乙酯溶液中反复浸渍，使蜘蛛丝粘上一层均匀的涂层，待涂层干燥后，再在420℃的炉子中烘烤，烧掉里面的蜘蛛丝，而涂层在烘烤炉中发生分解反应变成二氧化硅，并收缩为原直径的1/5，于是就得到了中空的石英管。试验用的蜘蛛丝是马达加斯加的一种学名为金色球体蜘蛛（Nephila madagascariensis）的大圆盘结网蜘蛛产生的。这种蜘蛛生产的丝比较粗。为了生产出更细的光学纤维，就得使用直径更细的蜘蛛丝。目前已知在中东和南非有一种学名为Stegodyphus pacificus的蜘蛛，产生的丝直径只有10nm。用这种蜘蛛丝生产的二氧化硅玻璃纤维，考虑到制造工艺过程中的收缩，预测最终的直径仅约2nm；而用传统的工艺生产中空纤维，最细的直径仍有25nm左右。如果将其他材料与蜘蛛丝纤维复合，可以制成功能性复合材料，以增加丝纤维的用途。如将牵引丝浸入含有纳米级超顺磁性微粒的溶液中，可以制成具有磁性效果的微细纤维，这种纤维可以制成功能性织物。利用静电纺丝方法将各种纳米级微粒加入聚合物溶液中，可以制得各种具有不同功能的人造蜘蛛丝纤维，进一步扩大其应用领域。

（五）在高强度材料方面的应用

在建筑方面，蜘蛛丝可用作结构材料和复合材料，代替混凝土中的钢筋，应用于桥梁、高层建筑和民用建筑等，可大大减轻建筑物自身的重量。用蜘蛛丝编织成具有一定厚度的材料进行实验，可发现其强度比同样厚度的钢材高9倍，弹性比具有弹性的其他材料高2倍。科学家正在积极研究利用超高强度的蜘蛛丝来制造高强度材料，进行进一步加工，可用于制造高强度防护服、体育器械、车轮外胎、高强度渔网等。

（六）在航天航空领域的应用

蜘蛛丝的强度高、韧性大，且具有一定的热稳定性，在较高温度下才会分解，可以作为制造结构材料、复合材料和宇航服装等高强度材料的绝佳材料。蜘蛛丝可制成战斗飞行器、坦克、雷达、卫星等装备以及军事建筑物等的防护罩，还可用于织造降落伞，这种降落伞重量轻、防缠绕，展开力强大、抗风性能好，并且坚牢耐用。

第七节 羊毛材料

羊毛纤维作为一种天然的蛋白质纤维，是纺织纤维中的精品。随着人民生活水平的提高及生活方式的改变，服装向轻薄化、舒适化、休闲化、功能化、高档化方向发展。由于羊毛纤维整体偏粗且细度离散大，毛纺织品穿着时具有刺痒感和不适感，这是影响其使用的主要原因之一。而细支羊毛（直径19μm以下）主要产自澳大利亚，且数量有限，价格昂贵，因此有必要对普通羊毛纤维进行细化。改性后的细羊毛织物具有类似山羊绒织物的手感和风格，这样可以充分利用羊毛资源，提高羊毛产品的附加值，满足人们对服用舒适性能的要求。

一、羊毛纤维的结构与性质

（一）羊毛的基本结构

羊毛是一种高档的天然蛋白质纤维，其内部结构可分为四个组成部分：外表皮层，包覆着表皮层的最外层膜；表皮层，扁平细胞交叠覆盖的鳞片形成保护层；皮质层，组成羊毛实体的主要部分；髓质层，位于毛干中心，只存在于较粗的羊毛中，细羊毛中没有。

羊毛由鳞片细胞、皮质细胞和细胞膜复合物（cell，memb，and complex，CMC）组成，每一部分都有极其复杂的微细结构。羊毛的鳞片层导致的定向摩擦效应是羊毛具有毡缩性能的结构基础，是羊毛化学改性的主要对象。CMC结构存在于羊毛细胞（包括鳞片细胞和皮质细胞）之间，在整个羊毛结构中呈网状分布，是羊毛细胞连接的桥梁，因而对羊毛的力学性能起着至关重要的作用。在羊毛改性处理过程中，为了将羊毛的力学性能保持在一定的水平，必须对CMC予以保护。如何对羊毛外边鳞片进行合理改性，又对羊毛内部CMC结构予以适当的保护，已成为羊毛化学改性中一个需要调和的主要矛盾。

羊毛的鳞片层由片状鳞片细胞组成，鳞片细胞又分为性质不同的外表皮层、次表皮层和内表皮层。鳞片外表皮层：高硫含量的细胞膜，厚为2～4nm，主要为磷脂化合物、角质化蛋白质及少量的碳水化合物，具有极好的化学惰性，难以被酶消化；鳞片次表皮层：含硫量略低于外表皮层，厚为100～200nm，是典型的角质化蛋白，氨酸残基含量相当高，其结构紧密，皮质层难以膨化。在肽链的每三个氨基酸残基中，就有一个难以被蛋白酶消化的胱氨酸残基。鳞片内表皮层：含硫量低，厚100～150nm，属于非角质化蛋白，胱氨酸残基含量低，约为3%，但极性基团如—COOH、—NH$_2$基含量相当丰富，化学性质活泼，易于膨化，能被蛋白酶消化。鳞片外表皮层的稳定性与其独特的化学结构有关，羊毛鳞片表面具有整齐的类脂层排列，厚度约为0.9nm，主要结构为18-甲基二十酸和二十酸，与鳞片外表皮层的蛋白以酯键和硫酯键结合。类脂层之下是蛋白层，该蛋白层在肽链间除有二硫键交联外，还存在酰胺交联，该交联由谷氨酸和赖氨酸残基反应形成。据估计，鳞片外表皮层中50%的赖氨酸和谷氨酸残基形成了酰胺交联。酰胺交联的存在，可能是鳞片外表皮层具有较强耐化学性能的原因之一，酰胺交联的链长约为二硫交联的2倍，使肽链之间具有较大的伸缩空间，鳞片细胞膜不易破裂。

CMC结构主要由以下三部分组成：柔软的、易溶胀的细胞胶黏剂，该部分为有轻微交联的球状蛋白；类脂双分子结构，通常简称为β层；处于球状蛋白和类脂结构之间的耐化学纤状蛋白层，具有耐蛋白水解，耐强酸、强碱、氧化剂和还原剂作用的性能。

（二）羊毛的性质

（1）耐酸性。羊毛是酸碱两性纤维，但因微结构不同，其耐酸、耐碱程度有差异。羊毛的耐稀酸性较好，耐碱性较差，稀碱即可破坏鳞片外层的表面膜。

（2）染色性。羊毛纤维的上染速率主要取决于毛纤维对染料的吸附能力和染料自表面向内部扩散的速率。在常规的酸性染料浴染色中，鳞片层的表面膜一般未被破坏，表面的吸附性主要与表面膜结构的致密性和活性有关，这种表面膜外层是一种致密的角朊类物质。

（3）耐生物酶性能。羊毛中细胞间质中的精氨酸和赖氨酸的含量比其他成分高。故胰蛋白酶对毛纤维的作用首先从酶解胞间物质开始，进而酶解皮质细胞。由于正、副皮质层的结构稳定性不同，特别是羊毛经过高温高压处理后，正皮质细胞的大分子排列变得杂乱，更易被胰蛋白酶酶解，不同品种羊毛的耐生物酶性差异很大。同一根羊毛中，正皮质的耐生物酶性比副皮质差。鳞片与皮质层间的黏合物尤其是皮质细胞间质的耐生物酶性比鳞片之间的黏合物更差。

（4）热学性质。羊毛在加热条件下，内部分子运动状态发生变化而产生吸热或放热现象。吸热或放热曲线上的某些特征峰，反映了毛纤维内部分子或超分子结构的变化。几个特征峰分别是羊毛纤维内大分子的a螺旋链结构的熔解（210℃左右）、月型结构的熔解（260℃左右）及角朊分子的热分解（约320℃）引起的，羊毛品种不同，吸热曲线上的特征峰及其对应的温度有所不同。

二、羊毛的改性

随着技术的发展和市场的需要，人们对羊毛进行了各种改性处理，而且目前改性技术还在继续发展。改性保留了羊毛的天然高档形象，改善了羊毛产品的加工、护理和使用性能，扩大了羊毛的适用范围，还可提高生产效率。

（1）羊毛拉细技术。此方法可获得极为柔软的手感和丝绸般的光泽，根据具体用途不同，可分为细化羊毛和膨化羊毛。

（2）低温等离子体技术。此方法可改善羊毛可纺性和染色性，并可细化羊毛和防缩。

（3）蛋白酶处理法。此方法可减少羊毛刺痒感，改善手感，结合其他物理或化学酶处理法还可防缩。

（4）氧化防缩法。此方法为常用的羊毛改性方法，但对环境有影响。

（5）高锰酸钾氧化防缩法。此方法是传统的羊毛改性方法。

（6）羊毛丝光整理。可防缩、耐洗、抗起球。

（7）保健整理。包括抗菌、远红外、抗紫外线整理。

（8）防蛀处理。采用安全、高效的防蛀剂处理，可使产品具有永久的防蛀性能。

三、羊毛的应用

（一）传统羊毛非织造产品及其应用

用羊毛制成的织物，手感滑糯、身骨丰厚、弹性好、挺括性好，尤其是作为各种装饰材料，不仅名贵华丽，而且具有天然阻燃、净化空气、增进健康等功效。由于价格和有关技术限制因素，过去羊毛在非织造材料生产中使用不多，采用纯新优质羊毛生产的非织造材料仅限于针刺造纸毛毯、高级针刺毡等高级工业用产品，一般采用的是羊毛加工中的短毛和粗毛，通过针刺、缝编等方法生产地毯的托垫布、针刺地毯的夹心层、绝热保暖材料等。随着技术的进步和人们生活水平的提高，传统羊毛非织造产品的应用范围也在逐渐拓宽。

（1）毛毡。毛毡是利用羊毛鳞片层的毡缩特性，在湿热状态下通过手工或机械的挤压作用毡合而成的片状物。毛毡是最古老的羊毛制品，也是最早的非织造材料之一，早在两千多年前就有生产，当时用料粗糙、式样简单，仅作御寒之用，随着时代的发展和技术的进步，毛毡加工越来越精细，用料也越来越广泛，应用范围不断扩大。毛毡的应用有个人用品、家庭用品、工业用途、其他用途。目前的毛生产工艺流程如下：原毛准备（洗炭除杂）→梳毛成网→压扁成形→编织→去酸→烘燥→理化测试→包装。

（2）造纸毛毯。造纸毛毯是造纸工业中不可缺少的一种专用器材，在造纸过程中起湿纸页脱水和平滑、干燥纸张的作用。一般采用纯羊毛或羊毛混合纤维，经梳理成网，再以针刺在环形底布上，达到一定的紧密度和平整度，经整理加工而成。造纸毛毯的特点是平滑、耐磨、滤水性好、毯纹轻、毯面平整、抗拉强度大、不变形、使用寿命长。根据毛毯在造纸机上使用部位的不同，造纸毛毯可分为上毯、湿毯、浆板毯和干毯。

（3）工业用途。工业用途（工业毡）一般采用高级羊毛，经梳理成网、针刺加固而成，按其具体应用不同可分为适形毡、针布毡、吸油毡、预缩呢毯、清洁毡。

（4）过滤材料。羊毛针刺非织造材料广泛应用于各行各业的过滤单元中，其纤维排列方向与流体的流动方向平行，降低了流体通过时的阻力，提高了过滤效率。过滤分湿滤和干滤两种，湿滤用于造纸厂、浆粕厂、石棉水泥厂、选矿场等；干滤用于食品厂、石粉厂、水泥厂以及耐火材料厂过滤空气和粉尘等（也称空气过滤）。

（5）填充材料。羊毛非织造材料可作为填充物用于家用的床垫、枕头、沙发、被子中，高档夹克、大衣、手套衬里等服装类制品中，以及汽车和飞机的坐垫、蒲团与运动器材中。

（二）新型高端羊毛非织造产品

高新技术纺织品已成为国际纺织品市场的一个竞争点。近年来在世界性崇尚自然、绿色消费的浪潮下，各国纺织业都在积极开发有利于环保、健康的高新纺织技术。羊毛的天然特性使其具有明显竞争优势，新型的羊毛非织造产品应运而生，目前可以尝试在以下方面开发新型的羊毛非织造产品。

（1）美容用品。羊毛含有天然蛋白成分，不易产生静电，弹性好，经过一定方法处理后的羊毛对皮肤及呼吸道无刺激，不引起过敏反应，可作为一种理想的高档美容护肤产品的原料。细羊毛经过改性处理后与少量其他纤维（如棉、丝或黏胶纤维）混合后，通过水刺或针刺等非织造加工技术加工而成的羊毛非织造材料手感柔软、细腻，具有良好的吸水性、保湿性和生物相容性，可用作面膜材料、粉扑纸、洗脸按摩巾等高档美容护肤用品。

（2）医疗用品。羊毛具有良好的吸液能力并且对人体无刺激性，可作为医疗用品原料。采用细羊毛或经过功能处理的羊毛或羊毛混合纤维，通过水刺或针刺等非织造加工工艺生产出羊毛非织造材料后，再进行层压复合（功能性膜）得到的复合型羊毛非织造材料用作医院病床褥、急救毯等，具有透气、吸湿、柔软、保暖、舒适的性能，还可缓解病人胫骨压迫，防止长期卧床疼痛和深度血栓症的伤害。利用高级细羊毛或改良毛与粘胶纤维混合，通过水刺缠结、功能性整理、后加工制成的医用绷带，柔软、透湿、贴身，可吸收病人渗出的体液和血液，且可有效防止伤害和控制损伤，是一种高档的医疗护理用品。

（3）床上用品。可利用针刺和喷胶棉工艺来生产羊毛被、羊毛垫等床上用品。羊毛非织造寝具四季可用，冬夏皆宜。羊毛的呼吸功能可以更好地降低体表温度，与人体自然的生理冷却节奏一致，能自动调节体表温度到最适于睡眠的32.7℃。羊毛床上用品在体表温度高于室内温度时就会自动吸湿、调温，调节人体体表微环境温度保持在32.7℃，达到最佳睡眠效果。夏季使用专门设计的夏凉空调被，其功用主要是借助羊毛的吸湿、排汗和调节局部微环境的功能。羊毛轻软而富有弹性，羊毛寝具使用后只要定期在阳光下暴晒2～3h，即可快速恢复蓬松与弹性，可长久使用。科学研究表明，在羊毛微环境中的睡眠者在睡眠全过程中心律缓和平稳，睡眠质量更好。

（4）汽车内饰材料。采用非织造材料做汽车内装饰材料已是当前国际发展趋势。由于羊毛具有天然难燃性，并能吸收空气中的有害气体，如甲醛、二氧化氮、二氧化硫等，所以用羊毛非织造材料制成的汽车顶篷衬、汽车地毯、汽车坐垫等不仅能隔声、防潮、减震、抗污、阻燃，增加汽车的豪华感和舒适感，而且还具有净化车内空气的特殊功用。新开发的羊毛非织造汽车内饰材料一般采用针刺法加工，可通过花式针刺机和纤维的颜色组合，加工成带有花纹的针刺产品。

（5）地毯。可用针刺方法生产羊毛针刺地毯。羊毛的表面呈鳞状，有良好的吸湿作用和排拒水的能力，因此羊毛很难被污染；羊毛呈螺旋状卷曲，弹性大，不容易粘在一起；羊毛染色性能良好，使用寿命长。上述结构特点使羊毛具有了区别于其他纤维的特性。在热带气候里，羊毛能够吸收高达自身重量30%的水蒸气。在高湿时羊毛吸收水分；当空气干燥时，羊毛再把吸收的水分释放出来，起着湿度缓冲器的作用。因此，羊毛地毯能调节室内的干湿度，能防止室内湿空气中带电，避免雷击。光着脚在羊毛地毯上面行走会感到凉爽，与合成纤维地毯相比无粘连感，更舒适。针刺羊毛地毯有固有的阻燃功能、防尘和抗踩踏功能，还有卓越的染色性，瞬染快。可燃物在建筑物中燃烧，产生的气体（包括二氧化氮、二氧化硫和甲醛）会污染室内空气，而羊毛能与这些气体进行化学反应，将其固定在羊毛的结构中。羊毛可以净化许多对人体有害的气体，保持空气清新，且在加热时不会释放有害气体，据估计，净化室内空气的时效达30年之久。

（6）绝热吸声制品。羊毛绝热吸声制品是采用低级羊毛或羊毛下脚料经特殊加工工艺制成的，属羊毛工业的废物回收再利用。绝热吸声制品的生产过程中无须高温操作，无有害添加剂，无论生产过程还是使用过程都具有良好的环保性能，使在绝热吸声、装饰装修工程中产生的废弃物可重新循环利用。羊毛绝热吸声制品有板、毡、管壳、吸声装饰板以及有覆面（如贴铝箔、玻纤布、牛皮纸、金属丝网等）和无覆面的各种规格的制品。羊毛绝热制品质量轻，导热系数小，柔韧性良好，不易松脱，也适合作为各种钢结构屋面墙体的保温隔热材料。

（7）服装黏合衬。羊毛与其他化纤以一定的比例混合，通过热黏合或其他工艺制成非织造材料，然后在衬布机上进行热熔胶涂层，制得羊毛服装衬布。羊毛服装衬布手感非常柔软、丰满，弹性和尺寸稳定性好，可用于高档服装如真丝绸、高技术化纤、高支精梳棉和毛织物服装生产用衬布，可赋予服装挺括飘逸和形态稳定的特性，是目前服装黏合衬布中的高端产品，在高档服装辅料市场中有很好的竞争力。

（8）装饰墙布。羊毛与其他化纤以一定的比例混合，通过热黏合工艺制成热轧非织造材料，然后经过特殊的表面花纹整理，制得羊毛墙布。羊毛非织造墙布具有良好的透气性和美丽的图案，所使用的材料不含任何有害物质，坚实牢固，可覆盖裂纹，阻燃，便于擦洗和修复，产品保留了原有墙纸的优点，摒弃了原有墙纸的易脱落、排放有害物质、变黄等缺点，具有浮雕纹表面结构和织物表面结构，能给人们生活带来意想不到的装饰效果，缔造一个优雅的居住环境。羊毛非织造装饰墙布还具有良好的透气性能与吸音功能，对人体没有任何化学侵害，墙面的湿气、潮气都可透过墙纸，长期使用不会使室内有憋闷感；产品表面凹凸感及不同的纹理使其对声音产生有效的吸收，从而大大降低了声音的能量，形成宁静温馨的居住环境，产品还具有优异的遮盖功能，能避免新房墙面或保温层裂纹问题显露。

课程思政
"世界上第一个人工合成蛋白质的诞生"——讲好中国科学故事

蛋白质分子结构十分复杂，人工合成胰岛素不仅要实现氨基酸分子间准确连接成肽链，还要求合成蛋白质的空间结构与天然的胰岛素相同。1958年我国将人工合成牛胰岛素确立为国家级研究计划，成立了一个由曹天钦任组长的"五人领导小组"，并采用"五路进军方案"，即五个小组分工合作，分别解决蛋白质合成中的关键问题，分别是：①组织生产氨基酸原料和多肽链合成试剂；②天然胰岛素A链、B链的拆合；③人工有机合成肽段；④开展转肽和酶促反应的研究；⑤开展胰岛素空间构象研究，分离纯化天然肽段，用作合成肽段原料。我国科学家经过周密研究，经历多重磨难，于1965年9月在世界上首次完成了结晶牛胰岛素的全合成。中国科学家在世界上首次合成牛胰岛素的历程，充分体现了我国老一辈科学家在困境中谋突破、求创新的科学精神。

此外，我国科学家也在蛋白质生物化学领域做了许多其他重要贡献和重大成果，奠定了我国在这一领域的重要地位，例如：邹承鲁先生在蛋白质折叠研究领域，吴宪教授在蛋白质变性领域，施一公团队在蛋白质结构解析领域做出贡献。这些事例体现了我国科学家不畏艰苦、勇于创新的精神，也激发了学生的国家责任感，有利于我们树立文化自信，培养民族自豪感。广大学生要学习他们为国争光、团结协作、艰苦奋斗、坚持不懈、不计名利、勇攀科学高峰的伟大精神。

参考文献

[1] 唐蔚波. 大豆蛋白胶黏剂的合成与应用研究 [D]. 无锡：江南大学，2008.

[2] 程凌燕，刘崴崴，张玉梅，等. 离子液体在天然高分子材料中的应用进展 [J]. 纺织学报，2008，19（2）：129-132.

[3] 王洪杰，陈复生，刘昆仑，等. 可生物降解大豆蛋白材料的研究进展 [J]. 化工新型材料，2012，40（1）：16-18.

［4］汪广恒, 周安宁. 大豆蛋白复合材料的研究进展［J］. 塑料工业, 2005, 33（2）: 1-3.

［5］洪一前, 李永辉, 盛奎川. 基于大豆蛋白改性的环境友好型胶黏剂的研究进展［J］. 粮油加工, 2007, 3: 83-85.

［6］王玮, 李海燕, 王昱, 等. 大豆蛋白结构及其应用研究进展［J］. 安徽农学通报（下半月刊）, 2009, 15（10）: 65-68.

［7］杨晓泉. 大豆蛋白的改性技术研究进展［J］. 广州城市职业学院学报, 2008, 2（3）: 37-44.

［8］张涛, 魏安池, 刘若瑜. 大豆蛋白改性技术研究进展［J］. 粮油食品科技, 2011, 19（5）: 26-30.

［9］张佩, 吴丽. 大豆蛋白改性的研究进展及其在食品中的应用［J］. 山东食品发酵, 2008,（1）: 51-54.

［10］郭永, 张春红. 大豆蛋白改性的研究现状及发展趋势［J］. 粮油加工与食品机械, 2003,（7）: 46-47.

［11］罗慧谋, 李毅群, 周长忍. 功能化离子液体对纤维素的溶解性能研究［J］. 高分子材料科学与工程, 2005, 21（2）: 233-235.

［12］刘庆生, 段亚峰. 蜘蛛丝的结构性能与研究现状［J］. 四川丝绸, 2005（2）: 16-18.

［13］潘鸿春, 宋大祥, 周开亚. 蜘蛛丝蛋白研究进展［J］. 蛛形学报, 2006（1）: 52-59.

［14］汪怿翔, 张俐娜. 天然高分子材料研究进展［J］. 高分子通报, 2008（7）: 66-76.

［15］张慧勤, 王志新. 蜘蛛丝的研究与应用［J］. 中原工学院学报, 2005, 16（4）: 47-50, 69.

［16］冯岚清, 刘艳君. 蜘蛛丝纤维及其在生产中的应用［J］. 江苏丝绸, 2011, 40（6）: 36-38.

［17］周春才. 蜘蛛丝蛋白模拟聚合物的合成及其结构、性能的研究［D］. 上海: 复旦大学, 2004.

［18］吴向明, 雕鸿荪, 沈蓓英. 大豆蛋白去酰胺改性的研究［J］. 食品与发酵工业, 1996, 22（5）: 7-14.

［19］潘志娟. 蜘蛛丝优异力学性能的结构机理及其模化［D］. 苏州: 苏州大学, 2002.

［20］王晓辉, 任洪林, 柳增善. 蜘蛛丝蛋白的研究进展［J］. 河北师范大学学报, 2004, 28（2）: 193-197.

［21］陈艳雄, 陈敏, 朱谱新, 等. 丝素蛋白的研究和应用进展［J］. 纺织科技进展, 2007（2）: 13-18.

［22］赵妍, 田晓花. 玉米醇溶蛋白研究进展［J］. 粮食与油脂, 2015, 28（1）: 11-15.

［23］吴国际, 吕长波, 鲁传华, 等. 玉米醇溶蛋白的物理化学改性［J］. 中国组织工程研究与临床康复, 2011, 15（25）: 4665-4668.

［24］石彦国, 程翠林. 改善大豆蛋白功能特性的研究进展［J］. 中外食品工业, 2003（11）: 40-44.

［25］郭云昌，刘钟栋，安宏杰，等. 基于 AFM 的玉米醇溶蛋白的纳米结构研究［J］. 郑州工程学院学报，2004，25（4）：8-11.

［26］杜悦，陈野，王冠禹，等. 玉米醇溶蛋白的提取及其应用［J］. 农产品加工（学刊），2008，（7）：73-76.

［27］常蕊. 改性玉米醇溶蛋白的黏结性及流变性研究［D］. 杭州：浙江大学，2010.

［28］孔祥东. 丝素粉的制备及其理化性质的研究［D］. 杭州：浙江大学，2001.

［29］田娟. 丝素蛋白的改性及其在药物释放方面的应用研究［D］. 南宁：广西大学，2012.

［30］王玉军，柳学广，徐世清. 家蚕丝蛋白生物材料新功能的开发及应用［J］. 丝绸，2006，43（6）：44-48.

［31］张萌. 丝素基抗菌膜的制备及性能研究［D］. 苏州：苏州大学，2014.

［32］陈盈君，周磊，闫景龙. 丝素在骨组织工程中的应用及进展［J］. 北京生物医学工程，2014，33（1）：89-93.

第八章　聚羟基脂肪酸酯

第一节　聚羟基脂肪酸酯概述

聚羟基脂肪酸酯（polyhydroxyalkanoates，PHA）是微生物体内的一类3-羟基脂肪酸组成的线型聚酯，PHA基本结构和常见种类见表8.1，其分子量在$5 \times 10^4 \sim 2 \times 10^7$不等。单体的羧基与相邻单体的羟基形成酯键，单体皆为R-构型。不同PHA的主要区别是C_3位上不同的侧链基团，以侧链为甲基的聚3-羟基丁酸（PHB）最为常见。PHA的结构变化几乎是无限的，不仅侧链的R可以有许多变化，主链单体链长m也有1~3的变化。另外，不同的单体还可以形成不同的共聚物，包括二元共聚物如3-羟基丁酸（HB）和3-羟基己酸（HHx）的共聚酯PHBHHx，三元共聚物如3-羟基丁酸（HB）、3-羟基戊酸（HV）和3-羟基己酸（HHx）的共聚酯PHBVHHx。同时，单体在共聚物中比例的变化也带来共聚物性能的许多变化。此外，根据单体的不同排列方式，PHA还可以形成均聚物、无规共聚物和嵌段共聚物等多种结构（图8.1）。均聚物由结构相同的单体聚合而成，无规共聚物由两个或两个以上的不同单体通过化学键结合形成，嵌段共聚物由两种或两种以上性质不同的聚合物链段连接而成。

表8.1　PHA的基本结构及常见种类

基本结构	结构（m，R）	中文名	缩写
	m=1，R=氢	聚3-羟基丙酸	P（3HP）
	m=1，R=甲基	聚3-羟基丁酸	P（3HB）
	m=1，R=乙基	聚3-羟基戊酸	P（3HV）
	m=1，R=丙基	聚3-羟基己酸	P（3HHx）
	m=1，R=丁基	聚3-羟基庚酸	P（3HHp）
	m=1，R=正戊基	聚3-羟基辛酸	P（3HO）
	m=1，R=己基	聚3-羟基壬酸	P（3HN）
	m=1，R=庚基	聚3-羟基癸酸	P（3HD）
	m=1，R=辛基	聚3-羟基十一酸	P（3HUD）
	m=1，R=壬基	聚3-羟基十二酸	P（3HDD）
	m=1，R=十一烷基	聚3-羟基十四酸	P（3HTD）
	m=2，R=氢	聚4-羟基丁酸	P（4HB）
	m=3，R=氢	聚5-羟基戊酸	P（5HV）

基本结构：$\left[O-CH \left(CH_2 \right)_m \overset{O}{\underset{}{C}} \right]_n$，CH下方为R

注　HA表示中长链的单体的统称。

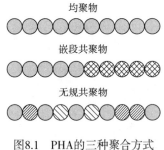

均聚物

嵌段共聚物

无规共聚物

图8.1 PHA的三种聚合方式

PHA的研究是以1926年法国人雷莫伊涅（Lemoigne）在巨大芽孢杆菌（*Bacillus megaterium*）中发现PHB为开端的，Lemoigne同时确定了PHB是3-羟基丁酸（3HB）的均聚物。科学家曾经推测PHA只是在少数相关的菌种中积累，所以其在代谢中的功能曾经被广泛探讨，但随着观察结果的深入，这种观点正逐渐发生改变。首先，PHA存在于许多不同菌种，例如球菌和杆菌中均有积累，而且没有微生物生理学的局限性。在光能合成菌、需氧菌、化能营养菌、有机营养菌甚至在蓝细菌和古细菌中都检测到PHA的积累。有报道称，土壤中至少有30%的微生物都能合成PHA。

与聚乳酸（PLA）、聚羟基乙酸（PGA）和乳酸—羟基乙酸共聚物（PLGA）等生物材料相比，PHA结构更多元化，组成结构多样性带来的性能多样化使其在应用中具有明显的优势。由于PHA同时具有良好的生物相容性能、生物可降解性和塑料的热加工性能等诸多特点，因此可同时作为生物医用材料和生物可降解包装材料，已经使PHA成为生物材料领域最为活跃的研究热点之一。更重要的是，PHA研究所带来的信息证明，生物合成新材料的能力几乎是无限的，随着研究的不断深入，还会有更多的PHA被合成出来，从而带动相应的生物材料，特别是生物医学材料的研究。从菌种筛选到大规模生产PHA，一般包含微生物菌种的接种、种子培养、扩大培养、生产性发酵、产品的下游提取等流程。由于菌种是生产PHA的决定因素，所以现在研究工作集中在用基因工程、代谢工程和合成生物学改造PHA生产菌，以获得最大程度的PHA生产效率，降低PHA的生产成本等。

在自然界中进行菌种的筛选，得到能合成所需PHA的菌株。如果该微生物合成PHA的能力强而且合成的PHA具有所需的性能，则对菌株进行工艺开发和放大的工作。如果菌株合成PHA不能满足要求，则可通过对其分子生物学进行研究，确定其合成基因和代谢途径，通过基因工程得到合成能力强、所需PHA结构合理的重组微生物。最后，进一步筛选后得到生产菌，再进行工艺开发和放大，为大规模生产做准备。近年来，越来越多的研究集中在对野生菌的基因改造，特别是通过对PHA合成酶的改造，来提高PHA的合成效率。一方面，通过对PHA合成酶的分子进行改造，可以使PHA的结构发生变化，合成出来的PHA分子量也可以发生很大的变化，由此进一步改善PHA的各种性能。另一方面，通过加强单体合成基因的表达，也可以使PHA的结构组成发生变化，从而引起PHA性能的变化。例如通过在嗜水气生单胞菌（*Aeromonas hydrophila*）中过量表达3-羟基丁酸的合成基因*phaA*和*phaB*，可以使其合成的二元共聚物3-羟基丁酸（HB）和3-羟基己酸（HHx）的共聚酯PHBHHx中HB组成增加，提高PHBHHx的应用性能。

PHA还具有非线性光学活性、压电性、气体阻隔性等许多高附加值性能。正因为PHA汇集了这些优良的性能，使其除了在医用生物材料领域之外，还可以在包装材料、黏合材料、喷涂材料和衣料、器具类材料、电子产品、耐用消费品、农业产品、自动化产品、化学介质和溶剂等领域得到广泛的应用。图8.2描述了目前PHA的应用领域，由此形成一个系统的PHA产业链。

最近的一些成功的工作证明，可以通过改变微生物的基因组，操作PHA合成的代谢途径，从而实现PHA结构的理性设计，获得我们希望得到的均聚物、无规共聚物和嵌段共聚物等多种结构。

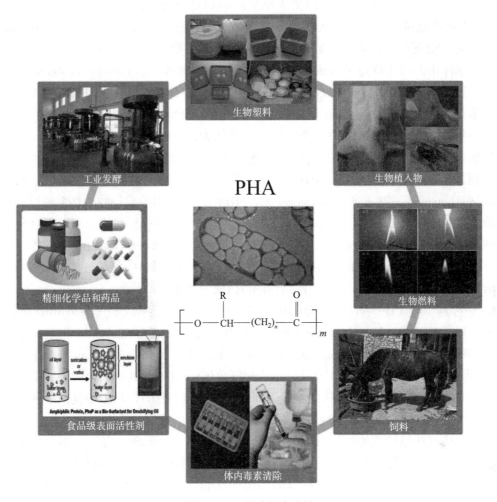

图8.2　PHA的应用产业链

第二节　聚羟基脂肪酸酯的单体组成和分类

20世纪初，研究人员在圆褐固氮菌（*Azotobacter chroococcum*）中发现了一种亲苏丹染料、可溶于氯仿的类脂肪包涵体，随后在巨大芽孢杆菌又发现了类似的包涵体，其组成被Lemoigne鉴定为聚D-3-羟基丁酸（poly-D-3-hydroxybutyric acid，PHB）。20世纪70年代，除3-羟基丁酸（3HB）外，其他PHA单体，如3-羟基戊酸（3-hydroxyvalerate，3HV）被发现。20世纪80年代，在细菌合成的PHA中发现了碳链更长的单体，如3-羟基己酸（3-hydroxyhexanoate，3HHx）、3-羟基辛酸（3-hydroxyoctanoate，3HO）、3-羟基癸酸（3-hydroxydecanoate，3HD）和3-羟基十二酸（3-hydroxydodecanoate，3HDD）等；之后在众多的PHA合成菌中发现了更多新的单体，1995年的统计结果为91种；到1998年，已经发现超过125种PHA单体。到2000年，已经发现超过150种的PHA单体。

PHA的单体大多数是链长3~14个碳原子的3-羟基脂肪酸，还有4-羟基和5-羟基脂肪酸。侧链R是高度可变的基团，大部分是直链的烷基，有些含有支链；多数为饱和键，也有不饱和键。根据单体的碳原子数可将PHA分为两类：短链（short-chain-length，SCL）PHA，其单体由3~5个碳原子组成，如PHB、聚羟基戊酸酯（polyhydroxyvalerate，PHV）等；中长链（medium-chain-length，MCL）PHA，其单体由6~14个碳原子组成，如聚羟基己酸酯（polyhydroxyhexanoate，PHHx）、聚羟基辛酸酯（polyhydroxyoctanoate，PHO）等。大多数微生物只能合成其中一类PHA。一般认为，PHA单体的碳原子数不同是由PHA合酶的底物特异性决定的。由短链和中长链单体组成的PHA聚合物引起了学术界和产业界越来越多的关注，已经发现了3HB与3HHx单体的共聚物，聚羟基丁酸羟基己酸［poly（3-hydroxybutyrate-co-3-hydroxyhexanoate），PHBHHx］及3HB和其他超过6个碳原子的3-羟基脂肪酸（3-hydroxyalkanoate，3HA）组成的共聚物。根据单体的种类，可将PHA分为均聚物（homopolymer）和共聚物（copolymer）两类，前者只有一种单体如PHB、PHV等，后者含有两种或两种以上的单体，如PHBHHx、PHBV等。不同结构的PHA是在与其单体结构相关的底物培养中获得的，这使合成多种不同结构的PHA成为可能。

D-3-羟基丁酸（D-3-hydroxybutyric acid，3HB）、3-羟基戊酸（3-hydroxyvalerate，3HV）、3-羟基己酸（3-hydroxyhexanoate，3HHx）、3-羟基辛酸（3-hydroxyoctanoate，3HO）、3-羟基酸（3-hydroxydecanoate，3HD）和3-羟基十二酸（3-hydroxydodecanoate，3HDD）等为常见PHA单体。3HV及其以下为短链单体，3HHx及其以上为中长链单体。短链单体如3HB或3HV提供了其聚合物的刚性，而中长链单体如3HHx到3HDD提供了其聚合物的软性或弹性。短链与中长链单体的无规共聚物提供了材料的性能灵活性。

除了上述这些结构之外，还有许多侧链含有功能团（如苯环、卤素、不饱和键等）的PHA，这些PHA可以进行许多化学修饰，使PHA具有新的功能。这样的PHA是非常见PHA，或功能PHA，这类材料应该提供一些高附加值的性能，包括微生物聚羟基脂肪酸酯的高强度、pH或温度响应性、形状记忆等。另外，通过嵌段共聚，使不同性能的高聚物通过化学键连在一起，可以获得无数种性能各异的材料，这些材料的性能还可通过调节不同嵌段的比例得到控制。

第三节　聚羟基脂肪酸酯的结构与性能

聚羟基脂肪酸酯（polyhydroxyalkanoate，PHA）作为21世纪迅速发展起来的生物高分子材料，具有完全的生物降解性、优异的生物相容性、良好的物理性能和热加工性能，是备受关注的生物医用材料及可降解包装材料。此外，PHA还具有很多高附加值的性能，如非线性光学性能、压电性能、气体阻隔性能等。这些优良的性能使其可以在包装材料、黏合剂、喷涂材料和衣料、日常用品、电子产品、耐用消费品、农业产品等领域中得到广泛应用。本节从PHA的分子链结构、凝聚态结构出发，介绍这些因素对PHA材料性能的影响。

聚3-羟基丁酸（PHB）在某些性能上与热塑性塑料相似，力学性质与聚丙烯（PP）相似，但是由于PHB的化学结构简单规整，结晶度高达60%～80%，因而性脆、断裂伸长率很低，应用范围受到限制，而3-羟基丁酸和3-羟基戊酸的共聚物PHBV、3-羟基丁酸与3-羟基己酸的共聚物PHBHHx以及3-羟基丁酸与4-羟基丁酸的共聚物P（3HB-co-4HB）的物理和加工性能则大大提高（表8.2）。与PLA、PGA和PLGA等生物材料相比，PHA结构更多元化，由此带来的性能多样化使其在应用中具有明显的优势。

表8.2 PHA与其他生物可降解材料及石油基高分子材料的性能比较

材料	熔点/℃	玻璃化温度/℃	拉伸强度/MPa	断裂伸长率/%
PHB	177	4	43	5
P［3HB-co-20%（摩尔分数）3HV］	135	−2	20	100
P［3HB-co-10%（摩尔分数）3HHx］	127	−1	21	400
PCL	65	−61	14	>500
PBSA	114	−45	30	>500
PBAT	110～115	−30	12	>500
聚苯乙烯（polypropylene）	170	−10	34	400
polystyrene	110	100	50	—
PET	262	70	56	7300
HDPE	135	−120	29	—

注 PCL——聚己内酯，PBSA——聚丁二酸丁二醇酯，PBAT——己二酸丁二醇酯与对苯二甲酸丁二醇酯的共聚物，polypropylene——聚苯乙烯，PET——聚对苯二甲酸乙二酯，HDPE——高密度聚乙烯。

一、聚羟基脂肪酸酯的分子结构

PHA是一类以羟基脂肪酸为结构单元的聚酯。其分子结构见表8.1，其中$m=1$，2，3，4。当$m=1$时为聚3-羟基脂肪酸，当$m=2$时为聚4-羟基脂肪酸；R为烷基侧链，此外有些R基团中还可含有苯环、卤素、氰基等取代基团。当$m=1$、R=甲基时为聚3-羟基丁酸（P3HB），当$m=1$、R=乙基时为聚3-羟基戊酸（P3HV），当$m=1$、R=丙基时为聚3-羟基己酸（P3HHx），当$m=2$、R=氢时为聚4-羟基丁酸（P4HB）。

按照单体碳原子数的不同，PHA类材料可以分为3种类型：短链PHA（short-chain-length PHA，SCL-PHA），单体碳原子数为3～5；中长链PHA（medium-chain-length PHA，MCL-PHA），单体碳原子数为6～14；短链中长链PHA（SCL-MCL-PHA）。单体的碳原子数对于PHA结晶性能有很大的影响，SCL-PHA具有较好的结晶性，以P3HB为代表，其熔点约为175℃，结晶度较高；MCL-PHA的结晶性比较差，如P3HHx为非晶聚合物，聚3-羟基癸酸（P3HD）的熔点约为72℃，结晶度较低。

按照聚酯中单体的种类和连接方式的差别，PHA也可以分成3种类型：均聚PHA，指聚酯分子是由一种单体聚合而成，目前已经合成出多种均聚PHA材料，包括R基团为0～11个碳数直链烷基的聚3-羟基烷酸、聚4-羟基丁酸等，PHA材料随碳数的增加从塑料变为非晶的橡胶状，而后又转变为塑料；无规共聚PHA，指聚酯分子链包含两种及两种以上单体，并且单体在分子链上某一位置出现的概率是随机的，利用混合碳源发酵方法获得的PHA大都是无规共聚物，通过无规共聚有可能将不同均聚物的优良性能集中到一个材料中，例如将聚3-羟基己酸共聚到PHB中可以有效地克服PHB的脆性，目前较大规模生产和使用的无规共聚PHA有PHBV、PHBHHx和P（3HB-co-4HB）；嵌段共聚PHA，指一个PHA分子链由两个或者多个链段构成，且每个链段为一种结构单元构成的均聚物，或者为无规共聚物，每个链段能表现出各自均聚物（或无规共聚物）时的性质特征。嵌段共聚的PHA材料目前研究得还不是很深入，但是利用嵌段共聚可以同时保留各个链段的优点，可构建综合性能更优异的材料，类似于苯乙烯—丁二烯—苯乙烯嵌段共聚物（SBS）这类材料，因此开始成为研究热点。微生物发酵中，通过碳源的交替培养方式，可以较便捷地获得嵌段共聚PHA，目前已经报道的有3-羟基丁酸与3-羟基己酸的嵌段共聚物，3-羟基丁酸与4-羟基丁酸的嵌段共聚物，3-羟基戊酸和3-羟基庚酸的无规共聚物与3-羟基丁酸的嵌段共聚物，3-羟基丁酸和3-羟基戊酸的无规共聚物与3-羟基丁酸的嵌段共聚物。也可以通过化学聚合的方法来获得嵌段共聚PHA。随着生物发酵技术的发展，可以更有效地对PHA分子结构进行设计，获得综合性能更好的材料。

二、聚羟基脂肪酸酯的凝聚态结构

聚合物的凝聚态结构是搭建分子链到材料宏观性质之间的桥梁，因此了解PHA不同层次上的微观结构对于了解PHA材料凝聚态结构是非常重要的。

结晶行为对PHA材料各方面的性质有重要的影响。从细菌中分离出来的P3HB显示出$55\% \sim 80\%$的结晶度，结晶区与无定形区的密度分别为1.26g/cm^3和1.18g/cm^3。X射线衍射和单晶电子衍射的结果表明，结晶的P3HB分子以紧密的2_1螺旋形式堆砌，属于正交晶系，晶胞参数为$a=0.576\text{nm}$，$b=1.320\text{nm}$，$c=0.596\text{nm}$。分子链构象分析的结果表明，P3HB采取两个反平行的螺旋链穿过晶胞，且链为左手螺旋，为$P2_12_12_1$（D_2^4）空间群。P3HB单晶可以从多种溶剂中生长出来，形成典型的板条形晶体，短轴尺寸为$0.3 \sim 2.0\mu\text{m}$，长轴为$5 \sim 10\mu\text{m}$。单晶的电子衍射表明它的长轴方向是结晶学的a轴方向，晶体中的主要链折叠整体上沿单晶长轴方向，即沿［100］。P3HV的晶体结构为正交晶系，晶胞参数为$a=0.950\text{nm}$，$b=1.010\text{nm}$，$c=0.556\text{nm}$，分子链为左手螺旋，属于$P2_12_12_1$空间群。其单晶形貌为正方形，生长面为［110］。

对PHBV共聚物，碳核磁共振谱（^{13}C NMR）表明其共聚单体单元呈无规分布，通常这会阻碍结晶。但由于类质同晶现象（isomorphism），即两种共聚单体组分在同一晶格中结晶，导致3-HV含量在很宽的范围内变化时，PHBV的结晶度一直保持在$50\% \sim 70\%$的范围内。P3HB晶格中3-HV单元的存在已经在理论上和实验中获得了验证，当3-HV含量占$0 \sim 30\%$（摩尔分数）时，PHBV晶格中3-HV单元组分大约占整个组分的2/3。山田（Yamada）等对微生物合成的PHBV进行了分级，获得了组成分布很窄的不同3-HV含量的级分。广角X衍射的结果表明，3-HV含量（摩尔分数）在47%以下时，共聚物显示P3HB的晶格，而3-HV含量（摩尔分数）达到52%以上时，共聚物显示P3HV的晶格（图8.3）。塞拉菲姆（Serafim）等从乙二醇中制备了PHBV的单晶，具有明显的P3HB晶格的电子衍射，但在参数a和b上有少量的增加。然而岩田（Iwata）等从氯仿/乙醇中培养了P（3HB-co-8%3HV）的单晶，发现其电子衍射图谱和PHB单晶基本无差异，表明HV单体单元在结晶时从晶格中被排除，主要存在于片晶的表面。PHBV的晶区中含有的共聚组分采用熔体结晶和单晶培养方式得到的样品有较大区别，这是由于两种情形下晶体的生长过程不同。将3-HV单体引入P3HB分子链上时，由于其体积较大,在培养单晶时,有足够充裕的时间来将3-HV排除到晶区外,得到完善的P3HB晶体结构;而熔体结晶时间很短,3-HV单体可以通过共结晶方式使晶胞尺寸发生一定程度的畸变。

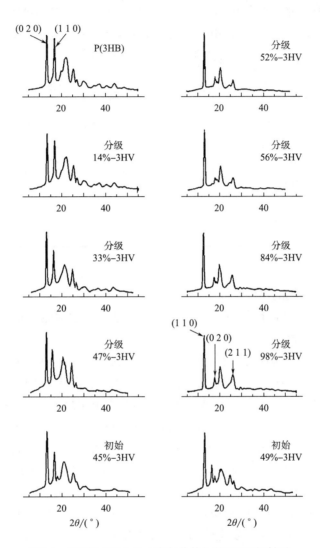

图8.3 不同3-HV含量(摩尔分数)的PHBV衍射图

PHBHHx的结晶度与P3HB相比有很大降低。当共聚物中3-HHx的含量(摩尔分数)由0提高到54%时,X射线衍射测得的结晶度由60%下降到18%,熔点从177℃下降到52℃,玻璃化温度从4℃降到-4℃,而晶胞参数与P3HB相同,表明3-HHx组分被排除在P3HB晶胞之外。随着共聚单体3-HHx组分含量的增多,球晶生长速率显著降低。当3-HHx含量(摩尔分数)从0升到17%时,薄膜的拉伸强度从43MPa降到20MPa,相反,断裂伸长率从6%升到850%时,随着3-HHx含量的增加,PHBHHx薄膜变得柔软而有弹性。

而MCL—PHA的结晶能力随着链长的增加而增强。由表8.3中数据可知,从聚3-羟基己酸到聚3-羟基十二酸,材料的熔点与熔融焓随着侧链长度的增加而增加,其晶体结构也发生显著变化，与P3HB等短侧链聚合物差别越来越大。对于含有侧链结构的高分子，当侧链的长度较短时，由于侧链的存在降低了主链的有序堆能力，从而减弱了材料的结晶能力，甚至不结晶，如聚3-羟基己酸和聚3-羟基庚酸。但是当侧链长度达到一定程度后就会发生侧链结晶的情况，例如N-烷基取代的聚苯甲酰胺中的侧链结晶行为。长侧链PHA表现出的熔点和结晶度随侧链长度增加的性质，是源于其侧链烷基链的结晶。这种侧链结晶能力使材料在力学性质方面有明显提高，是研究改进PHA材料性能的热点发展方向之一。

表8.3　不同中长链PHA材料的熔点和熔融焓

PHA	熔点/℃	熔融焓/（J/g）
聚3-羟基己酸（P3HHx）	不结晶	无
聚3-羟基庚酸（P3HHp）	不结晶	无
聚3-羟基辛酸（P3HO）	49.5	15.6
聚3-羟基葵酸（P3HD）	71.2	31.2
聚3-羟基十二酸（P3HDD）	82.4	48.3

三、聚羟基脂肪酸酯的物理性能

PHA作为一类热塑性高分子材料，其应用与热性能、力学性能、光电性能等密切相关。

（一）PHA的热性能

PHA的热性能包括玻璃化转变温度（T_g）、熔点（T_m）、热分解温度（T_d）、结晶度（χ_c）等。这些热学参数决定了材料的加工温度、适合使用的温度区间等。

PHA材料随着侧链长度的增加，玻璃化转变温度T_g单调降低。T_g是指聚合物PHA的结构与性能链段开始运动的温度，低于T_g时，聚合物链段被冻结，材料表现为玻璃态；高于T_g时，材料进入高弹态。通常情况下，材料的玻璃化转变可以由DSC测得，但具有较高结晶度的材料，由于其中的无定形部分较少，且受到晶区的限制作用，难以检测到玻璃化转变，这时可采用动态机械分析（DMA）或者介电谱（DES）等方法进行测试。这些方法所使用的测试样品的量大幅度增加，使玻璃化转变增强而易于测得。当然无定形区的链段受到晶区等因素的限制，会使材料的T_g发生偏移，转变温度范围也可能变宽。为了获得确切的T_g，需要将PHA材料从熔体状态尽快淬冷到T_g以下温度再进行测试，以保证整体材料是处于无定形态。

PHA的主链结构和侧链结构都会影响到T_g的变化。随主链上相邻酯键之间碳原子数的增加，主链的活动性增强，T_g降低，P3HB的T_g为4℃；P4HB的T_g为-45℃；聚ε-己内酯（PCL）的酯键间原子数增加到5，其T_g进一步降低到-65℃。随着PHA的侧链结构的增加，其T_g也是逐渐下降，如T_g（P3HHx）<T_g（P3HV）<T_g（P3HB）。在P3HB的主链上无规共聚具有更长侧链的单体，如3-HV、3-HHx等，使共聚物的T_g也发生下降。图8.4表明，随着各种共聚单体引入P3HB中，材料的玻璃化温度逐渐降低。PHA共聚物的一些结构也可通过T_g反映，如无规共聚的PHBV只有一个T_g，而P3HB与P3HV的嵌段共聚物则表现出两个T_g。

PHA的熔点与其分子结构和热历史有密切关系，通常取DSC熔融峰的峰值所对应温度作

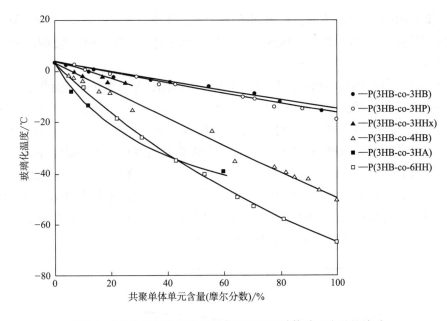

图8.4　P3HB共聚物的玻璃化温度和共聚单体单元含量的关系

为熔点。PHA均聚物材料的熔点随着单体侧链长度的增加发生先降低后升高的趋势；P3HB无规共聚物在一定组成范围内的熔点随着共聚含量增加而下降，但当另一组分的含量超过一定值后，共聚物的熔点又会随着共聚组分的增加而逐渐升高，如PHBV体系。PHA的热历史决定了其形成片晶的厚度，根据吉布斯—汤姆逊（Thomson-Gibbs）公式，片晶厚度增加，熔点升高，因此热历史与熔点之间有密切的关系。图8.5给出了P3HB及其共聚物片晶厚度的倒数（$1/l_c$）与熔点（T_m）之间的关系。P3HB均聚物的$1/l_c$与T_m之间有非常好的线性关系，由此关系外推到$1/l_c=0$时，可得到P3HB平衡熔点（T_m）为（194 ± 6）℃。图中除了PHBV以外的无规共聚物表现出来的片晶厚度与熔点之间的关系均落在与P3HB相同的一条直线上，说明在结晶过程中3–HHx、4–HB等这些共聚单元均被排斥在晶区以外，共聚物都是以3–HB部分形成的

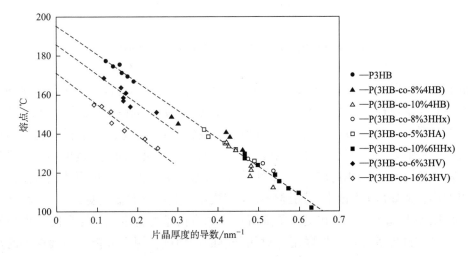

图8.5　PHA的熔点与片晶厚度的关系

结晶结构。而PHBV却有明显不同，在相同的1/l_c值下，共聚物的熔点随着3-HV含量的增加而降低，这间接说明了3-HV共聚单元也同时存在晶区而改变了晶体结构，也间接证实了PHBV的同二晶现象。

在室温放置一段时间后的PHA共聚物，尤其是PHBHHx等，在DSC升温测量的过程中，其熔融行为在室温附近就已经开始，表现为一个很宽的吸热熔化过程和一个明显的尖锐吸热峰［图8.6（a）］。亚伯（Abe）等利用（大角X射线衍射）WAXD、AFM、SAXS等方法推断出，这种现象的原因是PHBHHx发生了类似于分级结晶的过程。在高温结晶时，具有较长3-HB连续序列的组分优先结晶，而3-HB连续序列较短的组分在后续的降温及存放过程中形成较不完善的结晶。在升温熔化过程中，低温下形成的不完善晶体从室温附近开始熔融，尖锐吸热峰则对应于高温时较长3-HB序列形成的晶体的熔融。图8.6（b）~（d）的DSC结果证实了这个低温宽范围的吸热峰是在存放过程中形成的。

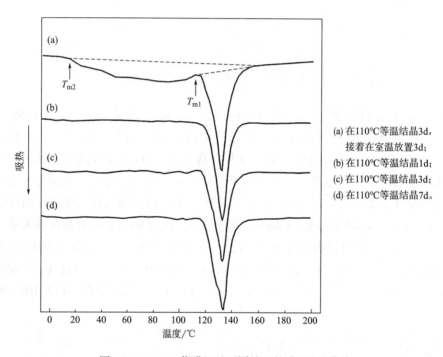

图8.6　PHBHHx薄膜经过不同处理的升温DSC曲线

通常情况下使用热重分析仪来测量热分解温度（T_d），表示为样品失去的重量随温度变化的情况。有文献以样品在失重1%、5%及50%等位置的温度来说明样品的热稳定性，如果进行对比的样品具有类似的热失重过程，则可以将各位置的失重温度进行对比；如果失重过程有较大区别则需谨慎对比。PHA材料的热分解温度基本随着侧链长度的增加而升高。另外，比较特殊的情况是P4HB比P3HA类聚酯具有更高的分解温度，原因可能是其主链上的酯键分布密度小，例如PCL主链上的酯键分布密度更小，其的分解温度更高，约为335℃。另一个可能原因是甲基侧基的存在提高了降解形成的自由基的稳定性，导致降解更易发生。热失重仪还可与红外等分析仪器联用，对热分解的产物进行深入分析，明确材料的热分解机制。

（二）PHA的力学性能

P3HB在某些性能上与等规聚丙烯相近，但由于P3HB的结晶速率慢、球晶尺寸大、结晶度高等因素，使其与聚丙烯相比刚性更大，脆性更大。P3HB的杨氏模量为3.5GPa，拉伸强度为43MPa，断裂伸长率为5%（远低于聚丙烯的400%）。巴勒姆（Barham）等认为P3HB中形成的裂纹（crack）是其脆性的来源。而德科宁（De Koning）和莱姆斯特拉（Lemstra）则提出脆性是来源于P3HB结晶后的存放过程，在存放时P3HB的二次结晶使得连接晶区之间的无定形区受到拉紧限制，他们还报道P3HB材料在初始结晶后，可以通过退火处理来提高其韧性。

为改进P3HB原材料的力学性能，若只从发酵制备的角度出发，可以分成两个部分：一是尽量提高P3HB材料的分子量，分子量是决定材料特性的重要参数；二是制备共聚物来改善其脆性和抗老化性能。草坂（Kusaka）等通过改进发酵方法制备了超高分子量的P3HB，其薄膜的杨氏模量、拉伸模量和断裂伸长率分别为1.1GPa、62MPa和58%，这种材料的力学性能尤其是韧性有了较大的改善。通过发酵制备得到的P3HB共聚物，如PHBV、PHBHHx等，可以较大程度提高PHA材料的断裂伸长率，但材料的强度会有一定程度的降低。当PHBHHx中的3-HHx含量从0提高到17%（摩尔分数）时，材料的断裂伸长率从5%增加到850%，拉伸强度从43MPa降低到20MPa。当P（3HB-co-4HB）中4-HB的含量从0增加到16%（摩尔分数）时，材料的断裂伸长率从5%增加到444%，拉伸强度从43MPa降低到26MPa。PHBV中3-HV的共聚组成从0提高到20%（摩尔分数）时，材料的缺口冲击强度从50J/m增加到300J/m。

随着发酵技术的进步，更多的PHA共聚物被制备出来，包括3-HB与长侧链3-HA单体的无规共聚物、三元无规共聚物以及嵌段结构的PHA材料，这些材料具有更优良的力学性能。松崎（Matsusaki）等发现将中长链的HA单体（包含6～12个碳）无规共聚到P3HB中，其含量达到6%（摩尔分数）之后，共聚物的断裂伸长率可以达到680%，拉伸强度为17MPa，与低密度聚乙烯（LDPE）的性能相当。欧阳（Ouyang）等通过发酵获得的含有较高3-HDD的PHA共聚物具有较好的性质，断裂伸长率达180%，强度为15.3MPa。张（Zhang）等和赵（Zhao）等制备了3-HB、3-HV和3-HHx的三元无规共聚物，其力学性能比单独的二元共聚物优越。由于嵌段聚合物能够将均聚物的力学性能综合到一起，使开发PHA嵌段聚合物成为获得优异性能PHA材料的思路之一。陈（Chen）等制备的P3HB与P4HB的嵌段共聚物具有比无规共聚物或者共混物更好的性能，断裂伸长率为438%，拉伸强度为19.9MPa；制备的P3HB与P3HHx的嵌段共聚物具有与聚丁二烯—聚苯乙烯—聚丁二烯嵌段共聚物（SBS）相当的力学性能，可以作为生物可降解和生物相容性的橡胶材料。

为了进一步提高PHA的力学性能，适应各种场合的需求，还可以通过加工方法的设计及与其他材料的共混改性来实现。

（三）PHA的光电性能

生物发酵制得的P3HB及其共聚物具有全同立构的分子链结构，组成的单体都具有右手D（-）构型，因此其溶液具有较强的旋光性能。通过WAXD对P3HB晶体结构进行解析，推断出分子链在形成有序结构排入晶区时，采取了螺旋构象。PHA材料的片晶生长时，P3HB采取左手扭转，而P3HB的共聚物片晶在一定组成范围内采取右手扭转。

P3HB及其共聚物PHBV在切应力的作用下会产生压电效应，表现为剪切压电性能和弯曲压电性能。安田（Yasuda）研究了干骨头和P3HB的弯曲压电效应，发现P3HB的弯曲压电常数 f 具有各向异性，当弯曲方向垂直于分子链取向的方向时，压电常数最大。P3HB的压电常数为（$0.5 \sim 1.1$）$\times 10^{-8}$ C/N，与干骨头（2×10^{-8} C/N）相当。但将P3HB或者PHBV单独应用到骨折恢复中，其强度不够，且降解速率不可随意控制，因而一般采用复合材料。诺尔斯（Knowles）和哈斯廷（Hastings）研究了PHBV与玻璃粉末复合材料的压电性能和力学性能，结果表明，复合物的压电效应和对负载的反应都和骨头具有可比拟性。将PHBV与完全可溶性磷酸盐复合可望获得降解过程可控的材料。安藤（Ando）等研究了P3HB及PHBV的剪切压电性能，发现在玻璃化温度区域发生了显著的压电松弛。此外，杉田（Sugita）等发现P3HB具有铁电和热电性能，100℃时残留极化达67mC/m^2，极化后热电系数高达20μC/（m^2·K）。推测材料的极化来源于垂直于分子链螺旋轴方向的酯基偶极取向。

四、聚羟基脂肪酸酯的化学性质

（一）PHA的热降解行为

PHA材料在加工和测试过程中容易发生热降解，这会对材料的性质产生很大的影响。其中P3HB的熔点高达180℃，需要在较高温度下才能熔融加工，热降解最显著，因此这种材料最受关注。在温度高于160℃后，PHA材料就开始表现出受热不稳定性。在最初的阶段，热降解过程通过无规断链方式进行，如图8.7所示，PHA通过分子链内的顺式消除反应生成 a-端基的HA单元和 ω-链端为豆蔻酸单元的聚合物，使PHA材料的分子量急剧减小，各种性能大幅下降。

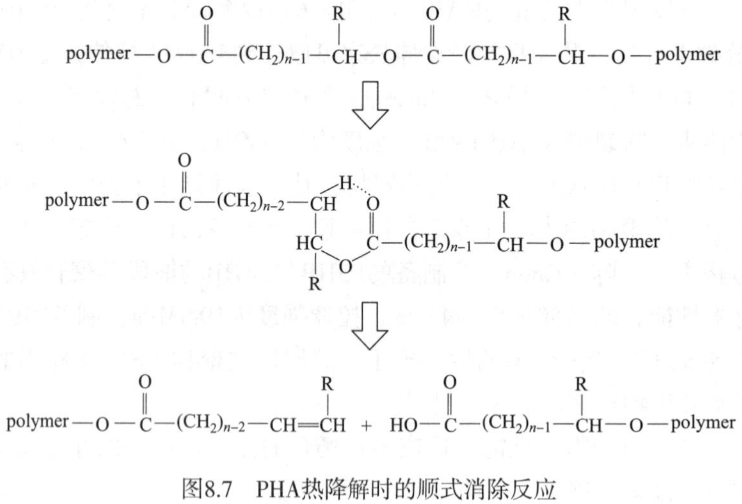

图8.7 PHA热降解时的顺式消除反应

不同PHA材料的热稳定性有较大差别，通常可以简单概括为两个趋势：一是主链上酯键的分布密度越小，热稳定性越好，如P3HV的热分解温度高于P3HB；二是含有的侧链单体越多，侧链越长，热稳定性越好，如PHBHHx的热分解温度高于P3HB。加莱戈（Galego）和罗萨（Rozsa）的研究结果显示，PHBV在190℃下的降解速率快于P3HB，而卡拉斯科（Carrasco）等人则指出PHBV的热稳定性比P3HB的要好，这些差别极有可能与PHA材料的制备和纯化工艺有关。发酵制备得到的P3HB原料基本含有ppm（10⁻⁶）浓度级别的金属离子，如Ca²⁺。亚伯（Abe）利用醋酸洗涤的方法进一步纯化P3HB，使材料中的Ca²⁺浓度从421×10⁻⁶降低到37×10⁻⁶，热分解温度提高了约20℃，通过添加CaCl₂的方法来增加体系中的Ca²⁺浓度后，降解速率大幅提高。Mg²⁺具有和Ca²⁺相同的效果，但Zn²⁺对P3HB热降解影响较小。

外加填料到PHA材料中可能很大程度上影响其热稳定性，如在利用有机化蒙托土（OMMT）改性PHA材料时就需要注意。研究表明在制备OMMT过程中的插层剂（胺类表面活性剂）在受热时分解的产物会起到催化剂的作用，从而大大促进PHA热降解的进行。如图8.8所示，PHBV中3-HV含量为8%（摩尔分数），在添加了三种不同的表面活性剂后，热分解温度最大下降了近100℃。

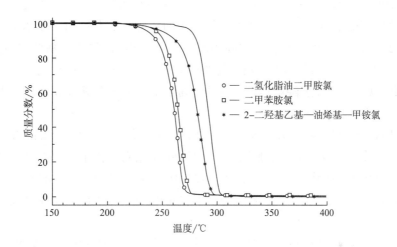

图8.8　添加了三种不同的表面活性剂后的PHBV热重分析（以10℃/min的速率升温）

（二）PHA的水解行为

PHA材料的主链结构中含有大量的酯键，因此在多种环境下可以发生水解导致材料降解。杜伊（Doi）等基于P3HB在磷酸盐缓冲液中的水解，提出了P3HB的水解过程分成两个阶段：第一个阶段是P3HB分子量的下降，但没有明显失重；第二个阶段是当分子量下降到13000以后，开始出现显著的失重过程。但在缓冲液中，P3HB的水解是比较缓慢的，如在55℃的磷酸盐溶液中存放2个月也观察不到P3HB的失重。由于酸碱都能促进酯键的断裂，环境pH的改变会使P3HB的降解速率大大提高。将P3HB置于70℃的NaOH溶液中放置4h，随着NaOH浓度从0.1mol/L增加到4mol/L，降解率从5%提高到75%；置于70℃的90%的浓硫酸中，在70℃，14h后P3HB的降解率可以达到92%。

PHA材料的结晶结构和分子链组成也会对其水解程度产生显著影响。无定形P3HB的水解速率远高于结晶的P3HB，这是因为降解液在晶区的渗透能力远低于无定形区。Doi等发现各种PHA共聚物表现出来不同的水解速率按如下次序递减：P（3HB-co-27%4HB）>P（3HB-co-17%4HB）>P（3HB-co-10%4HB）>P（3HB-co-45%3HV）>P（3HB-co-71%3HV）。3-HB与4-HB共聚物表现出来的规律是，结晶度越高，水解速率越快；但对于不同种共聚物，则结晶度并非影响水解速率的主要因素，此时水解速率的主要差别来源于分子链化学结构的不同。

除了结晶度和分子链结构以外，聚合物的结晶结构和材料宏观尺寸也是影响水解速率的重要因素。米勒（Miller）和威廉（Williams）发现PHBV的单丝样品具有较低的水解速率，因此也可以通过加工的手段来改变PHA材料的水解降解情况。

（三）PHA的环境降解

PHA材料是环境友好材料，在土壤、海水、湖水以及堆肥等环境中较容易发生降解，具有很好的环境相容性。PHA在这些环境中时，降解速率除了与所处环境的温度、湿度、酸碱度、氧含量等有关，还与环境中所具有的微生物种群有密切的关系。高海军等考察了P3HB薄膜在不同河水和不同性质土壤中的降解，同时还考察了温度和pH值对降解速率的影响。表层水中40℃时P3HB薄膜降解速率高于30℃，但在深层水中却相反，这是由于两种水体中微生物种群差别导致的；表层河水中pH等于8时，P3HB膜的降解速率为5%/d，pH值为7时，P3HB膜的降解速率为2%/d；P3HB薄膜在土壤中降解速率由快到慢的顺序为：森林土>沙土>黄土>农田土。博纳斯娃（Bonartseva）等发现PHA材料在通氧条件下降解速率远高于无氧条件，而且加入了硝酸盐可以显著地促进降解速率。在土壤堆肥时，46℃降解104d之后，P3HB和PHBV的失重达90%，远高于24℃时的30%。

有关微生物对于PHA材料的降解研究始于20世纪60年代。乔杜里（Chowdhury）和德拉菲尔德（Delafield）等首先研究了假单胞菌对于P3HB材料的降解作用。梅尔加特（Mergaert）等发现在土壤中有295种微生物可以降解P3HB，包括105种革兰阴性菌、36种革兰阳性菌、68种放线菌以及86种霉菌。以霉菌为例，维持培养基的pH值在3.5~5.0，P3HB可以在两周内被完全降解。

除了环境条件外，PHA材料的环境降解与其自身结构也有密切关系。与PH3B膜相比较，有较长侧链的PHBV膜在环境中的降解速率较慢。陈珊等研究发现P3HB的生物降解首先发生在P3HB表面的非晶部分，随后晶区才开始降解，由于球晶中心相对其他部分更不完善，因此降解首先发生在P3HB的球晶中心。辻（Tsuji）和铃吉（Suzuyoshi）通过对P3HB制品的形态和表面进行处理，发现具有多孔结构和表面亲水性较高的P3HB材料在海水中的降解失重比原始材料有成倍的提高。

（四）PHA的酶降解

PHA可以被许多细菌和真菌分泌的胞外降解酶降解成为低聚物和单体，这些产物可以作为碳源和能源的来源。自然环境中含有许多具有可降解P3HB和代谢3-HB能力的微生物，还有一些酶可以降解具有长链烷烃基的PHA，因此PHA是生物可降解聚合物。研究人员从不同的环境中，如土壤、河水、堆肥和淤泥等，都分离出了可以降解P3HB的微生物。由这些微生物提纯分离，再进一步纯化后得到的降解酶仅含有一条多肽链，其分子量为37000~60000。结构分析表明，所有的PHA降解酶均含有三个部分：N端的催化区域、C端的结合区域以及中间的连接区域。PHA的酶降解过程比水解过程速率要快很多，且这个过程具有条件可控性，因此非常适合用于研究PHA的降解过程和揭示其降解机制。

PHA不溶于水，而其降解酶可溶于水，因此整个降解过程是非均相反应。降解过程可以分成两个部分：降解酶首先吸附在PHA材料的表面，通过酶的结合区进行；然后是在酶的活性位点催化PHA链的水解。对P3HB低聚物的酶降解研究表明，酶的活性位点能够识别3～4个单体长度的序列。与其他水解过程相同，PHA的酶降解过程除了与外界因素（酶的种类、浓度、pH和温度等）相关外，还与PHA材料本身的化学物理结构密切相关。P3HB降解酶具有严格的立体异构选择性，只能催化降解连接R-3-HB的酯键，而很难催化化学法合成的高S-3-HB含量P3HB的降解。苏德什（Sudesh）等总结了三种P3HB降解酶对于不同化学结构PHA的催化水解能力，如图8.9所示，这三种酶对不同化学结构聚酯的降解速率有很大差别，只能催化水解相邻羧基间碳原子和氧原子总数为3～4的PHA，侧基体积较大的PHV以及相邻酯键之间距离较远的聚酯基本不会被这三种酶降解。这也说明了酶催化降解PHA时具有非常高的选择性，被降解的PHA的分子链结构需与酶的活性位点匹配。

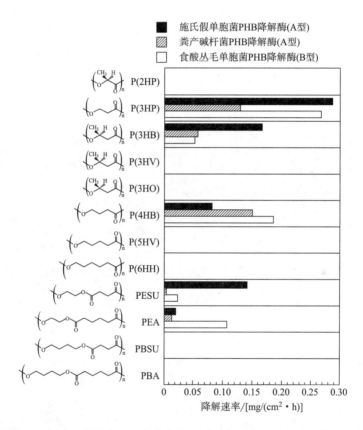

图8.9　不同分子结构的PHA均聚物在不同P3HB降解酶溶液中的降解速率
PESU—聚丁二酸乙二醇　PEDA—聚己二酸乙二醇　PBSU—聚丁二酸丁二醇　PBA—聚己二酸丁二醇

　　PHA材料的物理结构也显著地影响酶催化降解的速率。P3HB的降解速率与其相对结晶度相关，相对结晶度越高，降解速率越慢，如无定形的P3HB降解速率是结晶区中P3HB的20倍。相对结晶度相同时，晶体结构越完善，降解速率越慢，托马西（Tomasi）等发现高温形成的大球晶样品降解速率小于低温形成的小球晶样品。PHA共聚物降解时，不仅要考虑共聚单元的化学结构，更要注意共聚单元的引入对于材料结晶度的影响，在无规共聚物中，物理结构的变化影响往往会起到决定性作用。P3HV在P3HB降解酶的作用下基本不发生水解，但对于PHBV，其酶降解速率不是随着3-HV含量的增加而降低，而是会先提高后下降，这与

PHBV共聚物相对结晶度随单体变化的趋势一致。对于PHBHHx共聚物，其降解速率也是随着3-HHx的增加发生先提高后下降的情形，3-HHx含量的增加使材料的结晶度下降，提高了酶降解能力。3-HHx含量达到最大值以后，由于3-HHx含量过多且3-HHx单体之间的酯键几乎不会被P3HB降解酶催化降解，共聚物的降解速率会下降。P3HB的晶型也会对酶降解产生影响，岩田（Iwata）等制备了特殊的核—壳结构的P3HB纤维，利用微区衍射发现P3HB的β晶型降解速率快于α晶型。朱（Zhu）等发现P3HP三种晶型的酶降解速率为：β晶型>γ晶型>δ晶型。

　　单晶的酶降解过程为研究PHA的降解机制提供了非常好的研究模型。Doi研究了P3HB单晶的酶降解过程，研究表明在降解过程中，片晶的厚度和P3HB分子量在初期基本不变，酶解过程开始发生在片晶的侧面和两端。Doi研究组的沼田（Numata）等利用原子力显微镜，实时观察了P3HB、PHBV以及PHBHHx片晶的酶降解过程，如图8.10所示，片晶在酶的催化作用下，被从边缘开始剪裁成手指状的晶体，但片晶厚度不变；随着酶降解的进行，由于无定形区的降解速率快于结晶区，AFM测试发现片晶厚度开始减小，整个酶降解的过程如图8.11所示。

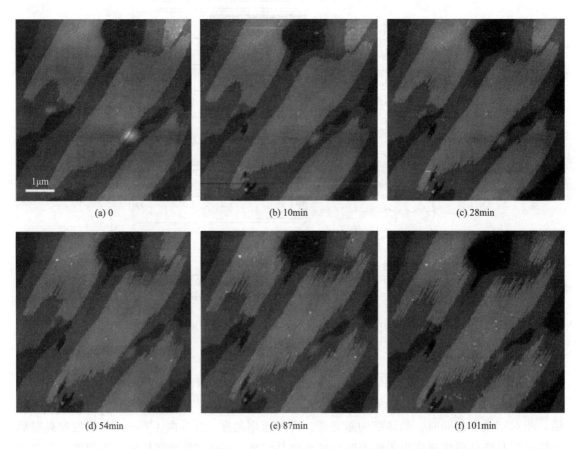

图8.10　P（3HB-co-6%3HV）在20℃下，*R.pickettii* T1酶降解过程的AFM照片

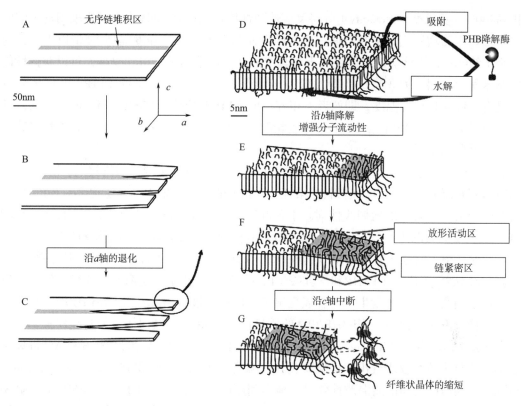

图8.11 PHB降解酶（*R.pickettii* T1酶，37℃）降解P3HB单晶片层晶体的示意图

第四节 聚羟基脂肪酸酯的物理化学改性

一、聚羟基脂肪酸酯的物理共混改性

PHA可以与多种材料进行共混加工，以提高PHA材料的耐热性、柔韧性、降解性能，降低生产成本，用于满足各个方面的应用。董丽松等研究了P3HB/聚氧化丙烯（PPO）共混体系的相容性和结晶行为，研究结果表明两者是不相容体系，但在共混组成比为70/30时，两者部分相容而形成第三相。刑佩祥等发现具有质子给体的聚（对羟基苯乙烯）和具有质子受体的P3HB分子间存在较强的氢键，两组分是完全相容的共混体系。贺文楠研究了P3HB/聚氯乙烯（PVC）体系的相容性，将邻苯二甲酸二辛酯（DOP）作为PVC的增塑剂，发现这一共混物是部分相容体系，体系存在两个T_g，介于P3HB和PVC的T_g之间。在该研究的共混组成范围内，这两个T_g的位置基本不变，说明形成的相容体系的组成是恒定的。共混物的偏光显微镜照片上，没有观察到明显的宏观相分离。刻蚀断面的扫描电镜图片表明，PVC分散相的尺寸小于0.5μm。帕鲁勒卡（Parulekar）等利用可再生资源天然橡胶（NR）和环氧化天然橡胶（ENR）作为增韧剂对P3HB进行共混改性以提高其韧性。采用两种不同分子量和接枝率的马来酸酐接枝聚丁二烯作为增容剂，分别对P3HB/NR和P3HB/ENR体系增韧，结果发现，P3HB/ENR共混体系中采用高接枝率、低分子量的增容剂，明显改善了P3HB的脆性，使其冲击强

度提高440%。莫汉蒂（Mohanty）等将反应性弹性体加入P3HB基体中，同样采用马来酸酐接枝聚丁二烯作为增容剂，提高了两相之间的界面黏合力，冲击强度提高了5倍以上，同时模量下降了约60%；用钛酸盐改性蒙脱土对其增强后，体系模量又得到提高，可以获得性能较好的纳米复合材料。尹（Yoon）等发现P3HB和聚顺式-1,4-异戊二烯（PIP）共混体系具有两个具有的玻璃化转变温度，即两者不相容。但将PIP上接枝了与P3HB相容的聚醋酸乙烯酯（PVAc）之后，P3HB/PIP-g-PVAc中橡胶相粒径明显减小，接枝使共混物的拉伸性能改善，冲击强度提高1倍以上。

分子量较小的聚氧化乙烯（PEO）与P3HB或PHBV共混时主要充当增塑剂，降低P3HB或PHBV的玻璃化转变温度，增加材料的柔性。当PEO的分子量增大到一定程度，与P3HB共混时就会转变为一种有效的增韧改性剂。李荣群等研究了分子量分别为30×10^4和50×10^4的两种PEO与P3HB的共混体系。发现分子量为50×10^4的PEO能够有效地提高体系的力学性能，特别是断裂伸长率；而分子量为30×10^4的PEO加入后反而会使体系的力学性能有所下降。

张（Zhang）等研究了P3HB和聚乳酸（PLA）的共混体系，这两者不相容，但在高温共混时，由于酯交换反应的发生，两者表现出较好的相容性。PLA的加入使PHB的结晶受到限制，断裂伸长率有所提高。当P3HB/PLA的质量比为60/40时，共混体系的断裂伸长率可以达到纯P3HB的8倍左右。尹（Yoon）等则利用PEG-b-PLLA或者PVAc作为P3HB/PLA共混体系的增容剂，使整个体系仅表现出一个玻璃化转变温度，体系相容性得到改善。亚伯（Abe）等则研究了不同PHA之间的共混改性效果，他们利用P［(R,S)-3-HB］-b-P6HHx作为P3HB和P6HHx共混体系的增容剂，发现分散相P6HHx的相区尺寸明显减小，同时两相界面的结合力增强，共混体系的断裂伸长率达到68%。此外，PCL、PCL-b-PEG也都能有效地对P3HB进行增韧改性，共混样品的断裂面呈韧性断裂的特征。

利用天然高分子对P3HB进行改性也是常见的一种方法。科勒（Koller）和欧文（Owen）将玉米淀粉分别与P3HB、PHBV进行熔融共混，发现淀粉对于PHBV的改性更有效，PHBV/淀粉共混体系的脆性较纯PHBV低了很多。同时还发现通过热和剪切作用处理过的淀粉的填充改性效果明显优于未处理淀粉。阿维拉（Avella）和埃里科（Errico）在共混PHBV/淀粉体系时，添加了2%的有机过氧化物，结果发现共混体系的冲击强度有所提高，淀粉的质量分数为20%时达到最大值，并且反应性共混体系的力学性质明显优于非反应性共混体系。张瑜采用天然原生竹纤维作增强相，PHBV作黏结基体相，用非织造布技术制作了竹纤维用HBV针刺毡，热压处理后制成竹纤维/PHBV复合材料。并结合生产实践，从纤维性能及加工工艺参数等方面进行分析和研究，探讨了提高竹纤维/PHBV复合材料力学性能的有效措施。辛格（Singh）和莫汉蒂（Mohanty）的研究表明枫木纤维与PHBV之间有较好的相容性，与基体相比，枫木纤维/PHBV复合材料的拉伸性能提高，拉伸模量、储能模量增大，材料的热变形温度升高，热稳定性提高。

二、聚羟基脂肪酸酯的化学改性

PHA材料的化学改性是指从PHA原有的分子链结构出发，通过各种方法来实现新的分子链结构的设计加工，来达到改善性能的目的。这个过程是通过发生化学反应来实现的。目前主要使用接枝、制备聚氨酯类材料以及其他化学方法来实现PHA材料的功能化。

接枝是最常见的化学改性方法，通过这个过程可以非常有效地改变材料的化学性质和物理性质。三友（Mitomo）等将甲基丙烯酸甲酯（MMA）接枝到PHA上，大大降低了材料的生物降解速率；将甲基丙烯酸-2-羟乙酯（HEMA）或丙烯酸（AAc）接枝到PHA分子链上，使得其与亲水性的酶之间浸润性增加，生物降解速率提高，但后期接枝率进一步增大后，降解速率又迅速下降，原因可能是破坏了分子链与酶活性位点的匹配。蔡（Cai）等采用紫外辐照的方法将丙烯酰氯封端的聚乙二醇接枝到P3HB上，有效提高了P3HB表面的亲水性、断裂伸长率和降解性。江（Jiang）等通过辐照的方法将异戊二烯接枝到P3HB上，显著提高了P3HB材料的韧性，当接枝率为9%时，保持拉伸强度基本不变的同时，断裂伸长率提高了1倍。叶鹤荣等将顺了烯二酸酐（MA）接枝到P3HB上，提高了材料的热稳定性。陈（Chen）等研究了MA接枝P3HB的结晶能力，发现MA的引入抑制了分子链的结晶。巴哈里（Bahari）等将少量的聚苯乙烯接枝到P3HB和PHBV上，提高了其热稳定性和玻璃化转变温度。劳（Lao）等则利用过氧化苯甲酰（BPO）引发自由基反应将HEMA接枝到PHBV上，PHBV的结晶性受到较大抑制，而浸润性则大大提高。

利用对PHA分子链的可控性将其降解为具有功能化端基结构的遥爪聚合物，然后再与其他聚合物材料进行反应，可以制备生物可降解性聚氨酯。阿尔斯兰（Arslan）等通过4,4'-偶氮二（-4-氰基戊酰氯）（ACPC）将两个端羟基封端的P3HB连接起来作为大分子引发剂，引发甲基丙烯酸甲酯（MMA）和苯乙烯（S）的聚合，成功制备了P3HB与PMMA及PS的二元、三元和多元嵌段共聚物，过程如图8.12所示。赵（Zhao）等通过六亚甲基二异氰酸酯

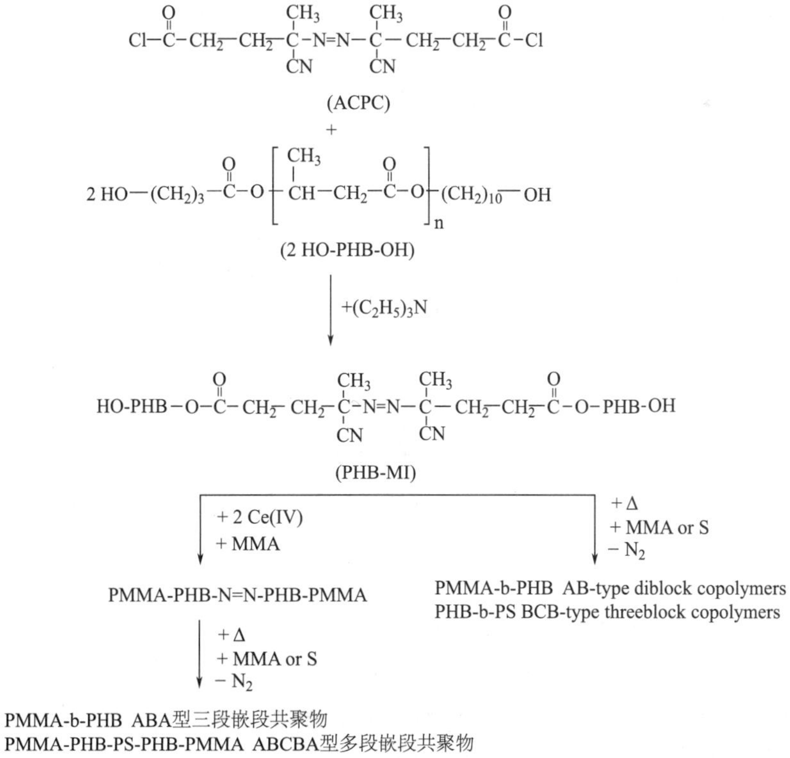

图8.12 制备P3HB与PMMA及PS的二元、三元和多元嵌段共聚物的反应过程

（HDI）把P3HB与聚乙二醇（PEG）连接起来制备这两者的嵌段共聚物，材料的整体性能有所提高，表现出较好的韧性和适中的强度，同时降解速率和亲水性也有较大提高。李（Li）等进一步研究了不同分子量P3HB低聚物与PEG低聚物形成的嵌段共聚物的性质，当PEG的分子量较小时，仅表现出P3HB结晶；当PEG分子量提高后，两个组分均会结晶，但由于相互之间的影响，它们的熔点和相对结晶度都发生下降。伊米尔齐（Immirzi）等将过氧化二异丙苯（DCP）加入PHB和PCL的共混体系中，使在加工过程中有嵌段共聚物PHB—PCL的生成，改善了两者间的相容性，力学性能较未加入DCP时有成倍的提高。拉文内尔（Ravenelle）和马尔凯索（Marchessault）通过一步法直接将高分子量的PHB制备为PHB—PEG嵌段共聚物，具有良好的两亲性质，可以在水中形成稳定的胶状悬浮体系。

使用低温等离子体处理PHB表面，可以大量引入羟基基团，有效改善PHB表面的浸润性。利用DCP将PHBV的熔体交联，会使其熔体流动指数下降，断裂伸长率提高，控制适当的交联剂还可以保持交联后的PHBV可完全酶降解。阿尔金（Arkin）通过对侧基含不饱和官能团的PHA材料进行氯化反应，其产物可以作为中间体来对PHA作进一步的化学改性。

第五节　聚羟基脂肪酸酯的加工

PHA材料可溶可熔，因此其加工可以通过溶液的方法，也可以通过熔融加工的方法。

一、聚羟基脂肪酸酯的溶液加工

常见的溶液加工方法有溶液浇注和溶液静电纺丝。前者是最常见的使用方法，用于薄膜的制备以及少量多种样品的溶剂共混制备，氯仿和N,N-二甲基甲酰胺是PHA常用的溶剂。利用电纺丝工艺可以制备得到PHA的纳米纤维，WAXD结果显示PHBV的溶液静电纺丝纤维具有比溶液浇注法制备的薄膜更好的结晶完善度。陈（Cheng）等研究了不同浓度、溶剂等因素对纤维制备的影响，指出含4%（摩尔分数）HHx和8%（摩尔分数）HHx的PHBHHx氯仿溶液浓度需分别高于5%（质量分数）和4%（质量分数）时才能制备出表面光滑的纤维，PHBHHx纤维的断裂伸长率远大于浇注膜。松巴特曼孔（Sombatmankhong）等通过调节不同PHB与PHBV的共混溶液以及纺丝工艺，制备了单取向的PHA电纺纤维。这些纤维膜较普通膜具有更强的憎水性，原因可能是其粗糙的纤维表面，同时发现共混物纤维的力学性质优于单一的PHA材料。崔（Choi）等将少量可溶性有机盐添加到PHA电纺纤维溶液中，制备了更细和更规整的PHA纤维，这些纤维还具有更好的降解性。PHA电纺纤维为构建生物可降解性和生物相容性的组织工程支架提供了很好的材料。

二、聚羟基脂肪酸酯的热加工

PHA是一类热塑性材料，温度高于熔点后发生流动，可进行熔融加工如挤出、注塑、挤吹成型、热成型、取向和非取向浇注和吹塑薄膜、纺丝、涂覆、压延和发泡等。与溶液加工方法相比，PHA的熔融加工具有无溶剂、易调控、周期短等优点，常见的制品有一次性餐盒、化妆品瓶、薄膜和纤维等。PHA在热加工过程中有如下特点。

（一）热稳定性差

PHA加工的最大的问题是热稳定性差。前面介绍PHA热分解温度的相关内容时指出了PHA材料开始热分解的温度较低，尤其是P3HB，其熔点达180℃，然而其熔体温度高于160℃就开始表现热不稳定性，因此需要通过增塑来降低加工温度，减弱受热分解。通过共聚的方法降低P3HB的熔点是一种非常有效的内增塑方法，共聚组分改变了P3HB的结晶行为，不仅可以降低材料的玻璃化温度和熔点达到改善加工性能的目的，还能促进材料韧性的改善，提高冲击强度和断裂伸长率，减弱物理老化程度。另外，通过添加增塑剂可以达到增塑的效果。那（Na）等系统研究了聚氧化乙烯（PEO）对P3HB、P3HP以及P（3HB-co-3HP）的增塑作用，DSC结果表明PEO与这三种PHA的相容性很好，仅表现出一个玻璃化转变温度，PEO的添加有效地降低了共混材料的熔融温度。伊瓦尔斯（Ivars）等研究了增塑剂PEG300和Laprol对P3HB的力学性能、降解性能和加工性能的影响，PEG300加快了材料在土壤中的降解速率，Laprol比PEG300更有利于力学性能的改善，增塑剂的加入使得P3HB的熔点降低了15~20℃，拓宽了加工窗口。

大豆油（SO）和环氧大豆油（ESO）是加工中常见的无毒且生物可降解的增塑剂。崔（Choi）和帕克（Park）发现PHBV/SO共混体系微观结构出现了相分离，而PHBV/ESO则是相容体系；SO对PHBV没有明显的增塑作用，而ESO可使PHBV的玻璃化转变温度下降12~14℃，冷结晶温度有所提高，熔点基本不变，他们认为这是ESO促进了无定形区PHBV分子链的活动能力所导致的。他们还进一步研究了SO、ESO、邻苯二甲酸二丁酯（DBP）和柠檬酸三乙酯（TEC）对PHBV的热学性能和力学性能的影响，发现增塑效果的强弱顺序为：TEC>DBP>ESO>SO。切科鲁利（Ceccorulli）等考察了DBP对P3HB/纤维素乙酸丁酸酯（CAB）共混物的增塑效果，发现它们可以使体系的玻璃化温度降低。

（二）结晶速度慢，存在后结晶现象

研究表明，虽然PHB的球晶径向生长速率不低，但其成核速率非常缓慢，影响了PHB的整体结晶速率，以至于加工后的制品在存放过程中会出现后结晶现象，不仅延长了生产周期，还影响到产品的性能。为克服这一缺点，最常见的方法是加入成核剂，如氮化硼（BN）、滑石粉（Talc）等。BN和Talc对于许多聚酯材料，如P3HB、聚丁二酸丁二醇酯（PBS）等，都有较好的成核效果。凯（Kai）等研究了BN和Talc对P3HB和PHBV结晶时的成核效果，BN表现出来更优异的成核效率；他们认为BN是通过晶胞匹配的异相诱导成核作用来降低P3HB结晶时的成核能量势垒，而Talc（滑石粉，一水硅酸镁）则是通过与PHB熔体分子之间的相互作用，P3HB分子链接到Talc基板上，然后整体作为一个"真正"的成核剂来降低P3HB结晶时的成核能量势垒。潘（Pan）等首次发现尿嘧啶（uracil）对PHBHHx和P3HB的成核效果（图8.13），添加1%（质量分数）的尿嘧啶可以使PHBHHx（10%HHx）在80℃时的半结晶时间（$t_{1/2}$）缩减为未添加时的4%，成核密度提高了3~4个数量级。他们同时还发现BN对P3HB和PHBHHx成核效率的影响相差不大，但尿嘧啶对PHBHHx的成核效率大于对P3HB的。何（He）和井上（Inoue）发现虽然α-环糊精（α-CD）对于P3HB基本没有什么成核效果，但α-CD和P3HB形成的包合物对P3HB具有非常高的成核作用，2%（质量分数）的添加量就将非等温时的结晶温度从78℃提高到112℃。沃格尔（Vogel）等将P3HB预先经过一定剂量的电子束辐照后，以2%（质量分数）的添加量加入P3HB原料中进行熔融纺丝，可以

有效地加速纤维结晶和抑制后期结晶的发生。

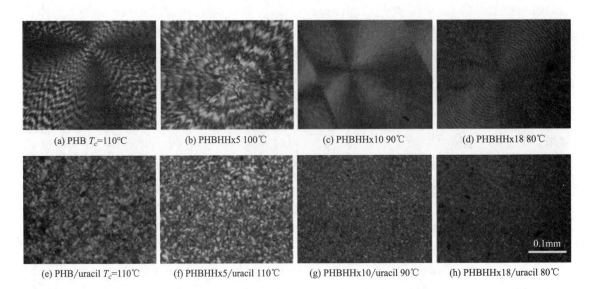

(a) PHB T_c=110℃　　(b) PHBHHx5 100℃　　(c) PHBHHx10 90℃　　(d) PHBHHx18 80℃

(e) PHB/uracil T_c=110℃　　(f) PHBHHx5/uracil 110℃　　(g) PHBHHx10/uracil 90℃　　(h) PHBHHx18/uracil 80℃

图8.13　P3HB和PHBHHx在添加1%（质量分数）尿嘧啶（uracil）前后的等温结晶偏光形貌的对比

（三）杂质及自身氧化作用

P3HB加工过程中的杂质及自身氧化作用会产生外观颜色差和促进热降解等影响。当PHA原料纯度高于95%时，即使在170℃进行热塑性加工也会变成棕色甚至黑色。此时需要在加工时加入抗氧化剂一类的助剂来缓解，但效果并不理想。

第六节　聚羟基脂肪酸酯在医药领域的研究和应用

目前，包括PHB、PHBV、P4HB、3-羟基丁酸-3-羟基己酸共聚酯（PHBHHx）和聚3-羟基辛酸（PHO）在内的PHA材料，已被用于缝线、吊带、心血管补片、骨钉、防粘连膜、内支架、关节软骨支架、神经导管支架、肌腱修复和医用敷料等多个领域的研究中。2007年，由美国Tepha公司生产的以P4HB为原料的"TephaFLEX"可吸收缝合线正式被FDA认证，获准进入市场，标志着PHA材料的实际医学应用的开始。

一、手术器械材料

作为一类具有良好生物相容性、热塑性及力学性能广泛可调的高分子生物材料，PHA能够被加工成各种临床手术中所使用的医疗器械。

（一）手术缝合线

PHA具有良好的热塑性和弹性强度，且来自微生物发酵产物，可降低在植入过程中慢性免疫反应和细胞毒害的发生。除了短期的术后反应，PHA缝线的品质、强度和炎症时间与植入蚕丝相似，产生的炎症反应比羊肠线植入显著降低很多，这说明PHB和PHBV在植入后会降低炎症反应发生率，同时，PHBV纤维能够提供足够的机械强度来满足肌肉组织的需求。PHBV降解实验表明，在磷酸盐缓冲液中能观察到pH变化，这说明PHBV有一定的降解性。抗菌药物呋喃唑酮（furazolidone）被包裹到PHB缝合线中，能进一步加强缝合线的抗感染性。

PHB和PHBV有很好的生物相容性，但是其物理性能上的弱点使其在加工和应用中受到了很大的限制。中长链PHBHHx相对于PHB有更好的力学性能和加工性能。随着羟基己酸（HHx）含量的增加，从PHB到P（3HB-co-20%HHx），材料表面的孔洞减少且更加光滑，原因可能是随着HHx单体含量增高，材料的结晶度更低，聚合物链排列的柔性增强，孔洞减少。除了PHB和PHBV，P3HB4HB也被尝试做成单纤维手术缝合线，其侧面有明显的纵向拉伸痕迹，横截面内有少量轴状孔洞（图8.14）

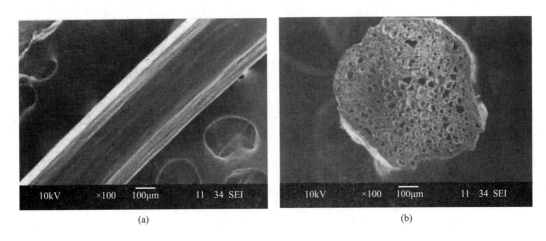

(a)　　　　　　　　　　　　　　　(b)

图8.14　冷拉丝技术制成的P3HB4HB纤维侧面及横截面形态

（二）防粘连膜

防粘连膜（tissue adhesion prevention）是手术时用的辅助植入器械，能起到生物屏障隔离作用。作为注射植入材料，防粘连膜和溶剂都必须有良好的生物相容性，无免疫原性，对人体安全无毒害，膜要柔软且有韧性，能随意折叠、弯曲甚至卷起。最好能够在植入后一定时间内降解，从而使术后伤口快速修复。目前研究较多的防粘连膜材料是聚乳酸（polylactic acid，PLA）。

与PLA相比，PHBHHx防粘连膜具有更好的防止组织粘连作用。利用对机体无害的有机溶剂如N-甲基吡咯烷酮（N-methyl pyrrolidone）、二甲基乙酰胺（dimethylacetamide）、1,4-二氧六环（1,4-dioxane）、二甲基亚砜（dimethylsulfoxide）、1,4-丁内酯（1,4-butanolide）作为溶剂来溶解PHBHHx（质量分数为15%），将溶液注入大鼠的腹腔内，体液与两亲分子PHBHHx相互作用，在腹腔内形成了白色PHBHHx薄膜，且这种PHBHHx薄膜在术后至少7d的时间内维持膜完整性，比PLA防粘连膜能够给予组织更长时间的保护；体外实验发现非成纤细胞在不同溶剂溶解的PHBHHx膜上生长48h后细胞呈圆形，而在PLA和细胞培养板上细胞呈纤维状。这进一步说明细胞在有机溶剂溶解的PHBHHx膜上不容易黏附。

二、组织工程支架材料

组织工程学是一门综合应用细胞生物学、生物材料和工程学的原理，研究开发用于修复或改善人体病损组织或器官的结构、功能的生物活性替代物的学科。支架、种子和生长因子是组织工程学的三大要素。其中，组织工程支架是为了满足不同人体组织替代的需要而设计的具有独特形态和功能的材料框架，支持并帮助细胞形成特定组织器官。根据PHA材料的特性，目前PHA组织工程支架的研究包括心血管、骨、软骨、神经导管、食管和皮肤等。

（一）心血管组织工程

MCL—PHA相比于PGA和PLA具有更好的柔韧性，因而更加接近于三尖瓣心脏瓣膜中的小叶。2000年，索甸（Sodian）等用聚3-羟基己酸辛酸酯［P（3HHx-co-3HO）］材料制作了一个三尖瓣心脏瓣膜形状的支架，并接种自体血管细胞，植入羔羊肺部血管，120d后只发生了血管轻微狭窄，未见血管栓塞。同时，与其他高分子材料共混，能够改善PHA心脏瓣膜的性状。在P（3HHx-co-3HO）中混入少量PGA材料，能够在植入6个月后观察到非连续的轻微的瓣膜回流现象。2004年，斯坦姆（Stamm）等的研究使用了灌注有PHB的猪动脉脱细胞支架，在体外实验中，这种基质/聚合物杂合支架比单纯脱细胞支架血浆凝集更少且矿化程度更低。猪动脉瓣膜脱细胞支架表面用PHBHHx包裹修饰，植入羊肺主动脉后能够在16周的体内植入期内维持形状，且在表面形成连续的细胞层，PHBHHx修饰层增加了支架的弹性并降低了支架表面细胞钙化。更有意思的是，一些组织工程心脏瓣膜植入体内后观察到生长现象，瓣膜体积能够随时间增大。表面包被有P4HB的PGA无纺布制成的三尖瓣心脏瓣膜支架，顺序接种自体肌成纤维细胞（myofibroblasts）和内皮细胞（endothelial cells），在体外脉冲生物反应器逐渐增加管内液体流速和压力的条件下生长14d后，形成细胞支架复合三尖瓣心脏瓣膜，将这种P4HB/PGA与细胞复合的三尖瓣心脏瓣膜植入生长期的羊羔体内20周后，瓣膜大小由19mm增加到23mm，让人们看到了"可生长"瓣膜的可能性。

（二）血管移植

PHA材料具有生物相容性良好，降解速率以及力学性能可调的优势，也被用于血管组织工程研究中。最早被应用于血管组织工程的PHA是柔韧性较强的PHO和P4HB。1999年，沈-提姆（Shum-Tim）等使用中长链聚PHO对多孔PGA支架进行表面包被，制成直径为7mm的管状支架，接种自体血管细胞，用来替换3~4cm长的羊羔腹主动脉。经过101d，所有动物均存活，且无动脉瘤形成。PHA/PGA血管的力学性能以及支架内总蛋白和总DNA含量逐渐接近正常动脉血管，组织切片显示有血管中间层生成血流方向一致的弹性纤维，内表面出现内皮化标志。2000年，斯托克（Stock）等取得了令人激动的实验结果，P4HB与血管细胞复合培养构建的血管补片被用于植入羊肺动脉近端，169d后，形成了规则的具有功能的血管组织，无血栓、再狭窄或者膨大现象，且聚合物支架几乎被完全吸收。2004年，奥皮茨（Opitz）等在外生物反应器中培养血管平滑肌细胞（vascularsmooth muscle cells，vSMCs）与P4HB支架复合血管，观察到血管组织层状汇合，获得了与大动脉力学性能相似的P4HB组织工程血管。2007年，门德尔森（Mendelson）等用P4HB材料包被PGA支架，并接种源自体内皮前体细胞（endothelial progenitorcells，EPCs）和骨髓的间充质干细胞（bone marrow-derived mesenchymalstem cells，BMSCs），细胞支架在体外层流生物反应器中复合培养5d后植入羊肺主动脉，进行长达6周的观察：植入1周后，补片表面出现巨噬细胞浸润；2周后，补片被粒状组织包裹，聚合物支架崩解吸引巨噬细胞和异物巨细胞，发生微血管化；4周后，补片内层形成富含蛋白多糖和胶原蛋白的基质层，聚合物降解殆尽，取而代之的是一些含有a平滑肌肌动蛋白（*a* smooth muscle actin，*a*SMA）阳性细胞的纤维组织。

　　PHBHHx也被证明具有良好的血液相容性。PHBHHx材料表面血小板黏附较少，溶血反应程度较低，被证明是一种良好的血液接触材料。对PHBHHx材料表面进行氨等离子处理（ammonia plasma treatment）和/或纤连蛋白（fibronectin）包覆，能够进一步改善其与血管内皮细胞和血管平滑肌细胞的生物相容性。血管内皮细胞在表面修饰的PHBHHx材料表面形成了汇合的细胞层，证明这种材料作为血管移植物的巨大潜力。含有HHx单体成分达到20%的PHBHHx材料具有诱导平滑肌细胞从增殖型向收缩型转变的诱导作用。将PHBHHx材料用于包裹修饰脱细胞血管支架，再植入兔腹主动脉，进行长达12周的体内组织生物相容性研究，发现杂合血管补片能够维持完整形状，表面细胞再生形成汇合细胞层，且与无PHBHHx包裹修饰的支架比细胞矿化程度更低。因此，未来有望通过三维构建方法制造一种PHBHHx两层/三层支架，这种支架每层结构具有不同功能，在促进内表面完全内皮化的同时，外层诱导平滑肌细胞形成具有功能的收缩型平滑肌细胞层，最终形成较为理想的组织工程血管移植物。

　　目前，顺应性不匹配（compliance mismatch）是很多材料（包括PHA在心血管组织）工程应用的主要障碍之一。电纺丝（electrospining）技术、三维编制（3D weaving）技术和表面修饰方法的发展将有助于将PHA加工为机械强度合适的支架，帮助它们适应心血管组织移植的需要。

（三）骨组织工程

　　早期PHA骨组织工程研究人员较多地使用短链PHA，如PHB和PHBV来构建骨组织工程支架。有研究发现，成骨细胞能在PHB材料上增殖快速。1991年，道尔（Doyle）等将PHB支架植入兔腿骨，发现PHB能够促进新骨生成，支架与周围组织生物相容性良好，且在长达12个月的体内修复过程中没有出现炎症反应。高度有序排列的新生骨组织在植入材料表面快速形成。用PHB支架修复小型猪的前颅底（anterior skull base）缺损，也得到了类似的效果，9个月后支架被结缔组织和骨质覆盖，整个过程中没有出现炎症反应或脑粘连。2003年，高濑（Kose）等发现，成骨细胞在大孔的PHBV多孔支架上增殖和矿化水平更优，骨髓间充质干细胞（bone marrow stromal cells，BMSC）在PHBV发泡材料上生长时碱性磷酸酶活性增加，骨钙素（osteocalcin）分泌增多，表现出成骨分化特征。随后的体内实验也证实了将骨髓干细胞预先接种到PHBV支架上形成细胞支架复合物，更加有利于体内的组织修复。PHBV支架的修复效果与磷酸钙胶原支架（calcium phosphate-loaded collagen，CaP-Gol）相比，具有更快愈合，植入3周内更少的纤维组织形成的优点。

　　为加强支架硬度，使用组成骨基质的主要矿物成分（65%~70%）——羟基磷灰石（hydroxylapatite，HA）共混修饰PHA支架。HA共混有助于提高PHB及PHBV支架的力学性能以及与骨细胞的生物相容性。体外研究中，加莱戈（Galego）等将HA以30%质量比与PHBV（HV单体摩尔分数为8%）共混，得到压缩机械强度为62MPa的PHBV/HA支架，与正常人骨的压缩机械强度处于同一个数量级。而最优的支持成骨细胞生长和分化的数据，出自共混有10%和20%HA的PHB/HA支架上。研究人员还发现，如果先将HA颗粒加工成纳米级大小，再与PHBV共混，能够降低炎性反应并获得更高的矿化水平。体内修复效果评估发现，PHBV/HA支架在植入兔胫骨后，成骨细胞和骨细胞被观察到广泛出现在植入材料与组织的界面区域，界面处有薄层状的新骨形成（图8.15），并伴随着支架聚合物材料的降解；新生骨的厚度在植入后第1个月为130μm，到植入后第6个月时已经增加到770μm。

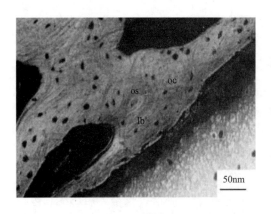

图8.15 植入1个月后，PHBV/HA支架表面薄层状新骨（1b）形成（新生骨组织中，能够观察到骨单元os和均匀分布的骨细胞oc）

为了使PHA支架更好地适应骨组织的特点，研究人员还不断尝试将PHB或PHBV与各种生物材料共混来改善其作为骨组织工程支架的机械性能或细胞活性，如聚明胶纤维（polyglactin）、磷酸三钙（tricalcium phosphate，TCP）、溶胶生物活性玻璃（sol-gel-bioactive glass，SGBG）、天然珊瑚（natural coral，NC）、钙硅石（wollastonite，W）等。还有研究者将PHA与其他高分子材料形成共聚物来改性。例如，2010年，路（Lu）等实现了PHB与聚乙二醇［poly（ethylene glycol），PEG］的共聚，其中PEG含量低于50%，共聚物的柔韧性大大加强，制成的电纺丝上矿化速率更快。

与短链PHB相比，中长链与短链单体共聚PHA的韧性更好。PHBHHx被发现在支持成骨细胞黏附、增殖和分化方面表现更优，但HA共混却不能够如预期的那样增强PHBHHx支架的力学性能或者成骨细胞生物相容性。将PHBHHx用电纺丝的方法加工成定向排列的纤维，或使用生物微机电系统（bioMEMS）在材料表面加工出微米级沟槽结构，有助于诱导骨髓间充质干细胞（BMSCs）向成骨方向分化。3-羟基丁酸、4-羟基丁酸与3-羟基己酸共聚物poly（3-hydro-xybutyrate-co-4-hydroxybutyrate-co-3-hydroxyhexanoate）（P3HB4HB3HHx）具有更加粗糙疏水的表面，能够支持BMSCs更快地增殖，也可能被应用于骨组织工程支架。

（四）食管组织工程

一些PHA被证明具有一定的成肌诱导活性。研究人员将PHB支架置入大鼠背阔肌（musculus latissimus dorsi）肌袋中进行异位骨生成实验时意外发现，与支架接触的肌肉组织细胞表达了更多的I型肌球蛋白（myosin）、胰岛素样生长因子IGF1和血管内皮生长因子VEGF，而细胞中肌肉细胞抑制因子（myostatin）（GDF8）转录水平下降，说明PHB支架具有一定的成肌诱导倾向，有望应用于肌肉组织工程。近期，里科蒂（Ricotti）等的体外研究发现将PHB材料用电纺丝的方法加工成定向纳米纤维，会促使成肌细胞C2C12和H9c2增殖减慢而开始向肌细胞分化。

作为食管组织工程支架，PHBHHx材料被加工成管状支架，植入实验动物狗中来替代其缺失的食管组织。经过2个月动物培养，实验动物没有出现任何明显的排斥反应，体内的细胞能很好地迁移并贴附在人工食管上，形成具有一定结构的组织。但使用PHBHHx食管修复的实验动物最终因无法进食而死亡，取出动物体内的PHBHHx食管分析发现，PHBHHx支架分子量降低了20%左右，但是几乎没有质量损失。支架植入虽然帮助了新生组织生成，但是微生物聚羟基脂肪酸酯PHBHHx材料并没有像预想的发生降解、分裂以及吸收，从而阻碍了器官的正常生理功能，最终食管阻塞、食物无法通过，导致动物死亡。可见，调节PHA支架的降解性能以适应组织再生速率，是食管组织工程的一个巨大挑战。

（五）皮肤组织工程

多种PHA，包括PHB、PHBV、PHBHHx、P4HB、P3HB4HB及PHBVHHx等，都表现出与

皮肤角质细胞HaCaT良好的生物相容性。佩舍尔（Peschel）等将PHB与P4HB进行比较，发现P4HB更适合HaCaT细胞黏附和增殖；而且，透明质酸（hyaluronic acid）或壳聚糖（chitosan）包覆能够进一步促进细胞的黏附生长等的研究发现，与PHB、PHBV、PHBHHx、P3HB4HB相比，HaCaT细胞在PHBVHHx材料上生长速率最快，与细胞培养板上的细胞增殖速率一致。阿斯兰（Asran）等将PHB与PVA（polyviny alcohol）材料共混制成纳米级电纺丝纤维作为基底来培养HaCaT细胞和真皮成纤维细胞（dermal fibroblast），结果发现，HaCaT细胞在PHB/PVA为1：1的共混材料上增殖最快，而成纤细胞在纯PHB材料上增殖较快。因此，多层PHA支架的构建可以实现多个表皮真皮复合结构的皮肤。有关PHA皮肤组织工程的研究还有待进一步的体内实验。

三、药物载体材料

PHA作为生物可降解聚合物的一员，显示了其作为药物微纳载体的应用潜力。目前已经报道其被应用于抗癌药物、代谢抑制剂、胰岛素、抗生素、止痛剂甚至农药的控释系统（drug controlled release system）中。在PHA家族中，目前主要用于药物控释系统的只有PHB、PHBV和PHBHHx或相关的衍生物，这是由材料来源和材料性质决定的。

在20世纪90年代，PHB微粒已经被用作利福平的包埋介质，通过药物包埋以及控制颗粒大小可以调整药物的释放速率。PHB、PHBV和P3HB4HB抗生素包裹载体在急性骨髓炎治疗中发挥了积极的作用，持续缓释药物最长能够达到20d。通过改进和修饰PHB聚合物的组成得到的共聚物可以改善聚合物的表面特性，进而很好地控制药物的释放速率和载体的降解。聚乙二醇PEG化的PHB就是一个很典型的例子。格雷夫（Gref）等的研究中，成功地将PHB与PEG共聚，显著提高了PHB纳米颗粒在血液中的循环时间，从而提高药物的生物利用率，降低给药剂量，减轻毒副作用。PHB与聚环氧乙烷［poly（ethylene oxide），PEO］共聚形成PEO—PHB—PEO，能够实现自组装，增强通透性和保留效应（enhancedpermeability and retention，EPR），使抗肿瘤药物更多地积累在癌症组织。6-PHB-PEG-PHB纳米颗粒无细胞毒性，其起始降解速率与PHB嵌段的长度有关。PHB与聚丙二醇［poly（propylene glycol），PPG］和聚乙二醇PEG共聚后，包裹到明胶中，通过三者比例以及明胶含量调节可控制载体降解速率，能够实现1～60d的药物缓释。

一种可持续释放PI3K抑制剂（TGX221）的PHBHHx的纳米颗粒（NP），可用来阻止癌细胞的扩散，P13K通路常常与人类各种癌症相关，在癌症细胞的生长和生存中扮演着重要角色。目前，已知的几个PI3K抑制剂在体外的试验中表现出强效的PI3K抑制作用，但这些抑制剂自身的特点（如很低的溶解性、不稳定和快速的等离子清除率）使其在动物癌症模型的试验中药效不明显。使用PHB和PHBHHx包裹PI3K抑制剂（TGX221）的纳米颗粒能缓慢释放出TGX221，这将改善PI3K抑制剂普遍存在的低生物利用率（bioavailability）和快速的体内衰亡问题（图8.16）。与未作任何处理的TGX221相比，PHB纳米颗粒能有效地减缓癌细胞的增长，为PI3K阻滞剂在治疗癌症中提供新的思路和方法。除了SCL—PHA，MCL—PHA因为具有更低的玻璃化转变温度，能够延长药物释放时间，也被应用于药物载体领域研究。王（Wang）等用聚（3HHx-3HO）材料作为药物包裹，这种包裹载体显示出对于经皮模型的良好黏附性和渗透性，所有检测的模型药物都可以很好地从PHA基质中分散到皮下，能够作为皮肤用药的促渗透剂来使用。

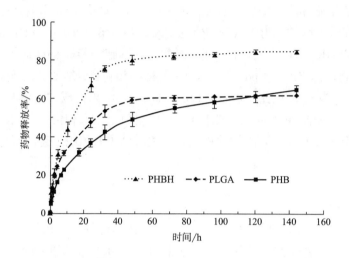

图8.16 负载了TGX 221的PHB、PHBHHx和PLGA纳米颗粒的体外释放曲线

第七节 聚羟基脂肪酸酯在塑料工业的研究和应用

目前用于塑料业的产品主要是消费包装品以及卫生用品。理想的塑料制品应具有坚韧、抗压、有弹性、有回弹性、疏水、防油、抗热等特点。而以PHB为代表的PHA很难达到上述要求。PHA抗酸、抗热性有限，有较好的疏水性。此外，PHB脆性强，而且由于PHB是完全微生物合成，不像其他的塑料产品有残留的催化剂或其他污染物。在加工熔化过程中，如挤出或吹出时，PHB的行为类似超导液体，当温度低于熔点时，保持玻璃态以流体状态存在。由于缺少成核剂，因此会形成很大的球晶，巨大的球晶使材料很容易断裂。

已有多种改性方法可使PHA获得适合塑料工业应用的特性，其中之一就是改变高分子主链使结晶受阻。ICI（Imperial Chemical Industries）公司利用此特性生产Biopol，即由3-羟基丁酸和3-羟基戊酸以任意比共聚生成高分子PHBV。其分子链的规整性降低，从而降低了结晶度。而新一代产品3-羟基丁酸和3-羟基己酸共聚酯PHBHHx则有望进一步改善PHB的结晶行为，因为其单体3-羟基己酸（3-HHx）不参与结晶。改善PHB脆性的另一方法是将成核剂加入熔融态的PHB，加速结晶的形成。标准的成核剂如talc可以与PHB一样能促进结晶，但不影响其降解性能。最有趣的成核剂是糖精，糖精晶体的晶格与PHB的重复单元非常适合作为结晶表面。PHB和糖精或其他成核剂共混能加速结晶，形成大量晶体，降低晶体之间的空间，从而大幅度提高产品的弹性和强度。

还可通过加入"软化剂"或可塑剂来改善脆性。可塑剂的作用类似于溶剂，如果加入量少，可阻止塑料形成很硬的结晶。大量具有生物安全性的可塑剂可用于塑料制品，如柠檬酸或乙酸的酯等，与PHB共混，可降低脆性增加弹性。通过改变可塑剂的加入比例，PHB可获得与聚丙烯或聚苯乙烯相类似的产品。

大多数情况下，塑料的使用还要求具有疏水、疏脂、抗热等特性。在这些方面以PHB为代表的PHA类产品表现良好，它们都是水惰性产品，制得的产品基本都是防水的。高压灭菌时，均聚物及异聚物中3-羟基己酸或3-羟基戊酸含量较低的PHA能够耐受132℃的高温。PHA类产品的疏脂或疏油性有限，但对几天到几周的使用期而言已经足够。

PHA可以用于热加工，但在高温下不稳定，加热时酯键断裂，产生高分子片段及丁烯酸等中间产物。因此，当使用高温长时间处理时，PHA类的平均分子量会下降，这种现象可以通过缩短加工时间来加以避免。除此以外，PHA类产品可以通过注模、吹模、电喷丝或挤出等方法进行加工。

总之，以PHB为代表的PHA类产品具有与传统塑料相类似的特性，已经有公司尝试将PHA材料应用于各种塑料制品。布奇（Bucci）等以PHB为代表研究了其用于食品包装的可能性。他们采用注模制成的PHB食品包装为研究对象，通过三维检测（检测其直径、体积、容量、质量、厚度变化），机械强度检测（动态压缩及拉伸实验）等与聚丙烯（PP）袋进行比较。结果发现，PHB在强度检测中与聚丙烯不同，其变形值比PP低50%，是典型的脆性材料。在正常的冷冻和冷藏条件下，其形态保持性低于PP，但在高温环境下强于PP。三维检测结果表明必须设计适合PHB的模具及合适的注模条件及温度。同时，对以PHB制得的包装袋包装的黄油、蛋黄酱、冰激凌进行感官评价，其产品改变低于5%，证实PHB在食品包装业的应用中极具潜力。

由于纯PHA无毒害，因此可以通过提取工艺的改善和加工工艺的优化，通过加入已用于食品包装加工业中的成核剂、增塑剂、稳定剂及其他成分，获得达到食品包装业需求的产品。

☞ 课程思政

我国微生物聚羟基脂肪酸酯（PHA）研究走过的20年——从简单到领先

我国对PHA的研究已有20多年，从开始的简单微生物发酵生产生物塑料，逐渐到PHA的基础研究，包括微生物合成的路径、系统研究参与合成的基因等，过渡到系统研究主要的微生物合成菌属以及大规模合成路径改造等。目前，我国生物合成PHA的已获得基础研究成果，导致了生产技术革命，包括一系列不同PHA合成的新技术，新工艺放大，连续大规模工业发酵生产技术的应用等，不仅大幅度降低了PHA的生产成本，也推动了PHA在众多领域的应用研究，包括新型均聚生物塑料、医疗植入材料、生物染料、精细化工产品、医药和食品添加剂等。经过20多年的努力，我国在PHA领域已经处于国际前沿位置，开发了一批有自主知识产权的产品，拥有世界最大规模的PHA生产企业，提供全球所有的PHA应用开发产品。例如，陈国强老师从1980年开始从事PHA生物材料的研究，致力于推动PHA生物塑料的基础研究和产业化，并创立了蓝晶生物技术公司（Bluepha）。他的实验室以国际首创的"蓝水生物技术"（海水发酵生产生物可降解塑料的技术）制造出低成本、高性能的可降解塑料，取得了重要技术突破。2017年5月在英国伦敦举行的全球企业投资峰会（Global Corporate Venturing）上，Bluepha荣获"可持续发展"类别奖，是唯一入选的中国企业，标志着中国技术创新越来越受到国际资本认可。

此外，绿色塑料聚羟基脂肪酸酯生物合成是实现可持续发展的重要途径，随着环保理念的深入人心，我国政府及企业将进一步加强技术研究，攻克PHA大规模生产中面临的技术难题，解决生产过程中的关键问题，促进绿色塑料的推广应用。

参考文献

［1］蒋凌飞，胡平．生物可降解塑料PHB的压电性能及在骨移植中的应用［J］．功能材料，2000，31（1）：33-35.

［2］高海军，陈坚，堵国成，等．聚β-羟基丁酸（PHB）降解的研究和展望［J］．无锡轻工大学学报，1996，15（2）：174-178.

［3］陈珊，刘东波，夏红梅，等．聚3-羟基丁酸酯（PHB）生物降解过程的研究［J］．生物化学与生物物理进展，2002，29（1）：110-113.

［4］叶鹤荣，杨冬芝，胡平，等．聚β-羟基丁酸酯辐照接枝顺丁烯二酸酐［J］．功能高分子学报，2005，18（4）：541-545.

［5］方壮熙，张璐，韩涛，等．PHBV电纺丝纤维结构与形态的研究［J］．高分子学报，2004（4）：500-505.

［6］杨光，蔡志江．静电纺丝法制备PHB基纳米纤维材料的研究进展［J］．高分子通报，2011（3）：26-30.

［7］叶海木，章越，徐军，等．高强度聚（R-3-羟基丁酸酯-co-3-羟基己酸酯）纤维的制备及其力学性能的调节［J］．高分子学报，2012（12）：1465-1471.

［8］董丽松，张颂富，庄宇钢，等．PHB/PPO共混体系的相容性和结晶［J］．高分子材料科学与工程，1994，10（4）：52-55.

［9］邢佩祥，董丽松，冯汉桥，等．PHB/PVPh共混体系的相容性及分子间的特殊相互作用［J］．高等学校化学学报，1996，17（11）：1813-1815.

［10］贺文楠．利用微生物合成聚羟基脂肪酸酯的分子设计及PHB的改性研究［D］．北京：清华大学，1999.

［11］李荣群，安玉贤，庄宇钢，等．聚β-羟基丁酸酯/聚氧化乙烯共混体系力学性能研究［J］．高分子学报，2001，（2）：143-146.

［12］张连来，邓先模．PHB与PCL、PECL可生物降解高分子共混体系的研究［J］．高分子材料科学与工程，1994，10（1）：64-68.

［13］张瑜．竹纤维/PHBV复合材料的力学性能研究［J］．纺织学报，2004，25（6）：38-40，148.

［14］魏岱旭．聚羟基脂肪酸酯磁性微球和纳米颗粒的制备及运用［D］．汕头：汕头大学，2011.

［15］朱博超，焦宁宁．聚羟基脂肪酸酯的合成和应用研究进展［J］．现代塑料加工应用，2003，15（5）：61-64.

［16］陈国强，赵锴．生物工程与生物材料［J］．中国生物工程杂志，2002，22（5）：1-8.

［17］刘和，陈坚．中国生物技术产业发展报告［J］．北京：化学工业出版社，2004：170-172.

第九章 天然高分子材料的循环利用

资源、环境、人口是当今人类社会发展面临的三大主要问题。人们在创造巨大的物质财富和前所未有的文明社会的同时，也在不断破坏自然环境，资源枯竭、环境恶化正对人类社会生存和社会经济稳定高速发展造成严重威胁。在现代文明社会，人类既期望获得大量高性能或高功能的各种材料，又迫切要求有一个良好的生存环境，以提高人类的生存质量，并使文明社会可持续发展。从资源、能源和环境的角度出发，材料的提取、制备、生产、使用、再生和废弃的过程，实际上是一个资源消耗、能源消耗和环境污染的过程。材料一方面推动着人类社会的物质文明，另一方面又大量消耗资源和能源，并在生产、使用和废弃过程中排放大量的污染物，污染环境和恶化人类赖以生存的空间。材料及其产品生产是导致能源短缺、资源过度消耗乃至枯竭和环境污染的主要原因之一。因此，现实要求人类从环境保护的角度出发，重新认识和评价人类过去的材料研究、材料开发、材料使用和材料回收。

目前全球高分子聚合物的产量已超过2亿吨，高分子材料在生产、处理、循环、消耗、使用、回收和废弃的过程中也带来了沉重的环境负担。聚合物废料的来源主要有：（1）生产废料。生产过程中产生的废料如废品，边角料等。其特点是干净，易于再生产；（2）商业废料。一次性用于包装物品，电器，机器等包装材料，如泡沫塑料。（3）用后废料。指聚合物在完成其功用之后形成的废料，这类废料比较复杂，其污染程度与使用过程，场合等有关，相对而言污染比较严重，回收和利用的技术难度高，是材料再循环研究的主要对象。我国每年废弃塑料和废旧轮胎占城市固态垃圾重量的10%，体积的30%~40%，难以处理，形成所谓的"白色污染"和"黑色污染"，影响人类生态环境，也影响高分子产业自身的进一步发展。因此废弃高分子材料的回收利用对建设循环经济、节约型社会意义重大。

环境材料（ecomaterials）又称环境意识材料（environmental conscious materials，ECM）或生态材料（ecological materials），是同时具有满意的使用性能和优良的环境协调性，或者是能够改善环境的材料，即指那些具有良好使用性能或功能，并对资源和能源消耗少，对生态与环境污染小，有利于人类健康，再生利用率高或可降解循环利用，在制备、使用、废弃直至再生循环利用的整个过程中，都与环境协调共存的一大类材料。因此，环境材料是赋予传统结构材料、功能材料以特别优异的环境协调性的材料，通过材料工作者在环境意识指导下开发新型材料或改进、改造传统材料来获得。

第一节 高分子材料的再生循环

高分子材料自20世纪问世以来，因具有质量轻，加工方便，产品美观实用等特点颇受人们青睐，广泛应用于各行各业。随着塑料制品消费量的不断增长，塑料废物也迅速增加，对环境的影响日趋突出。塑料废物的处理也成为全球性的问题。高分子材料的原料是石油和天然气，都是不可再生的资源，近年来，石油原料的有效开采储量迅速下降，能源价格不断上升，更加速了废旧高分子材料的资源化进程。

20世纪70年代初，美国就开始研究塑料对环境的污染问题，制止乱丢废弃物的行为，并积极处置废物，采取的措施主要是减少来源、回收利用、焚烧作为能源利用、填埋等。西欧国家对固体废物的管理采取一致行动，目标一体化，但也考虑各自的地理环境、人口、工业生产能力、国民的生活习惯等因素。德国焚烧技术较为完善；英国仍以填埋为主，约占其城市固体弃物的8%；意大利塑料废物的回收利用工作十分活跃，除了回收利用本国的废弃聚乙烯制品外，还从其他国家如德国、法国进口大量的塑料废物进行回收。日本是亚洲塑料废物回收利用工作做得较好的国家之一，日本塑料废物的收集、分类、处理、利用都已系列化、工业化。

中国有关部门已将废旧塑料资源化列入议事日程：国家科委已将废旧塑料资源化列入科技攻关项目；环保局将废弃塑料列为21世纪在环保领域要控制的重点之一，指出必须强化管理，依靠科技进步搞好回收利用；国家经委等部门也将塑料弃物的综合利用列入重点课题；有关部门还多次主持召开了废旧塑料资源化的经验交流会和学术讨论会。

常见的高分子材料有塑料、橡胶、合成纤维和复合材料等。以前人们通常将废塑料进行填埋或焚烧处理，但是填埋会造成耕地减少和地下水污染，焚烧使大气中二氧化碳、二氧化硫、氯化物、氮氧化物等有害物质的含量增加，而且采用这两种处理方法都会造成资源浪费。我国于1996年4月1日实施的《固体废弃物污染环境防治法》所遵循的主要原则为减量化、资源化和无害化。废旧高分子材料资源化是处理废旧高分子材料，保护环境的有效途径。无论是从环境科学的原理着眼，还是从环保和节约资源的角度看，废塑料资源化都可以减少环境污染，获得宝贵的资源和能源，产生明显的环境效益。循环利用大致可分为两种方法：物理循环利用和化学循环利用（也有学者从中分出能量循环，即将高分子废料直接制成固体燃料，或先液化成油类，再制成液体燃料）。

一、高分子材料的类型

1. 天然高分子材料

在高分子材料中，存在着一些来自自然界中的高分子材料，这些高分子材料能够为人类生产生活带来一定的好处，如常见的纤维素、木质素以及甲壳素等。

2. 合成高分子材料

合成高分子材料主要包括脂肪族聚酯、芳香族聚酯以及聚酰胺等，其中脂肪族聚酯的应用优势是具备了良好的生物可降解性，不足之处在于强度和耐热性不好、熔点偏低，无法被广泛应用在生产活动中。而芳香族聚酯和聚酰胺的应用优势在于其强度好、熔点较高，能够被制作成工程塑料，这类材料的不足在于没有生物可降解性。针对此种情况，相关工作人员可以综合运用芳香族聚酯和脂肪族聚酯，将它们科学有效地制作成一定结构的共聚物，使其不仅拥有较好的生物可降解性，又能够有着良好的强度和耐热性。

3. 混合型高分子材料

目前高分子材料市场中存在着一些无法生物降解的高分子材料，这些高分子材料不能进行循环应用，会产生废弃物对生态环境造成污染，造成资源浪费。为了解决该问题，相关工作人员可以往那些不可降解高分子材料中合理加入能够进行有效降解的高分子材料，这样就能够促使新的混合型高分子材料具备可降解性，被人们进行循环使用。与天然高分子材料比较，混合型高分子材料是难以做到充分降解的。

4. 微生物生产型高分子材料

在高分子材料中，微生物生产型高分子是一种由不同微生物有效合成的高分子材料，其构成形式主要包括微生物多糖、生物聚酯等。微生物生产型高分子材料经简单处理能被分解，并且分解产生的各类物质不会对生态环境造成任何污染。微生物生产型高分子材料被普遍应用在可降解塑料袋的制作生产中。

二、高分子材料循环应用技术

1. 化学循环技术

在高分子材料循环应用工作中，化学循环技术是工作人员常用的一种技术方法，该项技术的科学高效应用不仅能够最大程度降低高分子材料废弃物的污染程度，还能够避免资源浪费现象的发生。化学循环技术在高分子材料循环应用过程中具备良好的可操作性与经济性，能够帮助厂家在最低成本下创造出最大的社会经济效益。当前人们常用的化学循环技术主要包括超临界流体技术、焦化与液化技术以及油化技术。其中，超临界流体技术应用的优势在于综合成本低、不污染环境、效率高等，超临界流体的代表物质有乙醇、甲醇、超临界水、二氧化碳，通过在高分子材料中科学使用超临界水作为化学反应的介质，能够将生活中常见的各种废弃塑料充分降解或者分解，这样就能够帮助人们有效解决高分子废弃材料的环境污染问题、资源循环利用问题；焦化与液化技术被工作人员广泛应用在煤与废弃塑胶液化过程中，它们两者之间会产生化学反应，有利于优化改善煤的液化环境，从而避免对生态环境造成污染。工作人员利用液化技术能够在废塑料中提取出氢物质，有效降低煤液化的氢耗量，从而促使人类生活中的废塑料能够进行循环利用，并且最大程度发挥出煤炭资源的作用；油化技术被人们划分为三种方法，分别是热解法、催化热解法以及热解催化改质法，通过油化技术能够实现对高分子材料的有效裂解，并最终生成柴油、汽油等原材料。油化技术在高分子材料循环应用中的优势在于生产操作简单安全、环境污染少、原材料来源广，能够帮助企业创造更多的社会经济效益。

2. 物理循环技术

在高分子材料物理循环技术实践应用过程中，工作人员采用的方法主要包括两种，一种是通过利用机械共混实现对再生料的加工操作，该方法被人们称为复合再利用。另一种则是对回收的废旧物品清洗消毒，最终重塑加工形成一个新的产品，将该产品投放到市场进行销售应用，该方法被称为简单再生利用。

复合再利用方法对于工作人员要求较高，他们必须学会规范操作对应的专业器材设备和加工技术。虽然说复合再利用方法在加工操作上具有较高的复杂性，但是通过有效发挥出该项技术方法的作用，能够提升加工产品的质量和档次，使其得到市场消费者的认可和信赖。简单再生利用方法最大的优势在于操作方法简单，对于工作人员的专业能力要求不高，只需简单处理就能够形成新的产品。其缺点在于产品性能无法得到充分保障，往往只能够生产出一些低端的塑制品，难以满足不同层次消费者用户的需求。在物理循环技术应用中，最常用的物理循环方式是塑木技术和土木材料化。其中塑木技术的实质是将一些其他材料融入高质量的聚丙烯树脂和乙烯，加工成一种板材，该板材可以替代传统木制品，并且能够循环使用，可有效解决传统木制品对生态环境的污染问题。而土木材料化实质是指废旧高分子的重新利用，发挥出其剩下的价值。比如，工作人员可以将那些废旧的橡胶加工应用在铁路路基、水土保持材料以及人工鱼礁上。

3. 生物可降解高分子材料

在人类生产生活中，生物可降解高分子材料的用途主要体现下几方面：一是利用生物可降解高分子材料可有效帮助人们解决生态环境污染问题，充分保障人类社会自然环境的可持续发展。传统高分子材料处理方式包括了焚烧、填埋及回收利用等，但这几种方式都存在一定的弊端，容易对生态环境造成污染，不利于周围居民的健康生活，而生物降解方式，能够有效避免废弃高分子材料对周围环境造成污染。二是利用材料的生物可降解性，制作生产生物医用材料。当前，在我国生物医用材料市场上，绝大多数的控释胶囊剂与片剂都使用了包衣，且超过80%的包衣片都是传统糖衣片，而西方发达国家超过80%的包衣片采用了水溶性高分子材料。与西方发达国家相比较，我国医疗行业的片剂制作水平相对落后，需要相关工作人员的进一步深入创新研究。在发达国家中，工作人员在片剂与薄膜衣片的加工制作中通常会采用醋酸纤维素、丙烯酸树脂、邻苯二甲酸醋酸纤维素、羟丙纤维素及羟丙基甲纤维素等高分子材料。

第二节　可降解高分子材料

塑料是应用最广泛的高分子材料，塑料以其质轻、防水、耐腐蚀、强度大等优良性能受到人们青睐。然而，塑料产品主要来源于石化资源，而石化资源的形成过程需经历千百万年，因此可视为不可再生资源。中国塑料制品年总产量超过1500万吨，居世界第二位，其用途涉及国民经济各部门以及人民生活的各个领域，然而大量不可降解的废弃塑料带来了"白色污染"，严重污染环境，危害人们的健康，继而威胁全球可持续发展。在这种严峻形势下，人们不得不重新审视自己的社会经济行为，认识到通过高消耗追求经济数量增长和"先污染后治理"的传统发展模式已不再适应当今和未来发展的要求，必须努力寻求一条经济、社会、环境和资源相互协调的，既能满足当代人的需求而又不对后代人需求的能力构成危害的可持续发展的道路。由此可见，开发可降解高分子材料、寻找新的环境友好高分子材料来代替不可降解塑料已是当务之急。

可降解高分子材料是指使用后在一些环境因素如光、氧、风、水、微生物、昆虫及机械力等因素作用下，化学结构能在较短时间内发生明显变化，从而引起物性下降，最终被环境所吸纳的高分子材料。根据降解机理的不同，可降解高分子材料可分为光降解高分子材料、生物降解高分子材料、光/生物降解高分子材料、氧化降解高分子材料、复合降解高分子材料等。其中生物降解高分子材料是指在自然界的微生物或在人体及动物体内的组织细胞、酶和体液的作用下，其化学结构发生变化，致使其分子量下降及性能发生变化的高分子材料。发挥生物降解作用的微生物主要包括真菌或藻类，其作用机理主要分为三类。生物物理作用，由于生物细胞增长而使聚合物组分水解、电离或质子化而发生机械性破坏，分裂成低聚物碎片；生物化学作用，微生物对聚合物作用而产生新物质（CH_4，CO_2和H_2O）；酶直接作用，酶解作用导致塑料分裂或氧化崩裂。但生物降解并非单一机理，是复杂的生物物理、生物化学协同作用，并同时伴有相互促进的物理、化学过程。目前世界主要生产生物降解塑料的国家有美国、日本、德国、意大利、加拿大、以色列等。

生物降解高分子材料的应用广泛，在包装、餐饮业、一次性日用杂品、药物缓释体系、医学临床、医疗器材等诸多领域都有广阔的应用前景，开发生物降解高分子材料已成为世界范围的研究热点。

一、可生物降解高分子材料的种类

生物降解高分子材料是一种在使用期间性能优良，使用后又可迅速被酶或微生物促进降解，生成的小分子物质能被机体吸收并排出体外的一类高分子材料。生物可降解高分子材料按其降解特性可分为完全生物降解高分子材料和生物破坏性高分子材料。按其来源可分为天然高分子材料、微生物合成高分子材料、化学合成高分子材料、掺混型高分子材料等。目前已研究开发的生物降解高分子材料主要有天然高分子材料、微生物合成高分子材料和人工合成高分子材料三大类。

1. 天然高分子材料

天然高分子材料是利用淀粉、纤维素、木质素、甲壳素、蛋白质等制备的生物降解材料。这类物质来源丰富，可完全生物降解，而且产物安全无毒性，因而日益受到重视。但是其热学、力学性能差，成型加工困难，不能满足工程材料的各种性能要求，因此需通过改性制备具有使用价值的可生物降解材料。

淀粉是目前使用最广泛的一类可完全生物降解的多糖类天然高分子，具有原料来源广泛、价格低廉、易生物降解等优点，在生物降解材料领域有重要的地位。但淀粉的加工性能很差，无法单独作为塑料材料使用，目前主要是以添加的方式来使用，一些产品已实现商品化。

纤维素的结构特点和淀粉相似，结构中的醚键使纤维素具有良好的生物降解性。但大量极性基团和氢键的存在使其熔点比分解温度高，所以无法加工成型，因此以纤维素为基质的共混型生物降解塑料具有良好的发展前景。通过接枝或共聚反应将其他高分子或单体结合到纤维素分子上，可以大大改善纤维素的性质。结果表明，醋酸纤维素聚氨酯材料具有较高的力学性能，可加工成型，生物降解性能也比较适当。纤维素及其衍生物同样也是重要的生物降解原料，在石油开采、造纸业、印刷业、农业、高吸水性材料及黏结剂方面均有广泛的应用。近年来，利用纤维素和淀粉制备各种发泡材料也有较多的研究。

木质素与纤维素共生于植物中，属于酚类化合物，通常不能被生物降解。但通过预处理，可使其被纤维素酶酶解。木质素可作为填充剂用于淀粉膜中，起增强作用。

甲壳素是自然界中大量存在的唯一的氨基多糖，是虾蟹等甲壳动物或昆虫外壳和菌类细胞壁的主要成分，产量仅次于纤维素，可生物降解，也可在体内降解，并有抗菌作用。基于甲壳素—壳聚糖的可生物降解新型材料是近年来研究的热点之一。甲壳素不溶于水、普通有机溶剂、稀酸和稀碱，溶解于某些特殊的溶剂中，溶于浓无机酸并有降解作用，可与浓氢氧化钠作用发生脱乙酰化反应。脱乙酰基后的壳聚糖易溶于甲酸、乙酸、水杨酸等有机酸和无机酸，脱乙酰度在50%左右的壳聚糖能溶于水，也可化学改性壳聚糖合成水溶性的壳聚糖衍生物。甲壳素/壳聚糖的结构与纤维素十分相似，由于羟基、乙酰基、氨基的存在，可发生交联、接枝、酰化、醚化、酯化、羧甲基化、烷基化等反应。对甲壳素/壳聚糖进行改性可赋予其不同的特性，因此应用领域十分广泛。壳聚糖可以和其他高分子材料共混制备生物可降解材料，例如将壳聚糖的醋酸水溶液、聚乙烯醇水溶液、第三组分（甘油）按一定比例混合，流延在平板模具上，经干燥除去溶剂得到生物降解塑料薄膜，壳聚糖还可与纤维素或淀粉共混制造完全生物降解复合材料，甲壳素的衍生物应用也十分广泛，例如索兰德（Szoland）采用高氯酸作催化剂，丁酸酐处理甲壳素生成丁酸酐化甲壳素，这种丁酸酐化甲壳素的20%～22%丙酮溶液经干纺得到性能良好的纤维，用于医用缝合线，具有良好的生物相容性和生物可降解性。壳聚糖及其衍生物溶解性好，生物黏附性强，对透明层分泌的蛋白酶及刷状缘膜结合的酶有较强的抑制作用，这些特性使壳聚糖类衍生物在肽类药物经口给药领域成为极有价值的一类辅料。壳聚糖及其衍生物是一种储量丰富的自然资源，近年来国际上十分重视对它们的研究和开发应用，由于它们具有生物可降解性和良好的生物相容性、成膜性，且具有一定的疗效，是一种极有潜力的新型药物制剂辅料。随着对壳聚糖及其衍生物研究的不断深入，尤其是改性为水溶性材料后作为新型辅料的开发利用，无疑将导致剂型的不断改变，并进一步推动药物制剂的发展。

作为材料使用的天然蛋白质往往是不溶、不熔的，它们是多种a-氨基酸的规则排列的特殊的多肽共聚物。蛋白质的合成要在特定酶的作用下进行，蛋白质的降解主要由肽键的水解反应所引起。英国克莱姆森（Clemson）大学正在研究从玉米、麦子、大豆等提取蛋白质膜，他们发现麦子蛋白质膜具有优异的气体阻隔性。用作可食用的涂层，可保护水果、蔬菜，延长其贮存期。可溶性蛋白质在一定温度（如140℃）下可交联，人们用其与纤维素一起制造生物降解复合材料。纤维蛋白单体在凝血酶作用下聚合成立体网状结构的纤维蛋白凝胶，纤维蛋白凝胶来源于自身血液，可避免免疫原性问题，是一种较为理想的细胞外基质材料。

2. 人工合成可降解高分子材料

人工合成高分子材料是在分子结构中引入易于被微生物或酶分解的基团而制备的生物降解材料，大多数引入酯基结构。现在研究开发较多的生物降解高分子材料有脂肪族聚酯类、聚乙烯醇、聚酰胺、聚氨酯及聚氨基酸等。其中产量最大、用途最广的是脂肪族聚酯类，如聚乳酸（聚羟基丙酸）、聚羟基丁酸、聚羟基戊酸等。这类聚酯的酯键容易水解，且主链柔软，易被自然界中的微生物或动植物体内的酶分解或代谢，最后变成CO_2和水。

聚乳酸（PLA）是一种典型的完全生物降解性高分子材料，有关聚乳酸的研究一直是生物降解性高分子材料研究领域的热点。聚乳酸也称为聚丙交酯，聚乳酸纤维以玉米等为原料（国内也称玉米纤维），原料来源充分而且可以再生。聚乳酸类生物可降解塑料属于合成直链脂肪族聚酯，具有较高的使用强度、良好的生物相容性、降解性及生物吸收性，已广泛应用于医疗、药物、农业、包装等领域中替代传统材料。PLA是结晶的刚性聚合物，强度高，但耐水性差，在水体系中可以分解，在人体内的降解具有与酶无关的特征，在土壤、海水中也能被微生物多酶作用。目前，合成聚乳酸的方法主要有直接法和间接法两种。直接法合成聚乳酸是在脱水剂的存在下，乳酸分子间受热脱水，直接缩聚成低聚物，然后继续升温，低分子量的聚乳酸扩链成更高分子量的聚乳酸。21世纪以来聚乳酸直接缩聚合成方法的研究工作有了较大的突破，研究表明使用高沸点溶剂可以有效降低反应体系的黏度，加入有机碱类可促使丙交酯的分解，有利于形成高分子量的聚乳酸。间接合成聚乳酸主要是为了得到高分子量的聚乳酸，一般是先将乳酸齐聚成低分子量的聚乳酸，然后在高温高真空下裂解成环状的二聚体丙交酯，粗丙交酯经过分离纯化，在引发剂的存在下开环聚合得到高分子量的聚乳酸。聚乳酸的应用主要表现在生态学和生物医学两个方面。聚乳酸在生态学上的应用是作为环境友好的完全生物降解塑料取代在塑料工业中广泛应用的生物稳定的通用塑料，在工农业生产领域应用广泛，聚乳酸塑料韧性好，适合加工成高附加值的薄膜，聚乳酸塑料还可用作林业木材、水产用材和土壤、沙漠绿化的保水材料。然而乳酸类聚合物的表面疏水性强，极大地影响了其生物降解性能以及控释系统的释药行为，对其进行化学修饰具有重要意义。聚乳酸的热稳定性和韧性较差，可通过与其他单体的共聚来改变其性能，还能有效降低产品成本。如通过含有部分交联结构的共聚酯、丙交酯—己内酯共聚物、丙交酯—聚氨基酸、蛋白质共聚物及与多糖物质接枝等，聚乳酸作为生物医用可吸收高分子材料是目前生物降解高分子材料最活跃的研究领域，聚乳酸在生物医学上的应用主要在缝合线、药物控释载体、骨科内固定材料、组织工程支架等方面。但是，聚乳酸在生物医学领域的实际应用上还存在一些问题，如聚乳酸及其共聚物材料制品的强度需进一步提高，生产成本需进一步下降，需解决植入后期反应和并发症问题等。且PLA具有很低的断裂伸长率（纯的PLA断裂伸长率仅为6%）和较高的模量，阻碍了其在很多方面的应用。PLA和淀粉共混以增强其可降解性能并降低成本，但是这种共混产物脆性太大。一些公司已开发出聚乳酸产品并投入使用，如日本岛津制作所三井东压化学公司生产的PLA聚合物产品投入市场。

聚己内酯（PCL）和PLA一样也是线形的脂肪族聚酯，高分子量的PCL几乎都是由δ-己内酯单体开环聚合而成的。聚己内酯是具有良好药物通透性能的高分子材料，在医学领域已经有广泛的应用，所以对PCL的研究也很多。阳离子、阴离子和配位离子型催化剂都可以引发聚合反应。由于PCL的结晶性较强，生物降解速度慢，而且是疏水性高分子，所以其控释效果欠缺，仅靠调节其分子量及其分布来控制降解速率的方法有一定的局限性，因此对PCL进行改性的研究也很广泛。

PCL是一种半晶型的高聚物，结晶度约为45%，聚己内酯的外观特征很像中密度聚乙烯，颜色为乳白色且具有蜡质感。其重复的结构单元上有五个非极性的亚甲基—CH_2—和一个极性的酯基—COO—，分子链中的C—C键和C—O键能够自由旋转，这样的结构使PCL具有很好的柔性和加工性，可以进行挤出、注塑、拉丝、吹膜等加工。它的力学性能和聚烯烃类似，拉伸强度为12～30MPa，断裂延伸率为300%～600%。酯基的存在也使它具有较好的生物降解性能和生物相容性。PCL在土壤中许多微生物的作用下缓慢降解，12个月会失去95%，但在空气中存放一年观察不到降解，可用于农膜、肥料、药物的控制释放包衣等。此外，PCL的结构特点也使它可以和多种聚合物进行共聚和共混。PCL与其他聚酯嵌段和接枝共聚形成具有多组分微相分离结构特征的聚合物，例如PCL与聚乙二醇或四氢呋喃共聚生成两亲嵌段共聚物，可用于改善共混体系的界面性能，使本来不能共混的两组分形成均匀的多相共混体系，赋予材料特殊的物理、力学性能。而且研究发现，随着聚乙二醇含量的增加，共聚物的结晶性下降，降解速率加快。

聚乙二醇（PEG）也被称作聚乙二醇醚或聚环氧乙烷，是一类常见的水溶性高分子，易溶于水和一些普通的有机溶剂。早在1962年使用PEG共混物制造的生物降解高分子材料就可以用作标签、试样包装，也可制成模压件、泡沫、胶黏剂等。聚乙二醇的降解性能取决于摩尔质量，摩尔质量较高则降解性不佳。聚乙二醇的耗氧代谢作用机理是先被氧化成乙醛和一元羧酸，再进一步进行解聚。聚乙二醇的厌氧代谢作用机理不明确，已提出的许多机理还有待研究确证。

聚丁二酸丁二醇酯（PBS）由丁二酸和丁二醇经缩聚而成，根据分子量的高低和分子量分布的不同，结晶度在30%~45%，PBS随分子量和链结构的不同，其力学、加工性能有相应变化，其制品的物理机械性能和可加工性能都很优良，PBS适用于传统的熔体加工工艺如挤出、注塑和吹塑，在包覆膜和包装薄膜和包装袋等方面有很多应用。日本催化剂公司、三菱瓦斯化学公司把碳酸盐（酯）接引入PBS中开发成功耐水可降解性塑料，但这种塑料的熔体强度低，给包装材料的片材挤出和真空吸塑成型带来很大的困难，成为制约其大规模应用的主要技术瓶颈。

聚乙醇酸是一种线形脂肪族聚酯，结晶度高，力学性能好。聚乙醇酸具有良好的生物降解性，降解速度不仅与聚合物的分子量、结晶度、熔点等有关，也受结晶形态及外界环境的影响，使推测聚乙醇酸降解速度的准确性受到影响。

聚酸酐是一类新型的医用高分子材料，分子中含有的酸酐键具有不稳定性，能水解成羧酸，具有生物降解特性，是一类新的可生物降解高分子材料，由于其优良的生物相容性和表面溶蚀性，在医学领域正得到愈来愈广泛的应用。一般可将聚酸酐分为脂肪族聚酸酐、芳香族聚酸酐、杂环族聚酸酐、聚酰胺酐、聚酰胺酸酐、可交联的酸酐、含磷聚酸酐等。芳香族聚合物的降解速率一般慢于脂肪族聚合物。同系物中，随着主链上碳链的增长，聚合物降解速率减慢。由于聚酸酐对生物体具有良好的相容性，降解过程只发生在材料的表面。用作医药材料（如药物载体材料、组织替代材料）可在药物释放完后被降解成小分子参与代谢或直接排出体外。人们针对这些因素对聚合物进行改性，开发出新的聚酸酐高分子材料，以实现理想的释药行为。

二、可降解高分子材料的应用

1. 工业领域

通常人们所了解到的可生物降解的高分子材料都是用于工业制造当中，应用于皮革和纤维产品的制造。该类高分子材料在经过人工处理以后能够使人造皮革变得更像天然皮革，使该类产品具有较高的性价比。经过可生物降解的高分子材料的融入，皮革将更加耐高温，也能起到防水的效果。目前，我国的很多生产企业将其用于产品包装。

2. 农业领域

塑料不仅用于包装和餐饮业的一次性餐具制造，在农业中的使用量也很庞大。因此可生物降解高分子材料在农业中运用也很广泛。可生物降解高分子材料拥有能够完全降解的特性，所以它们能够在适宜条件下经有机降解形成混合肥料，这种混合肥料比一般的肥料功效都要好，它不仅能够促进植物生长，而且还能够改良土壤环境，即既要让当代植物长得好，也要让下一代植物长得好。我国是个农业大国，每年消耗农用薄膜、地膜、农副产品保鲜膜及化肥包装袋的数量都很大，如果将原本的不可降解塑料替换成可生物降解高分子材料，则不仅可以解决环境污染问题，还有利于植物的生长，更有循环利用的作用。

3. 医药领域

在医药领域，可生物降解高分子材料得到了广泛的应用。利用高分子药物缓释材料，能够使药物剂量得到有效控制，并且能够提升药物的稳定性和利用率，同时降低药物的毒副作用，起到减轻患者痛苦和修复患者的基体组织等作用。相较于不可降解的药物稀释体系，可生物降解的药物稀释体系对药物性质的依赖程度较小，能够在更大的范围进行药物包裹量和几何形状等内容的选择。同时，可降解稀释体系的缓释效率能够维持恒定，达到零级释放模式，满足不稳定药物的释放要求。将可生物降解材料作为药物载体，在手术过程中进行药物植入，能够在减少患者痛苦的同时，减少利用手术取出长效药物的麻烦和痛苦。在外科手术中，使用利用胶原蛋白和聚乳酸制成的手术缝合线，能使手术线在伤口愈合后自动降解，避免术后拆线带来的痛苦。将可生物降解的材料用于制作手术缝合线，能够使缝合线具有较高的强度和韧性，并且能够较好地与组织相融合。研究发现，使用甲壳质支撑的手术线具有良好力学性能，在胰液和胆汁中具有较好的拉伸强度。此外，使用可生物降解高分子材料也能制作骨固定板和骨钉等手术用具。

课程思政

自从第一种塑料——酚醛树脂诞生以来，塑料工业突飞猛进，2023年全球塑料产量高达3.5亿吨，过去十年复合增速达4.1%，而作为一个塑料生产消费大国，中国同期产量达到1亿吨。塑料工业的突飞猛进带来社会经济效益的同时，也造成了大量的资源浪费和环境污染，其中最被诟病的是"白色污染"和"微塑料污染"。例如，2022年产生约63亿吨的塑料垃圾，其中只有9%被回收利用，12%被焚烧，而79%被丢弃，这些被丢弃的塑料进入环境中被称为"白色污染"，而直径小于或等于5mm的塑料颗粒称为"微塑料"，是"白色污染"的一种新形式。用可降解塑料代替不可降解塑料是一个减少污染的有效办法。可降解塑料在一定条件下可以在较短时间内分解成二氧化碳和水。作为负责任的大国，我国在大力限制塑料包装和推广降解塑料的行动中，我国政府走在世界前列，在塑料生产、使用和处理方面遵照严格标准，出台了详细的限塑法令。从2008年6月1日起，全国限塑令开始执行，商场、超市等商品零售场所不得免费提供塑料袋，禁止一次性快餐盒；限塑令施行10余年后成绩斐然，一次性塑料用品显著减少，可再生降解塑料比重持续增加，2020年我国生物降解塑料的替代规模达到15万吨左右。而在生物可降解高分子材料方面，我国陈学思院士团队深耕生物基聚乳酸基础研究，成功孵化"浙江海正生物材料股份有限公司"，经过近20年不懈求索、艰苦攻关，先后攻克了聚乳酸千吨级、万吨级产业化技术，实现了国内聚乳酸规模产业化从无到有的突破。

塑料及微塑料对人类环境及海洋环境仍然具有重大影响，解决"白色污染"和"微塑料污染"问题必须依靠科技进步和精益求精的工匠精神。可降解塑料的使用和不可降解塑料的回收利用是重点，节能减排是根本，倡导共同的低碳意识和绿色消费行为，为实现"碳达峰，碳中和"而努力。

参考文献

[1] 唐赛珍, 陶欣. 降解塑料的今天和明天 [J]. 工程塑料网, 2004: 11-24.

[2] 黄根龙. 可降解塑料及其发展趋势谈 [J]. 上海包装, 2005 (3): 40-41.

[3] 应宗荣. 降解性高分子材料的研究开发进展 [J]. 现代塑料加工应用, 2002, 12 (1): 40-43.

[4] 杨惠娣, 翁云宣, 胡汉杰. 中国生物降解塑料开发历史、现状和发展趋势 [J]. 中国塑料, 2005, 19 (3): 1-6.

[5] 周鹏, 谭英杰, 梁玉蓉. 可降解塑料的研究进展 [J]. 山西化工, 2005 (1): 23-26, 34.

[6] 刘江龙, 丁培道. 与环境协调的材料及其发展 [J]. 环境科学进展, 1995 (2): 22-28.

[7] 王秀峰. 绿色材料 [J]. 科技导报, 1994 (9): 12-14.

[8] 王天民. 生态环境材料 [M]. 天津: 天津大学出版社, 2000.

[9] 沈煌, 陈哲庆, 赵涛, 等. 高级废纸回收技术的改良与应用 [J]. 国际纸业, 2008 (2): 9-14.

[10] 金宗哲, 方锐. "绿色材料" 的新发展 [J]. 材料导报, 1997, 11 (5): 7-10.